稳定大陆地震构造

——以长江中下游地区为例

韩竹军　邬　伦　徐　杰
郭　鹏　曾建华　卢福水　等　著

科 学 出 版 社
北　京

内 容 简 介

本书根据长江中下游地区地震地质环境特征，采用点-面结合的方法，对稳定大陆地震构造进行了较为全面的研究。通过布格异常梯度的定量研究，给出了江淮地区中强地震孕育发生的深部构造格局，探讨了深浅部构造关系与解耦现象。在第四纪盆地与中强地震关系方面，通过洞庭湖盆地周缘断裂活动性调查，提出了该盆地第四纪演化模式及与中强地震关系密切的构造解释。从断层泥显微构造的角度，完善了基岩区断裂活动性鉴定方法。基于对典型震例的深入解剖，研究中强地震构造复杂性和成带性问题，建立了一种新的中强地震构造模型；根据中强地震构造标志，进行了长江中下游地区未来地震危险区预测研究。

本书可供地震地质、工程地震、构造地质、工程地质、地球物理、地震监测和应急管理等专业的科技人员和相关的高等院校师生阅读、参考。

图书在版编目(CIP)数据

稳定大陆地震构造：以长江中下游地区为例 / 韩竹军等著. —北京：科学出版社，2020. 9

ISBN 978-7-03-066242-2

Ⅰ. ①稳… Ⅱ. ①韩… Ⅲ. ①长江中下游-地震构造 Ⅳ. ①P316. 2

中国版本图书馆 CIP 数据核字（2020）第 182472 号

责任编辑：韩 鹏 张井飞 / 责任校对：张小霞

责任印制：肖 兴 / 封面设计：图阅盛世

科学出版社 出版

北京东黄城根北街 16 号

邮政编码:100717

http://www.sciencep.com

北京汇瑞嘉合文化发展有限公司 印刷

科学出版社发行 各地新华书店经销

*

2020 年 9 月第 一 版 开本：787×1092 1/16

2020 年 9 月第一次印刷 印张：15 1/2

字数：368 000

定价：218.00 元

（如有印装质量问题，我社负责调换）

前　言

长江中下游地区是我国经济发达、人口稠密的地区之一，虽然地处稳定大陆地壳，但一次6级地震甚至一次5级地震都会造成巨大的经济损失和社会影响。如2005年11月26日江西省瑞昌与九江交界处发生的M_S5.7地震只是一次中强地震，但地震有感范围广，武汉、长沙、南京、杭州等地都有明显震感。此次地震的直接经济损失达20.3亿元，造成13人死亡，67人重伤，546人轻伤（卢福水等，2006）。与此相比，2001年11月14日青海省昆仑山口M_S8.1地震在地表形成长约350km的地表破裂带，但此次地震造成的总经济损失约4800万元，只造成两人轻伤，无人员死亡或重伤（孙洪斌等，2002）。随着社会经济蓬勃发展，包括长江中下游在内的我国华东、华南等稳定大陆地壳成为我国重大工程项目，尤其是核电工程的首选地区。对于稳定大陆地壳地震构造特征的研究和认识，也为我们遴选重大工程厂址、合理确定设计地震动参数提供了重要的科学基础。

1997年以来，我们首先在地震科学联合基金“江淮地区地壳现代破裂网络与潜在震源区的关系研究”（1997年8月~1999年7月）资助下进行了与本书内容相关的研究工作。后来，在国家重点基础研究发展规划项目“大陆强震机理与预测”子课题“华北地区最新构造变动及其块边断裂系强震复发模型”（1999~2003年）和地震行业科研专项“核电厂地震安全问题研究”子专题“弥散地震区划分及中强地震发震构造鉴定技术研究”（2007年10月~2009年9月）的支持下，得以对中强地震构造标志进行持续性的探索。其中，特别得益于2004年以来，在中电投江西核电有限公司、中国核电工程有限公司、深圳中广核工程设计有限公司、大唐国际发电股份有限公司江西分公司、大唐华银核电项目筹建处、中国电力工程顾问集团华东电力设计院、国电江西电力有限公司、中国国电集团公司华中分公司、国电巢湖核电筹建处和上海核工程研究设计院等单位支持下，我们在长江中下游地区先后负责完成了江西（彭泽、峡江、万安等）、湖南（常德、桃花江、大唐华银等）、安徽（宣城、巢湖等）、湖北（大畈）等核电项目初步可行性研究阶段地震地质调查或可行性研究阶段地震安全性评价的工作，工作经费达三千余万元，使得我们能够对一些断裂活动性及典型震例开展较为深入细致的调查。我们对于长江中下游地区地震构造的研究前后跨度二十余年，其中的一些新资料、新认识已经应用到中国第五代地震动参数区划图（GB 18306—2015）的地震构造图编制与潜在震源区划分中。

基于我们过去二十多年来在长江中下游地区的工作，本书提供了较丰富的实际资料。在此基础上，对中强地震孕育发生的地震构造特征进行了比较全面的研究。本书编写的总体思路是：在介绍长江中下游地区地震地质环境特征，并给出现今构造动力学模式图的基础上（第一章），针对与稳定大陆地震构造相关的不同问题，从中选择典型地区分别进行解析，不同区段的研究侧重点也不相同。例如，我们以江淮地区为例，从布格异常、断裂构造与水系密度等方面，对中强地震孕育发生的深浅部构造耦合关系与解耦现象进行了解剖（第二章）。在第四纪盆地及其地震活动特征方面，我们主要以洞庭湖盆地为例，在全面梳理断裂活动性的基础上，结合第四纪沉积学特征，给出了洞庭湖盆地第四纪演化序列与构造动力学模式，为分析老年期断裂及其发震能力提供了第一手资料（第三章）。在基岩区断裂活动性鉴定方面，我们通过断层泥显微构造研究，分析了中强地震发震构造在断裂活动性方面的识别标志（第四章）。典型震例则是在对江西瑞昌–铜鼓地震群、安徽铜陵中强地震群进行剖析的基础上，也介绍了 1979 年 7 月 9 日溧阳 6 级地震、1917 年 1 月 24 日安徽霍山 6 1/4 级地震、1932 年 4 月 6 日麻城 6 级地震等地震构造特征，强调了大别山地区地震构造的新生性，对地震构造复杂性与成带性问题进行了讨论（第五章）。最后，根据长江中下游地区地震构造特征，提出了一种新的中强地震构造模型，即老年期断裂模型；根据中强地震构造标志及地震构造模型，给出了长江中下游地区未来地震危险区预测图（第六章）。

在这一过程中，我们也陆续发表过一些论文（韩竹军等，2002，2003，2006，2011a，2011b，2018；Han et al.，2003；向宏发等，2008；Han et al.，2012；郭鹏等，2018）。先后参加与本书内容相关工作的科技人员包括：韩竹军、周本刚、徐杰、钱琦、袁仁茂、周庆、冉洪流、向宏发、陈国光、计凤桔、李传友、于贵华、张秉良、冉勇康、张晚霞、李正芳、安艳芬、郭鹏、董绍鹏（中国地震局地质研究所）；邬伦、田原、叶燕林（北京大学地球与空间科学学院）；曾建华、欧阳承新、姚成华、肖和平、陈东旭（湖南省地震局）；卢福水、陈家兴、曾新福、陈浩、高建华、汤兰荣（江西省地震局）；刘保金、姬计法、谭雅丽、徐朝繁、王洪宁、郭新景、李春周（中国地震局地球物理勘探中心）和翟洪涛、童远林、郑颖平、赵鹏（安徽省地震局）等。参加本书各章节编写或协助编写的主要人员有：韩竹军、邬伦、徐杰、郭鹏、曾建华、卢福水等。全书由韩竹军负责统撰、修改、补充和最终定稿，郭鹏协助完成了书稿校核与修订。

鉴于我们才疏学浅，本书撰写过程也是一波三折，也曾想放弃。想起二十余年许多科技人员的共同努力和辛苦工作，想起工作过程中兄弟单位的鼎力支持与愉快合作，想起许多在地震科研领域长期耕耘的资深专家和学者在繁忙工作之余的拨冗指导与热情帮助，想起湖南省地震局以燕为民、刘家愚、欧阳承新等为代表的同仁对地震事业的热诚和执着，想起地震构造格局在地震危险区识别以及地震预测中的基石作用，我们抱着抛砖引玉的想法，硬着头皮完成了本书的撰写。

感谢张裕明、汪一鹏、高孟潭、常向东、陈国星、徐锡伟、谢富仁、俞言祥、田勤俭、周荣军、胡奉湘、燕为民、王建荣等专家的指导和帮助！感谢在现场调查工作中，核电项目的业主单位提供的多方面协助！感谢北京大学地球与空间科学学院、湖南省地震局、江西省地震局、中国地震局地球物理勘探中心和安徽省地震局等兄弟单位以及中国地震局地质研究所有关部门的大力支持和积极配合！本书的一些内容利用了一些其他工程场地地震安全性评价工作资料和成果，挂一漏万，我们向所涉及的单位和个人表示感谢！

目　录

绪　论

根据 Johnston 及其合作者定义的稳定大陆地壳类型（stable continental crust），除了古老地盾和地台外，可以看作稳定大陆的还有年龄大于1亿年的造山带、被动大陆边缘以及一些古老的、已经停止发育的裂谷或凹陷带等（Johnston and Kanter，1990；Johnston，1992）。据此，约有三分之二的大陆地壳可归属为稳定大陆。

在稳定大陆的地壳类型上，我国华北地台是个例外。地台是相对于地槽的一个概念，两者简称为槽台说，基本不涉及现代海洋的构造和演变，具有一定的局限性。现在一般用克拉通（craton）代表大陆地壳上长期不受造山运动影响且相对稳定的构造单元，作为地盾和地台的统称。如翟明国（2010）、朱日祥等（2012）认为华北克拉通失去稳定性的根本原因是克拉通破坏，早白垩世西太平洋板块俯冲是导致华北克拉通破坏的外部因素和驱动力。在新构造运动时期，华北克拉通表现出大规模的火山活动和大地震，丧失了一般克拉通所具有的地壳稳定性。秦岭-大别山作为扬子陆（板）块与华北陆（板）块之间碰撞型造山带的观点，已被越来越多的研究者所接受（许志琴等，1986；杨巍然等，1991；王思敬等，1995；张国伟等，2001）。以往槽台说划分的构造单元，似已难适应秦岭-大别造山带地质构造及其演化解释的需要。然而，要在充分吸收和深入分析这些成果的基础上，以板块构造观点编制一幅比例尺较大的大地构造单元划分图并作相关的论述，的确并非易事。鉴于本书主要讨论稳定大陆地震构造，大地构造只是作为一个地质背景予以简单介绍，因此，本书仍根据槽台说的认识，论述区域地质构造及其演化的基本特征（任纪舜等，1999）。在太平洋板块和印度板块的共同作用下，虽然华北地台中北部地区在现今构造运动中表现出强烈的构造活动和地震活动（韩竹军等，2003），但华北地台南部及其与扬子地台、秦岭-大别山褶皱带相邻的地带则仍可看作稳定大陆地壳，在地理位置上属于长江中下游地区。

大约50Ma以来，印度板块与欧亚板块的碰撞产生了一个几千千米宽的构造活跃地区，除了青藏高原及其周缘地带，也波及中亚地区以及远至北边的贝加尔湖（Tapponnier and Molnar，1977；Tapponnier et al.，1982；张培震等，2014）。相对于稳定大陆地壳，在板块边界及受板块碰撞形成的数千里宽的褶皱、断陷和活动块体边界，比较直观地构成了活跃大陆地壳（Johnston and Kanter，1990；Johnston，1992）。在此类地区，一般可以对大震与活动构造之间的相互关系、复发规律等开展系统而详细的研究，通过总结地震构造特征，划分地震危险区段，并评价地震危险性（马宗晋等，1982；Schwartz and Coppersmith，1984；国家地震局《鄂尔多斯周缘活动断裂系》课题组，1988；国家地震局地质研究所和宁夏回族自治区地震局，1990；丁国瑜等，1993；闻学泽，1995；McCalpin and Ishenko，1996；徐锡伟等，2002）。中国是一个深受大陆地震（continental earthquake）之害的国家。虽然中国的陆地面积仅占全球陆地面积的1/15，但中国的大陆地震则占全球陆地地震的1/3。由于大陆地震多为浅源地震，破坏性强，陆地又为人类生活栖息的地方，1900 年以来中国死于地震的人数达到全球的 1/2 以上。对大陆地震的监测预报和科学研究一直是我国地震工作的中心任务，迄今为止，中国地震局已召开过四次以大陆地震为主题的国际研讨会。“八五”计划以来，中国地震科学工作者通过开展一系列重大项目的科研攻关，如“地震重点监视防御区活动断裂带 1∶5 万地质填图及综合研究”、国家重点基础研究发展规划项目“大陆强震机理与预测”、地震行业科研专项“中国地震活断层探察——南北地震带”、国家科技支撑课题“特大地震危险区识别及危险性评价方法研究”等，在活动构造研究领域与地震危险性评价方面取得了丰硕的成果，深化了对大震发生构造条件的认识。但与此相比，对于中国东部像长江中下游这样的稳定大陆地壳的地震构造研究工作较为薄弱。

长江中下游地区是我国中强地震孕育发生的典型地区（丁国瑜和李永善，1979；陆镜元等，1992；韩竹军等，2002）。对于中强地震的定义，各国和各地区不尽相同。我国使用的“里氏震级”（M_S）为国际通用震级标准。一般而言，将 $M_S<3.0$ 的地震称为弱震或微震；$3.0\leqslant M_S<4.5$ 的地震称为有感地震；$4.5\leqslant M_S<6.0$ 的地震称为中强震；$6.0\leqslant M_S<7.0$ 的地震称为强震；$7.0\leqslant M_S<8.0$ 的地震称为大地震；$M_S\geqslant 8.0$ 的地震称为巨大地震或特大地震。本书的中强地震包括上述中强震和强震两个级别的地震。由于 $M_S>4.7$ 的地震称为破坏性地震，因此，考虑到对公共安全及重大工程的影响及其社会意义，我们着重研究的中强地震震级范围为 $4.7<M_S<7.0$。研究地点为长江中下游及其邻近地区（东经 111°～120°、北纬 27°～34°）。该范围西以江汉-洞庭盆地西侧一线为界，北至淮北-宿迁一带，南抵江汉-洞庭盆地、鄱阳湖盆地南侧，东达常州、泰州等城市，在这个东西长约 860km、南北宽约 780km 的范围内，截止到 2019 年 8 月，历史上没有发生过 7.0 级以上的强震，但中强地震（$4.7<M_S<7.0$）活动频繁，共发生 38 次 4.7～4.9 级地震，65 次 5.0～5.9 级地震，10 次 6.0～6.9 级地震。由此可以看出：长江中下游地区既不像一些地震活动强烈的地区，中强地震构造特征被一些大震或特大地震构造所掩盖，也不像在华南一些地区中强地震活动稀疏的弱活动背景上很难总结出中强地震构造标志，为研究稳定大陆地壳中强地震构造特征较为理想的场所。

然而，对于稳定大陆地壳地震构造的研究仍然是一项探索性很强的课题（丁国瑜和李永善，1979；Johnston，1992；周本刚和沈得秀，2006；高孟潭等，2008；Leonard，2014），造成这一困境的主要原因包括如下三个方面：一是稳定大陆地壳的发震构造特征不明显（Chung and Brantley，1989；1995；Schweig and Ellis，1994；韩竹军等，2002），有些发震构造埋藏很深（Wesnousky and Scholz，1980；Crone et al.，1985；Johnston and Kanter，1990；Wheeler and Johnston，1992），甚至可能是中生代及之前断裂构造的重新活动（Dentith et al.，2009），在地表很难被鉴别出来。对于长江中下游地区而言，基本上不发育晚更新世以来的活动断裂。二是在一些可能孕育大震或特大地震的地区，此类发震构造的地震复发周期很长，一般在数万年甚至数十万年以上（Crone et al.，1997，2003；Clark et al.，2012；Whitney et al.，2016）。三是从世界范围来看，在许多地区沿着此类断层没有小震活动，因此，在破坏性地震发生之前，很少或几乎没有前震（Johnston and Kanter，1990）。尽管如此，许多研究者对于稳定大陆地壳地震构造及其动力学环境特征提出了不少有建设性的观点，这些看法总结起来可以概括为以下两种基本模型，一是老断裂活化模型；二是新破裂网络模型。

Johnston 和 Kanter（1990）、Wheeler（1995）、Brantley 和 Chung（1991）、Talwani（2014）等通过对美国中东部、加拿大、印度、中国、澳大利亚及其他全球一些稳定大陆地壳地震构造特征的研究，认为稳定大陆地壳的 $M \geqslant 7.0$ 的地震主要发生在被动大陆边缘以及古老且停止发育的裂谷带。这里面也包括福建、广东及海南等沿海地带的一些大震，如1604年泉州海外7 1/2级地震和1918年广东南澳7 1/4级地震的构造背景可以归属为稳定大陆地壳中的被动大陆边缘，而1605年海南岛琼山7 1/2级地震和1969年7月26日阳江6.4级地震的构造背景为已经消亡的裂谷带。也就是说，稳定大陆地壳的最大地震似乎并不是任意发生的。为此，Johnston 和 Kanter（1990）提出了老断裂重新活动，即老断裂活化模型对此类地震的动力学机制进行了解释。该观点认为：稳定大陆地壳中的老断层或者一些老构造带在现今构造活动中属于构造薄弱带，板块边缘向稳定大陆地壳传递的构造应力易于在这些构造薄弱带形成应力积累，并以地震方式进行释放。在地震活动强度上，大震主要发生在挤压性质的动力学背景；在拉张性质的稳定大陆地壳，断裂构造易于受到破坏，不易积累更大能量，主要表现为频繁的小地震或中强地震，而不易发生大震。Chung 和 Brantley（1989）、Chung 等（1995）从裂谷或断陷盆地中断裂重新活动的角度，对1984年南黄海 $M_S6.3$ 地震以及1974年、1979年溧阳 $M_S5.5$、$M_S6.0$ 地震的发震构造特征进行了解释。

丁国瑜和李永善（1979）认为现今地壳破裂网络，即新破裂网络模型控制了长江中下游这样稳定大陆地壳的中强地震活动特征。通过对地震活动、地质构造、地貌以及卫星影像等方面资料的分析，丁国瑜和李永善（1979）发现在我国的广大范围内普遍存在着一个规则的、现代正在活动的地壳网络破裂图像。这一正在活动的地壳破裂系统的特征是：它既受不同地质时期的新、老断裂构造的控制，又有其新生的特点。在苏、鲁、皖、鄂、豫以及黄海一带，地震活动较密集地区的边界明显地受北东和北西向控制。徐杰等（1997，2003）对其中的北西向构造带新生性进行了研究。韩竹军等（2002）借助地理信息系统（GIS）的空间数据处理能力，通过对布格重力异常数据的处理，勾画出了江淮地区北东向和北西向两组布格重力异常梯级带，从深部构造方面佐证了地壳网络状构造的存在，并且与中强地震分布存在密切关系。在美国加利福尼亚州东部，Roquemore（1980）根据科首山（Coso Range）地质填图结果，认为该地区存在一套广泛分布的共轭断裂系统。Bhattacharyya 等（1999）通过对科首山地区1996年 $M_L5.3$ 地震和1998年 $M_L5.2$ 地震的震源机制解及余震分布特征研究，认为这两次地震的发震构造为呈垂直相交的共轭断裂。

与老断裂活化模型相比，新破裂网络模型最主要的特点是存在一套正在活动的、发展中的最新破裂系统，该系统不但控制着稳定大陆地壳的地震活动，也影响着地壳活跃地区的大震分布特征。丁国瑜和李永善（1979）也讨论了中国乃至全球尺度上的地壳现代破裂网络。方仲景（1986）、张四昌和刁桂苓（1995）、王绳祖和张流（2002）给出了华北最新共轭剪切图像。显然，这两种理论模型存在着本质性区别，从这种模型出发有可能导致不同的未来地震危险区判定结果。

多年来，不少研究者在长江中下游地区开展过断裂活动性、深浅部构造耦合关系、第四纪盆地发育特征以及典型震例等方面的研究，这些都为我们分析和解剖长江中下游地区地震构造特征奠定了较好的基础。在长江中下游地区断裂活动性研究方面，主要工作集中在郯庐断裂（南段）、霍山-罗田断裂、麻城-团风断裂和茅山断裂等一些区域性大断裂或者可能与 $M \geqslant 6$ 的地震相关的断裂构造上（谢瑞征等，1991；王清云等，1992；胡连英等，1997；姚大全等，1999，2003，2006；姚大全，2001；雷东宁等，2012；晁洪太等，1994；沈小七等，2015）。在深浅部构造耦合关系方面，肖骑彬等（2007）通过在大别造山带东部横穿超高压变质带的一条 NNE 向剖面大地电磁测深资料的分析解释，获得了关于沿剖面的地壳上地幔二维电性结构，在大别地块与北淮阳构造带之间的电性分界面正好对应桐城-磨子潭断裂，该断裂呈波状舒展的复杂构造现象，延伸至上地幔，说明深浅部构造之间耦合关系的存在。刘启元等（2005）通过对横跨大别造山带、长约 500km 的二维地震台阵观测剖面研究，也揭示了该地区深部构造带的存在。基于浅层地震勘探资料、钻孔验证以及年代学样品的测试分析，对于一些隐伏断裂活动性也获得了新认识（韩竹军等，2006，2011a，2011b；侯康明等，2012a，2012b）。由于区内断裂活动性普遍较弱，总体上对第四纪沉积的控制作用不明显，许多断裂分布在前新生代基岩区，采用断错地层年代测定等常规方法有时很难达到鉴定此类断裂活动性的目的（史兰斌等，1996）。断层泥是断裂活动的直接产物（Sibson，1986），记录了断裂活动性质、方式和历史等信息（马瑾等，1985；张秉良等，2002；Schleicher，2010），可以用来研究基岩区断裂活动性（林传勇等，1995；姚大全，2001；付碧宏等，2008）。断层泥与中强地震构造背景下的断裂活动也存在密切关系。例如，大别山东北部的霍山地区历史上曾发生过 6 次破坏性地震，最大地震为 1917 年霍山 6 1/4 级地震，构造上发育 6 条呈共轭交切关系的北西向和北东向断裂（韩竹军等，2002），姚大全等（1999）的工作表明，这 6 条基岩断裂上均发育断层泥条带，并对断层泥微观滑移方式与断层活动时代、活动方式及地震活动的关系进行了研究。我们以江西中北部两条发生过中强地震的断裂为例，采用显微构造方法，开展了基岩区断裂活动性鉴定和中强地震发震构造判定（韩竹军等，2018）。

第四纪盆地与地震活动密切相关（鄢家全和贾素娟，1996）。有历史记载以来，在湖南省境内共发生过 $M \geqslant 4.7$ 的地震 18 次，其中有 11 次发生在洞庭湖盆地周缘边界带及其附近，其中包括两次震级最大的历史地震，即 1631 年常德 6 3/4 级和 5 3/4 级地震。长期以来，洞庭湖盆地第四纪以来地质构造特征、演化过程与成因机制备受研究者关注（蔡述明等，1984；张石钧，1992；张晓阳等，1994；薛宏交等，1996；皮建高等，2001；张人权等，2001；梁杏等，2001；来红州等，2005）。由于洞庭湖盆地是一个继承性活动的第四纪盆地，一些学者从更长的时间尺度探讨了该盆地构造演化特征（徐杰等，1991；姚运生等，2000；戴传瑞等，2006）。近年来，柏道远等（2009，2010）对洞庭湖盆地构造活动与沉积作用的横向差异性进行了研究。在这些工作中，通过应用第四纪地质和地貌学方法，根据第四系岩相和厚度变化、水体变迁等，对洞庭湖第四纪以来的演变过程提出了不少有意义的认识。例如，在第四纪洞庭湖盆地构造属性方面，景存义（1982）认为现今洞庭湖盆地为断陷作用所致；杨达源（1986）认为洞庭湖盆地第四纪为拗陷盆地；梁杏等（2001）、皮建高等（2001）认为早、中更新世为盆地的断陷阶段，晚更新世以来进入拗陷阶段；柏道远等（2010）以澧县凹陷为例，认为早更新世—中更新世中期具断陷盆地性质，中更新世晚期以来具拗陷盆地性质。我们曾以常德-益阳-长沙断裂和岳阳-湘阴断裂为例，从断裂活动性的精细定量研究着手，研究了洞庭湖盆地第四纪以来的地质构造特征、构造属性以及中强地震发生的构造标志（韩竹军等，2011a，2011b）。

1971 年中国地震局成立以来，长江中下游地区发生了两次规模较大的破坏性地震，即 1979 年 7 月 9 日发生在江苏省溧阳西南的 M_S6.0 地震和 2005 年 11 月 26 日发生在江西省瑞昌市与九江县交界处的 M_S5.7 地震。目前对 1979 年溧阳 M_S6.0 地震的发震构造还没有较为统一的看法。叶洪等（1980）、高祥林等（1993）、胡连英等（1997）认为此次地震的发震构造为北东向茅山断裂；谢瑞征等（1980）提出了 1979 年溧阳地震主要与北西西向南渡-溧阳断裂有关；而侯康明等（2012a）基于茅山山前大量浅层物探资料以及钻探和地震地质调查结果，认为此次地震是沿着一条北北东隐伏断裂孕育发生的。关于此次地震发震构造的性质也存在不同意见，如叶洪等（1980）在研究了 1979 年溧阳 6.0 级地震及其余震的震源机制解基础上，分析认为该地震是在北东东向挤压应力作用下，沿着北东向的茅山断裂带发生了右旋走滑兼有正断层性质的错动，这也与胡连英等（1997）沿着该套地层与前新生代地层分界线开挖的探槽剖面上揭示的断层性质一致。Chung 等（1995）利用长周期 P 波、SH 波及短周期远震 PD 波的波形数据，确定了此次地震具有逆冲分量的走滑震源机制。

2005 年 11 月 26 日 8 时 49 分，瑞昌市与九江县交界处发生的 M_S5.7 地震，是 1806 年江西会昌发生 6 级地震以来，江西境内震级最大、死亡人数最多、损失最大、灾害最严重的地震。一些学者从地震学、地质学等方面对 2005 年九江-瑞昌 5.7 级地震的发震构造进行了研究（吕坚等，2007，2008；王墩等，2007；李传友等，2008；Han et al.，2012；汤兰荣等，2018），但对发震构造的认识分歧还较大。例如，吕坚等（2007，2008）、汤兰荣等（2018）根据此次地震序列精定位结果，认为此地震是由瑞昌盆地内的一条北西向洋鸡山-武山-通江岭推测断裂引发的，但该断裂只是推测性的，未发现该断裂存在的地质地貌证据。王墩等（2007）和李传友等（2008）则认为此次地震是瑞昌盆地西北边界北东向丁家山-桂林桥断裂引发的，但该断裂与主震震源机制的节面解及地震序列的精定位剖面特征均不吻合（吕坚等，2007，2008）。曾新福等（2018）、江春亮等（2019）笼统地认为瑞昌-武宁断裂作为发震构造更为合理。我们在地质地貌调查和分析的基础上，在震区开展了详细的浅层人工地震勘探工作；通过浅层物探解译，初步确定隐伏断裂位置、规模和上断点埋深，并进行钻探验证；根据断裂活动性的综合研究结果，并结合此次地震的震源机制解、小震精定位和地震烈度等值线分布特征等，对九江-瑞昌 M_S5.7 地震的发震构造提出了新的认识；从区域地震构造背景探讨了此次地震孕育发生的构造条件。结合孕震构造和发震构造的认识，提出了此次地震的深浅部构造关系模型（Han et al.，2012）。

从上面的分析可以看出：对于长江中下游地区一些典型震例认识上的分歧一方面反映了稳定大陆地震构造研究的难度，另一方面可能也与地震构造复杂性有关。由于中强地震一般不产生明显的地表断错现象，因此，中强地震发生的构造标志比较模糊（高孟潭等，

2008)。在过去的地震构造研究中，大都把注意力集中在6.5级以上的大地震，对中强地震发生的构造标志以及构造环境研究相对薄弱，导致在地震危险性分析中，往往把中强地震的潜在震源区范围划得很大，甚至采取提高本底地震震级的方法来处理（鄢家全等，1996)。这种不确定性，对于中强地震活动区的工程抗震设计地震动的参数影响较大（韩竹军等，2002)。尽管如此，不同学者从不同侧面对这些典型震例的分析解剖，对于深入认识稳定大陆地震构造特征奠定了较好的基础。

第一章　区域地震地质环境

第一节　区域地质构造

长江中下游地区在区域地质构造中，主要涉及槽台学说划分的华北（准）地台、扬子（准）地台、秦岭-大别褶皱系、胶苏褶皱带和华南加里东褶皱带（图1-1）。其中胶苏褶皱带是秦岭-大别褶皱系东端被郯庐断裂往北错移的部分。对于扬子地台，大家看法比较一致；关于地台之南的华南地区，则有弧沟系（郭令智和施央申，1986）、华夏岛弧系（车自成等，2002）以及在加里东褶皱带中分出海西褶皱带（杨巍然和杨森楠，1985）等观点。不少研究者认为秦岭-大别山是扬子陆（板）块和华北陆（板）块之间俯冲-碰撞型的造山带（许志琴等，1986；杨巍然等，1991；王思敬等，1995）。这里仍根据槽台说的认识（任纪舜等，1999），并参考有关省地质志（浙江省地质矿产局，1989；安徽省地质矿产局，1987；江苏省地质矿产局，1984；河南省地质矿产局，1989；湖北省地质矿产局，1990；江西省地质矿产局，1984；湖南省地质矿产局，1988），论述区域地质构造及其基本特征。

一、大地构造环境

区内地质构造具有漫长而复杂的演化历史。自新太古代以来主要分为嵩阳（Ar_3）、大别或中条（Pt_1）、晋宁（Pt_2-Pt_3^1）、加里东（Z-Pz_1）、海西-印支（Pz_2-T_2）、燕山（Mz）和喜马拉雅（Kz）共七个构造旋回。前3个旋回基本是地槽全面发育及早期陆核和陆块形成时期，加里东和海西-印支旋回是地台和地槽并存发育时期，燕山和喜马拉雅旋回为活动大陆边缘（板块构造体制）构造形成时期。

华北地台的结晶基底最终形成于古元古代末期的吕梁（凤阳）运动。中-新元古代于地台南缘发育古裂谷并逐渐扩展成秦岭地槽，其中大别地块是从华北地台裂离出来的构造块体。扬子地台的结晶基底是新元古代中期的晋宁运动形成的。两台地之间的秦岭地槽由北向南先后经加里东运动和海西运动相继褶皱回返，三叠纪晚期的印支运动使南秦岭残留洋盆封闭，全面褶皱形成秦岭-大别褶皱系，并将南北两边的地台连接成中国东部大陆的主体部分。此后，全区进入板块构造体制的活动大陆边缘构造发育的新阶段。燕山期经历了中生代裂陷运动及其间几次构造反转作用的改造，而郯庐断裂在侏罗纪和白垩纪时受一次次南东-北西向挤压作用，由前期形成的左行韧性剪切带发育成左旋平移性质的脆性破裂带，将原为秦岭褶皱带东端组成部分的胶苏褶皱带和扬子地台的有关部分向北大致错移到现今的位置。

华南褶皱带由加里东运动形成并拼接到扬子地台，从而构成统一的大陆。晚古生代至

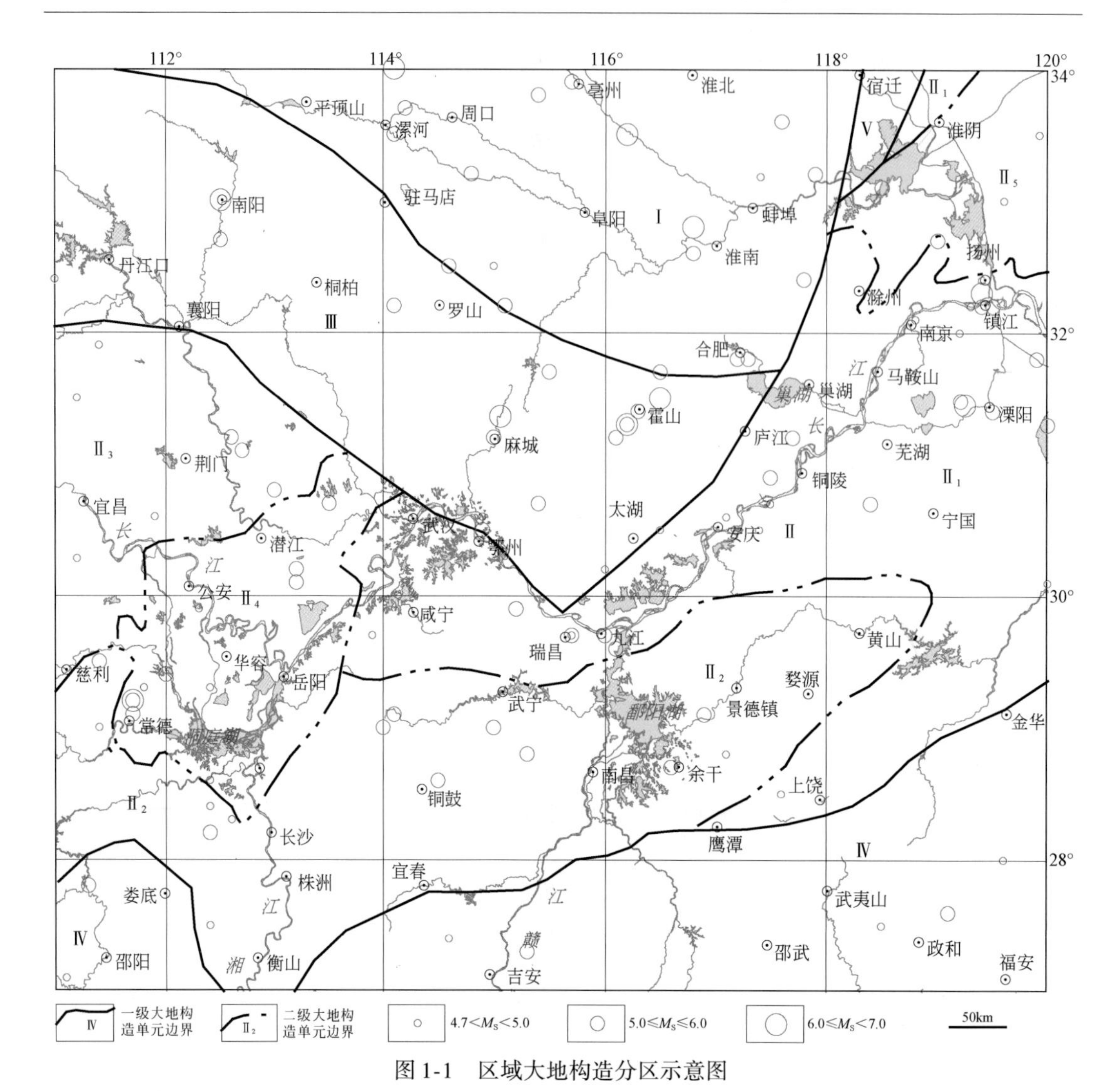

图 1-1　区域大地构造分区示意图

Ⅰ. 华北地台；Ⅱ. 扬子地台：Ⅱ$_1$. 下扬子台拗，Ⅱ$_2$. 江南台隆，Ⅱ$_3$. 八面山台褶带；Ⅱ$_4$. 江汉-洞庭湖裂陷盆地；Ⅱ$_5$. 苏北裂陷盆地；Ⅲ. 秦岭-大别褶皱系；Ⅳ. 华南褶皱带；Ⅴ. 胶苏褶皱带

中三叠世，该大陆整体沉降而接受了盖层沉积。此后进入板块构造体制的活动大陆边缘构造发育阶段，经历了中生代裂陷运动及其间构造反转作用的强烈改造；新生代构造运动显著减弱，以块断运动为主要方式。喜马拉雅期，新生代裂陷作用产生了一些断陷和拗陷盆地，其中以苏北裂陷盆地规模最大，但它早已结束了古近纪强烈断陷的历史而进入了新近纪以来整体缓慢沉降的后裂陷阶段。

二、大地构造分区及其基本特征

区域地质构造单元的划分和研究，实际上是研究构造发育的“共性”和“个性”及其之间的相互关系。构造分区主要依据如下原则：把地质构造发育过程中性质截然不同或发生突变的构造旋回，如地槽、地槽转为地台或地台发育过程，作为划分一级构造单元最基本的准则；以一级构造单元发育历史中内部建造和构造特征的差异作为划分二级构造单元的依据。由于长江中下游地区主体部分位于扬子地台，因此对扬子地台进行了二级构造单元的划分（表1-1）。

表1-1　工作区地质构造单元划分简表

一级	二级
华北地台（Ⅰ）	
扬子地台（Ⅱ）	下扬子台拗（$Ⅱ_1$）
	江南台隆（$Ⅱ_2$）
	八面山台褶带（$Ⅱ_3$）
	江汉-洞庭湖裂陷盆地（$Ⅱ_4$）
	苏北裂陷盆地（$Ⅱ_5$）
秦岭-大别褶皱系（Ⅲ）	
华南褶皱带（Ⅳ）	
胶苏褶皱带（Ⅴ）	

（一）华北地台（Ⅰ）

华北地台是我国最古老的陆块之一，早在3800Ma BP就已开始了大陆地壳发育的历史（Liu et al.，1992），古元古代末期的中条（大别或吕梁）运动形成地台统一的结晶基底。中-新元古代工作区及相关地区形成古裂谷，堆积以基性、中-酸性火山岩和海相沉积岩为主，厚达6000～8000m；寒武纪—中奥陶世沉积海相碳酸盐岩夹泥质岩建造，厚约2000m；中石炭世—三叠纪为海陆交互相-陆相含煤岩系。中—新生代发育断陷盆地，堆积陆相碎屑岩和火山岩。

（二）扬子地台（Ⅱ）

扬子地台基底最终形成于新元古代中期的晋宁运动，它具双层结构，下层双溪坞群，由一套浅变质火山岩和复理石碎屑岩组成，上层基底为磨拉石-硬砂岩-复理石-硬砂岩、陆相钙碱性火山岩建造。其构造线以北东向为主。地台盖层按建造特征可分加里东和海西-印支两套构造层。加里东构造层从震旦系到志留系为碳酸盐建造、笔石页岩建造及碎屑岩复理石建造、类复理石建造，分布广，厚度大。海西-印支构造层包括泥盆系—中三叠统，主要是单陆屑建造、碳酸盐建造、含煤单陆屑建造和碳酸盐建造。印支运动使盖层强烈变形。此后进入大陆边缘强烈活动阶段，断块运动伴随大规模岩浆活动和陆相沉积，并发育了不同方向的中、新生代构造盆地。

（1）下扬子台拗（$Ⅱ_1$）。近EW至NE向分布于江南台隆的东北缘。震旦纪和早古生代是相对稳定的陆表海沉积环境，震旦系属河流-冰川-海洋泥砾粗碎屑岩，寒武—奥陶系为碳酸盐岩，志留系是砂页岩。晚古生代地壳活跃，泥盆系—二叠系基本是石英砂岩、砂页岩、碳酸盐岩和含煤地层，但不同地区发育情况相互有异。早—中三叠世最后一次海侵接受了碳酸盐岩和碎屑岩沉积。此后下扬子台拗受到印支、燕山和喜马拉雅运动的改造，其中以燕山运动更为强烈，形成 NEE 和 NWW 向的褶皱系，并伴有中酸性岩浆活动。

（2）江南台隆（$Ⅱ_2$）。呈 NEE 向分布于地台的南部，南以新化-洞口断裂和萍乡-广丰断裂与华南加里东褶皱系相接，北部大致以慈利-大庸断裂和崇阳-德安断裂同八面山台褶带和下扬子台拗相连。它是一个长期发育的隆起带，中元古界双桥山群和冷家溪群以及新元古界板溪群、落可崠群等变质岩系广泛出露。它们变形强烈，形成紧密线性和同斜倒转褶皱，轴向近 EW-NE 向。台隆的组成和构造具有鲜明的非对称性。其西北翼，震旦系和下古生界是以碳酸盐岩为主的浅水台地沉积；东南翼华南褶皱系一侧，该地层则为砂泥质复理石深水沉积。西北翼变形不及东南翼强。晚古生代—中三叠世地层基本缺失。中—新生代发育上叠的断陷和拗陷盆地。

（3）八面山台褶带（$Ⅱ_3$）。北接秦岭-大别褶皱系，东与江汉-洞庭湖裂陷盆地相邻。区内基底岩系埋藏较深，震旦纪—中三叠世的沉积盖层发育比较齐全。印支运动在区内主要反映为褶皱变动，形成一系列走向 NE—NEE—EW 向的褶皱，组成略向 NW 突出的弧形褶皱带，岩浆作用弱，断裂不发育。后来的燕山运动又叠加发育了 NNE 向的褶皱，有时伴有同走向的断裂。该区新生代改造作用不明显。

（4）江汉-洞庭湖裂陷盆地（$Ⅱ_4$）。这是叠置发育于八面山台褶带和江南台隆等几个构造单元之上的一个大型裂陷盆地，故盆地基底构造复杂。工作区内仅是盆地的南部。盆地构造发育经历了早-中白垩世拱升张裂，晚白垩世和古近纪断陷及新近纪以来拗陷三个基本演化阶段。第一和第二阶段发育了一系列缓倾铲状和平面状正断裂及其控制的断陷盆地（地堑或凹陷），总体显示盆-岭构造特征。南部是一些 NE 向断裂控制的凹陷，组成洞庭湖拗陷，北部是一些 NW 至近 EW 和 NE 向断裂控制的凹陷，组成江汉拗陷。两拗陷之间为华容隆起，它们总体构成江汉-洞庭湖裂陷盆地。中始新世—早渐新世是裂陷作用最盛时期，强烈断陷的同时伴有多期基性岩浆喷溢。古近纪末裂陷作用消失，盆地挤压抬升，地层明显褶皱和断裂变形，同时全面遭受剥蚀。从新近纪起进入拗陷阶段，中新世盆地整体缓慢下沉接受沉积，上新世抬升遭受剥蚀，第四纪复又缓慢下沉，接受河、湖和沼泽相沉积，形成现今的冲-湖积平原。洞庭湖拗陷白垩系和新生界一般厚 2000 ~ 3000m，最厚在沅江凹陷有 5000m，其中新近系和第四系厚 100 至 400 余米。

（5）苏北裂陷盆地（$Ⅱ_5$）。苏北盆地和南黄海盆地是新生代裂陷过程中成因上紧密相关的两个盆地，可称苏北-南黄海裂陷盆地。盆地的北界是江阴-响水断裂。苏北盆地分盐阜拗陷和东台拗陷及两拗之间的建湖隆起（图 1-1）。盆地构造发育已经历了晚白垩世—古近纪裂陷（断陷）和新近纪以来后裂陷（拗陷）两个主要阶段。

裂陷阶段该区在强烈的区域北西-南东向拉张作用下，形成一系列由北东至北东东向正断裂控制的断陷盆地（凹陷），如盐城凹陷、高邮凹陷等。它们多为南断北超的半地堑，往往成带分布，相应组成北东东向展布的盐阜拗陷和东台拗陷。拗陷间隔以建湖隆起，总体呈拗隆相间、多凹多凸的复式盆-岭构造系统。凹陷中堆积以河相和河湖相沉积，古近系一般厚 2000 ~ 4000m。古近纪末期的三垛运动，使盆地挤压抬升而被剥蚀均夷。新近纪起盆地区整体下沉，广泛充填和被覆以河湖相为主的新近系，第四纪海水入侵，沉积了河湖相、海陆交互相和滨海相地层，新近系和第四系厚一般 1000 ~

1200m，最厚1800m左右。

（三）秦岭–大别褶皱系（Ⅲ）

秦岭–大别褶皱系为我国中部一条规模巨大的近东西向构造带，北与华北地台相接，南和扬子地台相壤，是印支运动及其之前多旋回发育的地槽褶皱带。其中的大别地块原是华北地台基底的组成部分。中—新元古代华北地台南部裂离解体，而将大别地块分裂出来，并逐渐发育成秦岭洋，此后在长期不均衡多旋回的演化过程中，分别以晋宁、加里东、海西和印支运动为主要转折，相应部分相继褶皱回返，最后经印支运动使之全面褶皱回返而成秦岭–大别褶皱系，把华北地台和扬子地台连成统一的中国东部大陆。在中、新生代，与南北两侧地台一起经受到裂陷作用的改造。

（四）华南褶皱带（Ⅳ）

早古生代及其以前是奠基于陆壳之上的陆内冒地槽带（任纪舜等，1990），从震旦纪至志留纪堆积了一套砂泥质复理石的深水沉积岩系。加里东运动使之褶皱回返，同时伴以岩浆活动和区域变质作用。晚古生代初经强烈侵蚀、剥蚀均夷后下沉为陆表海，中泥盆世—中三叠世地层发育良好，为碳酸盐和碎屑岩沉积。印支运动使盖层及其下伏的基底发生变形，形成NNE–NE向褶皱和断裂。燕山和喜马拉雅期主要表现为块断活动，形成一些规模不等的断陷和拗陷盆地，对前期构造有明显的改造作用。

（五）胶苏褶皱带（Ⅴ）

它西邻郯庐断裂，东南边以淮阴–响水断裂与扬子地台相接。该褶皱带主要由胶南群（Ar_3^2）和五莲群（Pt_1^1）或东海群（Pt^1）等变质杂岩组成。由于组成胶苏褶皱带的变质杂岩在岩石组成、变质作用和变质时代上与秦岭–大别褶皱系可以对比，它们都普遍遭受到印支期高压变质事件的改造，而且榴辉岩的成岩时代一致，故认为胶苏褶皱带和秦岭–大别褶皱系，是在印支运动使秦岭–胶苏一带地槽全面褶皱回返并拼接扬子和华北地台的过程中形成的同一褶皱带。后因郯庐断裂左旋平移活动而被错开为东西两部分。

三、构造演化概况

总体来说，长江中下游地区自中元古代起地质构造的演化主要经历了晋宁、加里东旋等5个构造旋回，相应构成地槽、地台和地槽并存及大陆边缘构造带三大发展阶段，最终造就了现今的区域地质构造格局。

（一）晋宁旋回

中元古代该区处于边缘海槽，沉积了巨厚的活动型火山–杂陆屑复理石建造。末期的武陵运动（四堡运动），使冷家溪群强烈变形和一定规模的酸性岩浆侵入。

新元古代早期，扬子及其以南的华南地区仍属强烈活动的地槽发育环境，沉积了活动型的类复理石建造。末期的晋宁运动（雪峰运动）使“扬子地槽”全面褶皱回返，发育一系列 NE–NEE 走向的线性褶皱和断裂，同时有花岗岩类侵位和区域变质作用，形成扬子地台的结晶基底。

（二）澄江–加里东旋回

震旦纪—志留纪时，被广泛剥蚀均夷的扬子地台整体沉降而成为陆表海，在相对稳定的沉积环境中发育以海相沉积为主的地台盖层型的沉积建造，“江南台隆”总体上为水下隆起。其南边的华南地槽继续发育。末期的加里东运动使华南地槽褶皱回返，与扬子地台拼合，从而结束了地槽发育历史。

（三）海西–印支旋回

晚古生代初华南加里东褶皱系遭受强烈的剥蚀均夷后，随同扬子地台一起下沉，除“江南台隆”外全境成为陆表海，发育沉积盖层，沉积环境由海相变化到海陆交互相直至陆相。三叠纪晚期的印支运动是工作区乃至我国东部一次重要的构造运动，它不仅使地台和褶皱系上的海西–印支构造层及下伏岩系发生褶皱和断裂，而且使北边的秦岭残留洋最后封闭，秦岭–大别褶皱系最终形成，把扬子和华北地台连为一体，构成我国东部统一的大陆。

（四）燕山和喜马拉雅旋回

印支运动之后，该区随同我国东部大陆进入太平洋活动大陆边缘构造发育的新阶段，经受了中、新生代裂陷作用的深刻改造。燕山旋回早期在南北向区域挤压作用下，地层强烈变形，发育北东向褶皱和逆断裂，同时伴以中酸性岩浆作用。从白垩纪起断裂拉张活动，控制了一些断陷盆地的发育。到喜马拉雅旋回，白垩纪的盆地大多延续到古近纪，其中以江汉–洞庭湖盆地规模最大，岩浆作用表现为拉张环境的基性岩浆侵入和喷发。古近纪晚期区域挤压隆升，盆地消亡，普遍遭受侵蚀、剥蚀均夷而广泛准平原化，形成鄂西期夷平面。新近纪和第四纪则以山区块断差异抬升和江汉–洞庭湖盆地相对沉降为主要特征。

第二节　区域新构造特征

一、新生代地层与地貌发育概况

长江中下游的干流汇合了沿途大小支流由西向东“九曲回肠”地穿过该区。盆地和河谷中新生代地层发育，它们所展现出的复杂地形地貌特征表明其地貌类型的多样性，但主要分湖盆沉降平原地貌、山地地貌和河谷（长江）地貌。

（一）新生代地层发育概况

（1）古近系和新近系。古近系主要发育于江汉–洞庭湖盆地、苏北盆地和鄱阳湖盆地及山区的一些断陷或拗陷盆地中，岩性上为一套河湖相砂泥岩夹膏盐沉积，局部地区有火山岩。新近系主要分布于江汉–洞庭湖盆地和苏北盆地中，为一套棕红、灰绿、灰白、棕黄色粉砂–粗砂岩、砂质黏土、粉砂质泥岩多次互层，局部夹玄武岩的地层。在长江两侧的一些低山丘陵地带，如江苏江宁方山、南京雨花台、六合灵岩山、安徽和县施家桥、铜陵等地，也常见新近系，为一套河湖相–洪积相和火山堆积层。

（2）第四系。主要分布在江汉–洞庭湖盆地及其边缘地带、苏北盆地、鄱阳湖盆地以及长江、淮河水系的谷地等（图1-2），其沉积环境变化很大，岩性非常复杂。中、下更新统多出露于低山丘陵地带，上更新统主要出露于山麓地带和平原地区的河流两岸；全新统组成宽阔的平原。区内第四系代表性地层名称如表1-2所示。

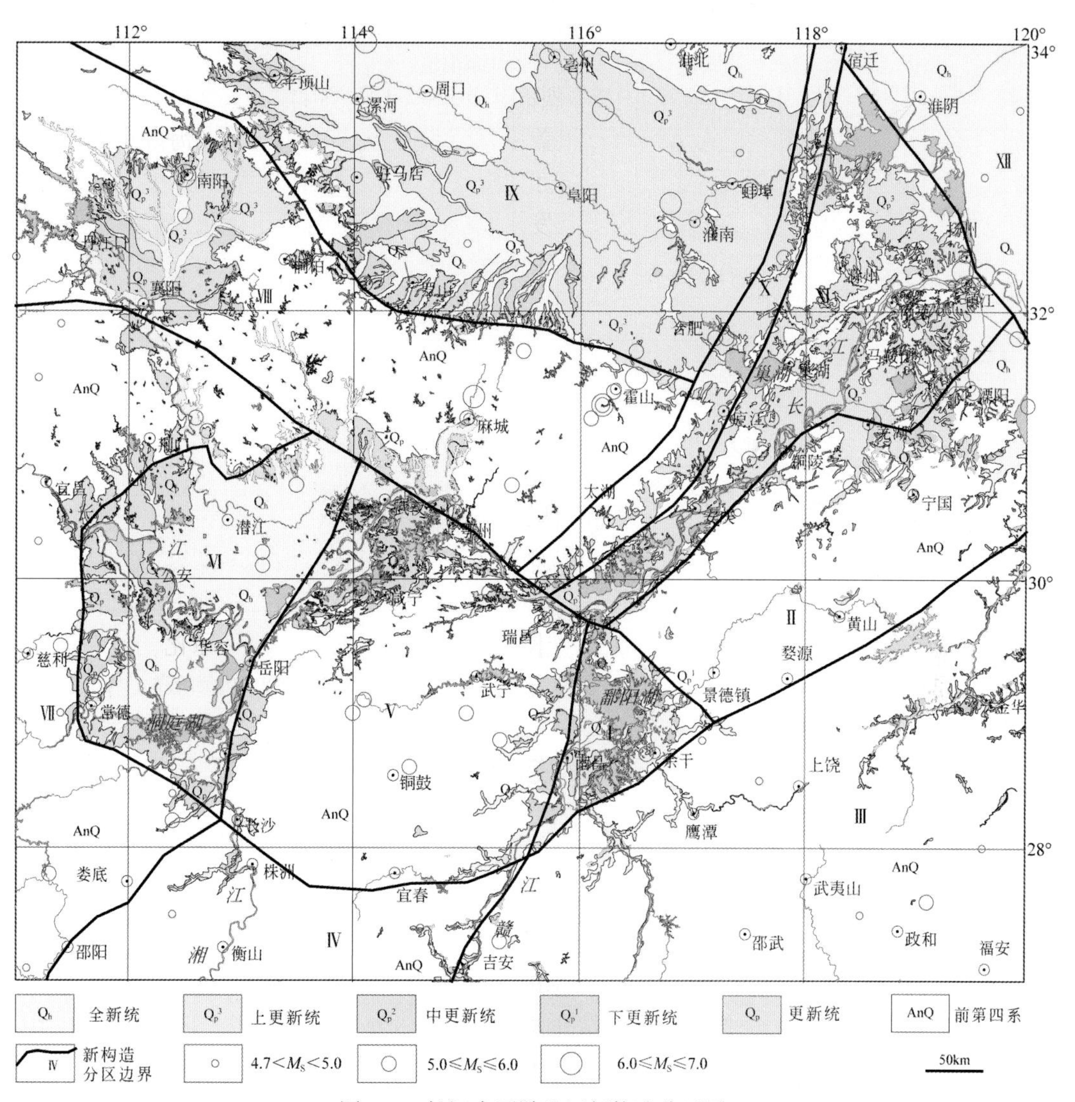

图1-2　长江中下游地区新构造分区图

（分区名称及编号见表1-3）

表 1-2　长江中下游地区第四系划分简表

<table>
<tr><th colspan="2" rowspan="2">地区
地层
时代</th><th rowspan="2">江汉拗陷
汉水流域</th><th rowspan="2">洞庭湖
拗陷</th><th rowspan="2">鄱阳湖
盆地</th><th colspan="3">安徽</th><th colspan="2">江苏省</th></tr>
<tr><th>皖北</th><th colspan="2">皖东南</th><th>其他
地区</th><th>苏北
盆地</th></tr>
<tr><td colspan="2" rowspan="3">全新世</td><td rowspan="3">平原组</td><td rowspan="3">全新统</td><td>赣江组</td><td rowspan="3">丰乐镇组</td><td colspan="2" rowspan="3">芜湖组</td><td rowspan="3">全新统</td><td rowspan="12">东台组</td></tr>
<tr><td>凹里组</td></tr>
<tr><td>联圩组</td></tr>
<tr><td rowspan="9">更新世</td><td rowspan="2">晚更
新世</td><td rowspan="2">宜都组</td><td rowspan="2">下蜀组</td><td>新港组</td><td rowspan="2">戚咀组</td><td rowspan="2">檀家
村组</td><td rowspan="2">铜山
镇组</td><td rowspan="2">下蜀组</td></tr>
<tr><td>柘玑组</td></tr>
<tr><td rowspan="5">中更
新世</td><td rowspan="5">善溪窑组</td><td>马王堆组</td><td rowspan="3">进贤组</td><td rowspan="5">泊岗组</td><td rowspan="2">戚家
矶组</td><td rowspan="2">陶杏组</td><td rowspan="5">泊岗组</td></tr>
<tr><td>白沙井组</td></tr>
<tr><td>陈家嘴组</td><td rowspan="3">马冲组</td><td rowspan="3"></td></tr>
<tr><td>新开铺组</td><td rowspan="2">大姑组</td></tr>
<tr><td>黄牯山组</td></tr>
<tr><td rowspan="2">早更
新世</td><td rowspan="2">云池组</td><td>汨罗组</td><td rowspan="2">鄱阳组</td><td rowspan="2">豆冲组</td><td rowspan="2">朱冲组</td><td rowspan="2">银山村组</td><td rowspan="2">豆冲组</td></tr>
<tr><td>湖仙山组</td></tr>
</table>

资料来源：安徽省地质矿产局（1987）、湖南省地质矿产局（1988）、湖北省地质矿产局（1990）、江西省地质矿产局（1984）和江苏省地质矿产局（1984）。

表 1-3　长江中下游地区新构造分区表

编号	名称
Ⅰ	南京-安庆谷地-丘陵差异隆起区
Ⅱ	皖南低山-丘陵隆起区
Ⅲ	武夷山断块隆起区
Ⅳ	湘赣断块隆起区
Ⅴ	幕阜山-九岭山隆起区
Ⅵ	汉江-洞庭湖拗陷区
Ⅶ	武陵山-雪峰山断块隆起区
Ⅷ	大别山中低山隆起区
Ⅸ	淮北平原弱沉降区
Ⅹ	郯庐断裂带
Ⅺ	南京-安庆谷地-丘陵差异隆起区
Ⅻ	苏北平原拗陷区

（二）各类地貌特征

区内地貌类型多，但总的分平原、丘陵-山地两大类。与江汉-洞庭湖沉降平原地貌截然不同，周围丘陵-山区由于相对间歇性抬升，发育有夷平面和河谷阶地等表征的层状地貌面。

1. 湖盆沉降平原地貌

1）江汉-洞庭湖平原

洞庭湖平原和紧密相连的江汉平原组成江汉-洞庭湖平原，亦称两湖平原，基本分布于江汉-洞庭湖盆地及其北缘地带。上新世末，分布广泛的山原期准平原基本形成（谢明，1990），第四纪初地壳开始抬升，此时长江三峡初步贯通，宜昌附近的古长江从此获得长江上游地区大面积的汇水（杨达源，1988；谢明，1990），滔滔奔流入江汉-洞庭湖盆地，同时汇集其他河流，使其成为一个巨大的淡水湖泊，古代称为“云梦泽”。由于长江及湘、资、沅、澧、汉水等支流携带的大量泥沙等碎屑物质不断沉积，逐渐形成了冲-湖积平原。平原上河网交织、湖泊密布、水流交叉纷乱多变，河道曲折。这些水系和湖泊及其泛滥沉积所反映的特征，表明这里具有内陆三角洲的性质。

2）鄱阳湖冲积-湖积平原

鄱阳湖地区第四纪初是丘陵起伏的山间盆地，早期赣江由南向北在丰城一带进入盆地，再沿湖口-新干断裂通过湖口断裂谷地与长江相通。这条穿越丘陵的大谷地，南部比较宽敞。第四纪以来它相对下沉，逐渐成为长江湖口以南的鄱阳湖冲积-湖积平原，面积20000km^2，海拔50m以下，其中鄱阳湖水域面积3583km^2，是我国最大的淡水湖。它“高水是湖，低水似河”，堤防、围垸、河渠交织，湖泊众多。

3）黄淮-苏北平原

淮河平原和苏北平原之间虽偶有沿郯庐断裂分布的丘陵所隔，但它们都是由淮河和黄河冲积作用而成，且总体连成一片，故可统称为黄淮-苏北平原。它总体向东南倾斜，河流多由西北而东南流。淮北平原位于淮河以北和徐淮丘陵之南，淮河蜿蜒其中，平原地面平坦、宽阔，海拔高一般20～40m。苏北平原主要由淮河和黄河冲积而成，海拔数米至20m左右。平原上河道较少。苏北平原与长江三角洲之间大致以通扬运河为界。

2. 丘陵-山地

丘陵-山地大多以平原为中心呈环带状分布。如江汉-洞庭湖平原，地面坦荡，海拔20～40m。平原边缘为海拔200～500m的平岗低丘地带，主要由白垩系和古近系组成，地形切割强烈，属侵蚀剥蚀地形。其外围转变为低-中山区，北面分布着大别山，西南为北东向的武陵山，南有北东向的雪峰山，东是北东向的九岭山、幕阜山。大别山地NW-SE向分布，一般海拔400～500m，高峰白马尖海拔高1774m。幕阜山和九岭山NE向斜列分布，其间以修水相隔。幕阜山高峰太阳山海拔1656m；九岭山高峰海拔1794m，武陵岩1547m。九岭山余脉的庐山主峰汉阳峰高1474m，耸立于鄱阳湖畔，是新构造差异上升的断块山。在鄱阳湖平原东面为赣东-皖南山地，基本上属于低山丘陵区，大部分海拔200～600m，峦园谷低。个别地区高峰耸立，如黄山、九华山等。九华山、黄山和浙皖边境的天目山，是怀玉山脉的三条平行排列的支脉，山体走向北东。

在研究区东面的丘陵地带主要有江淮丘陵和宁镇丘陵。大江淮丘陵多侵蚀山丘，山丘多为北东-南西走向，东部较高，海拔 100～300m。宁镇丘陵位于南京、镇江、六合等地，为北东和北东东向分布的侵蚀山丘，主要有宁镇山地和茅山丘陵等，海拔 200～400m。山丘之间分布有滁州、和县-无为、宁芜、常州-溧阳等盆地，故有“岭谷式”丘陵之称。

3. *层状地貌面*

1）夷平面

隆起山区分布多级夷平面。在湘中及湘东地区存在七级夷平面，第Ⅰ级夷平面（Y1）形成于古近纪末至新近纪初，第Ⅶ级夷平面（Y7）形成于中更新世。各级夷平面在不同地区分布高程有一定差异，但第Ⅶ级夷平面在各地区分布高程差不大，海拔约 300m。长江北边的大别山地经新生代隆起和剥夷形成霍山（渐新世）和淮南（上新世）两期夷平面。皖南山地发育 3 级夷平面，一级夷平面为峰顶面和山脊面，海拔 1000m 左右；二级夷平面为一区域性剥夷面，海拔 500m 左右；三级夷平面主要分布山前地带和山间盆地，海拔 100～200m。在幕阜山和九岭山发育鄂西期（渐新世）和山原期（上新世）夷平面，海拔分别约为 1500m 和 1000m；在庐山上部存在仰天坪和虎背岭两级夷平面，前者海拔 1320～1370m（马逸麟等，2001）。

2）阶地

根据我们的实际调查，主要介绍长江及赣江、湘江河谷阶地发育特征。

（1）长江

汉口-广济（武穴）长江峡谷段。北岸黄冈一带有四级阶地，分别为 T_4（Q_1^1）60～65m、T_3（Q_2^1）35～40m、T_2（Q_2）20m、T_1（Q_3）4～5m。阶地向南倾，其北面的新洲、黄陂一带逐渐过渡为剥蚀阶地和剥蚀丘陵。南岸沿江广泛分布Ⅰ级阶地，离江较远处才出现Ⅱ阶地。这一河段两岸湖泊较多，它们是长江洪水时的过水湖。鄂城至广济是该段的基岩谷地，为剥蚀区，河流下切强烈，河道狭窄。江两岸是由灰岩和砂页岩组成丘陵和低山。鄂城-广济段基本上是第四纪形成的东西贯通的长江谷地。

广济-铜陵长江宽谷段。该段长江谷地走向 NE，河谷平原宽度不一，九江-黄梅之间 25km，安庆附近宽仅 2.5km。两岸丘陵平行河谷分布，受 NE 向断裂活动控制，断层三角面明显，构造谷地内残山、沉溺北东向线性排列清晰。河谷主要地貌类型有阶地、冲积平原和湖泊。阶地分四级，T_1 相对高度 10～14m，由上更新统组成；T_2 高 20～30m，由中更新统组成；T_3 高 40～50m，由早更新世或中更新世初期的砂砾石层组成，如湖口、彭泽之间的砂山砂层堆积；T_4 高 60～80m，为侵蚀阶地，仅在砂山和黄梅东南见到早更新世的河流相堆积。以上阶地 T_1 和 T_2 分布较广，T_3、T_4 仅局部分布。阶地与河漫滩之间湖泊成群，主要是长江洪水时的过水湖和构造湖。

在彭泽县境内，沿长江南岸局部地段仍残留第四纪早期的阶地，如在香口采石工地至土矶垄一带，可见 4 级长江阶地（图 1-3），其中Ⅰ级阶地（T_1）高出江面 4～5m，Ⅱ级（T_2）高出江面 7～9m，Ⅲ级阶地（T_3）高出江面 18～20m，Ⅳ级（T_4）高出江面 40～45m。其中在Ⅲ级阶地（T_3）分布着一套典型的河流相沉积物。

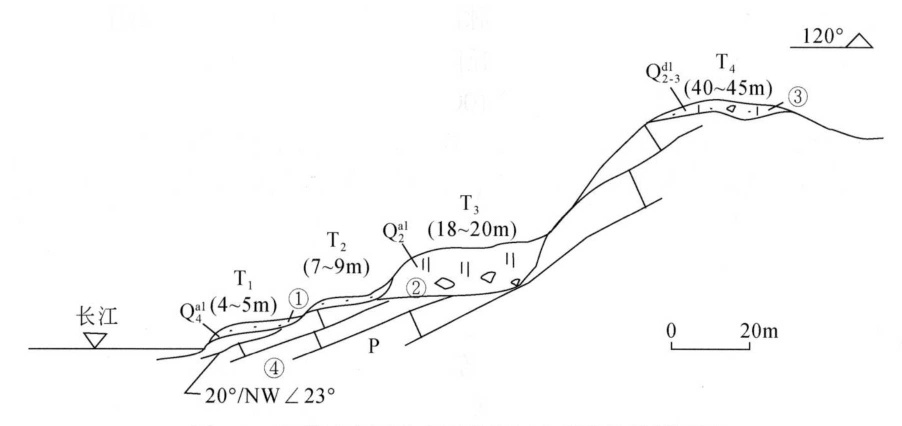

图 1-3　安徽省东至县土矶垄长江南岸阶地横剖面图

①灰色粉砂、细砂层；②网纹黄土与砂砾石互层；③棕黄色含碎石黏土，为残坡积堆积物；④透镜状灰岩

铜陵以东冲积平原段。沿河谷主要的地貌类型为冲积平原，其宽度不一，一般10～20km，芜湖一带宽达40km左右。冲积平原主要为长江Ⅰ、Ⅱ级阶地组成，Ⅰ级阶地高出江面10m左右，由上更新统—全新统组成；Ⅱ级阶地高出江面20m左右，由中更新统组成。除Ⅰ、Ⅱ级阶地构成平原外，沿河谷还有Ⅲ、Ⅳ级阶地零星分布，Ⅲ级阶地高出江面40～50m，由早更新世或中更新世初期的砂砾石层组成；Ⅳ级阶地高出江面60～80m，为侵蚀阶地。沿谷地发育大小不等的众多湖泊，主要是长江洪水时的过水湖。

（2）赣江

在江西省吉水县至峡江县一带的赣江河谷，比较明显的层状地貌面有5级，即1级海拔为120～170m的夷平面（P）和4级赣江河流阶地（图1-4、图1-5）。其中，在剥夷面（P）顶部，一些地段分布有一套灰白色、棕黄色砾石层，由红土及粗砂充填胶结，结构较紧密，其层位可与“赣县砾石层”对比，时代为早更新世（江西省地质矿产局，1984）。赣江正是在该剥夷面（120～170m）的基础上侵蚀下切发育起来的。为此，赣江最高一级阶地（T_4）可能晚于早更新世，属中更新世早期。

在阶地类型上，Ⅰ、Ⅱ阶地属于堆积阶地；Ⅲ、Ⅳ级阶地以侵蚀阶地为主，局部表现为基座阶地。以区内上游河段为例，T_1～T_4海拔依次为42～45m、47～50m、60～65m和80～90m；其拔河高度分别为2～5m、7～10m、20～25m和40～50m。根据区域地质资料、野外对阶地面沉积物观察和部分测年资料，区内的T_4～T_3级阶地分别为中更新世的早、晚期，T_2阶地为晚更新世阶地；T_1级阶地为全新世阶地（江西省地质矿产局，1984）。其中，以T_1级阶地分布最为广泛。虽然不同区段的同级赣江阶地，尤其是低阶地海拔存在2～3m的差异，但拔河高度基本相当。

（3）湘江

如前所述，湘江流域发育≥600m、250～300m和120～150m三级夷平面。其中，较高的一级夷平面（P_1）可能成形于中新世（N_1），较低的2级剥夷面（P_2、P_3）可能分别成形于上新世（N_2）和上新世末-第四纪初（N_2-Q_1）（谢明，1990；李安然等，1996）。

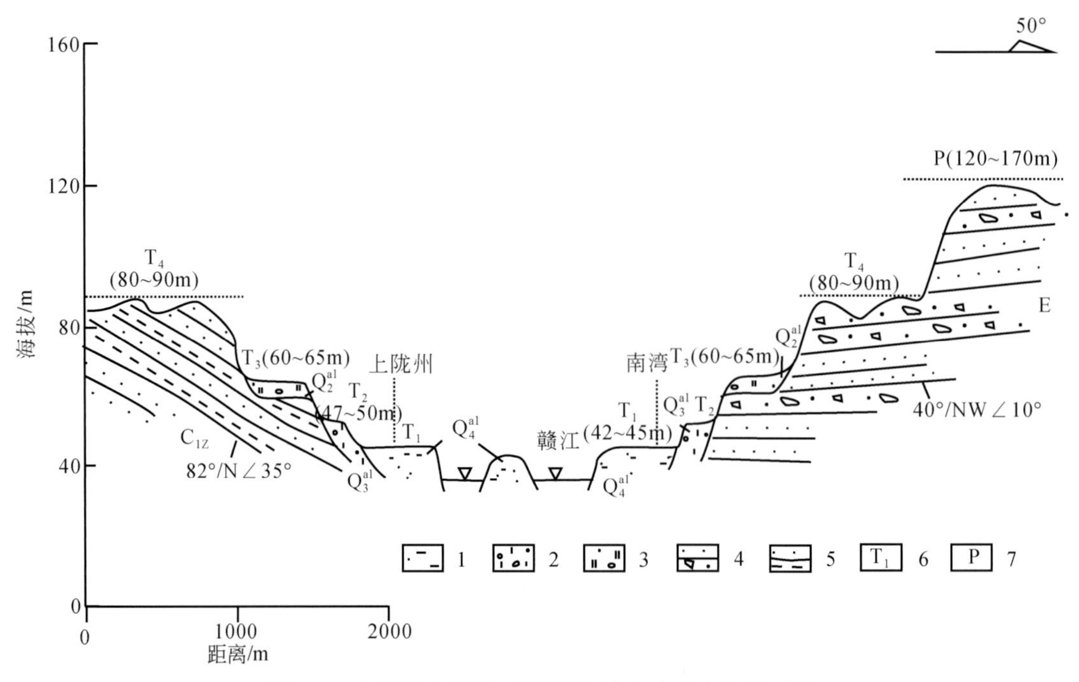

图 1-4　吉水县上陇州–南湾赣江综合地质地貌剖面图

1. 全新统，灰褐色砂质黏土；2. 上更新统，黄色砂质黏土夹细砂层；3. 中更新统，棕红色网纹红土夹砾石层；4. 古近系，紫红色粉砂岩与砾岩互层；5. 石炭系，灰色粉砂质泥岩、砂岩互层；6. 赣江阶地编号；7. 剥夷面编号

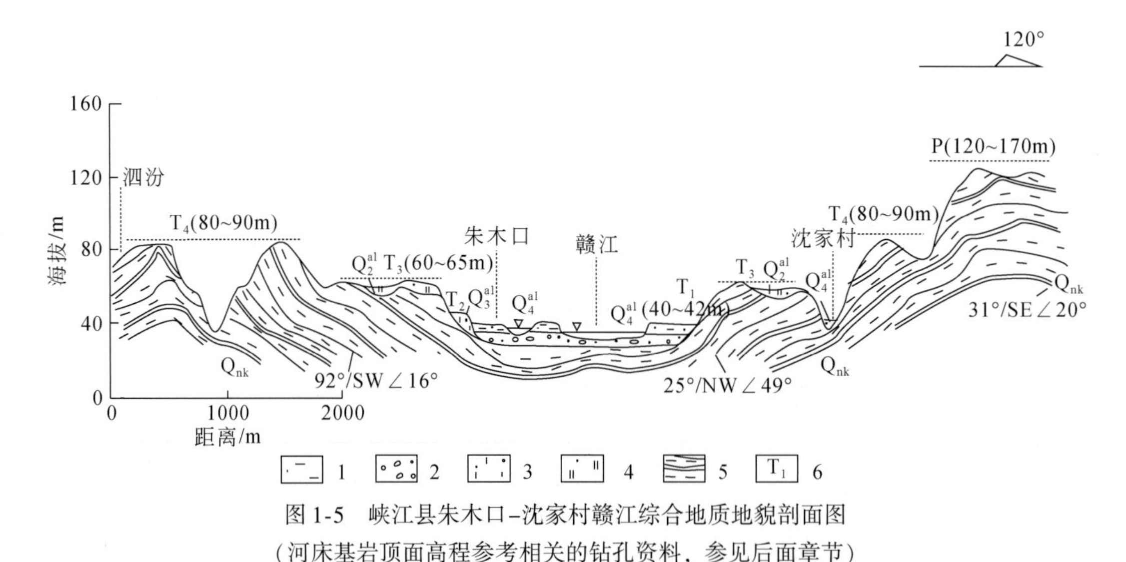

图 1-5　峡江县朱木口–沈家村赣江综合地质地貌剖面图

（河床基岩顶面高程参考相关的钻孔资料，参见后面章节）

1. 全新统，灰褐色砂质黏土；2. 全新统，砂砾石层；3. 上更新统，黄色砂质黏土夹细砂层；4. 中更新统，棕红色网纹红土夹砾石层；5. 青白口系，千枚岩及片岩；6. 赣江阶地编号

湘江正是在最低一级剥夷面（120～150m）的基础上侵蚀下切发育起来的，可分出 5 级河流阶地（图 1-6、图 1-7），湘江最高一级阶地（T$_5$）应晚于早更新世，属中更新世早期。

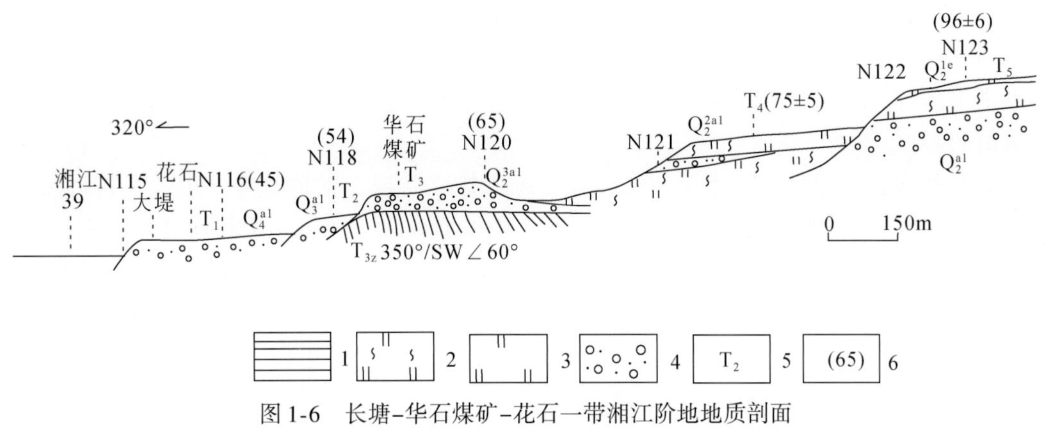

图 1-6　长塘-华石煤矿-花石一带湘江阶地地质剖面

1. 基岩；2. 棕红色网纹红土；3. 棕红色亚黏土；4. 砂砾层；5. 阶地及序号；6. 阶地高程（单位：m）

据野外观察和实地测量，在平山塘西北的长塘-华石煤矿-花石一带，湘江发育5级阶地，Ⅰ、Ⅱ级阶地多为堆积阶地；Ⅲ～Ⅴ级阶地为基座阶地。T_1～T_5拔河高依次为3～5m、10m、20m、35m和60m；其海拔分别为45m、55m、65m、75～80m和100m（图1-6）；在淦田-烟棚子一带见湘江发育4级阶地（图1-7）。在形成时代上，区内的T_5～T_3级阶地分别为中更新世的早、中、晚期，T_2阶地为晚更新世阶地；T_1级阶地为全新世阶地。

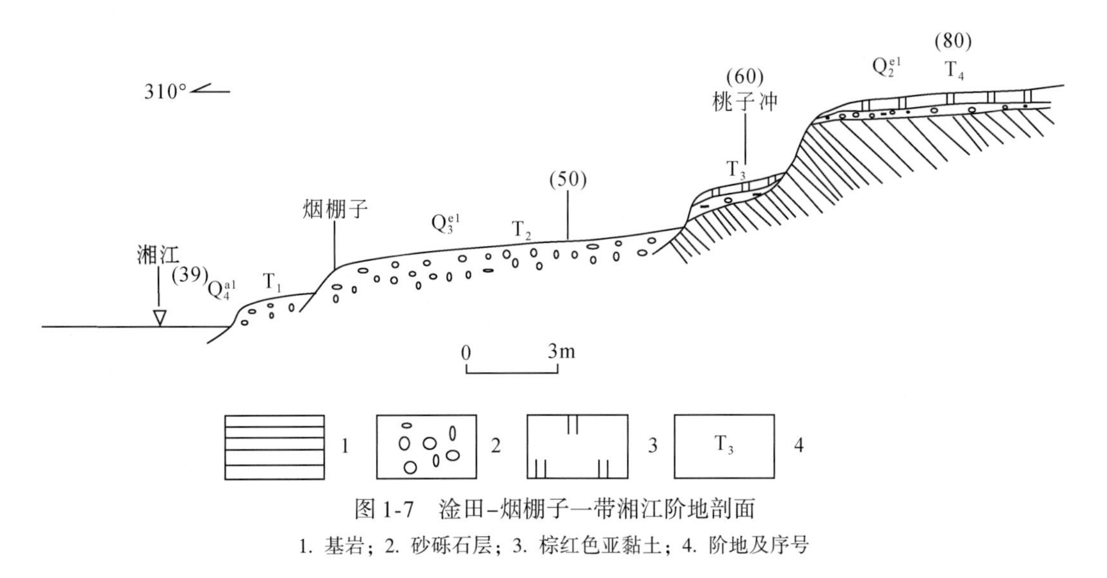

图 1-7　淦田-烟棚子一带湘江阶地剖面

1. 基岩；2. 砂砾石层；3. 棕红色亚黏土；4. 阶地及序号

二、新构造运动的主要类型

长江中下游地区的新构造运动主要有下列几种类型。

1. 拗陷活动与沉降活动

以江汉-洞庭湖盆地、苏北盆地最为明显。在江汉-洞庭湖盆地内，第四系分布广泛，厚度由中部的300～200m向周围变薄，呈现为一个典型的拗陷盆地。这与周缘的断块隆起形成鲜明对照。

苏北盆地古近纪末断陷作用消失，此后进入拗陷阶段，盆地整体下沉，在古近纪盆-岭构造之上叠置发育了一个大型的拗陷盆地，最后形成统一的第四纪超覆盆地，堆积的新近系和第四系厚500～1500m。淮北堆积的新近系和第四系厚150～350m。黄淮-苏北平原是大面积沉降运动的结果。大量的地质钻探、人文时期的考古和现代水准测量等资料表明，黄淮-苏北平原与相连的长江三角洲和沿海堆积陆架平原实为一体。从水系分布和地形标高等表明它具向南东倾斜沉降的特点。

2. 掀斜活动

江汉拗陷的北缘是大洪山南麓的剥蚀台地。在钟祥北边该台地高出江面140m，向南它倾没于晚更新世棕黄色亚黏土（长江泛滥层）之下。该泛滥层棕黄色亚黏土组成的阶地，其相对高度也由北部杨家集一带高20～25m向南至江陵以北降为2～3m，并被近代冲积物覆盖，可见掀斜活动一直持续到晚更新世末甚至全新世。

湘赣之间的幕阜山-九岭山地区也表现向北掀斜抬升。

3. 块断差异升降活动

江汉-洞庭湖盆地东缘和鄱阳湖盆地西缘均有NNE向断裂控制。新构造时期的断块差异升降活动，在两个湖盆地之间形成幕阜山-九岭山断块隆起，据山原期夷平面的上升幅度，它相对抬升200～500m。

在隆起区和沉降区内部也存在一定的差异性活动。如鄂西山区、武陵山-雪峰山和幕阜山-九岭山地区都是隆起区，在隆起的同时存在一定的差异性，以鄂西山区隆起幅度较大。

4. 构造反转

区内的江汉拗陷北部和东部均在中更新世末反转隆起。鄱阳湖盆地的北部和西部于晚更新世以来反转隆起，形成特征性的砂山地貌，并且在湖口-彭泽一带形成高达120m的砂山阶地。在大别山北麓于早更新世末也反转隆起。

5. 断裂活动

断块差异升降活动往往是通过断裂活动来实现的。区内新构造期的断裂活动大多继承了老断裂的轨迹，如分布在大别山中低山隆起区东缘和南缘的北北东向郯庐断裂和北西西向襄樊-广济断裂是区内两条规模最大的断裂。郯庐断裂是一条具有长期演化历史的断裂构造带，沿线现今地貌明显受控于郯庐断裂呈线性延伸。大别山东南麓，沿断裂形成刀切一般的断崖，与长江沿岸的丘陵平原陡然相接。在庐江至郯城段，古老残余山体（张八岭）和岛链状残丘（重岗山-马岭山）沿断裂断续线性分布。襄樊-广济断裂是扬子地台与秦岭-大别褶皱系之间的分界构造；晚白垩世—古近纪，随着江汉-洞庭湖盆地的形成，在推覆体前缘堆积了厚度不等的碎屑沉积。断裂在卫星影像上反映清晰，两侧地貌上存在显著差异。分割江汉-洞庭湖盆地和幕阜山断块隆起的岳阳-湘阴断裂，两侧第四纪沉积厚度相差50m左右。幕阜山-九岭山断块隆起与鄱阳湖盆地之间发育新干-湖口断裂，在南昌附近（赣江西岸）见有断裂切割中更新统网纹红土。

区内还发育北东、近东西和北西向等几组断裂。在活动时代上，郯庐断裂、茅山断裂和霍山-罗田断裂的一些区段存在晚更新世以来的活动证据，但绝大多数为早、中更新世断裂，这也与长江中下游地区整体属于一个稳定大陆地壳相一致。区内主要断裂活动性的基本情况见本章第三节。

6. *岩浆活动*

区内新近纪有两个火山喷发旋回，即中新世洞玄观玄武岩和上新世方山玄武岩。这些玄武岩除在苏北盆地仍有分布外，于定远、嘉山、六合、方山一线在北西向断裂控制下，形成一条长200余千米、宽40km左右的北西向玄武岩带（江苏省地质矿产局，1984）。玄武岩中含有以二辉橄榄岩为主的幔源包体，它们应来自深40～60km的上地幔。

三、新构造运动的发展过程

大致自晚白垩世起，长江中下游地区随同我国大陆东部一起开始经受到新生代裂陷作用。晚白垩世至古近纪是断陷（或裂陷）阶段，在区内形成一系列断陷盆地，其中规模较大的是江汉-洞庭湖盆地、南襄盆地和鄱阳湖盆地，还产生了一系列规模较小的断陷或拗陷盆地。古近纪晚期拉张作用逐渐消失，盆地构造反转，区域表现相对挤压隆升，古近系及所有出露的老地层遭受长期剥蚀均夷，到上新世最终形成分布广泛的准平原（山原期夷平面），当时原始地面约在海拔500m以下。上新世地壳逐渐趋于稳定，外营力以侧蚀均夷作用为主，全区基本缺失沉积，末期形成山原期剥夷面。从上新世末期以来地壳间歇性地块断差异升降活动较频繁，山原期准平原因此而解体，江汉-洞庭湖盆地相对下沉了200～300m，鄱阳湖盆地亦相对下沉50～60m，其他地区抬升200～500m而成为现今的山地。因此可以认为，长江中下游地区的新构造运动，主要表现为新近纪地壳整体缓慢抬升遭受剥蚀均夷而形成山原期准平原，以及第四纪时此准平原受块断差异升降作用而解体的过程。

在研究区东部，晚白垩纪和古近纪时期同样发育了大量的断陷盆地（凹陷）。以郯庐断裂为界，西边盆地少且较分散，以北西和东西走向为主；东边数量多，走向北东至近东西向，大多成带分布而构成苏北裂陷盆地。在此断陷阶段，显示盆-岭构造特征，凹陷堆积数千米厚以河湖相为主的地层，且有多次基性火山喷发。末期地壳拉张作用显著减弱至消失，盆地构造反转，隆起而遭之剥蚀。到新近纪，苏北盆地整体沉降而转为大型的拗陷盆地，与此同时，淮北地区也相应下沉。其他地区表现不同程度的隆升。这期间，断裂尤其是北西向断裂活动比较强烈，对洞玄观期和方山期基性火山活动起到重要的控制作用。第四纪时，苏北和淮北大面积缓慢下沉，在淮河和黄河的冲积作用下，被大量河流相沉积物广覆而成为黄淮-苏北平原。此间有多次海侵，海侵范围大多向西扩展到滨海地带，其中最远向西可达高邮、盱眙和沭阳等地。平原周围的低山丘陵区相对间歇性抬升，遭受多次剥蚀，形成多级侵蚀面和河谷阶地。

四、新构造分区

新构造运动分区主要是根据区域构造地貌、新地层沉积和变形、断裂活动性和地震活动特点等综合反映的新构造运动类型、方式、强度，并结合区域地质构造背景等进行的。长江中下游地区可分出 12 个新构造区（图 1-2，表 1-3）。

1. 鄱阳湖拗陷区（Ⅰ）

鄱阳湖盆地位于江西省北部、长江南岸，是中国最大的淡水湖。赣江、抚河、修水、鄱江、信江五大水系汇入湖区，经湖口注入长江，构成完整的鄱阳湖水系。新构造期，鄱阳湖盆地在某种程度上仍受断裂控制，虽然新近纪与邻区一样处剥蚀状态，但第四纪明显下沉，普通发育第四系，厚度一般为 30～40m，最厚 60～70m，等厚线呈北东东向分布，位于北东东向宜丰-景德镇断裂的北侧，反映了该断裂对第四纪岩相古地理环境仍有一定的控制作用。在鄱阳湖盆地内，第四纪时期西部的沉降幅度大于东部，北部的沉降幅度大于南部。分布在其上的鄱阳湖水域面积 3583km^2，是我国最大的淡水湖。它“高水是湖，低水似河”，堤防、围垸、河渠交织，湖泊众多。

在鄱阳湖周缘发育不同高程的层状地貌面，其中较典型的层状地貌面海拔一般为：12～15m、30～40m、60～70m 和 100～150m。海拔 12～15m 层状地貌面由全新世湖泊相沉积物，属于鄱阳湖湖积台地，形成时代为全新世（Q_4）；海拔 30～40m 的层状地貌面分布范围与鄱阳湖湖积台地相当，该地貌面顶部广泛分布中更新世残积相网纹红土层，形成时代应为中更新世（Q_2），成因上可划分为剥夷面（P_3）；海拔 60～70m 的层状地貌面（P_2）分布范围较小，在鄱阳县古县渡镇西南的阳家湾以及余干县城西边山背至赤岸一带，该层状地貌面顶部分布早更新世地层，故可以认为该层状地貌面形成时代为早更新世（Q_1）。

2. 皖南低山-丘陵隆起区（Ⅱ）

其位于工作区的南部，主要由新元古界和古生界及各期花岗岩组成，其中发育少量中生代盆地沉积，新生代以来以隆起为特征，隆起中心在黄山和天目山一带，总体地势是由光明顶一带向北、北西和南西方向逐渐倾斜。区内发育 3 级夷平面，一级夷平面海拔 1000m 左右，二级夷平面海拔 500m 左右，三级夷平面海拔 100～200m。

3. 武夷山断块隆起区（Ⅲ）

该新构造区以武夷山为主体，由早古生代浅变质岩、晚古生代沉积岩及加里东和燕山期花岗岩组成，山体北东-南西走向，海拔一般为 1000～1500m，最高峰有 2000m 左右，为赣江、闽江流域的分水岭。区内山峰丛立，河谷深切，滴水、飞瀑发育，显示抬升强烈的地貌特色。

4. 湘赣断块隆起区（Ⅳ）

该新构造区主要由早古生代浅变质岩、晚古生代沉积岩，以及加里东期和燕山期花岗岩组成，为中低山和丘陵区，山体北东-南西走向，海拔一般由数百米至千余米。新构造期该构造区大面积抬升，遭受到强烈风化剥蚀。破碎的低山、丘陵围绕着许多大小不等的白垩纪—古近纪红层盆地，沿河盆地与峡谷相间，河流贯穿盆地形成很多规模不大的冲积平原，为该区地形地貌特征。这表明它为整体性抬升以及差异性活动相对较弱的地区。

5. 幕阜山-九岭山隆起区（Ⅴ）

该构造区西界是北北东向沙湖-岳阳-湘阴断裂，北界为北西向襄樊-广济断裂东南段，东界是北北东向新干-湖口断裂。幕阜山、九岭山和罗霄山呈北东向斜列分布，主要由中-新元古代变质岩组成，之间覆以北东向狭长条白垩纪—古近纪盆地沉积。该隆起的北部蒲沂-大冶一带相对稳定，多为海拔100m以下的垅岗平原和沿江泛滥平原。中部为幕阜山地，发育两级剥夷面，鄂西期面海拔1500m，山原期面海拔1000m。东南部为九岭山较强上升区，山原期面海拔1250～1300m。它总体表现向北掀斜升的特点，最大抬升幅度估计200～500m。

6. 汉江-洞庭湖拗陷区（Ⅵ）

该区位于工作区的西北部，四周被隆起区环抱。其构造演化经历了白垩纪—古近纪断陷和新近纪以来拗陷两个基本阶段。古近纪末裂陷作用消失，盆地区相对挤压抬升，地层褶曲并遭受侵蚀。从新近纪起进入盆地整体拗陷阶段。中新世盆地稍向北倾斜下沉，洞庭湖拗陷沉积的洞庭组厚30～150m。上新世盆地整体抬升缺失沉积。到第四纪，盆底又相对下沉，但沉降范围退缩，盆缘出现有白垩系和古近系红层组成的“镶边构造”。中更新世是盆地第四纪沉积的鼎盛时期，普遍发育泥砾层和网纹红土层。晚更新世以来，盆地范围进一步缩小并转向南东微微倾斜下沉，使中更新统在盆缘形成界线分明的台阶，盆地逐渐发育成冲-湖积平原，海拔20～40m，地面坦荡，湖泊星罗棋布，港湾众多，河道时分时合，为一派下沉的地貌景观，唯华容隆起上的桃花山丘地突兀于平原之中。洞庭湖平原堆积了厚200～300m的第四系，古近纪的凹陷对第四系厚度分布仍有一定的控制作用。据沉降区的地貌和第四系分布情况，在工作区内汉江-洞庭湖拗陷区可分为洞庭湖拗陷和华容隆起区2个二级单元，但彼此间的差异活动并不显著。

7. 武陵山-雪峰山断块隆起区（Ⅶ）

东侧以北东向株洲-衡阳-零陵断裂为界，北界大致是北西西向常德-益阳-长沙断裂一线（图1-2），地质构造上属于扬子地台的江南台隆和华南加里东褶皱系，走向北北东—北东向。区内地形分布与构造方向一致，湘、资、沅、澧四水由西南往东北汇入洞庭湖，表明地形具西南高而东北低的趋势；同时，该区西部武陵山属于海拔1000m以上的中低山，向东依次转为低中山和低山、低山和丘陵地形，反映出地形由西向东逐级降低的特点。区内发育5级夷平面和多级河流阶地，同级河流阶地的高程也具自西而东降低的趋势。

8. 大别山中低山隆起区（Ⅷ）

北界为六安断裂，东边界是郯庐断裂。区内主要由新太古界、古元古界和少量古生界及五台期和燕山期等的花岗岩组成，是长期隆起的地区。区内发育3级夷平面，大别山期（K末-E_2）夷平面为峰顶面，分布海拔1500～1800m；霍山期（E_2）夷平面位于大别山夷平面外围，海拔400m左右；淮南期（N_2）夷平面分布在大别山周围的山麓地带，海拔100m左右，基本可与江淮丘陵区的剥夷面相比（陆镜元等，1992）。

9. 淮北平原弱沉降区（Ⅸ）

该区位于宿北断裂与怀远-蚌埠断裂之间，亦为淮北平原。新构造期之前其地质构造复杂。从侏罗纪到古近纪，在北东、北西和近东西向断裂控制下，发育了由颜集、倪丘集、临泉、楚店、陈集、韦集和草沟等一系列断陷组成的阜西、蒿沟和固镇等盆地，堆积的侏罗系至古近系厚1000～3000m。新近纪起盆地随同该区整体下沉，第四纪早期，整个地势保持由南东东向北西西倾斜状态，以湖积和河流冲积为主；自晚更新世起，该区发生反向掀斜活动，即西北部抬升，东南部沉降形成湖区，沿怀远-蚌埠断裂造成低洼地带，这就是淮河的前身。此后在淮河和黄河的冲积作用下，形成现今的淮北平原，并向东扩展而成黄淮-苏北平原。淮北平原海拔20～40m，堆积的新近系和第四系厚100～350m，其中第四系厚数十米至百余米。

10. 郯庐断裂带（Ⅹ）

区内包括郯庐断裂的郯城-巢湖段，由2～5条北北东向断裂组成。该断裂在新构造期仍呈现中间隆起、两侧低洼的狭长地垒式构造地貌形态。整个断裂带以右旋逆平移活动为主，局部为右旋正平移活动。在山东境内，表现为这些主干断裂组成两堑夹一垒的构造格架，进入江苏后主干断裂数量逐渐减少，且被一些北西向断裂切割，在长期的发展演化过程中，断裂表现出明显的分段活动特征。其中以区域北边的安丘-郯城段最为活动，1668年郯城8 1/2级地震就发生在该段上。

11. 南京-安庆谷地-丘陵差异隆起区（Ⅺ）

区内为一些北北东—北东向长条形低山丘陵与河谷平原和盆地相间排列的地貌格局，低山丘陵有张八岭、宁镇山地、茅山丘陵等，河谷平原有长江、滁河等河谷平原，还有芜湖盆地等。山地丘陵与河谷平原和盆地之间常以断裂相隔。山地丘陵一般海拔300～400m，发育有海拔100～200m的早更新世剥夷面或高台地，以及海拔30～50m的晚更新世低台地。河谷平原中以长江谷地平原最发育，一般宽10～20km。它白垩纪和古近纪下沉，新近纪抬升遭之剥蚀，第四纪又有所沉降，发育冲积平原，堆积的第四系一般厚数十米。在河谷平原及其两侧发育4级河流阶地，Ⅰ级阶地相对高程为10～14m，由全新统和上更新统组成；Ⅱ级阶地相对高程为20～30m，由上更新统和中更新统组成；Ⅲ级阶地相对高程为40～50m，由早更新世和中更新世初期的砂砾石层组成；Ⅳ级阶地相对高程为60～80m，为侵蚀阶地，零星分布于沉降区的边缘。Ⅰ级和Ⅱ级阶地分布较广。Ⅰ级阶地与河漫滩之间存在一些大小不等的洼地和湖泊，主要是长江洪水期的过水湖。①

12. 苏北平原拗陷区（Ⅻ）

其位于工作区的东部。苏北平原主体部分属于苏北盆地，晚白垩世和古近纪断陷活动强烈，在一系列北东至北北东向断裂控制下，形成洪泽、阜宁、盐城、高邮和海安等10多个凹陷，相应组成北东东向展布的盐阜拗陷和海安拗陷和其间的建湖隆起。新近纪以来

① 中国地震局地质研究所，中国地震局工程力学研究所，江西省防震减灾工程研究所．2006. 江西核电彭泽厂址可行性研究阶段地震安全性评价报告。

断陷活动基本消失，代之以热沉降和重力调整作用导致的整体拗陷，呈面状堆积以新近系和第四系，厚800~1200m（图1-2），最厚在工作区东边的海安凹陷，达1800m。其中第四系厚100~250m。无论是新近系还是第四系，都是西薄东厚。该区新构造活动西弱东强，地震活动水平似亦如此。

第三节 断裂活动性概述

区内主要断裂的发育和分布与其所在的大地构造单元的演变过程密切相关，如NE—NEE向断裂主要位于扬子地台，是地台基底和盖层构造变形中的产物；NW—NWW向断裂是东秦岭-大别地槽褶皱系形成和发展的结果；而NNE向断裂则多与大陆边缘构造阶段的燕山运动有关。

第四纪时期，在现代构造应力场作用下，区内的一些主要断裂表现出了不同程度的活动性。根据与断裂活动相关的第四纪地层的分布和位错变动、断裂带的发育程度和新的变形带、断层物质测年、地形地貌、卫星影像和地震等资料，分别对各条断裂的活动性进行了综合评价和时代划分，在断裂活动时代分早-中更新世断裂和晚更新世断裂两类断裂。

第四纪时期，在长江中下游地区表现出一定活动迹象的主要断裂共计58条（图1-8）。断裂名称、走向、活动时代及主要证据如表1-4所示。其中，存在晚更新世以来有关活动迹象的断裂段只有3条，它们是郯庐断裂中段、霍山-罗田断裂北段和茅山断裂中段。郯庐断裂南段、霍山-罗田断裂南段以及茅山断裂北段和南段，连同其他55条断裂为早-中更新世断裂。长江中下游地区断裂构造第四纪活动性，与本区中强地震活动强度以及总体上作为一个稳定大陆背景是一致的。

对于早-中更新世断裂，根据鉴定依据的不同，可以分为如下4种类型。由于区内早-中更新世断裂众多，这种区分可以为进一步厘定潜在震源区或未来地震危险区提供较为明确的依据。

一、根据断错早、中更新世地层确定的早-中更新世断裂

在新构造运动差异性活动显著的地区如洞庭湖盆地周缘，一般都发育断错早-中更新世地层的断裂构造，对此，在后面的章节将详细论述。这些断裂一般与中强地震的孕育发生关系密切。

在新构造运动差异性不明显的隆起区内不，对于一条断裂构造带，是否直接断错早、中更新世地层可以作为鉴定中强地震发震构造的一个重要依据。下面以1710年发生过新化5 1/2级地震的新化断裂和1631年发生过5 1/2级地震的邵阳-宁乡断裂为例，论述与中强地震关系密切的断裂构造，表现为存在明确地质证据的早-中更新世断裂。

（一）新化断裂

新化断裂，又称罗家冲-新化断裂，是在古生代褶皱基础上发展起来的一条区域性断裂，总体走向NE—NEE向，区内长65km。该断裂主要发育在古生代和中生代地层中，并切错晚白垩世盆地。

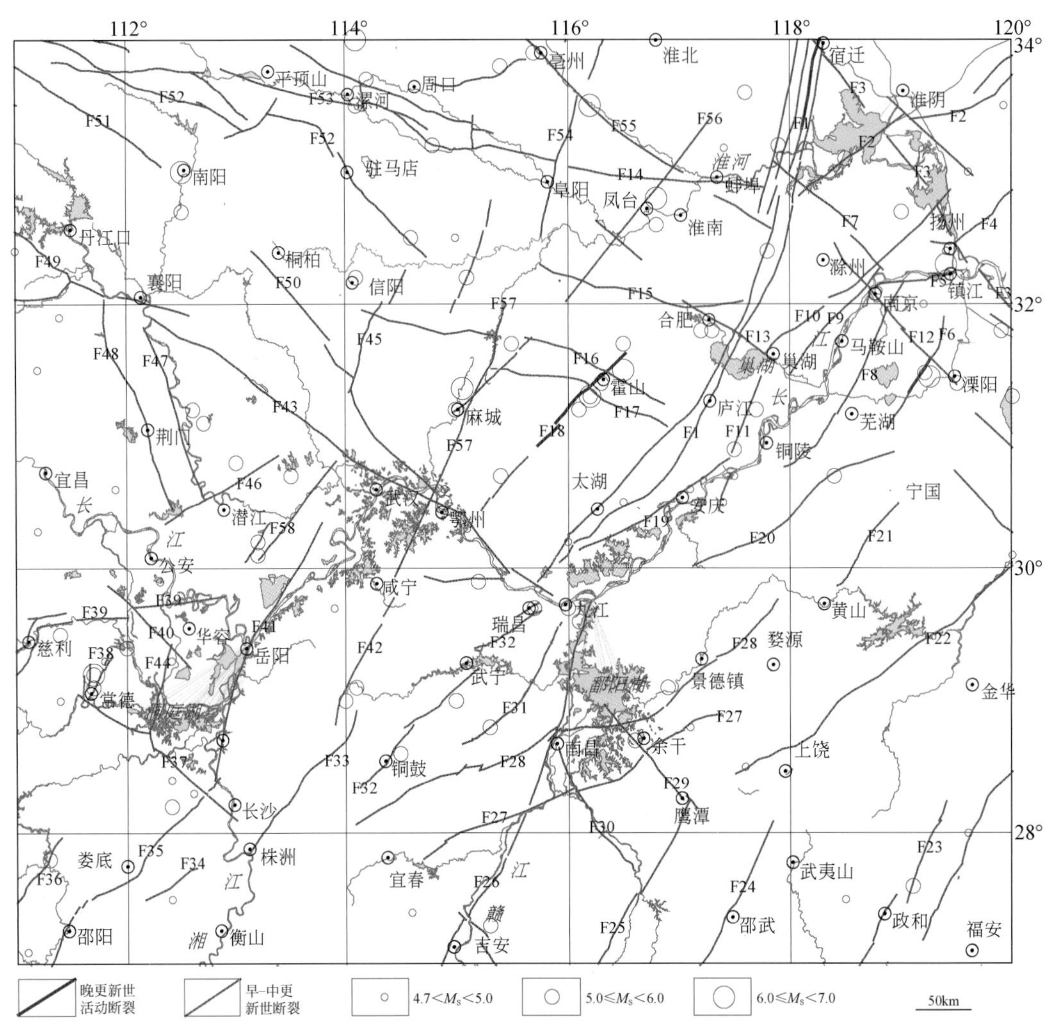

图 1-8　长江中下游地区第四纪主要断裂与破坏性地震（M_S>4.7）震中分布图

地震资料据国家地震局震害防御司，1995，1999；

断裂资料主要来源于江西、湖南、安徽等地核电项目工程报告。

其他主要参考文献包括：江苏省地质矿产局，1984；江西省地质矿产局，1984；安徽省地质矿产局，1987；国家地震局地质研究所，1987；湖南省地质矿产局，1988；马杏垣，1989；湖北省地质矿产局，1990；陆镜元等，1992；晁洪太等，1994；姚大全等，1999，2003；胡连英等，1997；徐杰等，1997，2003

在塔山村东约 400m 的公路西侧，可见在晚白垩世红色砂质泥岩与第四纪砂砾石层呈断裂接触（图 1-9），为了进一步揭示断裂活动特征，沿断面向下延伸的位置开挖了一个长 2.6m、宽 0.6m、深 1.1m 的探槽。主断面产状 350°/SW∠68°，从断裂剖面上的构造分析，可以看出断裂经过多次较强烈的构造活动，至少发育 3 条断面（f1、f2 和 f3）。近断裂处，第四纪砂砾石层普遍遭受到牵引作用，并形成宽 0.5m 左右的构造混杂带。沿断面砾石呈定向排列。从地层接触关系及牵引现象反映的运动学特征均表明这是一条逆断裂，同时存在多次活动的证据，其中 f3 断裂活动时代较晚，并且根据探槽开挖的结果显示该断裂把晚白垩世红色砂质泥岩断错约 2.4m。沿断裂走向追索未见 T_4 阶地面有断层陡坎发育。

表 1-4 长江中下游地区主要断裂及其活动情况简表

编号	名称			区内长度/km	走向	最新活动		地震活动
						时代	证据	
F1	郯庐断裂	中南段	昌邑-大店断裂	160	NNE	Q_{1-2}	地貌,地质和断层物质测年	1868 年、1829 年 5 1/2 级地震
			新沂-泗洪断裂		NNE	Q_3		
			沂水-汤头断裂		NNE	Q_{1-2}		
			郚部-葛沟断裂		NNE	Q_{1-2}		
		南段	庐江-广济断裂	370	NE	Q_{1-2}	断错网纹红土,断层物质测年	3 次 4 1/4 级地震
F2	洪泽-沟墩断裂			205	NE—NEE	Q_{1-2}	地震探测	1642 年 5 级地震
F3	无锡-宿迁断裂			265	NW	Q_{1-2}	地貌	1624 年 6 级地震
F4	泰州断裂			80	NE	Q_{1-2}	地质、地层控制	
F5	幕府山-焦山断裂			70	EW	Q_{1-2}	地震探测,断层物质测年	1913 年、1930 年 5 1/2 级地震
F6	茅山断裂			110	NNE	Q_1,Q_3	地貌,地质	1974 年 5 1/2 级、1979 年 6 级地震
F7	施官集断裂			110	NW	Q_{1-2}	地貌,岩浆活动	
F8	方山-小丹阳断裂			190	NNE	Q_{1-2}	断层物质测年	
F9	江浦-六合断裂			115	NE	Q_{1-2}	浅层地震探测	
F10	滁河断裂			200	NE	Q_{1-2}	地貌	
F11	严家桥-枫沙湖断裂			120	NNE	Q_{1-2}	地貌,断层物质测年	1585 年 5 3/4 级、1654 年 5 1/4 级地震
F12	南京-湖熟断裂			155	NW	Q_{1-2}	地震探测,断层物质测年	
F13	桥头集-东关断裂			95	NWW	Q_2	断层物质测年	
F14	怀远-蚌埠断裂			235	EW	Q_{1-2}	地貌	

续表

编号	名称	区内长度/km	走向	最新活动		地震活动
				时代	证据	
F15	肥中断裂	175	EW	Q_{1-2}	地貌，地质	1954 年 5 1/4 级地震
F16	金寨断裂	270	NWW	Q_{1-2}	地貌，断层物质测年	
F17	桐城-磨子潭断裂	145	NWW	Q_{1-2}	地貌	
F18	霍山-罗田断裂	175	NE	Q_3	地貌，断错地层、断层物质测年	1652 年 6 级、1917 年 6 1/4 级地震
F19	头坡断裂	150	NEE	Q_{1-2}	断层物质测年	
F20	泾县断裂（江南断裂）	195	NEE	Q_{1-2}	地貌	1743 年 5 级地震
F21	绩溪断裂	85	NE	Q_{1-2}	地貌	
F22	萧山-球川断裂	300	NEE	Q_{1-2}	地貌	
F23	政和-大埔断裂	160	NNE	Q_{1-2}	地貌	1574 年 5 1/2 级地震
F24	邵武-河源断裂	135	NNE	Q_{1-2}	地貌	1651 年 5 1/2 级
F25	大余-南城断裂	160	NE	Q_{1-2}	地貌，断层物质测年（321±54）ka	
F26	湖口-新干断裂	330	NNE	Q_{1-2}	断层泥带、控制第四纪地层分布	
F27	丰城-婺源断裂	300	NEE	Q_{1-2}	地貌，断层泥测年及电镜测试分析	455 年余干 5 级地震
F28	宜丰-景德镇断裂	415	NEE	Q_2	地貌，断层泥测年（248±25）ka	1756 年 5 1/2 级
F29	鹰潭-余干断裂	115	NW	Q_{1-2}	地貌，断层物质测年（2096±200）ka、（493±49）ka	
F30	南昌-抚州断裂	130	NW	Q_{1-2}	地貌	

续表

编号	名称		区内长度/km	走向	最新活动		地震活动
					时代	证据	
F31	九江-靖安断裂		180	NNE—NE	Q_{1-2}	断层泥条带、控制第四纪地层分布、地貌反差	1361 年 5 1/2 级,1911 年 5 级
F32	瑞昌-铜鼓断裂		220	NE—NEE	Q_2	地貌、物探及 Q_2 钻探验证	319 年 5 1/2 级、1888 年 5 1/4 级、2005 年 5.7 级
F33	长寿街-永安断裂		155	NE	Q_{1-2}	地貌	
F34	湘乡断裂		60	NEE	Q_2	断错中更新世地层	1931 年 4 3/4 级地震
F35	邵阳-宁乡断裂		195	NE	Q_2	断错中更新世地层	1631 年 5 1/2 级地震
F36	新化断裂		65	NNE	Q_2	断错中更新统	1710 年 5 1/2 级
F37	常德-益阳-长沙断裂	西北段	16	NWW	Q_2	断 Q_2(物探)	
		中段	65	NWW	Q_2	断 Q_2 钻探验证、地貌	
		东南段	90	NWW	Q_2	断错中更新世地层	
F38	太阳山断裂		50	NE—NEE	Q_2	断错中更新世地层	1631 年 6 3/4 级地震,1906 年 5 级地震
F39	澧水-津市-石首断裂		130	EW	Q_{1-2}	地貌、测年	
F40	黄山头-南县断裂		70	NW	Q_2	断层泥测年(233±17)ka	
F41	岳阳-湘阴断裂		240	NNE	Q_2	断错中更新世地层	
F42	塘口-白沙岭断裂		120	NNE	Q_2	发育断层泥,测年(419±42)ka	1575 年 5 1/2 级地震等
F43	襄樊-广济断裂		430	NW—NWW	Q_2	断错 Q_2 地层	1633 年 4 1/4 级、1640 年 5 级
F44	沅江-南县断裂		65	SN	Q_2	Q 地层厚度差	

续表

编号	名称	区内长度/km	走向	最新活动		地震活动
				时代	证据	
F45	大悟断裂	110	NNE	Q_{1-2}	地貌	
F46	潜北断裂	110	NE	Q_2	地貌和地层厚度差	
F47	胡集-沙阳断裂	155	NNW	Q_1	地貌、断错 N_2 地层	发生过 4 次 5 ~ 5 1/2 级地震
F48	南漳-荆门断裂带	185	NNW	Q_2	断层物质测年和地貌	发生过多次 2.2 ~ 3.9 级地震
F49	白河-石花街断裂	160	NW—NWW	Q_1	断层物质测年	
F50	英店-青山口断裂	240	NW	Q_{1-2}	地貌	
F51	唐河-南阳断裂	150	NW	Q_3	Q 地层厚度差及地震活动	南阳 6 1/2 级地震
F52	栾川-南召断裂	370	NW—NWW	Q_{1-2}		
F53	鲁山-漯河断裂	215	NWW	Q_{1-2}	Q 地层厚度差异	1519 年临颍 5 级地震
F54	王老人集断裂	160	NNE	Q_{1-2}		
F55	涡河断裂	260	NW	Q_{1-2}	地貌	1481 年 6 级地震
F56	凤台断裂	200	NE	Q_{1-2}	地貌、Q 地层厚度差及地震活动	1831 年 6 1/4 级地震
F57	麻城-团风断裂	240	NNE	Q_2	地质地貌分析，控制盆地发育；断层物质测年	913 年 5 级、1925 年 5 级、1932 年 6 级
F58	通海口断裂	115	NNE	Q_{1-2}	Q 地层厚度差	1470 年和 1603 年 5 级地震

注：表中年代数据主要来源于我们在江西、湖南、安徽等地核电项目工程报告。

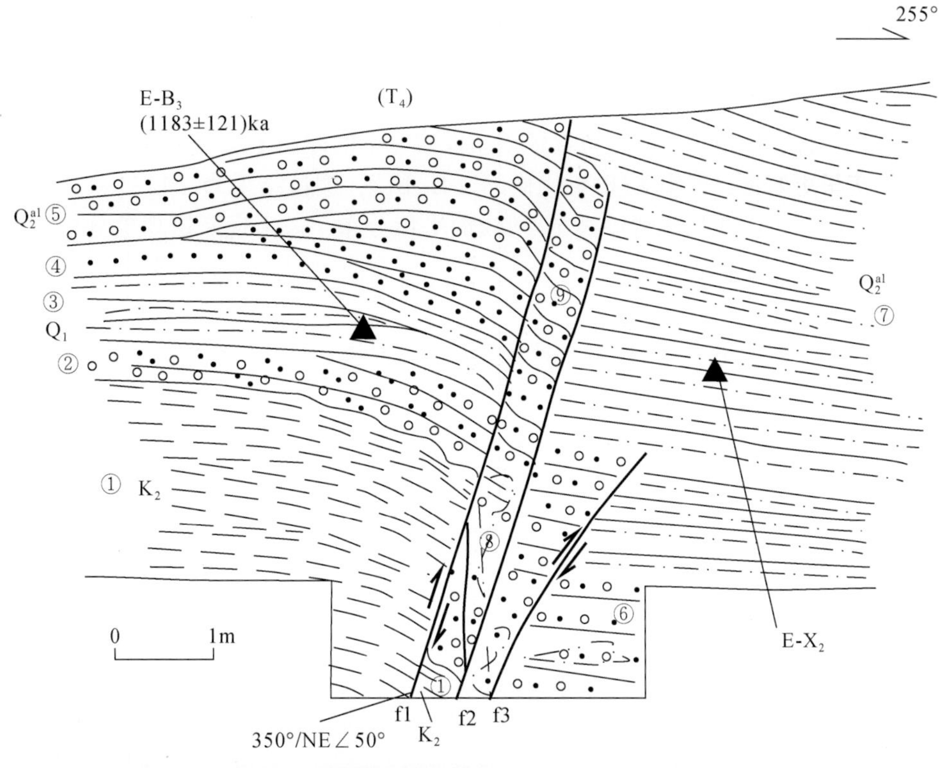

图 1-9　新化县城北塔山村东 400m 断裂剖面（上）和露头照片（下，镜向南）

①紫红色粉砂质泥岩，出露厚 1.8m；②浅灰白色砂砾石层，砾径 2～3cm 为主，分选磨圆好，厚 0.4m；③浅棕黄色含砾亚砂土层，厚 0.5m；④浅土黄色-棕黄色粗砂层，厚 0.5m；⑤棕黄色砂砾层厚 1.1m；⑥浅黄色-棕黄色砂砾层；⑦浅黄色含少量砾石亚黏土层；⑧中粗砂与粉砂混杂变形带；⑨浅灰黄色砂砾层

在新化县城北塔山-袁家山一带，资水发育 5 级阶地，从 T_1 ~ T_5 拔河依次为 5m、15m、25m、40m 和 60m（图 1-10）。断裂切错相当资水 T_4 阶地的砂砾石层，从层位上看资水 T_4 阶地上的冲积物相当于中更新统白沙井组，因而该断裂错动发生在中更新世中期。在主断面上盘中部、即位于晚白垩世红色砂质泥岩之上的砂黏土层，从其结构和致密程度可以推断属于早更新世，采集 ESR 年代样品（E-B_3），测试结果为（1183±121）ka，时代上也属于早更新世。在从断裂沿线 T_4 地貌面平稳分布、未出现断错现象分析，断裂在中更新世末已无活动显示。

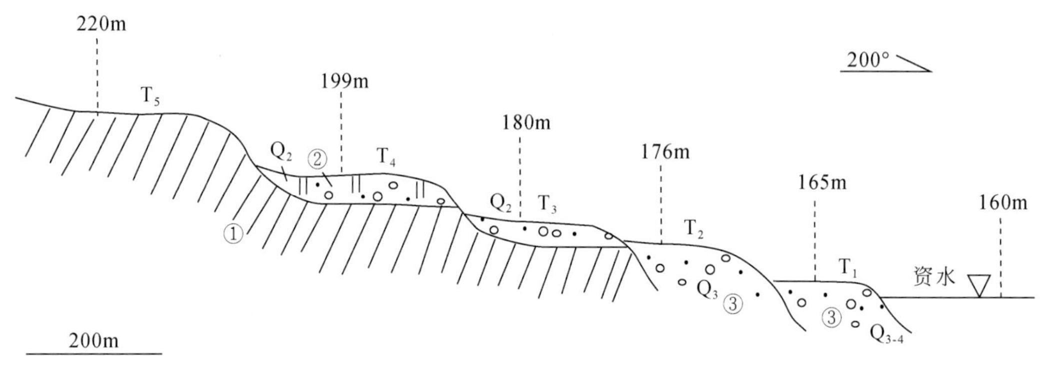

图 1-10　新化北塔山村一带资水阶地地质剖面

①基岩；②下部砂砾层，上部棕红色亚黏土；③砂砾层

根据断裂对第四纪地层断错、新年代样品测试结果以及断裂沿线层状地貌面发育特征的综合分析，判断新化断裂应为早-中更新世断裂。1710 年在该断裂附近发生过新化5 1/2 级地震。

（二）邵阳-宁乡断裂

该断裂北起湖南宁乡，往西南经娄底、邵阳、新宁直至广西兴安以南，总体走向 NE30°~45°，多倾向北西，倾角一般 30°~50°，区内长 195km 左右。断裂带主要发育于中、新元古界变质岩系、古生界和燕山期花岗岩中，控制了灰汤、邵阳、新宁等一系列白垩纪—古近纪断陷盆地的发育。它由数条次级断裂组成，沿带发育片理化、硅化、糜棱岩化的构造岩，强变形带宽 100~500 m。宁乡灰汤热泉水温达 97℃。1631 年在宁乡附近发生过 5 1/2 级地震，1970 年以来仪器记录的中小地震发生的频度很高，为一条中小地震密集条带。

在宁乡县灰汤镇赵家山，可见发育在第四纪松散沉积层中的断裂构造（图 1-11）。断裂上下盘的地层岩性基本相同，均为一套松散状灰白色砂砾石层，成分以石英长石为主，间夹紫红色砂砾及花岗岩团块，与该地区广泛分布着一套燕山期花岗岩及白垩纪紫红色砂岩有关，砂砾粒径以 1cm 为主，少数可达 5~7cm。在下盘地层中采集电子自旋共振年代样品（E-HN-H1），测试结果为距今（446±44）ka。层理清晰，倾角较缓，其中，断裂上盘的地层产状 355°/W∠9°~10°，下盘产状为 5°/W∠5°~7°，上盘地层倾角略大。断面平直，大于棕黄色条带，断裂构造带宽 10~30cm，主断面产状 22°/

NW∠67°，倾角较陡。采集断层物质热释光年代样品（TL-HN-H1），测试结果为（387±38）ka。根据断面及其上下盘地层的产状特点，可以认为这是一条正-走滑断裂，属于中更新世断裂。

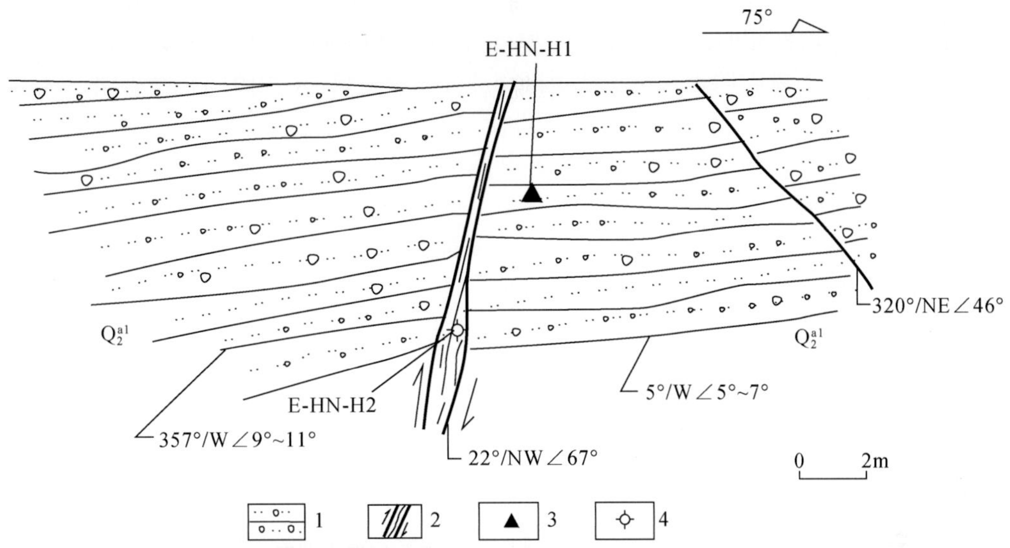

图1-11　宁乡灰汤赵家山邵阳-宁乡断裂地质剖面（上）和露头照片（下，镜向北）

1. 砂砾石，呈松散状，发育层理；2. 断裂；3. ESR采样点；4. 热释光采样点乌江沿着邵阳-宁乡断裂线状延伸，第四纪断裂露头点所在的层状地貌面属于乌江 T_4 阶地。在穿越乌江的河流阶地横剖面图上（图 1-12），可以看出：乌江至少发育 5 级河流阶地，但在西岸缺失 T_5 阶地，T_1 ~ T_4 阶地在河流两岸基本上可以对比，其中，T_5阶地海拔 170 ~ 180m，T_4 ~ T_1阶地海拔依次为 124 ~ 130m、107 ~ 114m、94m 和 87m，河床海拔为 85m，也即 T_5 ~ T_1阶地相对河面高度依次为 85 ~ 95m、39 ~ 45m、22 ~ 29m、9m 和 2m。根据区域地质资料、野外对阶地面沉积物观察和部分测年资料，区内的 T_5 ~ T_3阶地分别为中更新世的早、中、晚期；T_2阶地为晚更新世阶地，T_1 阶地属全新世。T_5 阶地多为侵蚀阶地，其他阶地为基座阶地或堆积阶地。在断裂露头的延伸方向上，T_4 阶地面在断裂两侧不存地形高程上的差异，以缓慢起伏的山丘为主，也不存在线状分布构造地貌现象，反映在该层状地貌面发育以来，即中更新世晚期以来该断裂基本停止活动。

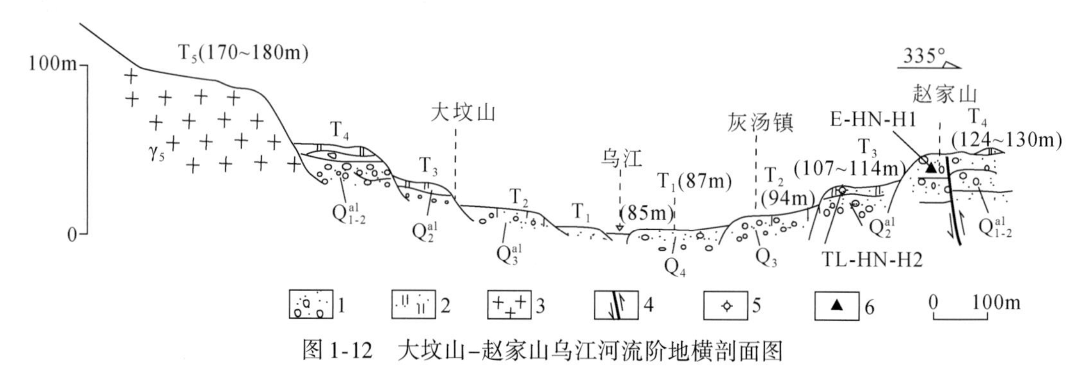

图 1-12　大坟山-赵家山乌江河流阶地横剖面图

1. 砂砾石；2. 网纹状砂质黏土；3. 燕山期花岗岩；4. 断裂；5. 热释光采样点；6. ESR 采样点

综上所述，根据该断裂直接断错中更新世松散堆积层、发育平直新鲜的滑动面以及在断裂延伸线乌江 T_4 阶地不存在构造变动的迹象等，并结合地震活动性分析，可以认为邵阳-宁乡断裂为一条早-中更新世断裂。

二、根据断裂构造带上发育断层泥确定的早-中更新世断裂

区内 NNE—NE 向的塘口-白沙岭断裂、瑞昌-铜鼓断裂、九江-靖安断裂以及 NEE 向的宜丰-景德镇断裂等与地震活动，尤其是 $M_S \geqslant 5\ 1/2$ 级地震的关系密切，并且通过核工程地震地质专题研究或重大项目地震安全性评价工作，在这 4 条断裂的露头剖面上均发现了松软的断层泥条带。近年来，在缺乏直接断错第四纪地层证据的华南地区，松软的断层泥条带常常作为判断早-中更新世断裂甚至中强地震发震构造的一个重要的地质标志。

在华南地区多雨潮湿的环境中，断裂构造带内部泥状松软物质的出现既可能是断裂相互错动的结果，也可能是后期雨水淋滤充填、风化的产物。对此，一方面需要对露头剖面上泥状松软物质中是否存在构造迹象（与剪切作用相关的滑动面）的细致观察；另一方面需要开展显微构造研究，鉴定断裂带中松软泥状物质的成因。

本书第四章，我们将对此类断裂活动性的鉴定展开较为深入的讨论。

三、根据地貌特征及断层物质测年结果确定的早-中更新世断裂

区内存在一些早-中更新世断裂，但其活动依据是根据地貌学特征推断的，或者是根据断错物质测年结果推断的，不存在断错第四纪地层或控制第四纪地层沉积分布的现象；如麻城-团风断裂、绩溪断裂、方山-小丹阳断裂、大余-南城断裂、鹰潭-余干断裂、长寿街-永安断裂等（表 1-4）。

第四节　中强地震活动

长江中下游地区是我国中强地震孕育发生的典型地区（丁国瑜和李永善，1979；陆镜元等，1992；韩竹军等，2002）。对于中强地震的定义，各国和各地区不尽相同。我国使用的“里氏震级”（M_S）为国际通用震级标准。一般而言，将 $M_S<3.0$ 的地震称为弱震或微震；$3.0 \leqslant M_S<4.5$ 的地震称为有感地震；$4.5 \leqslant M_S<6.0$ 的地震称为中强震；$6.0 \leqslant M_S<7$ 的地震称为强震；$7.0 \leqslant M_S<8$ 的地震称为大地震；$M_S \geqslant 8$ 的地震称为巨大地震或特大地震。这里的中强地震包括了上述中强震和强震两个级别的地震。由于 $M_S>4.7$ 的地震称为破坏性地震，因此，考虑到对公共安全及重大工程的影响及其社会意义，因此，我们着重研究的中强地震震级范围为 $4.7<M_S<7.0$。

下面将针对区内此类地震活动性进行一些简单分析。

一、地震资料

区内中强地震资料包括两部分。第一部分是≥4.7 级的破坏性地震目录。这部分资料主要取自中国地震局组织有关专家编制完成的《中国历史强震目录》（公元前 23 世纪至 1911 年）和《中国近代地震目录》（公元 1912 年至 1990 年）（国家地震局震害防御司，1995，1999），1990～2010 年的部分从中国地震局地球物理研究所汇编的《中国地震台报告》中续补。第二部分为近年来地震目录，这部分资料取自国家地震局分析预报中心汇编的《中国地震详目》，目录中的地震参数是根据仪器记录得到的。周庆帮助完成了地震数据的汇总，并提供了相应地震目录以及后面的震源机制解。

2007～2009 年，江西省地震局有关专家对江西省境内的历史地震进行了复核与补充调查工作，2009 年 5 月其结果经过历史地震专业委员会审查。本书引用了江西省地震局的工作成果，在目录中，增加了公元 304 年吉水永丰间 5 级地震、江西上饶西北 4 3/4 级地震和 1833 年江西九江 5 级地震。

在长江中下游地区（东经 111°～120°、北纬 27°～34°），即东西长约 860km、南北宽约 780km范围内，截止到 2019 年，历史上没有发生过 7.0 级以上的强震，但中强地震（$4.7<M_S<7.0$）活动频繁，共发生 38 次 4.7～4.9 级地震，65 次 5.0～5.9 级地震，10 次 6.0～6.9 级地震（表 1-5）。由此可以看出：长江中下游地区既不像一些地震活动强烈的地区，中强地震构造特征被一些大震或特大地震构造所掩盖，也不像在华南一些地区中强

地震活动稀疏的弱活动背景上很难总结出中强地震构造标志，为研究稳定大陆地壳中强地震构造特征较为理想的场所。

表 1-5　区内破坏性地震目录（$M \geqslant 4.7$，公元 46 年～公元 2019 年）

发震时间			震中位置		震源深度/km	震级	精度	震中烈度	震中地区
年	月	日	经度/(°)	纬度/(°)					
46	10	21	112.5	33.0		6 1/2	4	Ⅷ	河南南阳
294	7		116.8	32.6		5 1/2	2	Ⅶ	安徽寿县
294	12		114.2	33.7		5 1/2	5		河南襄城东
304			115.3	27.3		5			江西吉水-永丰间
319	1		115.0	29.0		5 1/2	4		江西南昌西北
455			116.6	28.7		5	3	Ⅵ+	江西余干
499	8	5	118.8	32.1		4 3/4	4	Ⅵ	江苏南京
999	10		119.9	31.8		5 1/2	2	Ⅶ	江苏常州
1334	1		117.1	28.8		4 3/4	3		江西乐平南
1336	1	20	116.1	31.2		5 1/4	4		安徽霍山西南
1336	3	9	116.0	30.2		4 3/4	2	Ⅵ	安徽宿松湖北黄梅间
1351	8	30	111.9	30.6		4 3/4	3		湖北枝江北
1361			115.3	28.8		5 1/2	2	Ⅶ	江西靖安秋
1407			112.6	31.2		5 1/2	2	Ⅶ	湖北钟祥
1425	3	16	116.5	31.7		5 3/4	2	Ⅶ	安徽六安
1467	7	22	118.5	27.5		4 3/4	3		福建松溪西
1469	11	13	112.6	31.2		5 1/2	2	Ⅶ	湖北钟祥
1470	1	17	113.2	30.1		5	3		湖北武汉西南
1481	3	18	116.2	33.5		6	4		安徽亳州南
1491	9	23	119.0	32.7		5	3		安徽天长附近
1497	6		116.5	30.5		4 3/4	3		安徽潜山西南
1509			112.4	28.6		4 3/4	3	Ⅵ	湖南益阳一带
1516			112.0	29.4		5	3		湖南澧县东南
1519	11	23	114.1	33.5		5	3		河南临颍、上蔡间
1524	2	14	114.1	34.0		6		>Ⅶ	河南许昌张潘店一带
1525	9	13	115.4	33.8		5 3/4	4		河南太康东南
1525	10	12	115.7	33.9		5 1/2	4		安徽凤阳西北
1535	1		117.5	30.7		4 3/4	3	Ⅵ	安徽贵池
1537	5	23	117.6	33.6		5 1/2	2	Ⅶ	安徽灵璧
1542	6	1	112.4	28.4		4 3/4	2	Ⅵ	湖南宁乡
1561			117.4	30.5		4 3/4	3		安徽贵池西南
1574			119.1	27.6		5 1/2	2	Ⅶ	浙江庆元

续表

发震时间			震中位置		震源深度/km	震级	精度	震中烈度	震中地区
年	月	日	经度/(°)	纬度/(°)					
1575	3	26	114.0	29.0		5 1/2	4		江西修水南
1575	6	19	112.5	32.7		5 1/2	4		河南南阳南
1585	3	6	117.7	31.2		5 3/4	3		安徽巢县南
1603	5	30	112.6	31.2		5	3	Ⅵ	湖北钟祥
1605	6	8	113.0	30.8		5	3		湖北钟祥东南
1620	3	5	112.7	31.1		5	3		湖北钟祥东南
1624	2	10	119.4	32.3		6	3	Ⅷ-	江苏扬州附近
1628			111.4	29.0		4 3/4	2	Ⅵ	湖南桃源西北
1629	4		115.1	30.3		4 3/4	3		湖北黄冈、蕲州间
1630	2	4	119.2	32.0		4 3/4	3	Ⅵ	江苏句容
1630	10	14	113.2	30.2		5	2	Ⅵ	湖北沔阳沔城
1630	夏		113.5	30.7		5	3	Ⅵ	湖北天门、汉川一带
1631	8	14	111.7	29.2		6 3/4	3	Ⅷ+	湖南常德
1631	11	1	112.4	28.2		5 1/2			湖南常德东南
1631	11	8	111.7	29.2		5 3/4			湖南常德东南
1632	2		111.1	27.1		4 3/4	3		湖南邵阳西南
1633	4	6	114.9	30.6		4 3/4	3		湖北黄冈
1634	3	30	115.4	30.7		5 1/2	2	Ⅶ	湖北罗田
1635	2	17	116.5	30.5		4 3/4	3		安徽潜山西南
1639	4	15	112.6	28.3		4 3/4	3		湖南长沙西北
1640	9		114.9	30.5		5	2		湖北黄冈
1642	11	20	118.5	33.1		5	3	Ⅵ	江苏盱眙西北
1644	2	8	117.5	32.9		5 1/2	2	Ⅶ	安徽凤阳
1652	2	10	116.3	31.4		5 1/2	3		安徽霍山
1652	3	23	116.5	31.5		6	2	≥Ⅶ	安徽霍山东北
1653	2	12	115.0	32.5		4 3/4	3		河南息县东北
1654	2	17	117.5	30.9		5 1/4	3		安徽庐江东南
1654	11		114.6	32.5		5	3		河南息县西北
1662	10	11	114.8	33.2		5 1/2	2	Ⅶ	河南项城
1673	3	29	117.3	31.8		5	3	Ⅵ	安徽合肥
1676	6	11	119.4	32.4		4 3/4	2	Ⅵ	江苏扬州
1679	12	26	119.5	31.4		5 1/4	3	Ⅶ	江苏溧阳
1710			117.6	28.5		4 3/4	4		江西上饶西北
1710	4	16	111.3	27.8		5 1/2	2	Ⅶ	湖南新化

续表

发震时间			震中位置		震源深度/km	震级	精度	震中烈度	震中地区
年	月	日	经度/(°)	纬度/(°)					
1712	12	22	119.0	32.0		5	4		江苏仪征西南
1717	7	6	111.4	29.5		5 1/4	4		湖南临澧西
1743	6	30	118.4	30.7		5	2	Ⅵ～Ⅶ	安徽泾县
1756	12	7	116.9	29.1		5 1/2	4		江西波阳东北
1770	1	16	116.3	31.4		5 3/4	4		安徽霍山
1785	12	14	112.4	29.3		4 3/4	3		湖南临澧东
1792	4	0	114.6	27.4		4 3/4	2	Ⅵ	江西安福西
1829	11	18	117.9	33.2		5 1/2	2	Ⅶ	安徽五河
1831	9	28	116.8	32.8		6 1/4	2	Ⅷ	安徽凤台东北
1833			116.1	29.6		5	2		江西九江
1839	10	12	120.0	31.3		5	3		江苏宜兴东
1843	3	19	111.8	29.3		4 3/4	2		湖南慈利东南
1850	5	9	112.3	29.9		4 3/4	3		湖北公安东南
1855	12	0	120.0	30.1		4 3/4	2	Ⅵ	浙江富阳
1863	8	30	114.1	29.1		5	3	Ⅵ	江西修水、湖北通城间
1866	9	21	119.6	28.0		4 3/4	2	Ⅵ	浙江云和鹤溪
1868	10	30	117.8	32.4		5 1/2	1	Ⅶ	安徽定远南
1872	7	24	119.3	32.2		4 3/4	3		江苏镇江西
1887			111.0	32.4		4 3/4	2		湖北武当山
1888	3	29	114.5	28.6		5 1/4			江西宜丰北
1897	1	5	115.2	29.9		5	2	Ⅵ	湖北阳新
1906	8	16	111.7	29.1		5	2	Ⅵ	湖南常德
1911	2	6	116.0	29.7		5	3	Ⅵ	江西九江
1913	2	7	115.0	31.2		5		Ⅵ	湖北麻城
1913	2	7	114.1	32.2		5		Ⅵ	河南信阳
1913	4	3	119.5	32.2		5 1/2		Ⅶ	江苏镇江
1917	1	24	116.2	31.3		6 1/4		Ⅷ	安徽霍山
1917	2	22	116.2	31.3		5 1/2		Ⅶ	安徽霍山
1925	7	27	115.5	31.7		5		Ⅵ	河南商城
1930	1	3	119.4	32.2		5 1/2		Ⅶ	江苏镇江
1931	8	12	112.4	27.5		4 3/4		Ⅵ	湖南湘乡南
1932	4	6	115.06	31.36		6	2	Ⅷ	湖北麻城北
1934	3	18	116.2	31.3		5			安徽霍山
1948	2	19	111.4	31.9		4 3/4		Ⅵ	湖北保康

续表

发震时间			震中位置		震源深度/km	震级	精度	震中烈度	震中地区
年	月	日	经度/(°)	纬度/(°)					
1954	2	8	113.9	29.7		4 3/4		Ⅵ	湖北蒲圻
1954	6	17	117.2	31.8		5 1/4	3	Ⅵ	安徽合肥、六安一带
1959	7	3	115.1	32.2		5	3	Ⅵ-	河南潢川附近
1961	3	8	111.20	30.28		4.9	4	Ⅶ	湖北宜都西
1969	1	2	111.20	31.50		4.8	2	Ⅵ	湖北保康
1974	4	22	119.21	31.48	16	5.5	1	Ⅶ+	江苏溧阳附近
1979	3	2	117.41	33.18	11	4.9		Ⅵ	安徽固镇
1991	11	5	119.92	33.50	25	4.9			江苏盐城西北
1979	7	9	119.25	31.45	12	6.0	1	Ⅷ	江苏溧阳西南
2005	11	26	115.70	29.70	9	4.8	1		江西九江瑞昌间
2005	11	26	115.70	29.70	9	5.7	1	Ⅶ	江西九江瑞昌间
2011	1	19	117.10	30.60	9	4.8	1	Ⅵ	安徽安庆
2012	7	20	119.60	33.00	5	4.9	1		江苏高邮宝应交界

二、震中分布特征

从长江中下游地区破坏性地震震中分布图上（图1-13）。可以看出：区内破坏性地震活动在空间上分布不均，总体上北强南弱，显示了地震活动强度从华北地震区向华南地震区递减。地震多发生于北纬31°以北地区。如在10次6.0～6.9级地震，有9次发生在中北部，但区内震级最高的1631年湖南常德6 3/4级地震则是发生在地震区边界南侧的华南地震区，在北纬28°以南地区，地震活动强度明显降低了。总体上，在华北地震区与华南地震区边界带附近，中强地震活动频度没有明显差异，反映了地震区之间的地震活动强度变化是渐进式的，并非存在一个明显的边界带。

在局部地区，中强地震活动具有明显成带状分布的特点，最典型的如霍山一带（图1-13）。1917年1月24日霍山6 1/4级地震震中位于北东向霍山-罗田断裂带北段中部与北西西向桐柏-磨子潭断裂交汇地带，在该交汇部位历史上发生过多次5～6 1/4级地震，其中$M \geqslant 6$的历史地震还有1652年6级地震，向西南在罗田附近1635年曾发生5 1/2级地震，构成了长江中下游地区一个显目的地震群。江西瑞昌至铜鼓一带，除了2005年九江-瑞昌5.7级地震外，在西南方向上还发生过319年武宁5 1/2级、1888年铜鼓5 1/4级两次中强地震。中强地震除了在北东向成带分布外，也有在北西向的成带现象，如在1979年溧阳6级地震震中区附近，1679年、1974年还先后发生过5 1/4级、5.5级地震。这些分布特征表明：长江中下游地区中强地震的发生应该不是弥散状的孤立现象，与构造活动之间存在密切的联系。

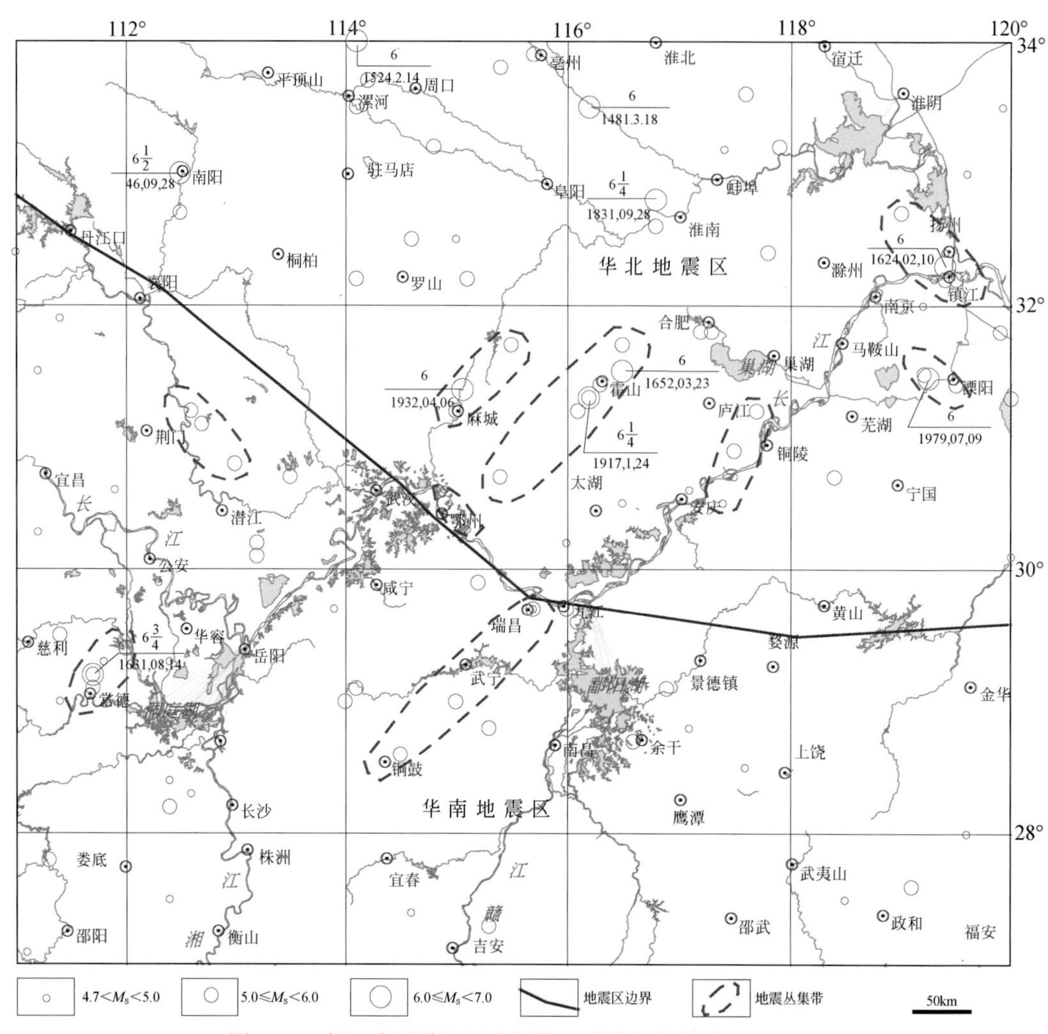

图 1-13　长江中下游地区破坏性地震震中分布图（M>4.7）

三、地震活动的时间分布特征

（一）地震活动的时间分布特征与趋势分析

图 1-14 为区域范围内 1500 年以来 4.7 级以上地震的 M-T 图和应变释放曲线。由于历史文化、地域等诸方面的原因，早期历史地震记载缺失较多。

根据黄玮琼和李文香（1994）的研究结果及区域地震记载的实际情况，工作≥4 3/4 级地震基本完整的起始年为 1500 年前后。区域地震活动总体较强，在时间上活跃期、平静期有交替。结合区域范围内历史破坏性地震目录（表 1-5），判断出区域内地震活动存在两个活跃期，1491～1679 年为第一个活跃期，历时 189 年；第二个活跃期从 1829 年开

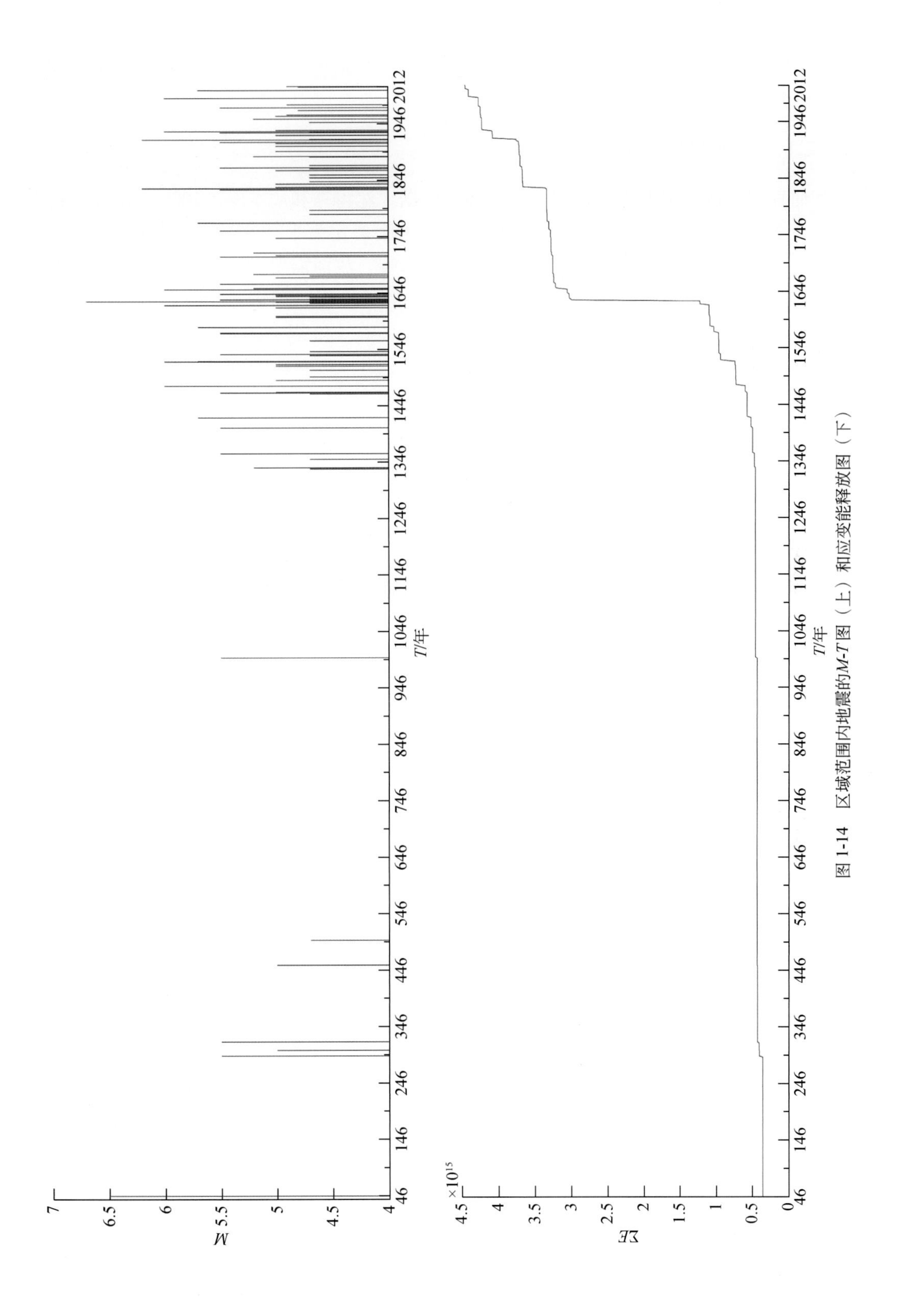

图 1-14　区域范围内地震的M-T图（上）和应变能释放图（下）

始，到目前已经历 182 年。在两个活跃期之间是历时 150 年的相对平静期。与前一个活跃期相比，后一个活跃期的高潮似乎一直没有发生，尤其是缺少 6.5 级这样以上能量释放比较彻底的地震，不应低估区内潜在地震危险性。

（二）地震重复特征分析

如何界定地震重复发生还没有一个明确的依据。沈得秀和周本刚（2006）在考虑到中强地震震源规模的基础上，将地震原地重复发生的距离定为半径 50km 的范围。由于前震与余震对于地震的原地重复率及复发周期有较大影响，故而需要剔除前震和余震。将距主震前发震时间间隔 1 年之内且距离主震小于 50km 的地震视为前震，将主震后发生在原地（小于 50km）的 2 年内地震、震级比主震小、震级差在 1/2 以上的视为余震。双震型地震视为一次地震处理。在这样一个范围内，如果重复发生 4 3/4≤M≤6 3/4 的地震，那么认为存在地震原地复发的现象。

对地震原地复发现象的认识是基于夯实识别潜在震源区及其震级上限的 2 条基本原则，即原地复发和构造类比。如果简单地因为距离小于 50km，而把 2 个原本属于不同发震构造、震级在 5.0≤M≤6 3/4 的地震也归属于地震原地复发，则有可能在一个潜在震源区中出现不同发震构造的情形，因此，简单地基于距离来确定地震重复的实例是不合适的。

将长江中下游地区，地震重复发生的一些实例列于表 1-6 中。比较鲜明的地震重复发生的地点如扬州、镇江及仪征一带，历史上曾一再发生中强地震，1624 年以来有 5 次 4 3/4 级以上地震发生；溧阳附近历史上曾发生 3 次 5 1/4 ~6 级地震；在六安、霍山一带沿霍山-罗田断裂，一系列中强地震重复发生，震级最大达 6 1/4 级；历史上太阳山地区先后发生过 1516 年 5 级地震、1631 年 6 3/4 级地震和 1906 年 5 级地震等。

表 1-6　区内地震重复一览表

<table>
<tr><th>序号</th><th>年份</th><th>经度/(°)</th><th>纬度/(°)</th><th>震级</th><th>震中位置</th></tr>
<tr><td rowspan="2">1</td><td>1673</td><td>117.3</td><td>31.8</td><td>5</td><td rowspan="2">安徽合肥</td></tr>
<tr><td>1954</td><td>117.2</td><td>31.8</td><td>5 1/4</td></tr>
<tr><td rowspan="5">2</td><td>1624</td><td>119.4</td><td>32.3</td><td>6</td><td rowspan="5">江苏扬州、镇江</td></tr>
<tr><td>1676</td><td>119.4</td><td>32.4</td><td>4 3/4</td></tr>
<tr><td>1872</td><td>119.3</td><td>32.2</td><td>4 3/4</td></tr>
<tr><td>1913</td><td>119.5</td><td>32.2</td><td>5 1/2</td></tr>
<tr><td>1930</td><td>119.4</td><td>32.2</td><td>5 1/2</td></tr>
<tr><td rowspan="3">3</td><td>1679</td><td>119.5</td><td>31.4</td><td>5 1/4</td><td rowspan="3">江苏溧阳</td></tr>
<tr><td>1974</td><td>119.21</td><td>31.48</td><td>5 1/2</td></tr>
<tr><td>1979</td><td>119.25</td><td>31.45</td><td>6</td></tr>
</table>

续表

序号	年份	经度/(°)	纬度/(°)	震级	震中位置
4	1336	116. 1	31. 2	5 1/4	六安、霍山（沿霍山-罗田断裂）
	1425	116. 5	31. 7	5 3/4	
	1652	116. 3	31. 4	5 1/2	
	1652	116. 5	31. 5	6	
	1770	116. 3	31. 4	5 3/4	
	1917	116. 2	31. 3	6 1/4	
	1917	116. 2	31. 3	5 1/2	
	1934	116. 2	31. 3	5	
5	1516	112. 0	29. 4	5	常德、澧县间
	1631	111. 7	29. 2	6 3/4	
	1843	111. 8	29. 3	4 3/4	
	1906	111. 7	29. 1	5	
6	1509	112. 4	28. 6	4 3/4	湖南益阳、宁乡附近
	1542	112. 4	28. 4	4 3/4	
	1631	112. 4	28. 2	5 1/2	
	1639	112. 6	28. 3	4 3/4	
7	1575	114. 0	29. 0	5 1/2	江西修水、湖北通城间
	1863	114. 1	29. 1	5	
8	1630	113. 20	30. 20	5	湖北仙桃附近
	1470	113. 20	30. 10	5	
9	1629	115. 10	30. 30	4 3/4	湖北黄冈、蕲州间
	1633	114. 90	30. 60	4 3/4	
	1640	114. 90	30. 50	5	

四、地震震源机制解反映的构造应力场

对于长江中下游及邻区的地震震源机制与构造应力场，前人做过大量工作（李蓉川，1984；汪素云和许忠淮，1985；蒋维强等，1992；谢富仁等，2004）。在湖南、湖北、江苏、江西等地进行的核电站选址的地震地质调查及地震安评工作中，周庆在收集、整理大量相关资料基础上，获得了区内69个单个地震震源机制解（表1-7）。由于地震活动水平较低，震源机制解数据在区内分布不均匀。大多数数据集中在研究区中间地带，而在南北南侧相对较少（图1-15）。

表 1-7　区域及邻区地震震源机制解

编号	发震日期（年/月/日）	经度/(°)	纬度/(°)	深度/km	震级	A 节面			B 节面			P 轴		T 轴	
						走向/(°)	倾向/(°)	倾角/(°)	走向/(°)	倾向/(°)	倾角/(°)	方位/(°)	俯角/(°)	方位/(°)	俯角/(°)
1	1972/3/1	119.60	32.20		3	184	54	90	4	36	90	274	9	94	81
2	1972/3/16	117.00	31.15		3.5	39	86	150	126	60	15	89	18	351	24
3	1972/4/3	111.70	32.60		3.5	7	75	55	70	40	149	123	22	240	48
4	1972/9/12	115.10	29.90		4.5	38	70	90	38	20	90	128	25	308	65
5	1972/10/14	115.40	29.40		3.2	232	50	180	142	90	40	89	27	195	27
6	1972/10/16	115.40	29.30		3	233	40	180	143	90	50	86	33	200	33
7	1973/3/11	116.20	31.40	6	4.5	35	85	−144	302	54	−6	264	28	163	21
8	1973/10/10	112.30	30.98	17	3.9	71	70	16	342	74	160	24	3	292	25
9	1973/11/29	111.50	32.90		4.7	50	70	83	238	68	98	145	25	309	64
10	1974/4/22	119.30	31.40	18	5.5	27	60	−144	276	60	−36	242	46	152	0
11	1974/4/26	119.23	31.43	11	1.3	213	59	−150	107	64	−35	68	42	161	4
12	1974/4/29	119.25	31.42	8	1.9	215	33	59	66	81	106	147	15	16	67
13	1974/5/4	119.27	31.42	11	2.3	38	62	153	142	67	31	269	3	1	38
14	1976/2/14	111.97	33.25		3.4	36	75	36	295	56	161	162	13	261	36
15	1976/6/14	117.50	32.00	7	3	21	75	164	295	75	16	68	0	338	22
16	1976/8/30	117.10	32.50	10	3.6	2	64	152	285	65	29	233	1	324	37
17	1976/11/2	119.83	33.17	18	4.5	11	75	−169	277	80	−16	234	18	325	3

续表

编号	发震日期（年/月/日）	经度/(°)	纬度/(°)	深度/km	震级	A节面			B节面			P轴		T轴	
						走向/(°)	倾向/(°)	倾角/(°)	走向/(°)	倾向/(°)	倾角/(°)	方位/(°)	俯角/(°)	方位/(°)	俯角/(°)
18	1976/11/27	117.90	32.30	12	3.1	65	65	-146	319	60	-29	284	41	191	3
19	1978/2/12	118.57	33.15	22	2.8	211	79	-164	119	74	-11	75	19	344	3
20	1978/3/26	118.72	33.25	20	3	49	77	-149	312	60	-15	274	31	177	11
21	1978/4/8	115.50	29.10		2.8	18	85	165	110	75	5	65	7	333	14
22	1978/4/14	117.40	32.50	10	2.3	46	74	-120	291	33	-29	281	52	159	23
23	1978/5/28	111.97	33.25		3.1	78	50	-169	341	82	-41	291	34	36	21
24	1979/2/18	111.78	29.40		3.8	332	77	28	50	65	162	101	9	197	29
25	1979/3/2	117.30	33.00		5	41	50	-147	289	65	-45	247	49	348	9
26	1979/3/7	119.20	30.70	28	3.3	79	65	-135	146	50	-33	300	49	199	9
27	1979/7/9	119.30	31.50	20	6	33	60	172	119	83	30	256	16	354	26
28	1979/7/10	119.27	31.43	9	4	214	80	-148	119	58	-11	80	29	342	14
29	1979/7/11	119.27	31.43	7	4.8	46	86	-150	313	60	-5	274	24	176	18
30	1979/7/20	119.27	31.42	13	2.9	229	46	94	55	44	86	316	1	208	87
31	1980/1/23	113.87	31.27		3.1	123	85	90	123	5	90	213	40	33	50
32	1980/7/15	112.77	31.93		2.3	38	85	-90	218	5	-90	308	50	128	40
33	1981/5/10	116.17	31.38		2.8	247	60	-146	140	60	-34	102	44	193	1
34	1981/5/20	116.70	32.10		2.7	45	70	-134	297	47	-27	270	46	165	14

续表

编号	发震日期（年/月/日）	经度/(°)	纬度/(°)	深度/km	震级	A节面			B节面			P轴		T轴	
						走向/(°)	倾向/(°)	倾角/(°)	走向/(°)	倾向/(°)	倾角/(°)	方位/(°)	俯角/(°)	方位/(°)	俯角/(°)
35	1981/7/5	111. 63	30. 90		3. 8	87	85	-25	355	65	175	40	21	136	14
36	1981/12/19	113. 77	30. 87		2. 7	107	65	-100	130	27	-69	357	68	204	19
37	1982/3/29	119. 20	31. 40		3. 6	45	75	175	316	85	15	270	7	2	14
38	1982/5/7	115. 20	29. 70		2. 4	54	90	180	324	90	0	279	0	9	0
39	1982/9/19	119. 20	31. 20		2. 3	55	65	-147	310	60	-29	274	40	181	3
40	1982/9/27	116. 53	31. 60	11	3. 8	27	50	21	282	75	138	340	15	237	40
41	1982/10/20	112. 97	30. 98		2. 3	85	39	-90	265	50	-90	175	84	355	6
42	1983/2/25	112. 02	31. 12		3	91	40	22	345	75	128	46	22	292	45
43	1983/3/24	111. 93	30. 77		2. 6	126	50	-70	276	42	-113	101	74	202	3
44	1983/4/18	119. 00	32. 50		2. 3	21	75	149	301	60	18	73	10	337	32
45	1984/1/25	116. 27	31. 99	15	3	43	80	180	313	90	10	268	7	358	7
46	1984/2/14	113. 27	30. 63		2. 9	9	86	-90	9	4	-90	279	49	99	41
47	1984/5/27	116. 55	31. 60	14	2. 6	32	80	-178	302	88	-10	256	8	347	6
48	1984/6/1	119. 02	32. 00	15	2. 4	49	60	-157	307	70	-32	265	36	360	7
49	1984/9/25	117. 50	31. 83	16	3. 5	45	90	180	315	90	0	270	0	0	0
50	1984/10/10	117. 02	30. 48		2. 3	79	70	-148	337	60	-23	301	36	206	6
51	1985/1/13	112. 63	31. 15		3. 2	54	55	-69	20	40	-117	16	71	129	8

续表

编号	发震日期（年/月/日）	经度/(°)	纬度/(°)	深度/km	震级	A节面			B节面			P轴		T轴	
						走向/(°)	倾向/(°)	倾角/(°)	走向/(°)	倾向/(°)	倾角/(°)	方位/(°)	俯角/(°)	方位/(°)	俯角/(°)
52	1985/2/3	111.85	30.75		3.2	59	82	-90	59	8	-90	329	53	149	37
53	1985/5/10	116.56	31.60	5	3.5	61	80	160	334	70	10	109	7	16	21
54	1986/5/30	111.82	31.82		2.5	82	85	-90	82	5	-90	352	50	172	40
55	1986/7/3	112.08	30.53		2.6	84	80	88	94	10	100	176	35	352	55
56	1986/7/12	118.05	30.82	10	2.8	37	60	-145	289	60	-35	252	45	342	0
57	1986/9/13	116.42	31.49	10	2.3	24	80	180	294	90	10	249	7	339	7
58	1987/10/28	116.33	31.63	11	3.2	57	80	-160	323	70	-11	282	21	189	7
59	1989/1/29	113.98	29.03		2.6	77	77	156	158	68	16	126	7	33	26
60	1991/9/12	118.72	31.63	7	3	12	65	152	294	65	28	63	0	333	37
61	1996/10/10	116.77	31.42	15	2.5	57	70	-132	307	45	-28	283	47	176	15
62	1997/8/28	117.04	31.28	19	2.8	41	60	132	340	50	41	103	6	5	54
63	1998/5/24	116.25	31.53	15	3.2	41	60	-151	296	65	-33	256	41	349	3
64	1999/1/23	118.41	30.96	10	2.9	50	65	-147	305	60	-29	269	40	176	3
65	1999/6/1	118.45	29.90	10	3.2	62	70	-125	306	40	-32	291	52	177	18
66	1999/6/14	116.70	30.67	11	2.6	50	85	-125	312	35	-9	288	40	168	31
67	1999/9/11	117.41	31.55	21	3	21	60	-156	278	70	-32	237	37	332	6
68	2002/1/28	117.88	30.90	14	2.6	34	60	-168	298	80	-31	252	29	349	13
69	2005/11/26	115.70	29.70		5.7	67	74	-130	319	43	-24	296	46	186	19

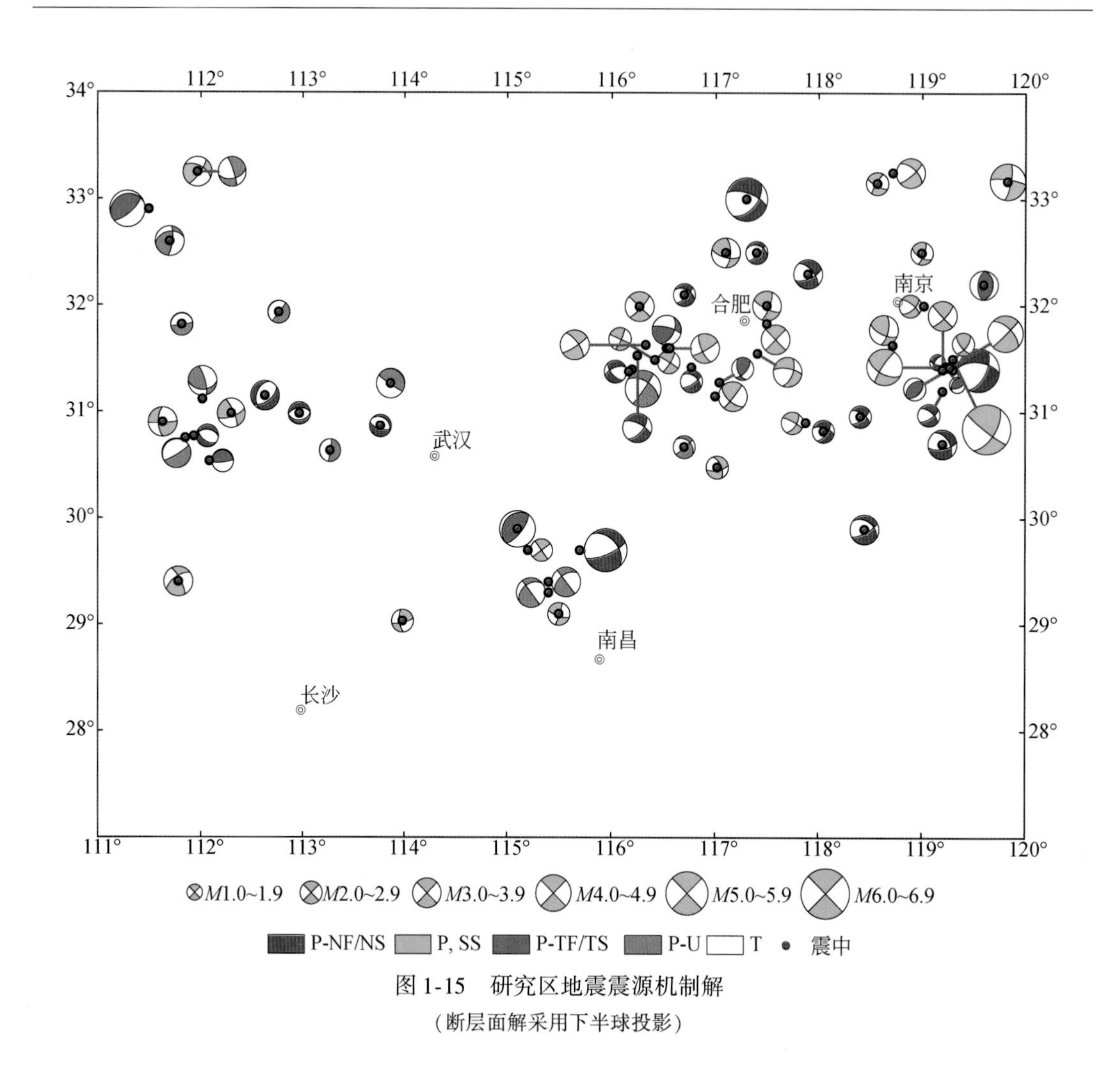

图 1-15　研究区地震震源机制解

（断层面解采用下半球投影）

从震源机制解的结果可以看出，它们的主压力轴（P 轴）仰角多数小于 50 °，一般为 10 ° ~ 30 °，有的仅几度，表明这些地震是在以水平挤压分量为主的应力场环境下发生的。根据震源机制解，图 1-16 和图 1-17 给出了区域构造应力场最大主压应力轴（P 轴）和最大张应力轴（T 轴）分布图。研究区范围内 P 轴取向总体上表现为自北部 NE—NEE 向到南部 NW—NWW 向的转变；主压力方向（P 轴）总体为近 E-W 向。主张应力方向(T 轴）总体为近 S-N 向。

在研究区西北部主压应力轴和主张应力轴方位较为分散，并无一个统一的主压应力方向，表明该区地处周边应力场过渡区。断裂活动大部分为走滑、小部分为逆断兼走滑。也可能与本区复杂的中-新生代构造有关，该区主压应力方向为北北东向或近南北向，主压应力轴及主张应力轴仰角较分散。在现今构造应力场作用下，局部复杂的北东东—近东西向凹陷和凸起之间的相互作用，有可能形成局部应力场，并影响到震源机制解的结果。对区内 P 轴和 T 轴方位的统计结果显示，P 轴优势方向为 NWW-SEE，T 轴优势方向为 NWW-SEE（图 1-18）。根据震源机制解反演的应力场特征，与汪素云和许忠淮（1985年）、谢富仁等（2004）对中国东部大陆的地震构造应力场所作的系统工作结果是基本一致的。

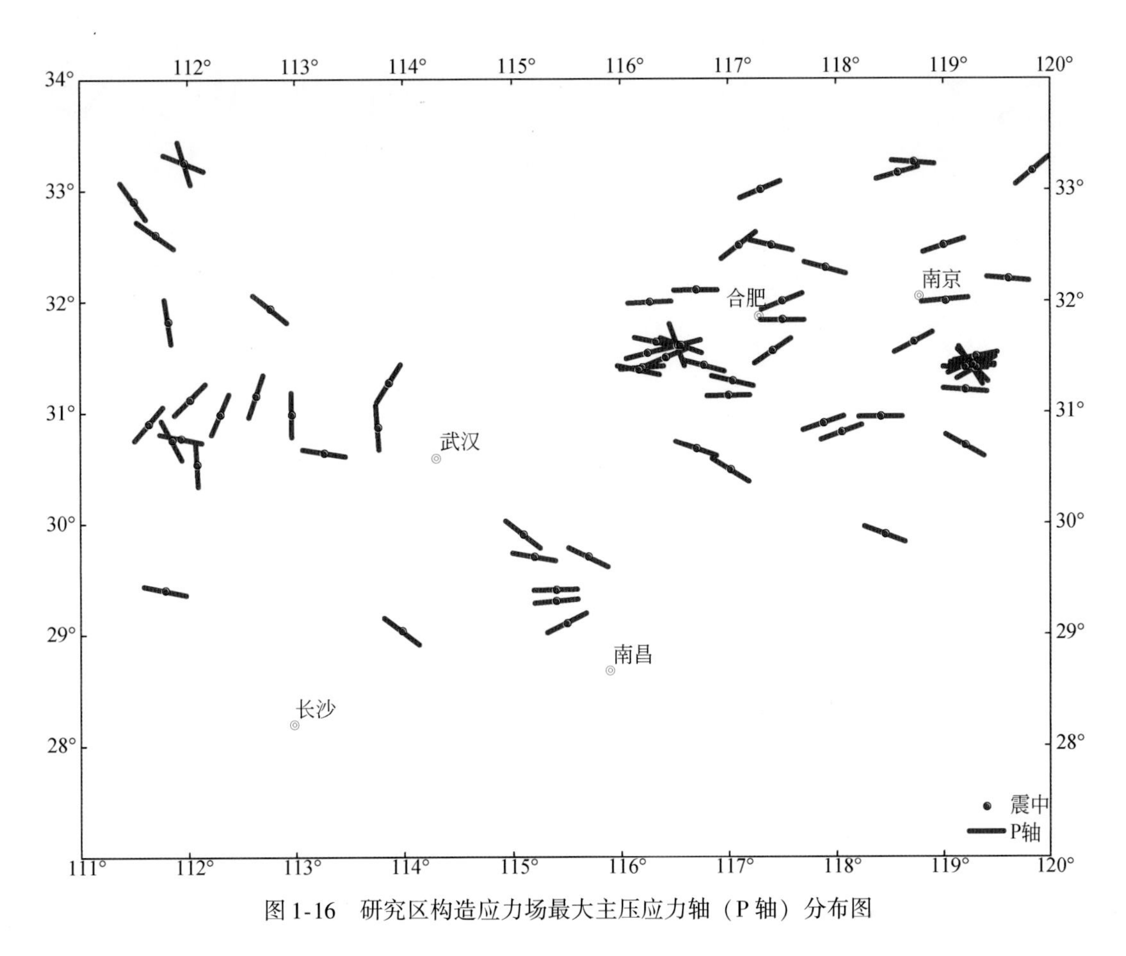

图1-16 研究区构造应力场最大主压应力轴（P轴）分布图

上述构造应力场特征与本区地处华北地震区和华南地震区交界地带的构造背景相一致，也是现今构造应力场过渡区。按照谢富仁等（2004）有关中国大陆及邻区现代构造应力场分区方案，长江中下游地区位于华北应力区与华南应力区的过渡地带，主压应力方向从华北的北东至北东东过渡到华南的南东至南东东向。同时，也可以看出华北地震区和华南地震区之间不存在一个应力场方向突然变化的边界带，说明这个边界属于一种弥散性过渡边界带，具有一定的范围和宽度。长江中下游地区应该是位于这样一个过渡性边界带上，地震活动水平也与应力场背景相吻合。

区内的地震多为浅源地震（震源深度多在5～19km），地震的孕育发生受到现今构造应力场控制。震源机制解表明，主压应力轴（P轴），接近水平方向，在现今应力场的作用下，发生的地震多数属于走滑型。在这样一个应力场条件下，随着发震构造与最大主压应力轴夹角的差异，分别表现出正–走滑性质或逆–走滑性质，前者如NEE向断裂，后者如NNE向断裂。

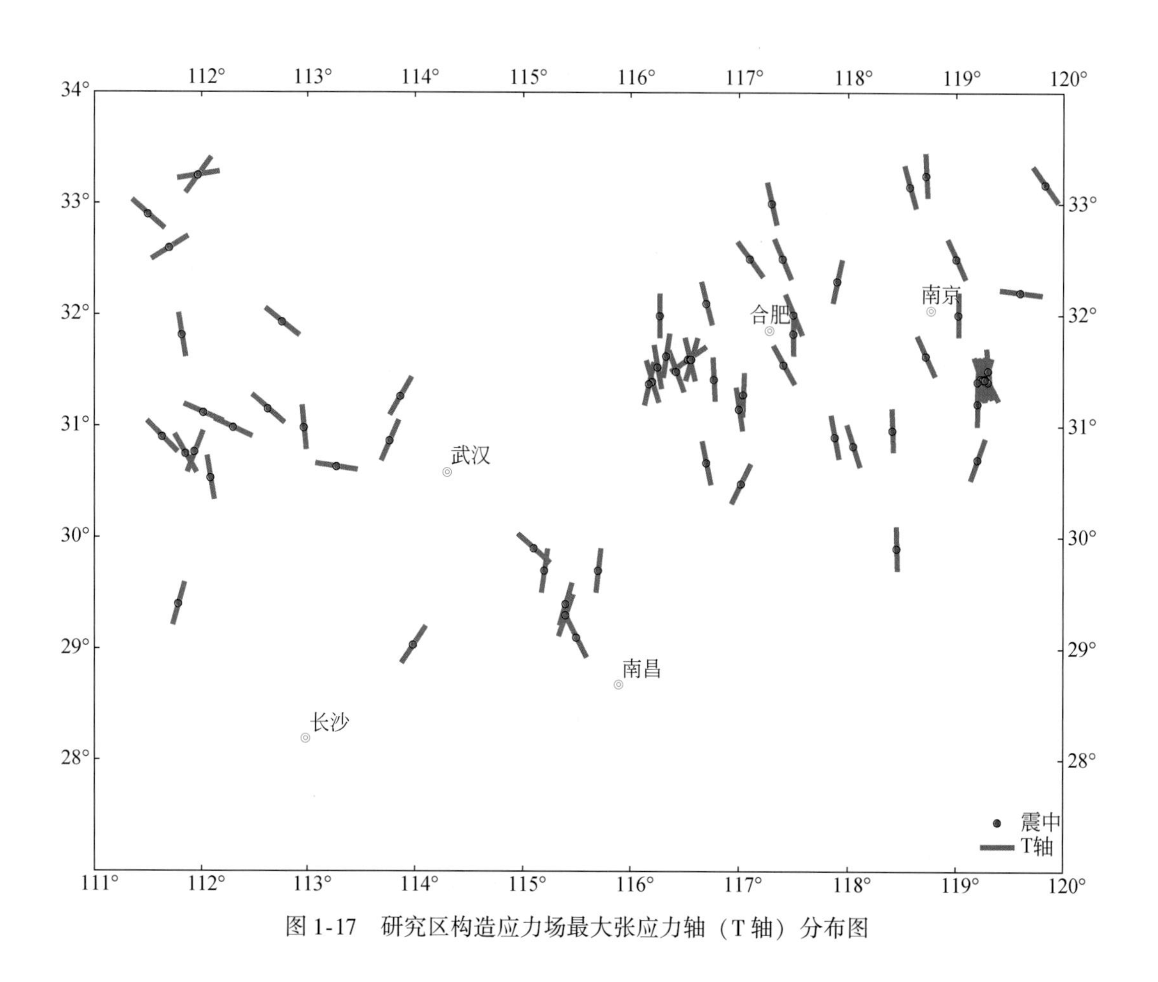

图 1-17　研究区构造应力场最大张应力轴（T 轴）分布图

(a)　(b)

图 1-18　P 轴（a）和 T 轴（b）方位统计玫瑰花图

第五节　现今构造动力学背景

一、板块运动

根据板块构造学说，新生代构造演化受两大地球动力系统所控制（图1-19）：西部是印度–欧亚板块的碰撞及陆内汇聚体系，其西段表现为印度次大陆与欧亚大陆的陆–陆碰撞缝合带，东段是印度–澳大利亚板块俯冲消减于欧亚大陆南缘的印度尼西亚岛弧之下；东部是西太平洋板块和菲律宾海板块俯冲消减于欧亚大陆之下，并在大陆前缘形成一系列非常复杂的海沟–岛弧–边缘海–陆块体系。这两大地球动力系统既独立作用又相互影响，共同导致了东亚大陆丰富多彩的新生代地质构造演化（Yin，2012）。我国新生代地质构造和地震构造等的大量研究结果表明，周围板块运动的联合作用是造成我国大陆内部构造变形、建造发育及地震活动等的主要动力。

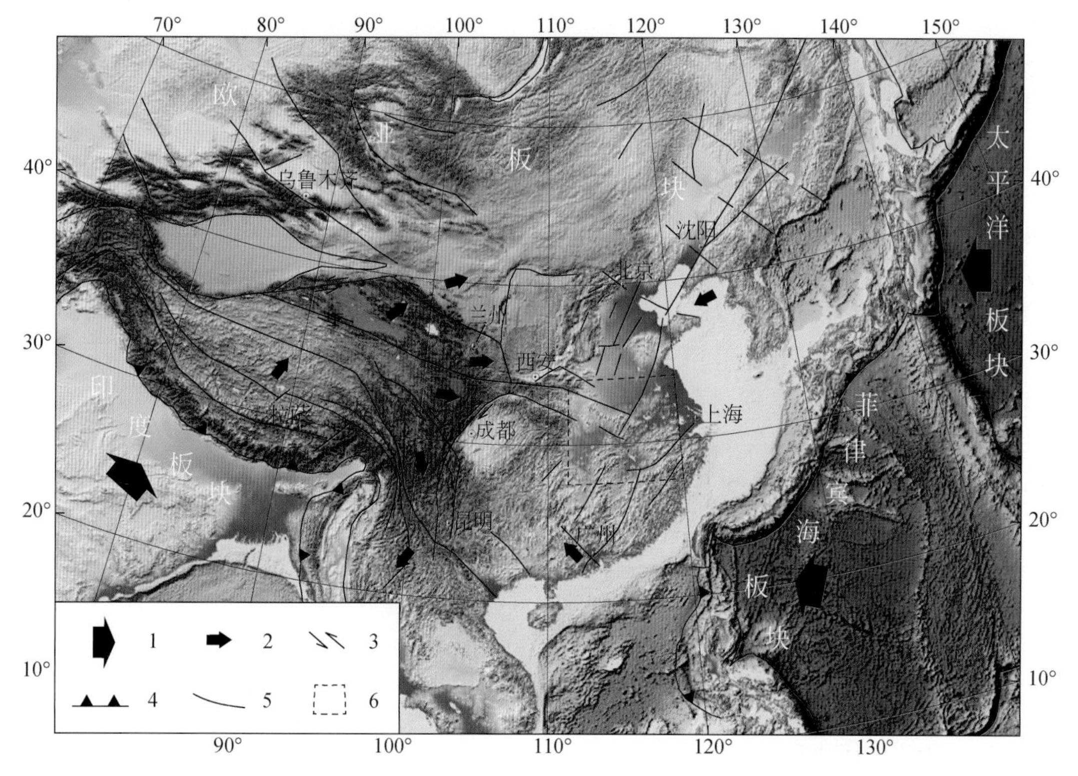

图1-19　我国新构造格局及与周围板块运动关系的示意图

1. 板块运动方向；2. 块体运动方向；3. 走滑断裂；4. 板块汇聚边界；5. 主要断裂；6. 研究区范围

(一) 印度板块

张培震等（2014）把印度板块与欧亚板块的碰撞及其响应过程分为 4 个阶段：碰撞前（约 55Ma 以前）、碰撞时及碰撞后早期（45 ~ 30Ma）、碰撞后中期（30 ~ 20Ma）、碰撞后晚期（约 10Ma 以来）。

随着印度板块北北东向漂移速率在 55 ~ 50Ma 期间从 150mm/a 突然下降到 70 ~ 80mm/a（Molnar and Stock，2009），印度与欧亚大陆在古近纪中期，即距今 45 ~ 55Ma 期间发生强烈碰撞。印度板块持续的楔入作用导致雅鲁藏布江一带的新特提斯残留洋最终封闭（汪一鹏，2001）。在印度次大陆不断向北推挤的作用下，青藏高原内部地壳大规模挤压缩短，形成逆冲推覆构造及其控制的长条状压性沉积盆地。虽然在变形方式存在争议，但均认可这种陆-陆碰撞及其强烈的楔入作用还导致了青藏高原南部岩石圈块体向 SE 方向的大规模侧向挤出（Tapponnier et a1.，1982；Burchfiel and Chen，2012）。在碰撞后中期（30 ~ 20Ma），构造变形向北扩展到昆仑山断裂，导致了昆仑山及上驮的可可西里盆地快速隆升，同时造成柴达木盆地、河西走廊、陇西盆地弯折下沉开始接受新生代陆相沉积，形成青藏高原东北缘的大规模晚新生代沉积盆地群。大约 10Ma 以来，东亚地区发生了一系列重要构造事件，奠定了今日的构造变形框架、山川地貌雏形和生态环境格局。青藏高原继续向周缘的持续性扩展，导致祁连山、秦岭、六盘山、龙门山等山脉快速隆升，形成今日青藏高原的地貌景观。

我们在四川省马边地区开展的新生代抬升过程裂变径迹年代学研究，也在一定程度上支持了青藏高原东部边界晚新生代幕式抬升和分步向外扩展的观点（安艳芬等，2008）。野外工作中共采集了 15 个裂变径迹年代样品，它们的平面分布见图 1-20。从地貌学角度来看，马边地区遭受强烈的流水侵蚀切割作用，地形起伏强烈，显示本区近期以来存在较强烈的构造隆升，河流以下蚀作用为主，区域内第四纪沉积很少保存。而在本次研究中，所有样品在距今 3 Ma 后均判读出急剧冷却至今的信息，推测本区域在 3Ma 至今可能曾经有一次大规模的构造隆升事件（图 1-21）。鲜水河断裂带南东段晚新生代抬升冷却至 350℃的时间为 3. 6 ~ 3. 46 Ma（Xu and Kamp，2000），比北西段和中段分别晚 7 Ma 和 2 Ma。相对而言，马边地区更靠近高原边界东侧，裂变径迹结果显示距今 3 Ma 以来有一次大规模的构造隆升事件，在时间上也晚于鲜水河断裂带的南东段。

新构造运动时期，印度板块与欧亚板块之间陆-陆碰撞导致的青藏高原地壳挤压增厚、渐进式强烈隆升以及对周缘的持续性扩展等，对中国中东部地区的构造活动呈放射状地施加了强大的驱动力，应该说是包括长江中下游地区现今构造活动的主要力源。

(二) 太平洋板块和菲律宾海板块

日本海沟往南延伸分为东西两支，东支为马里亚纳深海沟。太平洋板块位于千岛群岛-日本岛弧-马里亚纳群岛一线东侧，菲律宾海板块位于马里亚纳群岛西侧至琉球岛弧、菲律宾一带海沟东侧。张培震等（2014）认为这两个板块向西俯冲消减于欧亚板块之下的阶段划分及其对中国大陆的影响与印度板块与欧亚板块之间陆-陆碰撞存在可对比性。至

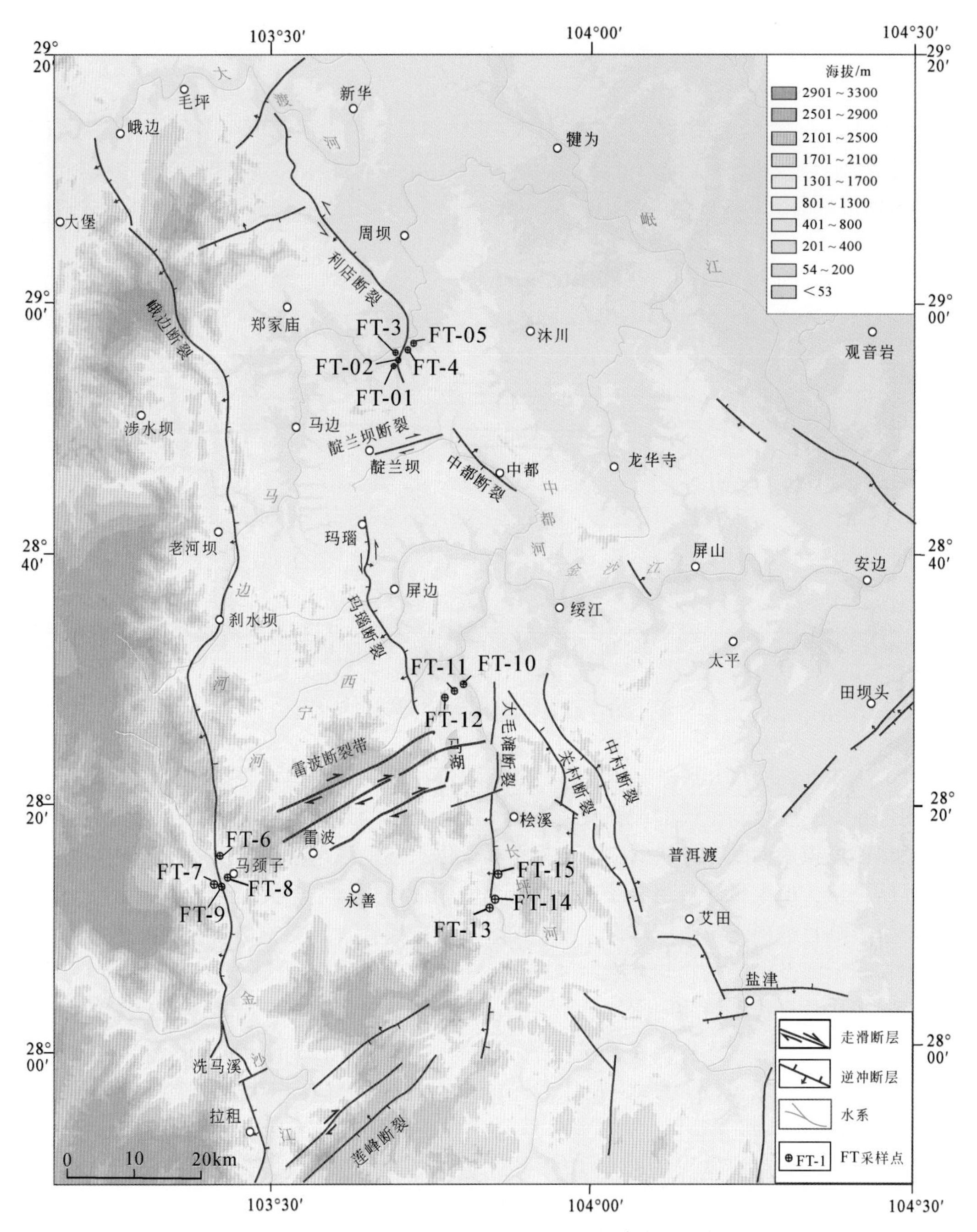

图 1-20　马边地区断裂构造与裂变径迹年代样品分布图

少从白垩纪晚期起，太平洋板块向西俯冲消减的速度大幅度降低。这一速度的骤降正好对应着一系列弧后盆地的形成和快速拉张。例如，华北盆地从白垩纪的早中期就形成了一系列 NNE 走向的裂陷盆地，沉积了巨厚的陆相沉积物；到早新生代，盆地范围进一步扩大，裂陷作用进一步增强，形成巨大的沉积盆地群（朱日祥等，2012）。中新世—第四纪期间

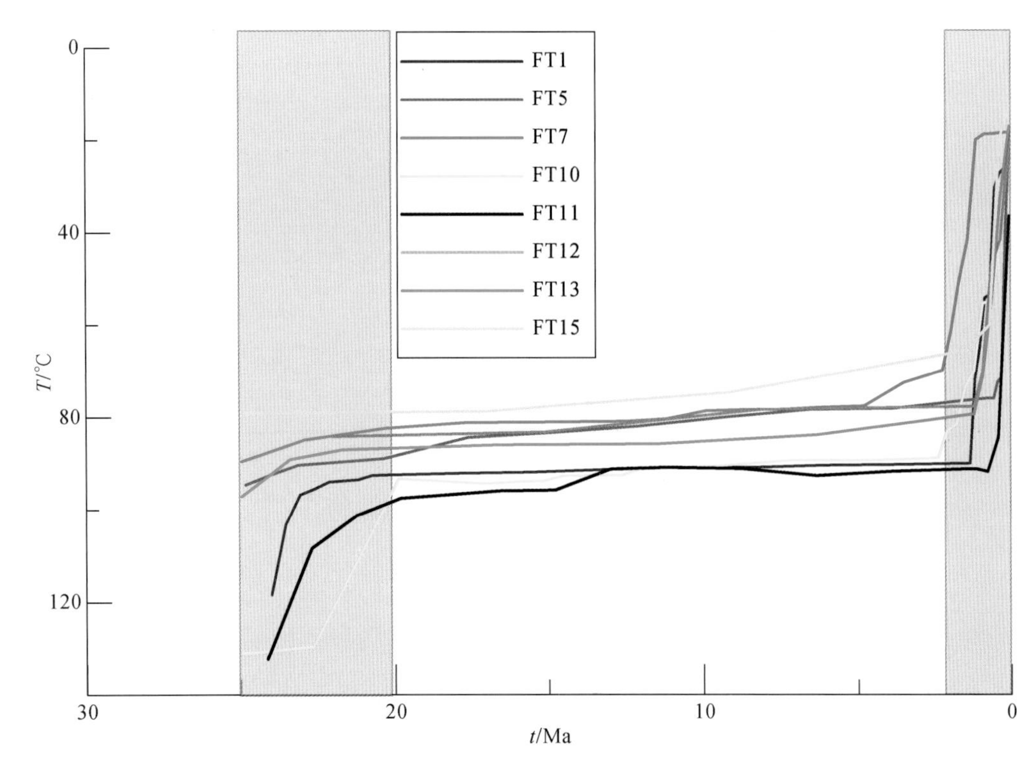

图 1-21　裂变径迹样品模拟结果汇总图

(约 10Ma 以来)，沿西太平洋—印度尼西亚板块俯冲消减带的运动开始加速，不仅弧后拉张作用停止，一些早新生代的拉张盆地还发生反转而遭受到挤压缩短作用。

虽然印度板块向欧亚板块的碰撞与推挤是中国大陆地壳运动与形变的主要驱动力已被地学界所公认，但太平洋板块向欧亚板块下面的俯冲作用对中国大陆现今地壳运动与形变是否产生影响目前尚无统一的认识。根据闻学泽和徐锡伟（2003）的研究，菲律宾海板块对中国东南沿海及台湾的影响在该地区表现为一个“三角形动力触角”。在台湾动力触角边界区附近，从台湾岛略北向南至巴士海峡，强震活动较为频繁；向西，经台湾海峡进入大陆内部至闽、粤、赣三省交界地区附近，存在一个大体呈三角形向内陆减弱的 $M_S \geqslant 6.0$ 的强震活动区。该区包括了粤北-福建沿海的泉州海外-金门-东山-南澳的 7 级地震带、岸内的汕头-漳州 6 级强震区，以及深入大陆内部的赣南寻乌 6 级强震区。进入到华南块体内部，尤其是华南块体与华北块体边界带附近，菲律宾海板块构造作用较弱。

二、现今地壳形变特征

由于全球卫星导航定位系统（GPS）技术的精度大大提高，其观测资料在地球动力学和构造变形等研究领域中已得到广泛应用。“九五”期间我国实施的重大科学工程——中国地壳运动观测网络是一个以 GPS 观测技术为主，辅之以甚长基线射电干涉测量（VLBI）和人工激光测距（SLR）等空间技术，结合精密重力测量和精密水准测量构成的大尺度、高精度、连续的地壳运动观测网络。该工程已于 2000 年底顺利建成，正式投入了运行。它的建成使我国在该领域内达到了 20 世纪末的国际水平，将地面定位的传统测量精度提高了几个量级，观测速度提高了几十倍，第一次实现了全国范围地壳运动的准同步监测，从根本上改善了我国地球表层的动态监测方式和功能。

Wang 等（2001）研究成果表明：相对于稳定的欧亚大陆，青藏高原东面的华北和华南块体以 2～8mm/a 和 6～11mm/a 的速度，一致性地向南东东向运动（图 1-22）。也就是说，虽然在华南块体内部无明显趋势性改变和分区性或阶跃性的运动图像，即区内各点之间的相对差异运动微弱，呈整体性运动特征，但华南和华北两个块体之间存在 3～4mm/a 的速度差异。张培震等（2005）基于遍布华南地块 21 个 GPS 观测站的资料，认为整个华南地块内部不存在明显的速度梯度带，内部没有重要的差异运动，华南地块确实作为一个整体向南东东方向运动，其运动方向为东 110°～130°，速度为 8～11mm/a。华南和东南沿海地区在新构造运动上属于比较稳定的地块，内部不发育明显的活动断裂和褶皱，地震活动性与华北和西部比相对较弱。

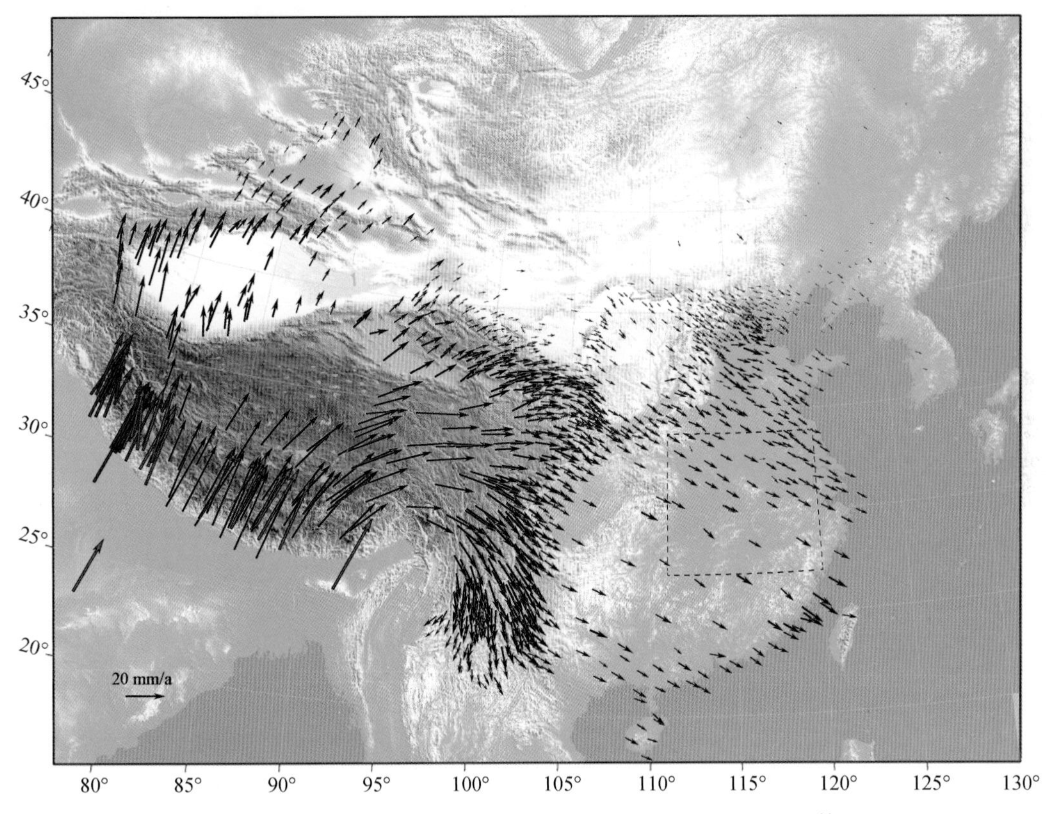

图 1-22　相对于稳定欧亚大陆的 GPS 速度矢量（mm/a）（据张培震等，2005）
图中虚线框为研究区范围

张静华等（2005）在华北块体的南部及与其紧相邻的华南块体上的站速度基本是一致的，在边界的两侧站速度不存在明显的变化。这也证实了在华南块体与华北块体之间不存在一个差异性活动明显的边界带，而是一个运动强度平缓变化的宽泛边界。李延兴等

(2006) 基于中国大陆及周边地区 GPS 的最新观测成果，建立欧亚板块整体旋转与线性应变运动模型，发现华北块体东部地壳存在一致的向西或北西西向运动，华北东部平均运动速率可以达到 1.4mm/a，并认为这是太平洋板块俯冲对中国大陆影响的重要表现形式。

三、长江中下游地区现今构造动力学模式

从前面的分析可以看出：尽管现今地壳运动观测资料表明长江中下游地区运动速率变化平缓，但在太平洋板块运动俯冲导致的华北块体西向运动与青藏高原东缘对华南块体南东东向侧向推挤的共同作用下，华北块体与华南块体之间形成了一个宽泛的、左旋剪切作用的构造动力学环境（图 1-23）。

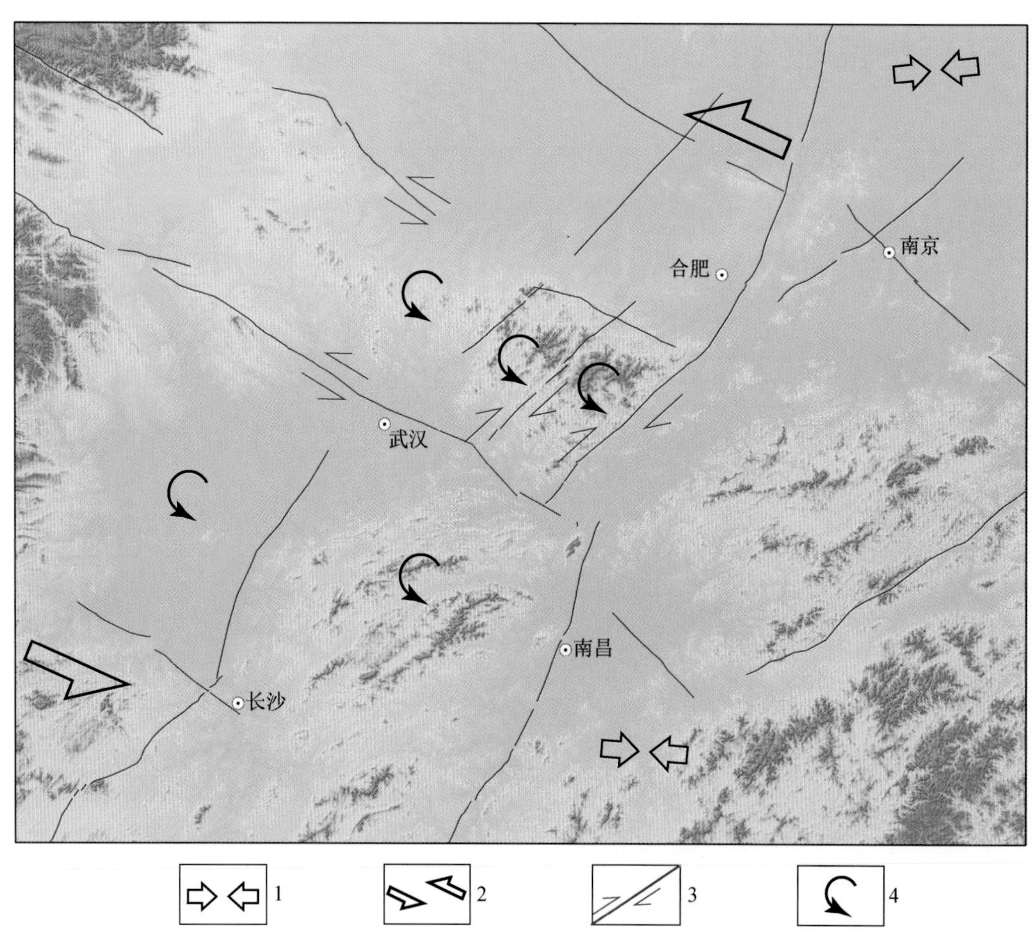

图 1-23　长江中下游地区现今构造动力学模式图

1 构造应力场主压应力方向；2 剪切作用方向；3 走滑断裂；4. 块体转动方向

长江中下游地区广泛存在的左旋剪切作用与震源机制解显示的本区近东西向主压应力场方向是一致的，优势破裂方向应该是 NE—NEE 向和 NW—NWW 向，并分别表现出右旋走滑和左旋走滑性质。在现今应力场的作用下，发生的地震多数属于走滑型。随着发震构

造与最大主压应力轴夹角的差异，分别表现出正-走滑性质或逆-走滑性质。在一个宽泛的、左旋剪切作用的构造动力学环境中，块体逆时针转动可能是一种重要的运动方式，并伴随着断裂活动的终止与新生。

根据板块构造学说，地壳运动以水平运动为主，有些升降运动是水平运动派生出来的一种现象。比如水平运动可以造成岩石圈物质结构、密度和厚度在垂直方向和水平方向上的非均匀性，从而导致重力异常及其侧向流展力。即便如此，板块构造的驱动力一般认为也是地幔物质热对流，带动其上的岩石圈水平运动。现今构造运动和变形是多种动力叠加的结果（彭建兵等，2001）。对于长江中下游地区，也需要考虑上地幔上升导致的岩石圈伸展变薄并在浅层形成伸展型裂陷盆地等现象。板内结构的不均一性和多种动力源的叠加和相互作用，使得大陆内部不同部位的活动构造变形与地震孕育的动力学过程复杂化。

第二章　布格重力异常与深浅部构造关系

第一节　概　　述

地球物理场资料是地质构造研究需要参考的基础资料之一，地质历史时期各期相对强烈的构造作用和岩浆活动，会造成地壳内部，甚至包括上地幔物质分布不均匀及其密度、磁性等物性差异，并随之产生相应的重力异常和磁异常。因此，对重磁异常场的研究有助于我们了解区域地质构造格局、作用性质及其深部特征。布格重力异常等值线是对地球内部物质分布状况的真实写照（李安然等，1984；殷秀华等，1988；Urrutia-Fucugauchi and Flores-Ruiz，1996）。布格重力异常反映了现今地壳密度变化特征，与地壳厚度具有相关性，可用于分析区域厚度分布特征，同时重力异常突变地带，反映了地壳厚度的剧烈变化，通常也是大型构造带深部差异性的反映。因此，在一些地表工作难以开展的地区，对重力异常的研究显得更为重要。区域异常等值线的延伸方向，一般都是与构造线的总体走向一致，在此背景上，大范围内呈线性排列的密集异常（梯级带）则有可能反映深部构造带的存在，并且不同类型的重力场异常还可以反映出对应断裂的构造类型、活动属性及与其相关的深部地球动力学过程（Wang et al.，1986；Griscom and Jachens，1989，1990）。

在以往的工作中，由于缺乏有效的计算工具，只是通过布格重力异常等值线的疏密变化，定性地讨论重力异常梯级带与断裂带或地震带的相互关系。这样的工作存在一定的不确定性和人为因素，难以对布格重力异常梯级带与地震活动、断裂构造深入地进行讨论。地理信息系统技术强大的空间数据处理功能逐渐为人们所熟悉，在此基础上通过一些专题模型的设计，可以深入地处理地球物理等方面的基础资料，在科学和客观的前提下，梯级带一目了然。

地处长江中下游的江淮地区（114°～120°E，31°～34°N）的地貌以第四系覆盖平原区和低山丘陵为主，河网纵横，植被发育。但这种地表地形上的相对均一性，并不能掩盖其内部由于构造运动导致的横向上质量的差异性以及中强地震的频繁发生。为此，我们以该地区为例，通过布格重力异常梯级带的生成以及与地震活动、断裂构造、水系密度的叠加分析，研究中强地震深部构造环境特征以及深浅部构造耦合关系。

第二节　基础资料与处理方法

一、基础资料

本书采用的布格重力异常数据来自于国家测绘局1978年编制的1∶100万中国布格异常图（内部资料）（图2-1）。虽然地质矿产部地球物理地球化学勘探研究所1989年编制出版的1∶250万中国布格重力异常图具有资料新等特点，但比例尺较小，不能满足研究精度的要求。

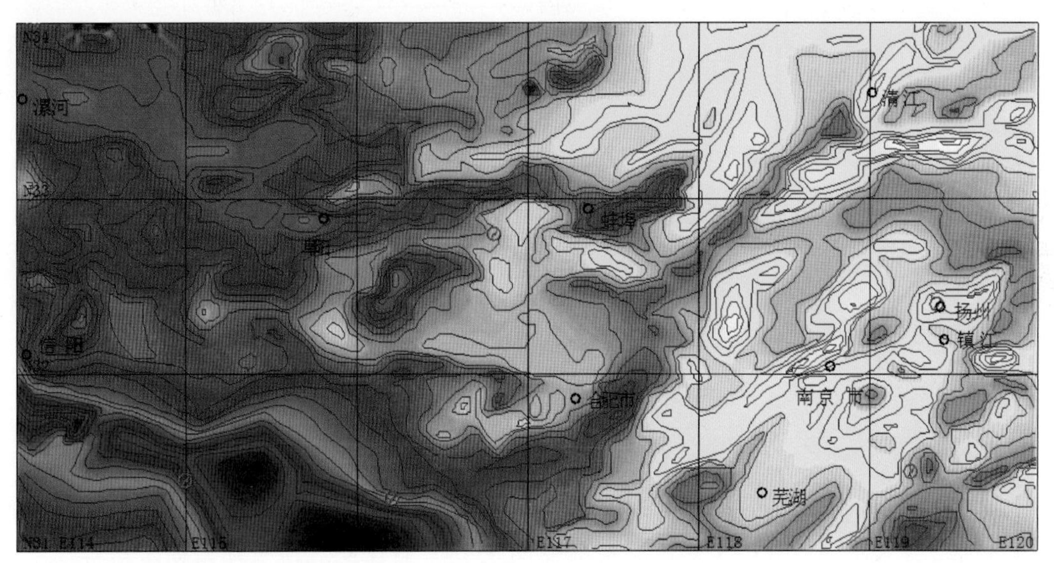

图2-1　江淮地区布格重力异常图（单位：10^{-5}m·S^{-2}，间距：5×10^{-5}m·S^{-2}）（根据国家测绘局，内部资料）
图中蓝色为异常值较低区域，黄色为较高区域，绿色和红色为中间过渡色

二、处理方法

在地理信息系统工具软件（Citystar 2.5）的支持下对基础资料进行分析，流程如图2-2所示。处理步骤包括：等值线的离散化（产生数字高程模型）、梯度计算和粗化处理。

（一）数字高程模型（DEM）

数字高程模型（DEM）是某一区域所有离散地表单元空间位置（i，j）（$i=1$，…，m；$j=1$，…，n）和高程（$Z_{i,j}$）的有序集合。由于该概念已广为人知，所以在布格重力异常离散化过程中仍采用这一术语。只是这里的高程在物理意义上指布格重力异常值。最常用的数字高程模型的表达形式是高程模型，即

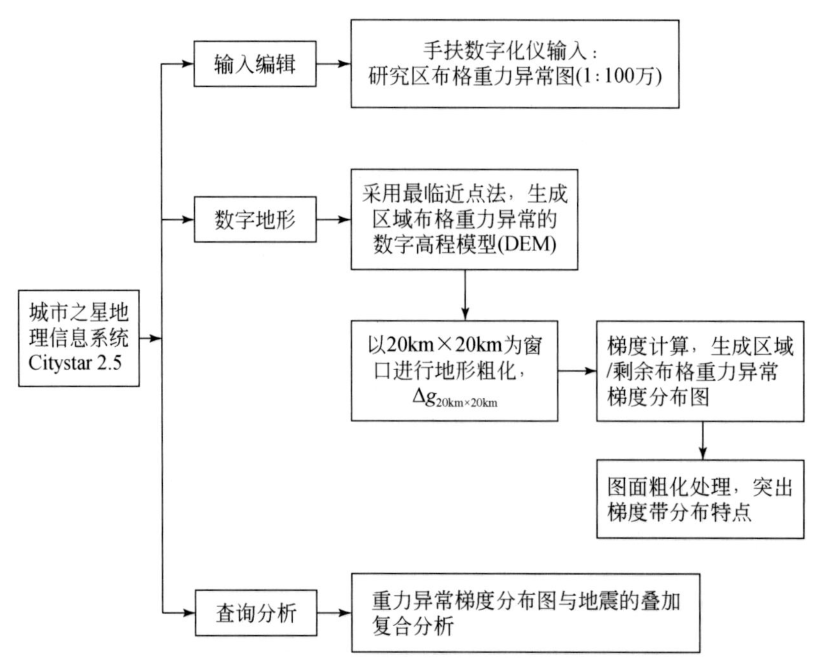

图 2-2　江淮地区布格重力异常资料处理流程图

$$
\begin{bmatrix}
Z_{11} & Z_{12} & \cdots & Z_{1n} \\
Z_{21} & Z_{22} & \cdots & Z_{2n} \\
\vdots & \vdots & \ddots & \vdots \\
Z_{m1} & Z_{m2} & \cdots & Z_{mn}
\end{bmatrix}_{m\times n}
$$

数字高程模型通过等高线插值产生，为此需要通过数字化仪录入研究区布格重力异常图上的每一条等值线，并输入相应的数值（图 2-2）。具体的插值算法有曲线拟合法、最临近点法和八方向权重插值法等。在布格重力异常的数字高程模型生成中，我们采用最临近点法，由此产生一幅布格重力异常数字图像，在该图的每一个栅格点上，都有对应的布格重力异常值。

数字高程模型中栅格像元数（$m\times n$）要根据研究内容适当选取。在江淮地区的布格重力异常研究中，选择的栅格像元数为（180×302），即在经向上，每个栅格象元的边长相当于 1′，在纬向上，略大于 1′。

（二）梯度计算

由数字高程模型计算梯度，可由差分形式表示：

$$\tan G=\left[(\partial Z/\partial x)^2+(\partial Z/\partial y)^2\right]^{1/2}$$

$$[\partial Z/\partial x]_{i,j}=\left[(Z_{i+1,j+1}+2Z_{i+1,j}+Z_{i+1,j-1})-(Z_{i-1,j+1}+2Z_{i-1,j}+Z_{i-1,j-1})\right]/8\Delta x$$

$$[\partial Z/\partial y]_{i,j}=\left[(Z_{i+1,j+1}+2Z_{i,j+1}+Z_{i-1,j-1})-(Z_{i+1,j-1}+2Z_{i,j-1}+Z_{i-1,j-1})\right]/8\Delta y$$

式中，$\Delta x\times\Delta y$ 为每个栅格像元的实际大小；布格重力异常（Z）的单位为 $10^{-5}\mathrm{m\cdot S^{-2}}$；$x$、$y$ 的单位为 km，它们的比值作为弧度，最后以度数（°）来表示每一个栅格点的梯度值。

（三）图面粗化处理

即设置一个窗口（a sampling rate），设大小为 $b\times b$。在沿着每一个栅格点滑动过程中，把窗口内所有栅格点上的梯度平均值重新赋予该栅格点。这是一种在重力异常分析常用的数学处理方法（Simpson et al.，1986；Urrutia-Fucugauchi and Flores-Ruiz，1996），其目的在于消除一些局部的干扰因素，更好地反映深部构造特点。并能使趋势性变化特征更加明显，层次感更强。在江淮地区布格重力异常研究中，选取的窗口大小为 4（栅格）×4（栅格）。由于经过粗化处理后的每一个栅格点上数值已不是实际的梯度，而是一定范围内的平均值，因此，在这种图像中用梯度等级反映梯度高低显得更为合理，而不是用具体的梯度值表示。由此产生研究区布格重力梯度分级图。

第三节　布格重力异常梯度及分布特征

一、与中强地震关系

在江淮地区布格重力异常梯度分级图上（图 2-3），梯度值共分为 6 级。梯度值最小的 1 级用白色表示，分布的面积最大，约占 50%。2 级以上的梯度用不同的颜色表示，梯度值越大，色调越呈暖色。随着色调变暖，分布的面积逐渐递减。由于 2 级以上的梯度值分布面积总和只与 1 级相当，因此，下面为了叙述方便，把 1 级梯度分布区称为低梯度区，2 级以上的梯度分布区统称为高梯度区。

研究区布格重力异常高梯度区与中强地震空间分布有着较好的一致性（图 2-3）。在所有的低梯度分布区（白区）中间地带都没有中强地震，只是在与高梯度区的过渡地带，中强地震才比较频繁。如在研究区中央部位，即合肥至蚌埠之间为近似于一块平行四边形低梯度值区，除了与高梯度区接壤的边缘地带，内部地震活动性很弱，基本上为一个破坏性地震的空白区。同时，该低梯度区的形态特征也较好地反映了江淮地区布格重力异常梯级带网络状的分布特征。在图 2-3 的西北部，信阳、漯河、亳州和阜阳等围限区也是一个分布范围较大的低梯度区，白色分布区的中间地带缺少破坏性地震，地震基本上分布在靠近高梯度区的地段。从南京到芜湖也是一个低梯度分布区。低梯度分布区的弱地震活动性，与高梯度分布区基本上随处可见的中强地震形成鲜明的对比。从图 2-3 上可以看出，江淮地区有历史记载以来共发生 8 次 4.7～4.9 级地震，33 次 5.0～5.9 级地震和 8 次 6.0～6.9 级地震，在长江中下游地区属于地震活跃区，这些地震基本上都发生在高梯度区或靠近高梯度区的边缘地带。

布格重力异常梯级带的存在反映地壳中质量分布的不均匀，这种不均匀会使岩石圈的不同部位上所承受的负载不均一而发生弹性弯曲，因此导致了它以下的上地幔所受到的静压力的不均衡，结果产生了垂直方向的作用力，造成了上地幔的下沉和上隆这种重力的均衡调整过程，而这种调整过程又必然引起地壳中物质的重新分布，结果又在地壳中造成了水平方向的作用力（图 2-4；Arthyshkov，1973；周玖和黄修武，1980；Savage and Walsh，

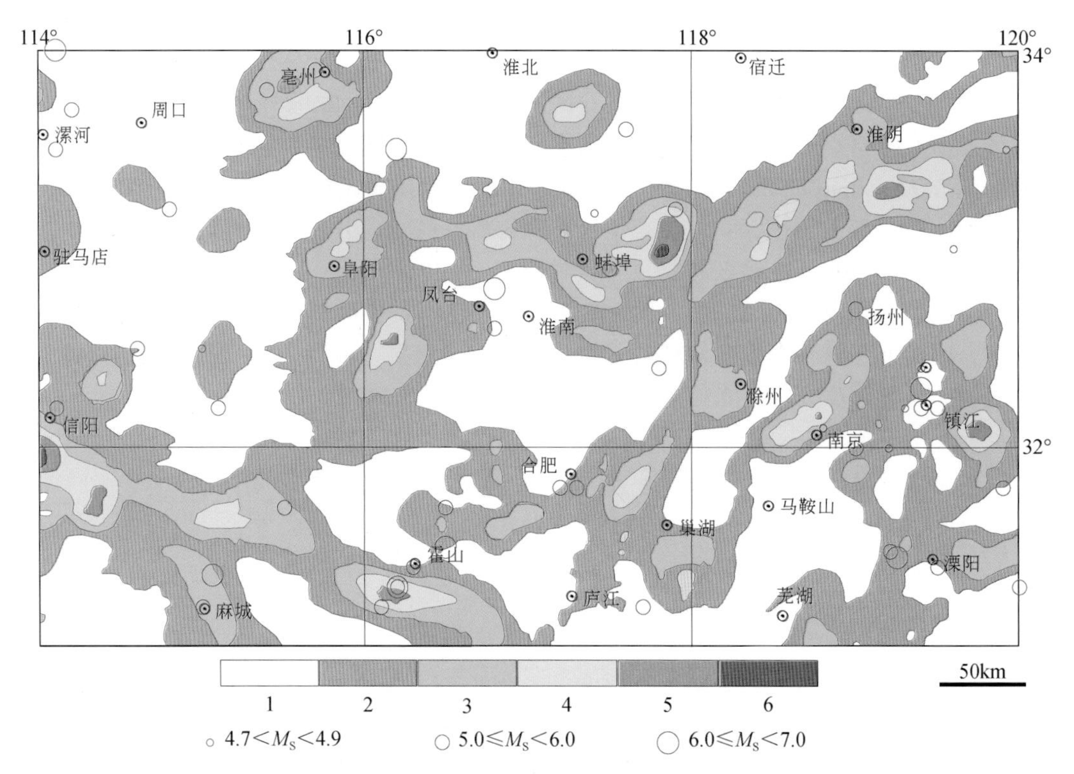

图 2-3　江淮地区布格重力异常梯度分级图

1978；Goodacre and Haegawa，1980；Barrows and Langer，1981），这种横向上的作用力在布格重力异常梯级带或莫霍面的斜坡地带为最大，这有可能为中强地震发生的动力来源之一。因此，布格重力异常梯级带应该是我们识别中强地震潜在震源区的一个重要标志。断裂性质随着断裂走向的差异性而发生改变，如走向与布格重力异常梯级带锐角相交，表现为正断层性质；钝角相交，则为逆断层性质。在地震构造环境中，重力均衡调整只是其中可能一个作用力。与板块远程作用力等一起共同影响着地震能量的积累与释放。

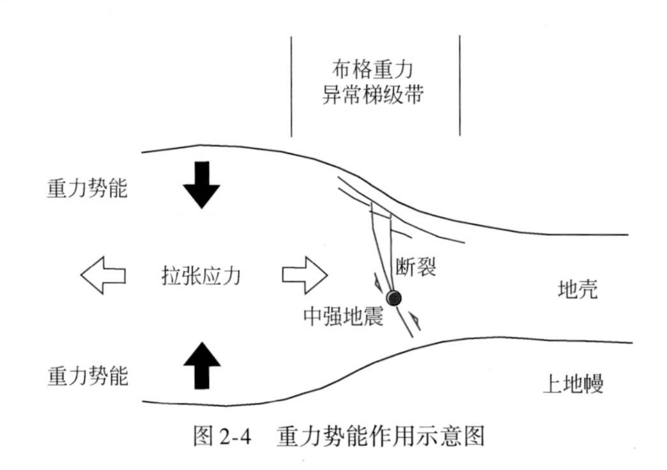

图 2-4　重力势能作用示意图

二、网络状分布特征

高梯度分布区在几何学特征上还表现出明显的线性状展布特点（图2-3，图2-5）。江淮地区的布格重力异常高梯度分布区可以简化为一些梯度条带（图2-5）。由于沿这些条带是布格重力异常变化剧烈的地段，一般地称为梯级带。梯级带在走向上主要可以分为两组，一组走向北西西-南东东；另一组走向北东。其中，有4条比较清晰的北西西-南东东走向梯级带，走向NE300°~310°，由南向北分别为信阳-霍山梯级带（NW1）、合肥-芜湖梯级带（NW2）、亳州-蚌埠-镇江梯级带（NW3）和（宿迁-）淮阴梯级带（NW4）。在几何学特征方面，这些梯级带相互平行，间距近似相等。北东-南西走向的布格重力异常梯级带有4条，走向NE40°~45°，由西向东分别是信阳-亳州梯级带（NE1）、麻城-凤台梯级带（NE2）、庐江-淮阴梯级带（NE3）和溧阳-常州梯级带（NE4），靠研究区边缘的两条梯级带的表现不如中间的两条清楚，原因之一可能受到边缘资料的影响，没有延伸开来。即便如此，还是可以看出这4条北东40°走向的梯级带同样具有相互平行，间距基本相等的特点。它们与4条北西西-南东东梯级带一起，空间上相互交切，在平面上形成一幅网络状展布的图像。丁国瑜和李永善（1979）根据地震活动分布特征，曾经勾画过类似的网络图像。这也从其他方面说明了布格重力异常梯级带与中强地震活动的密切关系。因此，在地震构造意义上，可以认为梯级带代表了块体周缘的构造带，沿块体周缘边界带的地震活动性较强。受梯级带围限的低梯度分布区相当于一个构造块体的内部，块体内部的地震活动性一般都较弱（韩竹军等，2003）。

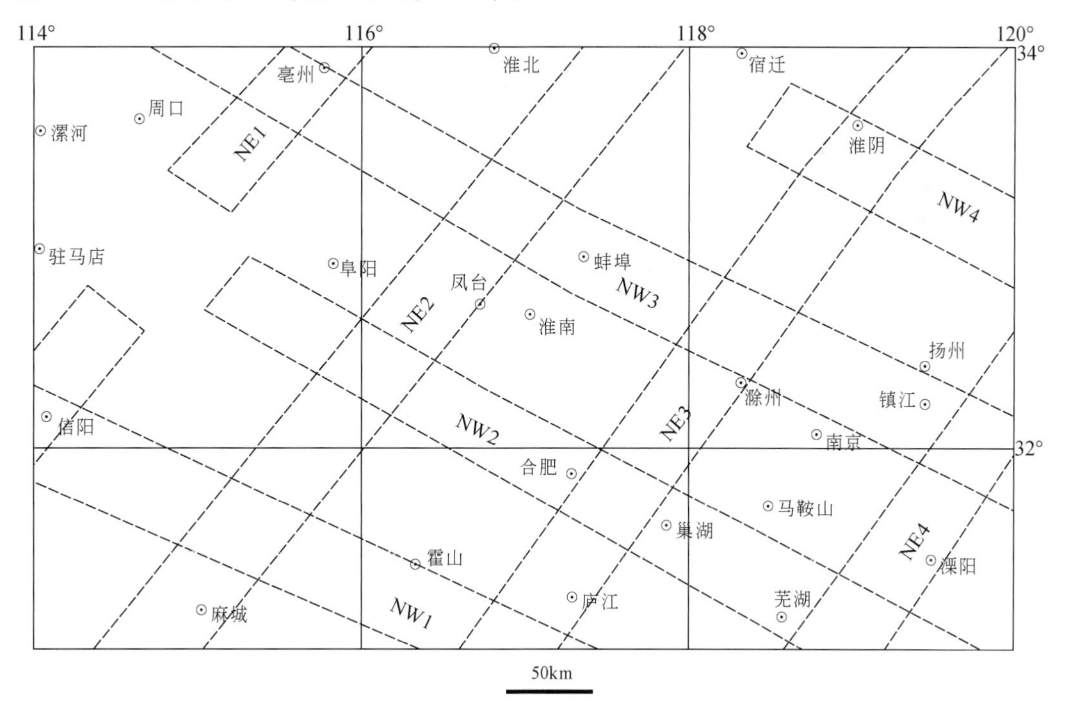

图2-5 江淮地区布格重力梯度梯级带分布图（其中NW1等为梯级带编号）

由于江淮地区地处长江中下游的东北部，在现今构造应力场中，最大主压应力方向偏于北东东-南西西向，因此，走向分别为 NE300°～310°和 NE40°～45°的两组布格重力异常梯级带，应该也对应着现今构造应力场中的两组优势破裂面。由此可见，虽然就布格重力异常梯级带本身而言，重力调整的势能可能有限，但梯级带可能指示了深部构造带的存在，或者说是深部构造带存在的一个重要证据。深部构造带分布格局对应现今构造应力场中的两组优势破裂面，那么，沿着深部构造带的现今构造作用与重力势能的调整，为破坏性地震的孕育发生提供了条件。

第四节　断裂构造与布格重力异常梯级带

研究区内主要有 3 组方向的断裂构造，它们是北西—北西西向、北东—北北东向和近东西向（图 2-6）。前人对这些断裂做过不同程度的研究工作（国家地震局地质研究所，1987；马杏垣，1989；陆镜元等 1992；晁洪太等，1994；姚大全等，1999，2003；胡连英等，1997；徐杰等，1997，2003；侯康明等，2012a，2012b；沈小七等，2015），在巢湖、盱眙、芜湖等核电项目中，中国地震局地质研究所等对其中一些断裂做过补充调查。

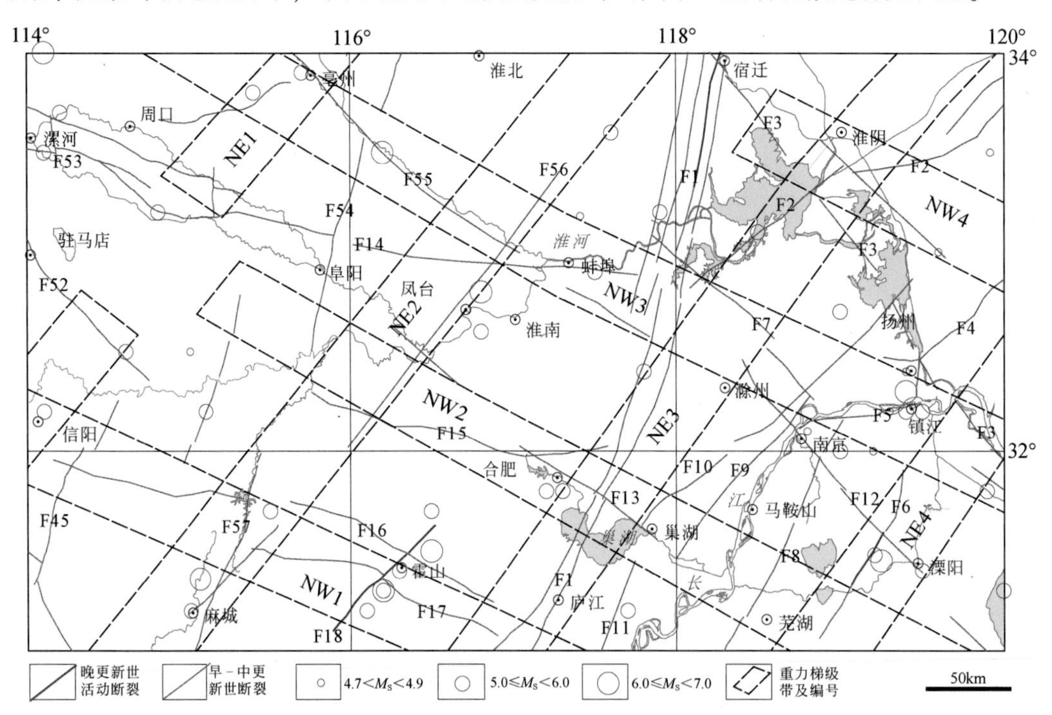

图 2-6　江淮地区主要断裂构造与布格重力异常梯级带关系图

断裂名称：F1. 郯庐断裂；F2. 洪泽-沟墩断裂；F3. 无锡-宿迁断裂；F4. 泰州断裂；F5. 幕府山-焦山断裂；F6. 茅山断裂；F7. 施官集断裂；F8. 方山-小丹阳断裂；F9. 江浦-六合断裂；F10. 滁河断裂；F11. 严家桥-枫沙湖断裂；F12. 南京-湖熟断裂；F13. 桥头集-东关断裂；F14. 怀远-蚌埠断裂；F15. 肥中断裂；F16. 金寨断裂；F17. 桐城-磨子潭断裂；F18. 霍山-罗田断裂；F45. 大悟断裂；F52. 栾川-南召断裂；F53. 鲁山-漯河断裂；F54. 王老人集断裂；F55. 涡河断裂；F56. 凤台断裂；F57. 麻城-团风断裂

一、断裂活动性分析

（一）北东—北北东向断裂

该组断裂代表性断裂有：郯庐断裂、茅山断裂、洪泽-沟墩断裂、方山-小丹阳断裂、滁河断裂、霍山-罗田断裂、麻城-团风断裂、凤台断裂和王老人集断裂等。由于该组断裂规模大，演化历史悠久，其中的一些断裂与破坏性地震关系密切，在后面的章节中还将详细介绍。我们在多年的核电项目地震地质调查与地震安全性评价中，对其中的一些断裂也做过调查。在该组断裂中，北东向断裂或断裂段与布格异常梯级带关系较为密切。下面简述其中一些断裂活动性，茅山断裂、霍山-罗田断裂和麻城-团风断裂参见第五章相关内容。

1. *郯庐断裂*

该断裂是我国大陆东部一条规模巨大的构造带，它北起黑龙江鹤岗、萝北一带，南抵长江岸边的湖北广济，长达2400km。按其构造和活动特征可分为四段：黑龙江鹤岗-开原段（北段），下辽河-莱州湾段（中北段），鲁苏沂沭段（中南段）和庐江-广济段（南段）。闵伟等（2011）曾报道了断裂北段全新世活动的地质证据。区内包括鲁苏沂沭段的中南部新沂-泗洪断裂和庐江-广济断裂。

沿着新沂-泗洪断裂，有4条主干断裂第四纪以来有过活动，自东而西是昌邑-大店断裂、安丘-莒县断裂、沂水-汤头断裂和鄌部-葛沟断裂。其中，沂水-汤头断裂和鄌部-葛沟断裂为早-中更新世活动断裂。昌邑-大店断裂在本研究区之外为晚更新世活动断裂，区内的宿迁以南部分为早-中更新世断裂。安丘-莒县断裂在区内宿迁至泗洪之间为晚更新世活动断裂，并有可能持续到全新世早期，泗洪以南为早-中更新世断裂（谢瑞征等，1991；晁洪太等，1994；沈小七等，2015）。

第四纪时期，这4条断裂延伸长160km左右，经历了不同活动时段，并有一定的空间迁移。早更新世断裂活动主要发生在西部的两条断裂，并伴随着玄武岩喷发（国家地震局地质研究所，1987）。中更新世时期，本区广泛剥蚀均夷，地壳处于稳定平静时期。晚更新世，主要活动已迁移至东部，沿昌邑-大店断裂和安丘-莒县断裂活动；西部断裂只在个别段落反映轻微活动。沿着安丘-莒县断裂，在宿迁-峰山之间，在桥北镇、晓店、重岗山等地局部出露，地貌上构成平原上的岛状低丘，其他地段基本上隐伏于平原之下。剖面特点为晚白垩世砂砾岩逆冲在晚第四纪沉积物之上，在断裂的上盘形成局部隆起，总体是由5条长短不同的次级活断裂呈右阶斜列组成，为逆平移活动性质。

庐江-广济断裂区内长约370km，在北部肥东龙王李到阚集东一带，断裂位于半山腰，发育于花岗片麻岩中，破碎带宽50~80m，构造岩固结，局部发育好的断层泥也固结，取样ESR年龄测试为（827±83）ka。桥头集镇南双山采石场，花岗岩中发育断层破碎带，有固结程度不高的断层泥，取样ESR测年结果为（449±50）ka和（553±55）ka。庐江白云山，断裂位于侏罗纪安山质凝灰岩中，主破裂带宽约12m，两侧各有60~100cm厚的断层泥，样品ESR年龄测试结果为（1497±150）ka。在大别山东麓，断裂的地貌特征明显，有狭长的垄岗和槽地。在太湖小池断裂错断中更新统。

2. 洪泽-沟墩断裂

该断裂位于盱眙-洪泽-建湖-射阳一线，总体走向 N50°～60°E，倾向 NW，倾角 50°～60°，区内长约 205km。该断裂是洪泽凹陷和通洋港凹陷的主边界断裂，也是盐阜拗陷与建湖隆起之间的分界断裂。它是由 2～3 条相互平行的断裂组成的断阶带，宽 1～3km。断裂晚白垩世开始活动，古近纪活动强烈，所控洪泽和通洋港凹陷堆积的古近系厚分别为 2800m 和 3000m。沿断裂新近纪有基性火山活动。断裂附近发生过 1642 年 5 级地震，自 1953 年以来断裂附近又发生过数次 3～4 级地震。推测为早-中更新世断裂。

3. 方山-小丹阳断裂

该断裂位于方山西-凤凰山-陶吴-横溪-小丹阳一线，走向 N30°～40°E，倾向 NW，倾角 40°～60°，具平移逆断层性质，区内长约 190km。该断裂主要发育于石炭系—三叠系及上白垩统中。在清水镇北边，上白垩统宣南组与古近系双塔寺组呈断裂接触。上新世早期，在断裂附近方山和浮山有基性火山喷发。它控制了芜湖盆地的西界，盆地第四系厚 60～80m。在凤凰山采矿场，三叠系灰白色砂岩的断裂面上发育厚 2～5cm 的断层泥带，取 ESR 样品测年结果为（884±90）ka；南陵戴家江北的水库坝区，志留纪砂岩中发育断裂，断层泥 ESR 测年结果是（877±90）ka。根据上述，方山-小丹阳断裂为早-中更新世活动断裂。

4. 滁河断裂

该断裂由巢湖向东北经汤泉、六合延伸至高邮一带，走向 N40°～50°E，倾向 NW，倾角 60°～75°，区内长 200km 左右。它主要发育于古生代和侏罗纪地层中，自白垩纪起，对断裂西侧的六合-全椒拗陷盆地发育起到重要控制作用，拗陷中堆积的白垩系和新生界厚近 4800m。但自上新世以来对拗陷沉积控制作用显著减小。在地貌上，断裂西北侧为河谷平原，东南侧是北东向分布的龙洞山、钓鱼台等组成的丘陵岗地。由于山体抬升，使滁河形成一条极不对称的水系，河流西北岸水系密而长，而南东岸则疏而短。沿断裂有温泉和冷泉分布。我们曾针对该断裂进行了浅层物探和地质解译，未发现该断裂晚更新世以来的活动迹象。据这些资料推测滁河断裂为早-中更新世活动断裂

5. 凤台断裂

此断裂在马杏垣（1989）主编的《中国岩石圈动力学图集》上有明确表示。北起固镇附近，向南经凤台、延至霍邱一带，长度大于 150km。进入大别山上，在其延伸方向上可见断续分布的北东向断裂。该断裂中生代以来有强烈活动，据徐杰等（1997）研究，该断裂对晚新生代盆地有控制作用。新近纪玄武岩沿断裂呈线性状分布，可见切过其他方向构造线的密集破劈理。在霍邱、凤台一带，断层陡崖和三角面发育。

6. 王老人集断裂

该断裂北自河南夏邑向南经安徽涡阳西侧、阜阳东侧延至河南固始并向南延伸，长度在 160km 左右。安徽省地震局也曾对阜阳闸-张庄-草庙-袁寨-洄溜集一线颍河两岸进行野外观测。对断裂可能延伸的部位进行浅坑、槽探，结果发现晚更新世及更新沉积物标志

层稳定延伸，未见任何构造扰动等变形现象。另据安徽省地矿局第一水文队在1991年对该断裂进行的浅层地震勘探，结果表明该断裂断面倾向北西西，倾角70°，断裂断在中更新统底界，垂向断距5～10m。综合分析认为，该断裂最新活动时间为中更新世早期，未发现晚第四纪以来活动的迹象。

（二）北西—北西西向断裂

研究区内该方向代表性断裂有：金寨断裂、桐城-磨子潭断裂、涡河断裂、施官集断裂、南京-湖熟断裂、无锡-宿迁断裂和桥头集-东关断裂等。由于梯级带总体走向为北西西向，因此，北西西向断裂与布格异常梯级带表现出较为密切的关系。

1. 金寨断裂

该断裂位于杜家河、商城和金寨一线，总体呈NWW向展布，倾向NE，倾角60°～80°，长约270km。它形成于燕山中期，并控制了晚侏罗世火山岩，破碎带较宽。在地貌上，自响洪甸-复南山南侧有断裂延伸的线性沟谷；沿断裂有一系列断崖和三角面。据安徽省地震工程研究院（2004年内部资料）研究，杨泗岭断层泥TL测年为（488±29）ka，为早-中更新世断裂。

2. 桐城-磨子潭断裂

该断裂东起桐城，向西经磨子潭、商城南至九峰尖。总体走向NWW，倾向N，倾角50°～80°，长约145km。断裂主要发育于前震旦纪和早古生代变质岩及中生代地层中，由一系列近于平行的次级断裂组成宽数公里的构造带，沿带有超基性岩侵位。在新构造期有不同程度活动的迹象。大别山区北流的河流在断裂附近形成一系列冲积洼槽，在霍山、晓天和金寨等盆地的南缘，特别是主断裂与NNE向断裂交会的地段发育断层崖和三角面，地貌上显示清楚。

3. 涡河断裂

该断裂走向NE，长约260km，切割由新近系和更老地层组成的盆地和褶皱，沿断裂发育的涡河平直河道是其第四纪活动的地貌证据，断裂两侧第四纪沉积厚度差异较大（陆镜元等，1992），综合判断为一条早-中更新世断裂。

4. 施官集断裂

该断裂从六合区龙池经瓜埠延伸到划子口江边，然后向西北可能延伸到自来桥一带，故又称为南京-自来桥断裂。断裂走向NW40°，倾向SW，倾角60°左右，长约110km。施官集断裂横穿六合-全椒凹陷，对北西向的自来桥-八百里桥上新世—早更新世断拗的形成和发展有重要的控制作用，沿断裂上新世和早更新世有大规模的玄武岩岩浆喷溢。在灵岩山、黄冈等地，可见切穿上新统露头剖面。综合判断为早-中更新世断裂。

5. 南京-湖熟断裂

该断裂位于南京、上坊、湖熟和上兴一线。地质上该断裂是NEE走向的宁镇山脉与NNE走向的宁芜山脉的分界断裂。东北侧的宁镇山脉古生代地层形成线性延伸的复式褶皱，上侏罗统和白垩系较零星，而西南侧宁芜山脉发育了巨厚的上侏罗统和白垩系沉积，古生代地层则深埋地下。地貌上宁镇山脉的山体向西南延伸被该断裂截止。NE 走向的青龙山（最高海拔 277m）向西南延伸到该断裂迅速尖灭，在断裂西南盘变为海拔 20 ~ 50m 的波状岗地，幕府山、紫金山、大连山等山体延至该断裂时也突然中断，断裂西南侧为较平坦的平原和岗地。在江宁上坊东耿岗路边见断层露头，走向 N35°W，倾向 SW，倾角 70°，断裂带宽约 5m，取断层泥样作 TL 测龄，其年龄为（13.87±1.04）万年（江苏省地震工程研究院，2004 年内部资料）。南京-湖熟断裂最新活动时代为早-中更新世（侯康明等，2012a，2012b）。

6. 无锡-宿迁断裂

该断裂西北起宿迁，向东南经洪泽、高邮、镇江、常州、无锡延至苏州以南，由一些北西向断裂断续分布而成，总体走向为 NW30° ~ 40°方向，区内长 265km 左右。在地貌上表现为沿断裂发育的一系列湖泊。整个断裂大体可以分为三段，即无锡段（南段）、扬州段（中段）、宿迁段（北段）。该断裂是由皖东经江苏至杭州湾的现代台阶式地形地貌的台阶线，在卫星影像上线性特征明显，是新构造分布的界线。推断为一条早-中更新世断裂。

7. 桥头集-东关断裂

该断裂亦称巢湖断裂，位于合肥、巢湖和含山县东关一线。走向 N30° ~ 40°W，倾向 SW 或 NE，倾角 30° ~ 50°，长约 95km。断裂主体呈隐伏状，但在撮镇南、桥头集以及巢湖附近有剖面出露。肥东县桥头集陈家洼，断裂发育在白垩纪红色砂岩和粉砂岩中，在一大型采石场从北向南见有多条断裂剖面出露，总体走向为 N30° ~ 40°W，倾向 SW。白垩纪地层断错明显，断距大于 2m。断层破碎带内发育有 1 ~ 5cm 的断层泥，新鲜，未固结，断层泥样品的 ESR 测年结果大于 1500ka；另一处断层泥样品的测试结果为（480±50）ka。断层面上擦痕明显，显示左旋。综合判断为一条早-中更新世断裂。

（三）近东西向断裂

研究区内该方向代表性断裂有：幕府山-焦山断裂、怀远-蚌埠断裂、肥中断裂和鲁山-漯河断裂。比较而言，该组断裂与布格异常梯级带关系不太紧密。

1. 幕府山-焦山断裂

该断裂又称长江断裂，从幕府山经燕子矶、栖霞山、龙潭延伸至镇江焦山，总体走向近 EW，断面 N 倾，长 70 余千米。断裂使幕府山、栖霞山等复式背斜的北翼产生大幅度垂直位错，造成明显的断块差异升降运动，长江北形成了仪征凹陷，长江南形成了宁镇断块隆起。断裂对第四纪沉积有一定的控制作用。在镇江、扬州以西的长江谷地，第四系厚 50 ~ 70m，反映沿断裂为一第四系堆积凹陷。但在江北仪征小河口和扬州六圩一带，第四系厚 20 ~ 40m。江苏省地震工程研究院（2003 年内部资料）跨断裂进行的多条人工地震勘探剖面表明，幕府山-焦山断裂使 P_1 面（为前第四系基岩顶面）产生了明显的垂直位错，向上可能影响到下更新统，但上更新统—全新统未受影响。在南京燕子矶-新生村之间的钻孔中取断层物质进行 TL 测年，结果为（28.61±2.32）万年。故认为它为早-中更新世活动断裂。

2. 怀远-蚌埠断裂

该断裂位于罗集、怀远、蚌埠和临淮一线，走向近 EW，倾向 S，倾角陡，长约 235km。该断裂是由物探资料解译的一条隐伏断裂，主要发育于上太古界五河群和古近系中。在地形地貌上，它大致是江淮丘陵与淮北平原的分界线，淮河部分河段沿其分布。淮河北岸为平行叶脉状水系，支流平行排列，由西北向东南汇入淮河，河道平直流长；南岸支流由西南往东北注入淮河，河道短促。据已有资料推测为早-中更新世断裂。

3. 肥中断裂

该断裂呈近 EW 向延伸，倾向南，倾角 30°～60°，长 175km 以上。断裂隐伏于新生代沉积之中，在燕山期有过强烈的活动，致使该断裂南降北升，垂直断距达 4000m，中生代地层的底板埋深相差巨大。新构造期该断裂仍有活动，江淮分水岭紧邻断裂北侧。推断为早-中更新世断裂。

4. 鲁山-漯河断裂

该断裂呈近 EW 向展布，自鲁山经叶县、漯河南，再向东南经老城可能进入安徽境内，区内长 215km。断裂全部隐伏于新生代盆地周口拗陷内。有研究者认为，该断裂向西可能与栾川-南召深断裂相接。新近纪以后断裂为正断层运动性质，鲁山-漯河段南降北升，断距达 300m；源河-老城段南升北降，落差达 500m 左右。对第四纪地层的沉积也有明显控制作用，第四系等厚线沿断裂走向分布，其厚度北厚南薄，其落差达 40～60m。推测该断裂为早-中更新世活动断裂。

二、断裂构造与布格重力异常梯级带的关系

分布在布格重力异常梯级带内的一些主要断裂或断裂段如表 2-1 所示。确定与布格重力异常梯级带关系密切的断裂包括两类：一是大致平行梯级带分布，且主体位于梯级带内的断裂或断裂段；二是与梯级带呈小角度相交，但主体位于梯级带内的断裂或断裂段。研究区内发育 25 条主要断裂（图 2-6），但与布格异常梯级带关系密切的断裂构造只有 11 条（表 2-1）。这从一个侧面说明布格异常梯级带与一些具有一定规模的断裂构造的关系并不十分密切。例如，郯庐断裂是我国东部一条规模巨大的断裂带，但它的中段在研究区内与布格异常梯级带并没有很好的一致性。

表 2-1　江淮地区断裂构造与布格重力异常梯级带关系一览表

梯级带编号	梯级带名称	断裂编号	断裂名称
NW1	信阳-霍山梯级带	F16（西段）	金寨断裂（西段）
		F17	桐城-磨子潭断裂
NW2	合肥-芜湖梯级带	F13	桥头集-东关断裂
NW3	亳州-蚌埠-镇江梯级带	F5	幕府山-焦山断裂
		F7	施官集断裂
		F55	涡河断裂

续表

梯级带编号	梯级带名称	断裂编号	断裂名称
NW4	（宿迁-）淮阴梯级带		
NE1	信阳-亳州梯级带		
NE2	麻城-凤台梯级带	F42（北段）	麻城-团风断裂（北段）
		F56	凤台断裂
NE3	庐江-淮阴梯级带	F1（南段）	郯庐断裂（南段）
		F2（西段）	洪泽-沟墩（西段）
NE4	溧阳-常州梯级带	F6	茅山断裂

从上面的断裂活动性分析，可以看出：与布格重力异常梯级带对应的北西—北西西向和北东—北东东向两组断裂，在新近纪—第四纪早期都表现出较为明显的活动，可以说是研究区活动性最强的两组断裂。西边的信阳-鹿邑梯级带没有对应的断裂构造，可能与该地区的研究程度有关。江淮地区不同走向断裂活动性及其在与布格重力异常梯级带对应关系上的差异，可能与构造应力场的转换有关。对研究区新构造演化的研究（徐杰等，1997）表明，新生代以来应力场的演化经历了古近纪和新近纪两个主要演化阶段，新近纪以来形成的区域活动构造格局与以往的应有所差异。北西—北西西向和北东—北东东向两组断裂则反映了江淮地区最新构造阶段的地壳破裂特征。它们在空间上的相互交切也组成了一幅网络状图像。在岩石力学实验中，人们对“X”型交叉网络状剪切条纹并不陌生。在岩石受力变形、破坏的过程中，这种网络状剪切条纹最新出现在试件的表面。只是随着应力的进一步作用，最后出现一个单一的、追踪式的张性裂纹（张文佑等，1975）。岩石力学实验显示网络剪切图像是一期应力场中最新的破裂图像。姚大全等（2006）在大别山区的研究工作也揭示了类似的地震构造网络。在多组断裂构造中，只有那些处于或靠近优势剪切破裂网络上的断裂构造才易于积累应变能量，从而发生破坏性地震。

发育在近地表的断裂构造更多地反映上地壳脆性破裂过程，但是区域剪切持续作用下，断裂走向或倾向发生偏转，并导致新生破裂的出现（Ron et al.，1984；Lister and Davis，1989），从而形成复杂的破裂网络图像。从图 2-7 上可以看出：尽管一些断裂走向与布格重力异常梯级带走向并不一致，但不同方向的断裂交汇处基本上对应着 2 组梯级带的交汇部位或高梯度值区。这很可能说明了布格重力异常梯级带代表着现今构造运动作用下形成的深部构造格局，对上地壳脆性破裂分布范围有着控制性作用。一些断裂构造随着块体转动而偏离布格重力异常带一定程度或阈值范围后，新生的断裂构造很可能又回到布格重力异常带控制的构造格局上。布格重力异常梯级带所对应的深部构造带可能具有相对的稳定走向和空间关系。对于地震活动而言，尽管一些破坏性并不位于布格重力异常带中间部位上，但基本上都位于或邻近布格重力异常梯级带上。

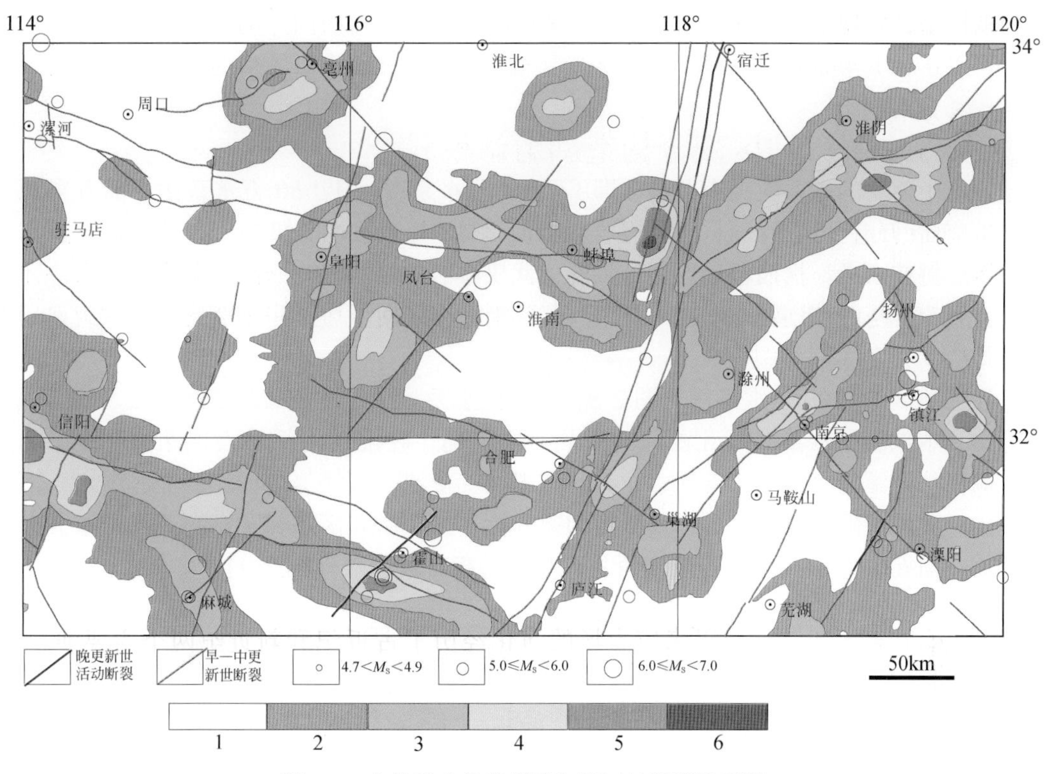

图 2-7　布格重力异常梯度与第四纪断裂关系图

第五节　水系密度及其分布特征

水系能够灵敏地反映松散堆积平原上的微地貌变迁，隐伏断裂构造运动导致的块体隆起、凹陷、掀斜、错断位移等，都会导致地表水系汇流、分流、曲直、宽窄、疏密的变化。很多学者已经注意到水系形态对活动构造的响应特征，如同步拐曲与断层走滑运动（丁国瑜，1982；Wallace，1968）、河型与地震的关系等（黄秀铭，1992）。

在第四系覆盖的平原区，现代地表水系都是全新世以来在内外力地质作用下形成的。水系（drainage system）分析是研究隐伏活动构造的一把钥匙。在岩性单一的平原区，水系在空间上分布特征与现代地壳构造运动有着密切的关系。流动在松散沉积物组成的堆积平原上的流水，能够灵敏地反映全新世隐伏活动构造产生的地面轻微起伏。虽然直接从水系分布图就可以发现一些异常或不均匀性，如沿着活动断裂一般都会出现水流的汇集、分叉等变化（韩竹军等，1998），但这种直接观察具有很大的主观性和不确定。水系密度分析能够取得更好的效果，它一方面可以降低外力作用在水系形成过程中的“噪声”，另一方面由于用“密度”定量地描述水系分布状态，水系在空间上的差异一目了然。水系高密度带与隐伏活动断裂之间存在对应关系。韩慕康等（1994）提出了水系密度方法，通过水系密度（水系线密度、面密度）的计算和分析来研究平原区的隐伏构造活动，并在渭河盆地（Hou and Han，1994）、华北地区（王若柏等，1999a，1999b；Han et al.，2003）等应用中取得了良好的效果。

一、水系数据

本书中使用的水系数据有两种，即 1∶100 万水系图和 1∶50 万水系图。前者来源于全国 1∶100 万电子地图，通过地图裁剪得到；后者则是通过四幅 1∶50 万的地形图数字化输入后拼接而成。这四幅地形图分别是：武汉幅（8–50–甲）、合肥幅（9–50–乙）、阜阳幅（9–50–丙）、南京幅（9–50–丁）。水系数字化采用城市之星编辑输入模块（citystar editor）。

江淮地区 1∶100 万水系图见图 2-8，研究区水系分属长江流域和淮河流域。从图中可以看出，本地区的水系多呈北西向或者北东向流向，在淮河水系中表现尤为明显，如泉河、颍河、西淝河、涡河、浍河、龙河、东淝河、史河、浉河等。在江淮地区 1∶50 万水系图中，我们能够粗略观察到水系密度的差异性，如在研究区东部和东南部，水系分布比较密集，而在中部和西部（西南和西北）水系则相对较稀疏（图 2-9）。

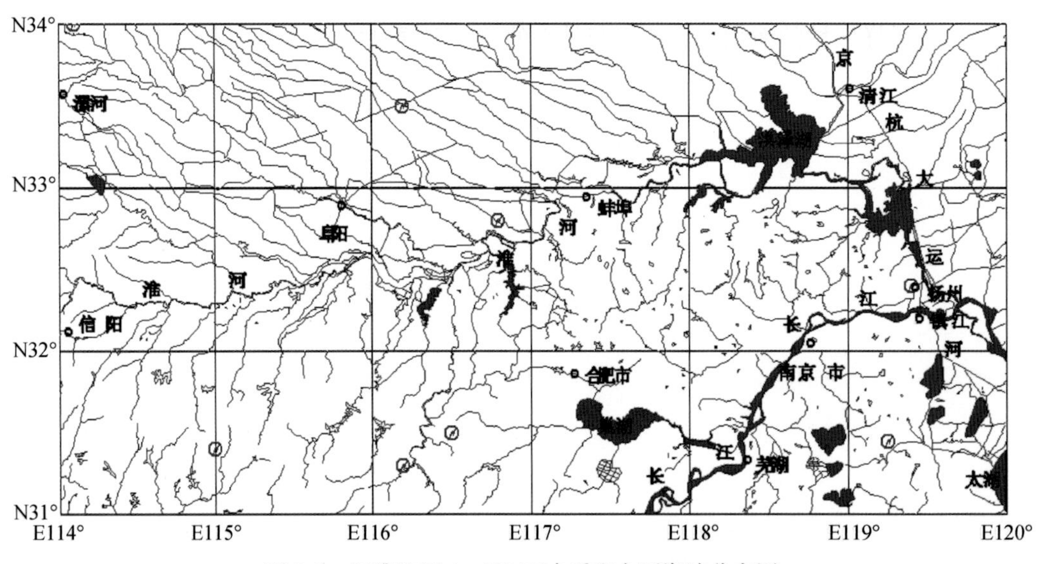

图 2-8　江淮地区 1∶100 万水系和主要湖泊分布图

二、水系密度计算方法

水系密度可以分为线密度和面密度，根据遥感资料在大范围内产生水系面密度分布图还存在一定的技术问题，因此，本书主要讨论水系线密度。水系线密度（ρ）定义为单位面积内所有河流长度的总和，即

$$\rho = \frac{1}{S}\sum_{i} L_i^S \tag{2-1}$$

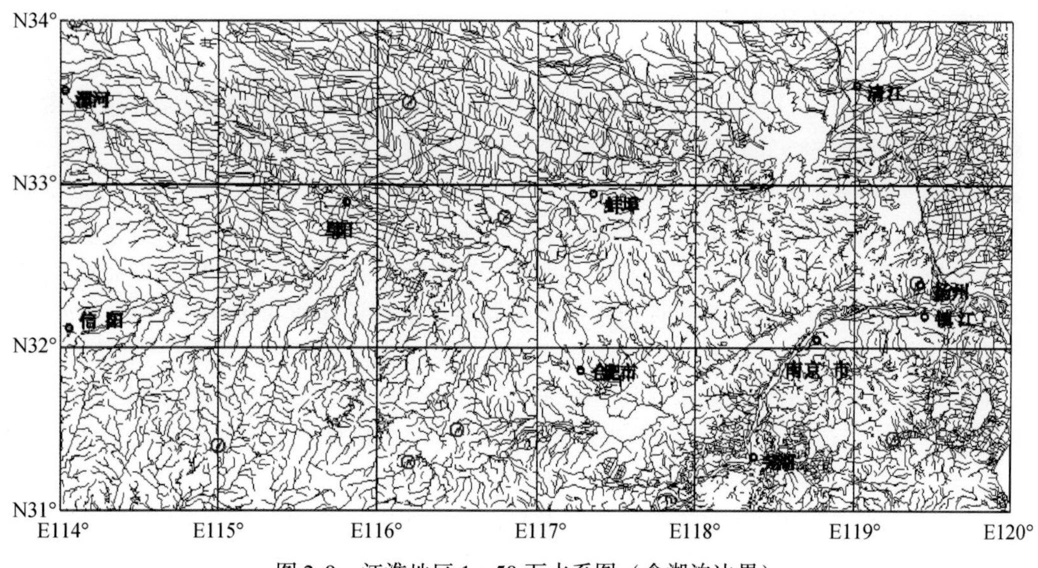

图 2-9　江淮地区 1：50 万水系图（含湖泊边界）

式中，S 为采样区域的面积（在不引起歧义的情况下同时指该采样区域）；L_i^S 为第 i 条河流在采样区域 S 中的长度。如果每条河流都具有权重 w_i，则加权的水系线密度为

$$\rho' = \frac{1}{S}\sum_i w_i \times L_i^S \tag{2-2}$$

在式（2-1）、式（2-2）中都涉及河流在采样区域中的长度计算。当河流为曲线时，河流在采样区域 S 中的长度可由下式积分得到

$$L^S = \int_{P_{\text{in}}}^{P_{\text{out}}} \mathrm{d}l \tag{2-3}$$

其中 $\mathrm{d}l$ 为弧微元：

$$\mathrm{d}l = \sqrt{(\mathrm{d}x)^2 + (\mathrm{d}y)^2} \tag{2-4}$$

式中，P_{in}、P_{out} 为河流曲线在采样区域中的进入点和离开点。若河流曲线起始点在区域 S 中，则定义起始点为进入点；同理，若终止点在 S 中则把终止点作为离开点。如果河流比较曲折，则河流曲线可能多次进入并离开采样区域 S，因而具有多个 P_{in}、P_{out} 点对，河流在采样区域 S 中的长度可通过分段积分得到。

地理信息系统中的河流一般采用离散化的表达形式，即坐标点对序列。因此，河流线在采样区域 S 中的长度计算公式也具有如下离散化形式：

$$L^S = \sum_j l_j^S \tag{2-5}$$

式中，l_j^S 为河流线第 j 条线段在采样区域 S 中的长度。l_j^S 的计算实际上是一个线段裁剪问题，线段裁剪算法很多（Hearn and Baker，1998），这里就不再赘述了。

水系密度分析算法参见附录。

三、水系线密度分布特征

从水系分布图上可以直观地发现水系分布的不均匀性，但是这种直接观察具有很大的主观性。我们按照9′×9′的采样分辨率统计了水系的线密度图像（图2-9）。为了计算方便，水系线密度的单位取1/分。

总体上研究区水系密度东部比西部高，西北部比东南部高（图2-10）。水系密度值普遍比较高的地区位于庐江、巢湖、滁州、淮阴一线的东侧，一般为40～80，部分地区可达80以上。如芜湖周边地区水系密度值很高，在芜湖东部甚至超过了100，是研究区水系密度最高的区域。溧阳北边及东边东南是研究区面积最大的高密度区。靠近研究区西北的阜阳及周边地区水系密度也比较高，但比研究区东部和东南部要低，一般都为40～60。水系发育特征受到内外动力作用的共同影响。区内水系密度还是呈现出明显的北东和北西向条带状分布，水系高密度点规则地分布于不同走向条带的交汇处；整个高密度区边界也具有北西、北东走向。高密度区的北西向条带很明显，其边界也为错列的北西或者北东走向。蚌埠以北还有一个高密度区，其规模与芜湖周边高密度区相当，但是数值要低得多，只是在总体上比阜阳高密度区稍高。该高密度区的条带性分布也很明显，并与阜阳高密度区和研究区东部高密度区遥相呼应。

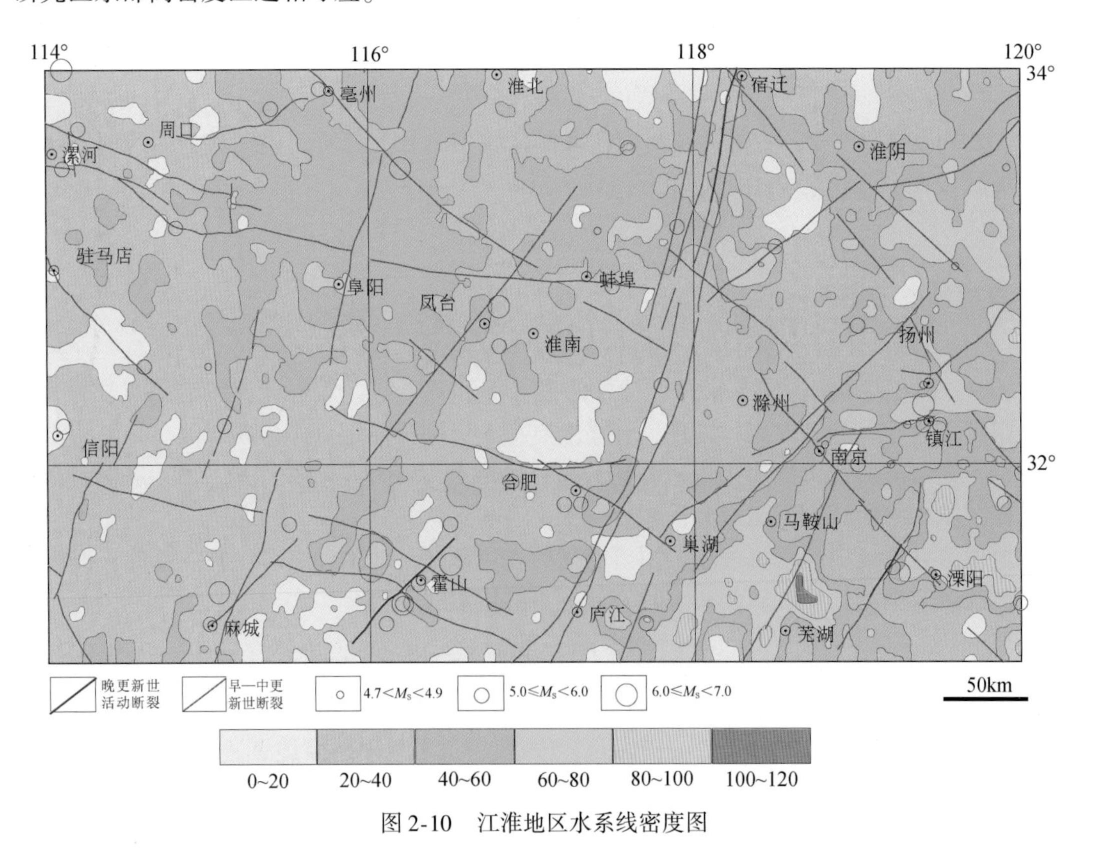

图2-10　江淮地区水系线密度图

通过水系密度与中强地震分布特征以及第四纪断裂构造的对比分析（图2-10），地震活动与水系密度之间不存在明显的对应关系，也就是说，地震并没有发生在水系高密度区或者沿着水系密度条带分布。第四纪断裂与水系高密度条带之间也不存在对应关系，但在不同水系密度分布区的边界带可见一些断裂分布，反映了地貌差异性如平原区与山区之间的边界，因此，很难说第四纪断裂对研究区水系密度分布特征有控制作用。这一特点与江淮地区作为一个稳定大陆构造背景是一致的，而与华北平原区水系高密度条带与地震构造带在空间分布上的一致性形成鲜明对比（Han et al., 2003）。如唐山-河间-磁县地震构造带和张家口-北京-蓬莱地震构造带均与水系高密度条带存在很好的对应关系（图2-11）。江淮地区这种情况反映了一种较长时间的构造稳定性，水系发育特征尽管受到内动力作用的影响，但更多地还是受到外动力因素或古地形等非构造因素的控制，与构造地震和第四纪断裂的关系并不密切。

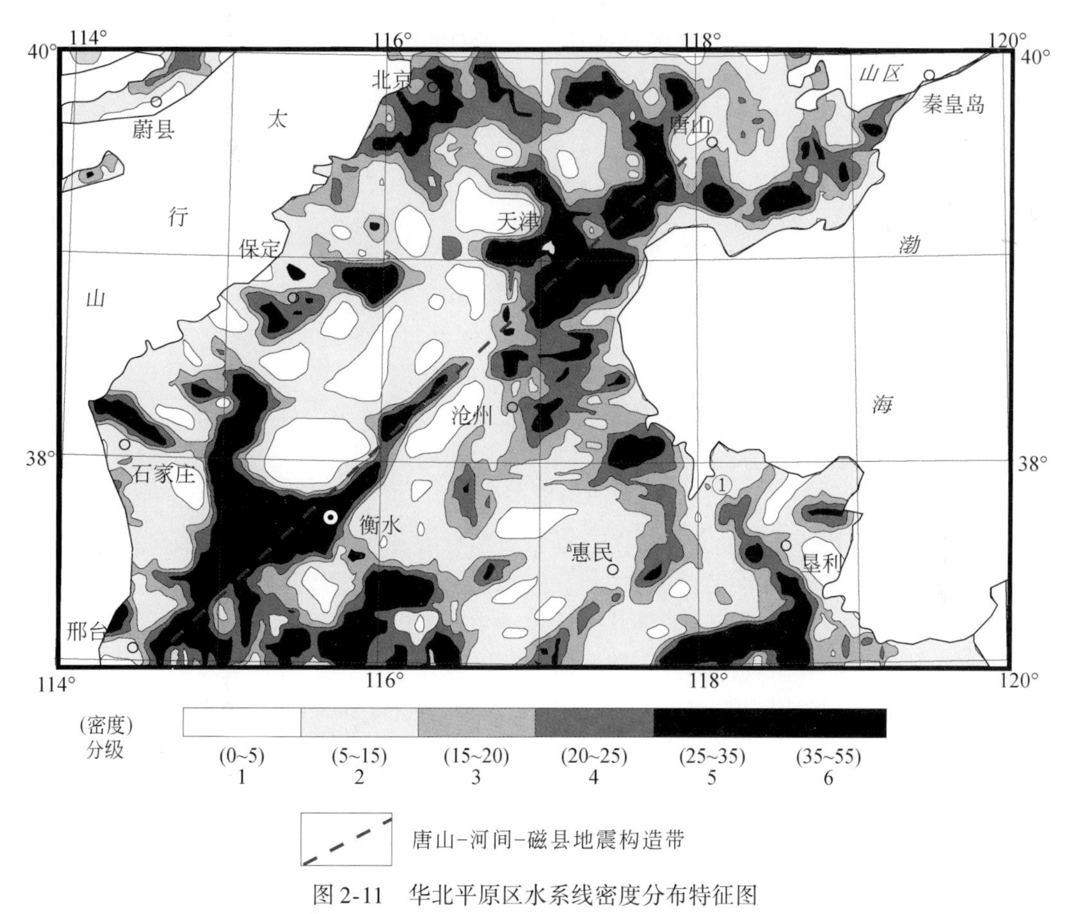

图2-11　华北平原区水系线密度分布特征图

第六节　深浅部构造关系

布格重力异常梯级带反映了深部构造的差异性，地表或近地表第四纪断裂构造代表了上地壳脆性破裂行为，从前面的分析可以看出：布格重力异常梯级带网络状分布特征与研究区第四纪断裂分布格局既有紧密联系，又有不一致性。本节将着重讨论这种深浅部构造的耦合关系及解耦现象。

一、深部构造格局

（一）地壳结构分层特征

肖骑彬等（2007）通过在大别造山带东部横穿超高压变质带的一条NNE向剖面大地电磁测深资料的分析解释，获得了关于沿剖面的地壳上地幔二维电性结构（图2-12）。从地表向深处可划分出4个主要电性层：地表风化层、中上地壳高阻层、壳内相对高导层以及上地幔层。大别地块内中、上地壳层位以高阻层为主，壳内相对高导层在层位上相差较大，显示了横向的不均一性。在高阻覆盖层下面是壳内相对高导层，在不同深度（从十几千米到近30km）发育有规模不等的低阻中心，它们的层位在横向上变化较大，北淮阳构造带内的低阻中心相对大别地块内的低阻中心埋深要浅，电阻率低。已有的研究表明，壳内高导层的成因与壳内的流体含量及温度密切相关，反映了下地壳物质的黏塑性状态，而与物质组成关系并不突出。

（二）深部构造格局

区别于上地壳脆性断裂，我们这里把下地壳中存在的构造带统称为深部构造带。刘启元等（2005）通过对横跨大别造山带、长约500km的二维地震台阵观测剖面研究，也揭示了该地区深部构造带的存在。在图2-12上（肖骑彬等，2007），也可以看出一些电性分界面的存在，它们对应着一些深部构造带。

对于深部构造的平面分布特征，王绳祖等（2001）提出的亚洲中东部地区“塑性流动-地震”网络涵盖了长江中下游地区。根据王绳祖（1993）提出的岩石圈塑性流动网络与多层构造变形模型，在地壳多震层下方即岩石圈下层（含下地壳和岩石圈地幔）发育由两组塑性流动带共轭相交而组成的塑性流动网络。大陆板块边缘驱动力，伴随着板内重力势的作用，主要通过岩石圈下层的网状塑性流动实现其向板内的远程传递，控制板内的构造应力场、构造变形和地震活动。网络状塑性流动过程中所产生的塑性流动带“即韧性剪切带”，共轭相交，形成网络，网带之间为网目块体。不同于X型脆性断裂的初始共轭角“锐角”，塑性流动带的初始共轭角为直角。随着塑性流动网络的压缩变形，其共轭角由直角变为钝角，共轭角的增量反映了变形的大小。

我们的研究表明江淮地区的布格重力异常高梯度分布区可以简化为一些梯度条带、即梯级带。梯级带在走向上主要可以分为两组，一组走向北西西—南东东；另一组走向北东。它们在空间上相互交切，在平面上形成一幅网络状展布的图像。布格重力异常梯级带与中强地震活动的密切关系，受梯级带围限的低梯度分布区相当于一个构造块体的内部。虽然在钝角指向上有所差别，这可能与是否认识到太平洋板块的俯冲对长江中下游地区的影响有关，我们有关江淮地区布格重力异常梯级带的网络状分布特征，还是为王绳祖等（2001）提出的岩石圈下层（含下地壳和岩石圈地幔）塑性流动网络的存在提供了重要的证据。

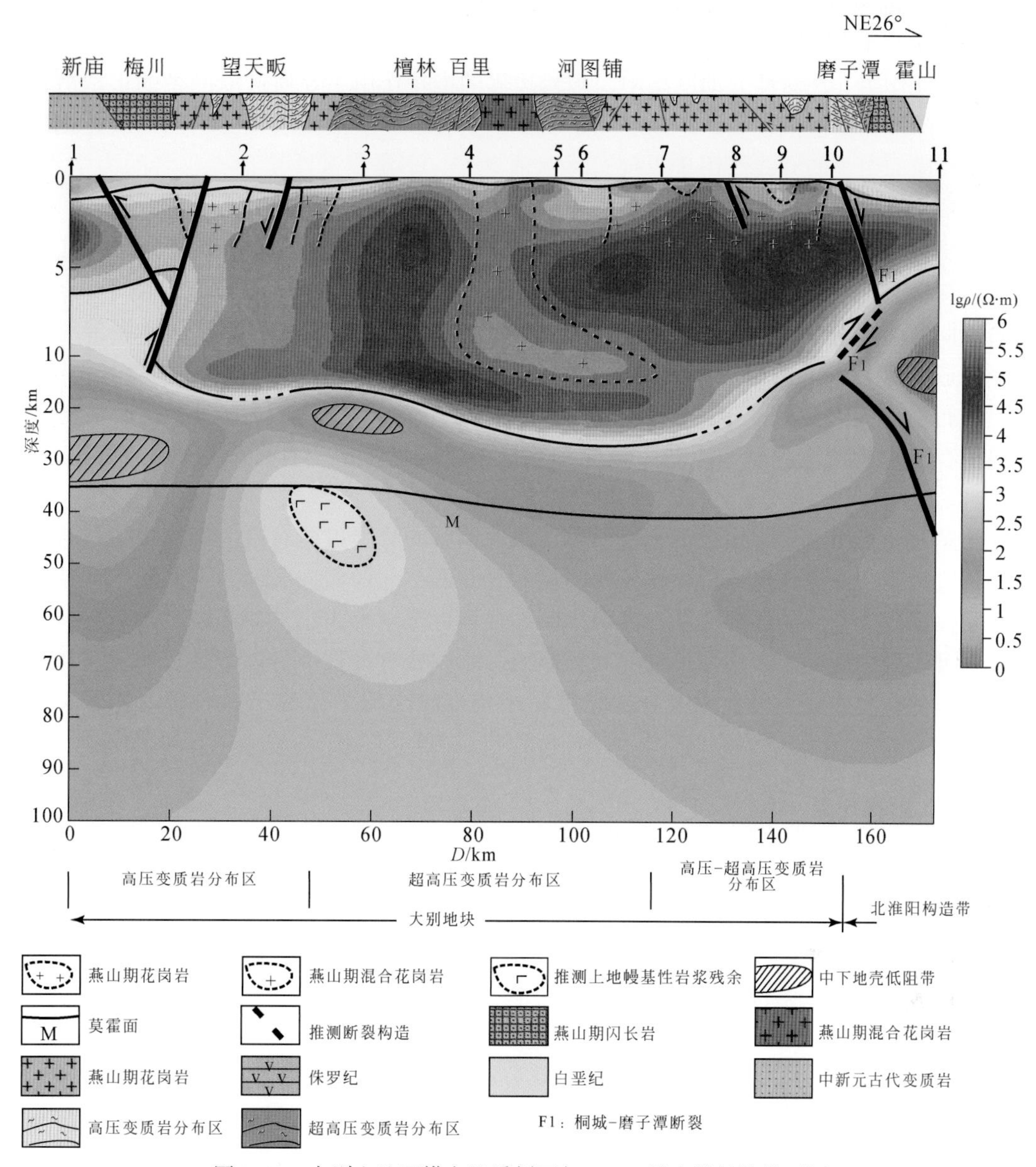

图 2-12　大别山地区横向地质剖面与 MT 二维电性结构模型图
（肖骑彬等，2007）

二、深浅构造关系

（一）耦合关系

张培震等（2005）认为：在大陆构造变形过程中，以黏塑性流变为特征的下地壳和上地幔在周边板块作用下发生连续流动，从底部驱动着上覆脆性地块的运动，而不同活动地块本身的性质决定了地块的整体性和变形方式。连续变形和地块运动都是下地壳至上地幔黏塑性流动的地表响应。这些认识均强调了在深浅部构造耦合关系中，深部构造对浅部构造的控制性作用。在塑性流动网络中，板块边界的推挤作用主要通过沿网带的走滑剪切传向板内，深浅部构造耦合关系是经层间牵引传至上覆多震层及浅层地壳；网目块体则以纵向压缩和横向引张的方式作用于上层。网状流动层、多震层和浅层地壳三者的力学作用，既有联系又有差别，构成了岩石圈多层构造应力场（王绳祖等，2001）。

在我们提出的江淮地区深浅部构造关系模式中，布格重力异常梯级带分布特征奠定了该区深部构造格局。由于江淮地区现今构造应力场的最大主压应力方向偏于北东东-南西西向，走向分别为 NE300°～310°和 NE40°～45°的两组布格重力异常梯级带对应着现今构造应力场中的两组优势破裂面。因此，可以认为：在地壳不同深度的构造变形特征上，布格重力异常梯级带一般都可以与深部构造带有着较好的对应关系，应该更多地反映了在现今构造应力场作用的下地壳黏塑性构造变形特征，具有相对稳定的走向和空间关系。

虽然就布格重力异常梯级带本身而言，重力调整的势能可能有限，但梯级带所指示的深部构造带，与上地壳现今活动性较为明显的是北西—北西西向和北东—北北东向两组断裂之间存在较为重要的耦合关系。这两组断裂在新近纪至第四纪早期都表现出较为明显的活动，可以说是研究区活动性最强的两组断裂，它们或者大致平行梯级带分布且主体位于梯级带内的断裂或断裂段；或者与梯级带呈小角度相交但主体位于梯级带内的断裂或断裂段。

（二）解耦现象

肖骑彬等（2007）在大别造山带东部横穿超高压变质带的一条 NNE 向剖面大地电磁测深资料的分析解释中，也提到了深浅部构造之间的解耦现象。一方面，在大别地块与北淮阳构造带之间的电性分界面正好对应桐城-磨子潭断裂，该断裂呈波状舒展的复杂构造现象，延伸至上地幔，说明深浅部构造之间耦合关系的存在；另一方面，中上地壳断裂伸展与深部断裂之间出现错动解耦现象（图 2-12）。

从图 2-13，我们可以看出：也有一些断裂走向与布格重力异常梯级带走向并不一致。发育在近地表的断裂构造更多地反映上地壳脆性破裂过程，但是区域剪切作用持续影响下，断裂走向或倾向发生偏转，深浅部构造发生解耦，并导致新生破裂的出现（Ron et al.，1984），从而形成复杂的破裂网络图像。尽管一些断裂走向与布格重力异常梯级带走向并不一致，但不同方向的断裂交汇处基本上对应着两组梯级带的交汇部位或高梯度值区。这很可能说明了布格重力异常梯级带代表着现今构造运动作用下形成的深部构造格局，对上地壳脆性破裂分布范围有控制性作用。一些断裂构造随着块体转动而偏离布格重力异常带一定程度或阈值范围后，新生的断裂构造很可能又回到布格重力异常带控制的构造格局上。对于地震活动而言，尽管一些破坏性并不位于布格重力异常带中间部位上，但基本上都位于或邻近布格重力异常梯级带上。

深部构造对上地壳施加影响所造成的空缺，很可能在区域构造作用下通过塑性流动的连续变形方式得到修整，从而使得深部构造格局所表现出较为稳定的走向和空间关系。

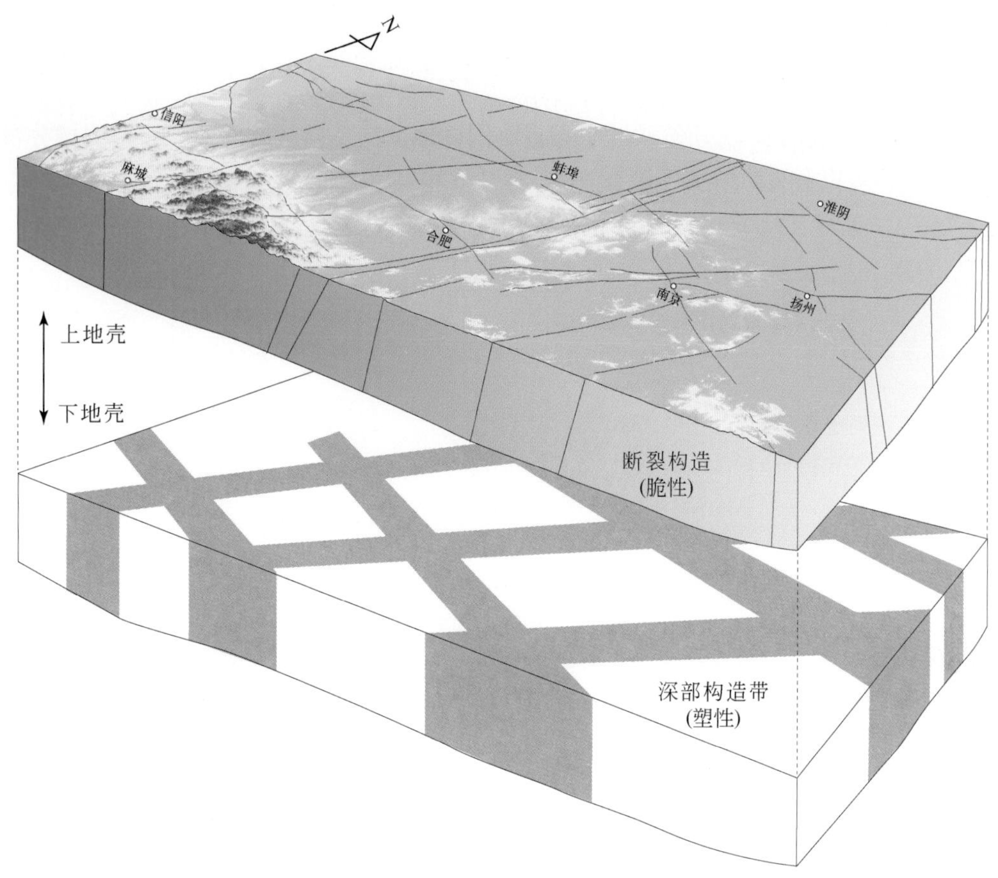

图 2-13　江淮地区深浅部构造关系模式图

附录　水系密度分析算法

1. 算法 1：线密度分析算法

```
BOOL LineDensityAnalysis ()
{
  读入水系数据;
  for (j=0; j<栅格图像高度; j++) // 逐行处理采样点
   {
    for (i=0; i<栅格图像宽度; i++) // 逐列处理采样点
     {
      计算采样点的位置 (x, y);
      计算该点的水系密度值ρ(x,y);
    }
  }
```

```
  保存栅格图像;
  return TRUE;
}
```

该算法与地震空间频率分析算法非常相近，同样地，在采样区域尺寸与栅格图像分辨率相关条件下，可以对算法的效率进行改进。

2. 算法2：采样区域大小与栅格分辨率相关下的快速水系密度分析算法

```
BOOL LineDensityAnalysisEx ()
{
  读入水系数据;

  //扫描河流列表并生成临时栅格图像:
  计算临时栅格图像的高宽（ht, wt），并初始化栅格数据 pRasterTmp [ht] [wt];
  for (i=0; i<河流数目; i++) // 逐条河流处理
   {
    for (j=0; j<河流 i 的线段数目; j++)
     {
      处理河段 j;
    }
  }

  //根据临时栅格图像计算地震空间频率图像:
  for (j=0; j<栅格图像高度; j++) // 逐行处理采样点
   {
    for (i=0; i<栅格图像宽度; i++) // 逐列处理采样点
     {
      计算采样点的位置 (x, y);
      计算该采样点在临时栅格图像上的映射 (xt, yt);
      统计以 (xt, yt) 为中心的 m×m 区域中的栅格数值 sum;
      pRaster [j] [i] =sum;
    }
  }
  保存栅格图像 pRaster;

  return TRUE;
}
```

处理河段时采用逐段舍弃的办法，顺序遍历该河段通过的所有微采样窗口，计算该河段在微采样窗口中的长度 l_j^s，并累加到该微采样窗口中，然后舍弃该河段在微采样窗口中的部分，继续搜索下一个微采样窗口直至该河段处理完毕（图 2-14）。算法 2 只需要遍历一次河流列表就能够生成水系密度图像，因此具有较高的效率。

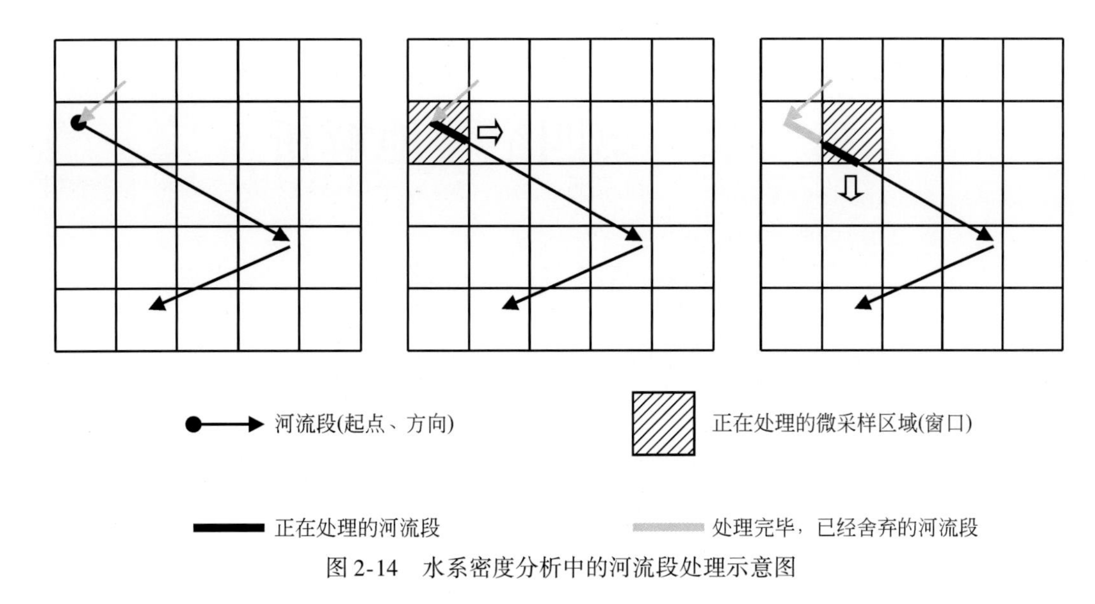

图 2-14　水系密度分析中的河流段处理示意图

在以上基于矢量数据模型的水系线密度分析中，都没有考虑湖泊水体，这是因为湖泊是面状地理要素，很难作为线状要素处理。但是没有湖泊参与的水系密度计算是不完全的，在湖泊面积很大时还可能影响水系密度分析的准确性和可靠性。一种折中的解决办法是，把湖泊的边界线加入河流层中，并在湖泊内部添加一些辅助水系线，以减少湖泊水体对水系线密度分析结果的制约。

第三章　第四纪盆地解析

第一节　概　　述

有历史记载以来，在湖南省境内共发生过 $M \geqslant 4.7$ 的地震 18 次，其中有 11 次发生在洞庭湖盆地周缘边界带及其附近，其中包括 2 次震级最大的历史地震，即 1631 年常德 6 3/4级和 5 3/4级地震。洞庭湖盆地北部以华容（次级）隆起与江汉盆地相隔，盆地西侧为北北东向太阳山断裂（图 3-1）、南侧为北西向常德-益阳-长沙断裂、东侧为北北东向岳阳-湘阴断裂。除了北部边界外，洞庭湖盆地与周边隆起山地之间不但断裂发育，同时也是中强地震集中发生的地带。因此，本章以洞庭湖第四纪盆地为例，通过构造解析，探讨中强地震孕育发生的构造特征。

洞庭湖盆地因洞庭湖而得名。由于其独特的地理位置和演化过程，洞庭湖区是我国泥沙淤积和洪涝灾害的高风险区（张人权，2003）。来红州和莫多闻（2004）认为：作为一个浅水型湖泊，洞庭湖之所以能存在于今天，得益于它自第四纪以来总体上保持了构造沉降的趋势。因此，洞庭湖盆地第四纪以来地质构造特征、演化过程与成因机制长期以来备受研究者关注（蔡述明等，1984；张石钧，1992；张晓阳等，1994；薛宏交等，1996；皮建高等，2001；张人权等，2001；梁杏等，2001；来红州等，2005）。由于洞庭湖盆地是一个继承性活动的第四纪盆地，一些学者从更长的时间尺度探讨了该盆地构造演化特征（徐杰等，1991；姚运生等，2000；戴传瑞等，2006）。近年来，柏道远等（2009，2010）对洞庭湖盆地构造活动与沉积作用的横向差异性进行了研究。在这些工作中，通过应用第四纪地质和地貌学方法，根据第四系岩相和厚度变化、水体变迁等，对洞庭湖第四纪以来的演变过程提出了不少有意义的认识。如在第四纪洞庭湖盆地构造属性方面，景存义（1982）认为现今洞庭湖盆为断陷作用所致；杨达源（1986）认为洞庭湖盆地第四纪为拗陷盆地；梁杏等（2001）、皮建高等（2001）认为早、中更新世为盆地的断陷阶段，晚更新世以来进入拗陷阶段；柏道远等（2010）以澧县凹陷为例，认为早更新世—中更新世中期具断陷盆地性质，中更新世晚期以来具拗陷盆地性质。洞庭湖盆地第四纪以来断裂活动明显，但针对断裂活动性开展的精细研究还比较薄弱，缺乏有关断裂作用在盆地第四纪演化过程中的定量评估，这也是导致洞庭湖盆地构造属性认识分歧较大的主要原因之一。

为此，我们在简要介绍洞庭湖盆地地质构造特征的基础上，以洞庭湖盆地周缘的太阳山断裂、常德-益阳-长沙断裂和岳阳-湘阴断裂为例，从断裂活动性的精细定量研究着手，不但有助于我们进一步认识洞庭湖盆地第四纪以来的地质构造特征，为洞庭湖盆地演化趋势的评估提供基础资料；同时有助于我们认识中强地震发生的构造标志。

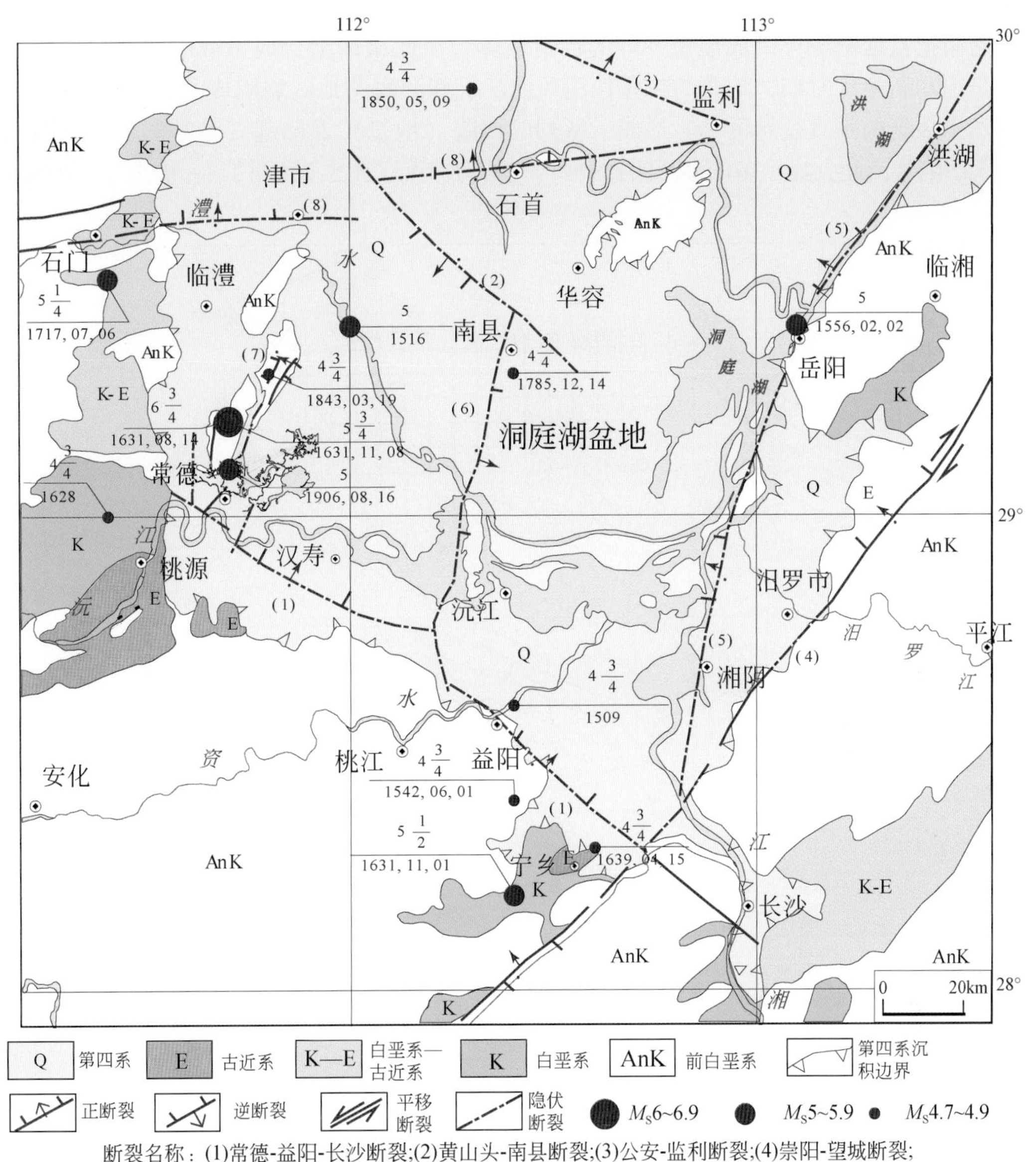

图 3-1 洞庭湖盆地及周缘断裂与破坏性地震（≥4.7 级）震中分布图

第二节 洞庭湖盆地地质构造特征

一、洞庭湖盆地的构造格局

洞庭湖盆地的基底主要由前震旦纪结晶岩系及震旦系—志留系、石炭系—三叠系和侏罗系组成。裂陷盆地区断裂构造发育，主要有北北东、北东、北北西和北西至近东西向四组。它们把盆地基底分割成规模不等的构造块体，彼此镶嵌组合成特征的块断构造格局。在白垩纪和新生代时期，地壳的拉张作用致使江汉和洞庭湖地区裂陷成盆，同时，各构造块体发生显著的垂直差异活动，形成一系列的凹陷（地堑）及凸起（地垒）。拗陷中包含若干个凹陷和凸起，显示多凹多凸的盆-岭构造结构特点（图3-2，图3-3；徐杰等，1991）。

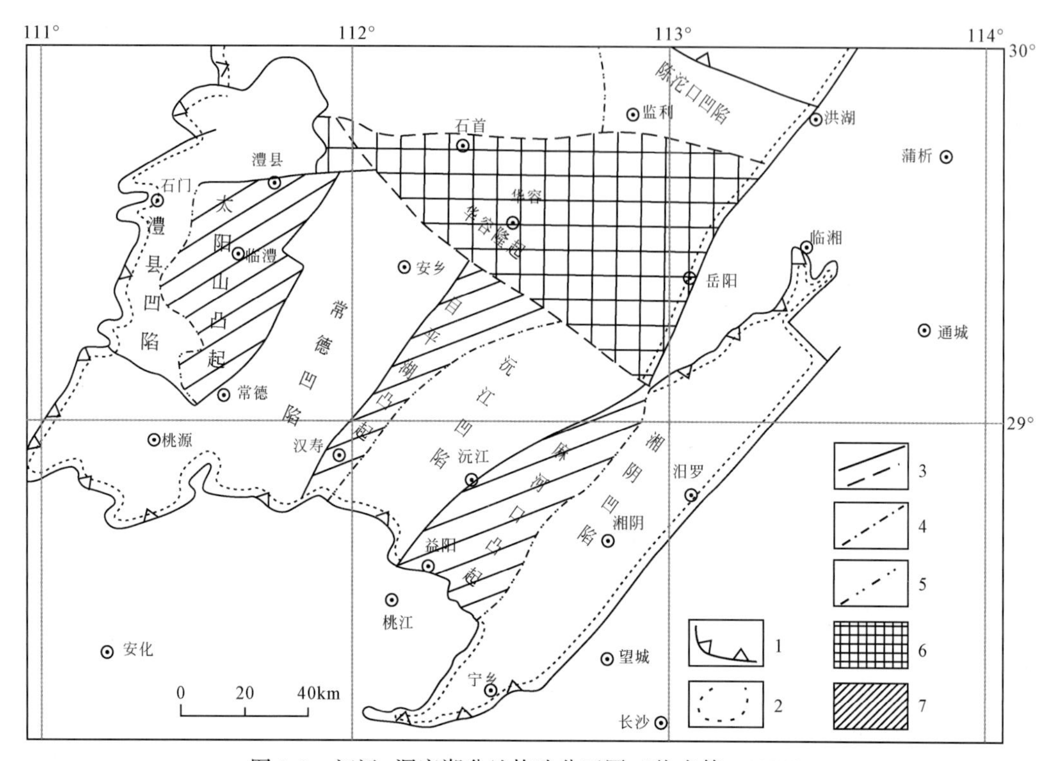

图3-2　江汉-洞庭湖盆地构造分区图（徐杰等，1991）

1. 白垩系—古近系分布范围；2. 江汉-洞庭湖盆地边界；3. 断裂和推测断裂；4. 隆起和拗陷的非构造边界；5. 凸起和凹陷的非构造边界；6. 隆起；7. 凸起

洞庭湖拗陷的构造走向与江汉拗陷明显不同，断裂主要为北北东至北东走向，由其控制的同走向的凹陷和凸起相间排列，自西而东是澧县凹陷、太阳山凸起、常（德）桃（源）凹陷、目平湖凸起、沅江凹陷、麻河口凸起和湘阴凹陷（图3-2）。凹陷内堆积的白垩纪和新生代地层，一般厚2000～4000m，最厚的沅江凹陷为5000m左右（图3-3）。

华容隆起位于江汉拗陷和洞庭湖拗陷之间，近东西分布，是江汉-洞庭湖盆地中的一个相对隆起的构造单元。其东段桃花山、墨山一带基岩裸露，西段为不厚的第四系覆盖。白垩纪和古近纪时，它分割江汉拗陷和洞庭湖拗陷。

二、江汉-洞庭湖盆地构造演化概况

江汉-洞庭湖盆地是从早白垩世开始发育起来的裂陷盆地。总的说来，它除经历了从白垩纪到古近纪的裂陷过程外，新近纪和第四纪时整体下沉（徐杰等，1991）。

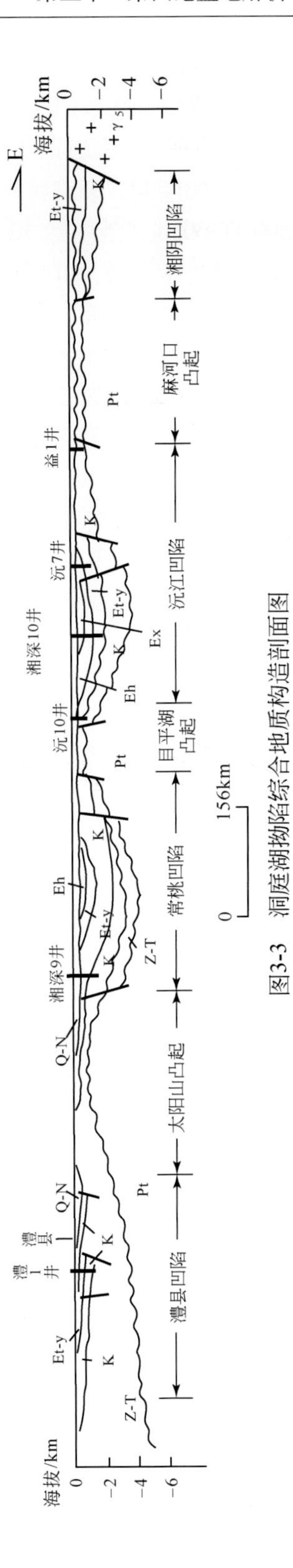

图3-3　洞庭湖拗陷综合地质构造剖面图
(江汉油田石油地质志编写组，1991)

早白垩世盆地区的地壳受拉张作用而开始破裂。此时，断陷活动限于盆地西缘的石门、桃源一带。在这些盆地中，沉积物以山麓堆积为主，而其他地区处于相对隆起状态，遭受剥蚀。晚白垩世，该区地壳拉张作用增强，新发育了一系列的凹陷，洞庭湖拗陷以及北边的江汉拗陷初步形成。两拗之间为华容隆起，裂陷盆地呈现两拗一隆的构造形态。在凹陷中，堆积的上白垩统一般厚 1000 ~ 2000m，最厚达 3000 余米。古近纪的古新世至始新世早期，裂陷盆地区域性下沉，盆地进一步发展，沉积范围扩大，华容隆起石首以西的地段也没入水下，洞庭湖拗陷和江汉拗陷的水体相通，成为统一的沉积湖盆，沉积物一般厚 500 ~ 800m，最厚有 1200 余米。始新世中、晚期，裂陷盆地区开始逐渐抬升，湖盆收缩。一些原先的北西向构造被北东向断裂切割或改造，不仅使之复杂化，而且形成一些次一级的洼陷和构造带。随着断块活动持续发展，断裂对凹陷和凸起发育的控制作用更加显著，凹凸分化强烈，二级构造单元最后形成。渐新世，裂陷盆地的构造应力状况逐渐发生变化，由拉张转为挤压，盆地区整体隆升，广大地区隆起遭受剥蚀，从而结束了白垩纪到古近纪的全部沉积历史。随着挤压作用增强，盆地构造反转，地层固结并出现轻微褶皱变形，盆地边缘的正断裂有部分转变为逆断裂性质，盆地衰亡。

到新近纪，古近纪的凹陷和凸起仍有某种程度的继承性活动，不过沉积中心有所迁移。此时，洞庭湖拗陷稍有沉积，华容隆起仍以抬升为主。上新世，洞庭湖拗陷和华容隆起一起遭受剥蚀，并渐趋准平原化。

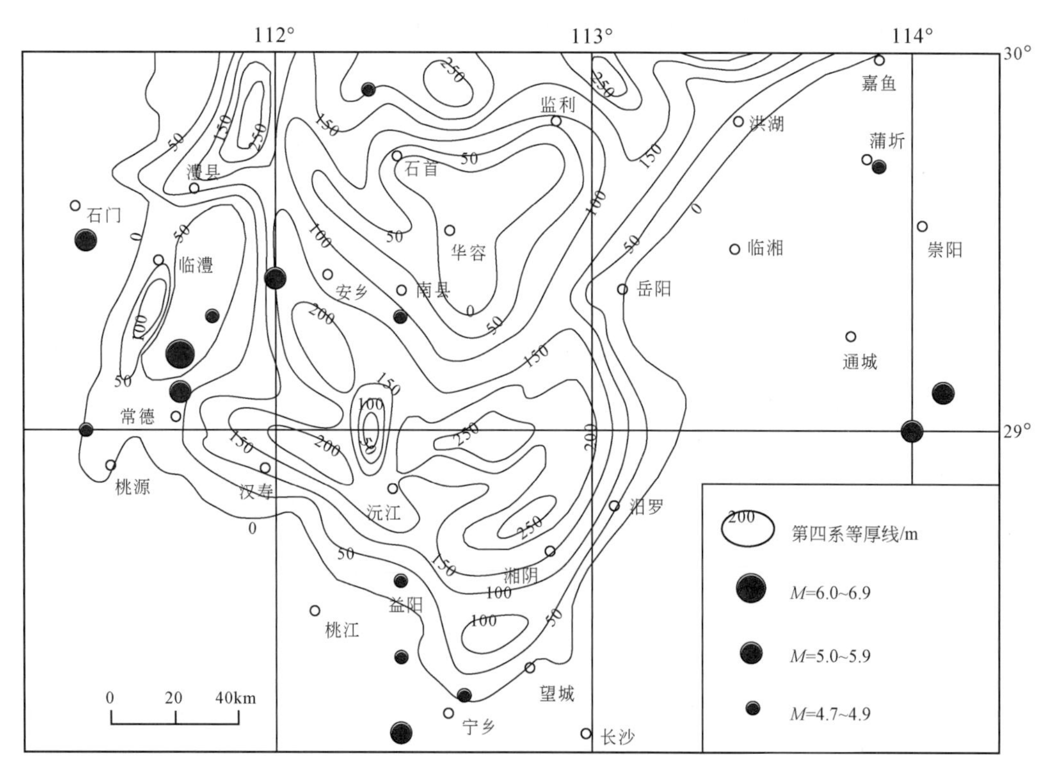

图 3-4 洞庭湖盆地第四系厚度图

（第四系厚度资料据甘家思等，1989）

第四纪时期，洞庭湖盆地再次整体沉降，华容隆起大部分一度没入水下，与江汉盆地之间水体沟通，连成统一的沉积湖盆。洞庭湖拗陷的沉积中心为北东和北西至近东西向，第四系一般厚100～150m，最厚250～300m（图3-4）。

三、洞庭湖盆地的新构造活动

张石钧（1992）曾对洞庭湖盆地内早更新世、中更新世和晚更新世时期的沉积厚度变化特征进行过详细研究。总体而言，第四纪时，盆地虽相对下沉，但沉积范围呈步步退缩之势，盆地边缘出现由白垩系和古近系红层组成的“镶边构造”。中更新世是盆地第四纪沉积的鼎盛时期，普遍发育泥砾层和网纹红土层。晚更新世以来，盆地范围进一步缩小并转向南东微微倾斜下沉，使中更新统在盆缘形成界线分明的台阶，盆地逐渐发育成冲-湖积平原，海拔20～40m，地面坦荡，湖泊星罗棋布，港湾众多，河道时分时合，为一派下沉的地貌景观，唯华容隆起上的桃花山丘地突兀于平原之中。因此，盆缘地带总体地貌形态具有层状环带式分布的特点，地貌类型从外围向盆地内部由侵蚀岗丘、侵蚀台地、堆积台地过渡为冲积-湖积平原。盆地内部的平原区，海拔50m左右，地面坦荡，湖泊星罗棋布，为一派下沉地貌景观。唯地处华容隆起上的桃花山丘陵，位于平原腹地；而太阳山丘陵呈北北东向雁列于平原西南缘，十分引人瞩目。

洞庭湖盆地广泛分布第四纪河湖相、冲洪积相和边缘山麓相地层。盆地边缘常见上、中、下更新统之间呈不整合或假整合接触，而内部基本是连续沉积。在洞庭湖拗陷内，第四系有部分不整合于古近系之上，同样在早期凹陷范围内发育了几个沉积中心，其走向主要为北东和北西向。此拗陷第四系一般厚100～150m，最厚有250～300m，位于沅江和目平湖地区的瓜瓢湖一带。此外，在太阳山丘陵西侧的澧县和临澧一带，存在近南北向狭长凹陷带，第四系厚170余米（图3-4）。

第三节　断裂活动性

一、隐伏断裂活动性鉴定方法

由于本节着重太阳山断裂、常德-益阳-长沙断裂和岳阳-湘阴断裂在第四纪覆盖区的活动性鉴定，因此，首先简述隐伏断裂活动性鉴定方法。在实际工作中采用如图3-5所示的技术路线。

首先进行隐伏断层位置的初步探测。根据遥感影像资料和已有的第四纪地质、地貌、钻探资料进行综合分析，初步推测断层的位置、延伸和展布形态，然后选择人工地震勘探方法，布置探测路线。

采用浅层人工地震勘探方法，查明隐伏活动断层的位置和上断点埋深。重点是隐伏活动断层的位置。对浅层地震勘探的基本要求如下。

（1）方法选择：采用纵波折射和反射联合勘探方法进行试验性探测，以最佳探测效果为前提确定浅层地震勘探方法。具体的道间距、覆盖次数、追逐相遇方式等，在利用浅层地震反射波方法进行断层成像、利用折射波方法进行浅部速度结构反演结果的基础上确定。

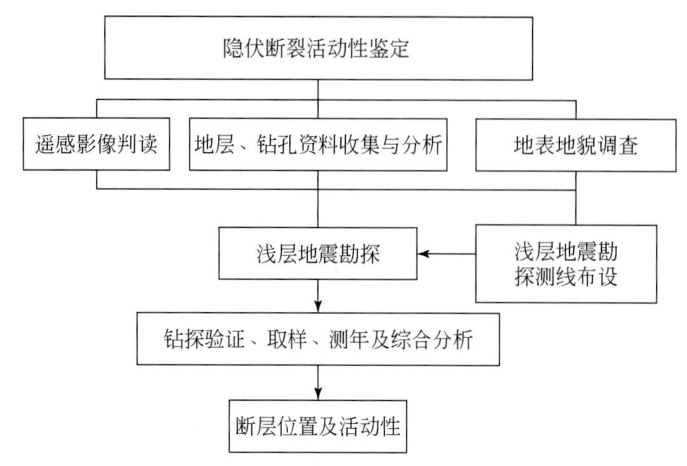

图 3-5　隐伏断裂活动性鉴定技术思路框图

（2）震源选择：考虑施工地点人员集中程度以及第四系厚度，在炸药、可控震源、夯击、重锤等人工震源中，以最佳施工条件、安全施工方式，同时满足单炮记录信噪比、反射波叠加剖面质量以及利用折射波进行浅部速度结构反演的需要。

（3）基本观测参数选择：在野外试验中选择合适的施工参数，以清晰分辨第四纪地层底界及内部地层分界面为目的。

（4）探测精度要求：能清晰分辨可能存在的断层及其断错层位，纵向分辨率不大于探测深度的 10%。

（5）探测成果图件比例尺：横向比例尺取 1 ∶ 500 ~ 1 ∶ 5000；纵向比例尺 1cm 等于 20 ~ 50ms。

根据具体情况进行钻探验证，进一步确定断距、断面、断错地层及上覆地层，并采集合适的样品，综合分析其活动性。考虑到第四系常存在相变，钻孔间距一般应小于 20m。上断点两侧应有 2 个钻孔，以便控制两侧的地层界面的延伸状态。一般而言，在断面上方布置一个钻孔，以便切穿断层，获得断层存在的实际证据。应在钻孔柱状图上标明孔口经纬度、海拔和终孔深度。黏土及粉砂心采取率应到达 90% 以上，中-细砂达到 80%，松散粗砂不应小于 40%，厚层砾石应采取定深取样法，取样间隔 1 ~ 2m。

在区域性地层对比分析基础上，借助新年代学测定技术，综合评定断裂最新活动时代与活动强度。对于年龄≤40ka 的地层或地质体，应优先选择碳十四法（^{14}C）测年技术，其次是释光法和电子自旋共振（ESR）法；也可采用古地磁法、宇宙成因核素法等测年技术，也可通过对比已知年龄的标志层位来确定相应层位的年龄或地质时代。各类样品的采集应严格按照相关的样品采集程序进行。

采集放射性碳（^{14}C）样品时，要避免采集经过再搬运、再堆积的样品，避免采集受到现代植物根系“现代炭”和煤、变质页岩、泥岩、石灰岩等“死碳”污染的样品。样品类型包括：含碳的植物、木头、泥炭、淤泥以及贝壳、无机碳酸盐等。采用释光（TL、

OSL）测年方法适用于测量距今几百年至20万年的含石英、长石并经过曝光的各类碎屑沉积物或火山及烘烤过的物质年龄；在野外采集、包装、运输过程中应处于避光状态。电子自旋共振法适用于测量距今几千年至200万年的淀积和结晶物质（如次生和原生碳酸盐、方解石、动物牙齿等）、受热受压样品（如火山和烘烤过的物质、断层泥）的年龄。断层泥的ESR样品要求其形成是受到一定强度压力的作用，并且应是最后一次强烈活动的样品。

二、太阳山断裂

该断裂位于洞庭湖拗陷西缘太阳山隆起上，表现为由一系列北北东向断裂组成的断裂带，在太阳山东西两侧和中部分布为岗市-河洑、拾柴坡、肖伍铺、仙峰峪、杨坡冲和尺马山6条主要地表断裂（图3-6）。

中国地震局地质研究所和湖南省地震局（2004）① 在开展“湖南核电项目初可研阶段地震专题”工作时，曾对太阳山断裂活动性作过详细的调查研究，研究结果表明：岗市-河洑断裂（f1），为中更新世早中期活动断裂。拾柴坡断裂（f2）出露于太阳山西麓，据断裂物质和覆盖层测年资料，它可能是前第四纪断裂。肖伍铺断裂（f3）沿大龙站谷地东缘分布，断错了中更新世黏土、黏土夹砾石层，至少为中更新世晚期活动断裂。仙峰峪断裂（f4）位于太阳山东侧，为前第四纪活动断裂，不排除早更新世有活动。杨坡冲断裂（f5）位于凤凰山区，走向北北东为前第四纪活动断裂，不排除早更新世有过活动。尺马山断裂（f6）位于临澧到津市的公路旁，断裂上覆坡积砂土和砾石层无变形，此层底部TL测年为(8.66±0.74）万年，该断裂不是一条晚更新世活动断裂。总体看来，在太阳山断裂各条分支断裂中，肖伍铺断裂（f3）地质及地貌表现清楚，也是活动时代最晚的一条断裂。

在太阳山隆起区至北西向常德-益阳-长沙断裂带之间为第四系覆盖区（图3-1），通过研究北北东向太阳山断裂与第四纪地层的关系，可以有效地获得有关断裂活动时代、幅度等方面的证据。为此，2008年在我们负责开展的“湖南常德核电厂可行性研究阶段地震安全性评价”工作中，布设了一条总长度为15km的测线（WT6）（图3-6）。由西向东分7个测线段完成，分别为WT6-1（3242m）、WT6-2（1366m）、WT6-3（1622m）、WT6-4（1710m）、WT6-5（1522m）、WT6-6（3646m）和WT6-7（1902m）。经过对7个测线段反射波叠加时间剖面的详细解译，确定只有在最东部的WT6-7剖面上存在明显断点（图3-6），该断点位于肖伍铺断裂（f3）向南延伸的位置上。

（一）断裂活动性调查

1. WT6-7测线的探测剖面

WT6-7测线位于WT6-6测线北约100m的稻田内，测线方向为NW向，长度为1902m。WT6-6测线在经过断点FP4时，因民房、道路、水渠和其他地表障碍物的影响，从而使得断点FP4在WT6-6测线剖面的特征并不是非常清楚，因此，在WT6-7测线的布

---

① 中国地震局地质研究所，湖南省地震局.2004. 湖南省拟建核电站候选厂址地震初步调查及其安全性评价。

设时，使该测线的西端与 WT6-6 测线的东端重叠了大约 550m，以便进一步确定 WT6-6 测线上断点 FP4 的可靠性。

图 3-6　太阳山断裂中次级断裂分布图

遥感影像：image@ 20202 Google Earth。浅层物探测线：WT6 的位置，共 7 个测线段，其中 WT6-7 位于最东侧。断裂名称：f1. 岗市–河洑断裂；f2. 拾柴坡断裂；f3. 肖伍铺断裂；f4. 仙峰峪断裂；f5. 杨坡冲断裂；f6. 尺马山断裂

WT6-7 测线的反射波叠加时间剖面和深度解释剖面见图 3-7。根据剖面特征，在剖面上解释了 3 组特征明显的地层反射波 T01、T02 和 TQ，其中，反射波 TQ 来自第四系覆盖层的底界，它在剖面桩号 600m 以东呈近水平分布，相对起伏变化不大；桩号 250 ~ 550m 之间，为一个明显的基岩隆起区；该测线经过地段的基岩面埋深在 50 ~ 80m 之间。反射波 T01、T02 为来自第四系内部的物性界面反射，T01 反射波的埋深为 50 ~ 60m，总体上自西向东倾斜，反射波 T02 的产状近于水平，其埋深为 26 ~ 28m。

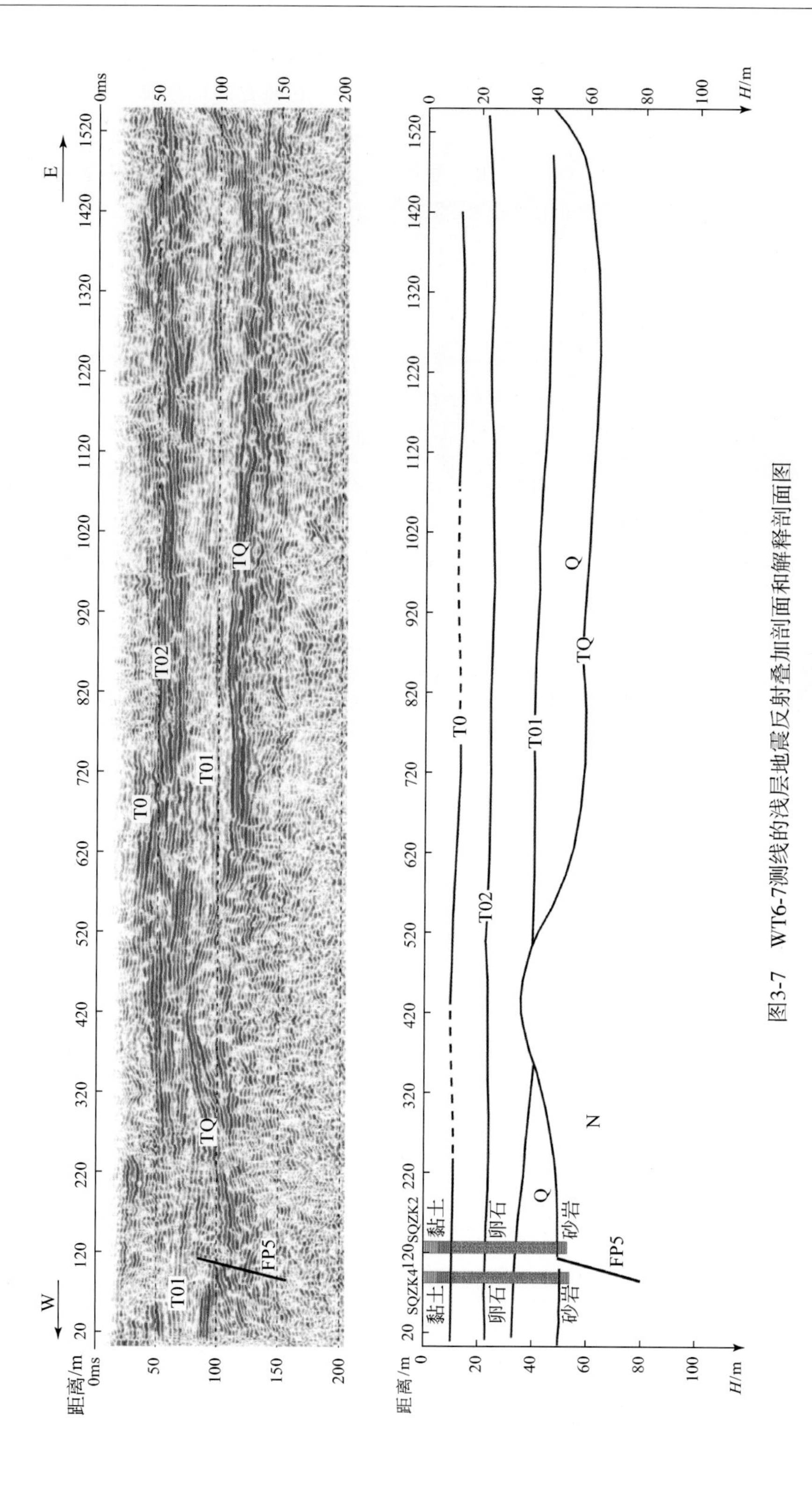

图3-7　WT6-7测线的浅层地震反射叠加剖面和解释剖面图

从 WT6-7 剖面上 TQ 反射波的能量变化和横向连续性来看，在剖面桩号 110m 左右，TQ 反射波出现有明显的错断显示，且在错断点附近还出现有反向的倾斜反射和弧形绕射波，根据这些现象分析，在桩号 110m 处应有 1 条断距 1 ~ 2m 的断层 FP5 存在。为清楚起见，把 WT6-7 测线跨 FP5 断点的波形加变面积展开图示于图 3-8。由图 3-7 可以非常清楚地看出在断点 FP5 附近反射波同相轴出现的错断现象。

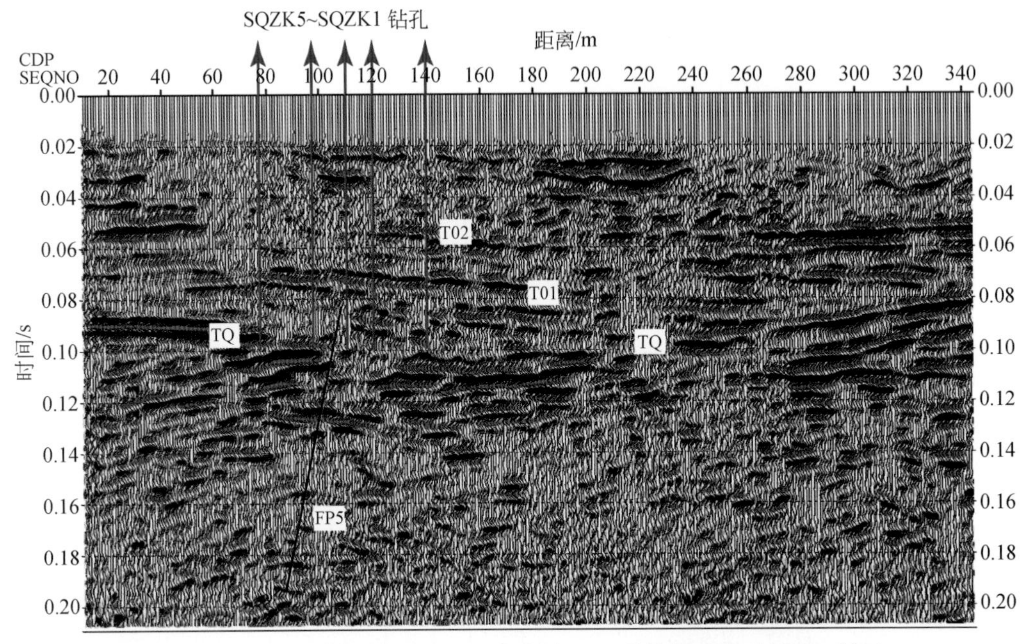

图 3-8　WT6-7 测线过断层 FP5（参见图 3-6）的浅层地震反射叠加剖面

图 3-9　WT6-7 测线钻探现场示意图

2. WT6-7 测线的钻探联合剖面探测

1）钻孔布置

为了查明断点 FP5 的活动性以及该断点两侧的第四系厚度，在 WT6-7 测线上，横跨断点 FP5 进行了钻探联合剖面探测（钻孔布置见图 3-8）。钻探场地位于两块高差 0.3m 的稻田中，其中 SQZH1、SQZK2 和 SQZK3 钻孔位于较高的一块稻田中，其余两个钻孔位于较低的一块稻田中（图 3-9）。

该钻探联合剖面由 5 个深度 50.3～90m 的钻孔组成，5 个钻孔的位置分别位于浅层地震测线桩号 78m（SQZK5 孔）、98m（HYZK4 孔）、110m（SQZK3 孔）、120m（SQZK2 孔）、140m（SQZK1 孔）。钻孔间距、深度、基岩面埋深见表 3-1。

表 3-1　WT6-7 测线的钻孔深度、基岩面埋深和孔间距表

钻孔编号	相对 SQZK1 的高度/m	孔深/m	基岩面埋深/m	孔间距/m
SQZK1	0	50.3	48.7	20.5
SQZK2	0	50.6	48.5	10
SQZK3	0	52.5	48.2	15
SQZK4	-0.3	90.0	49.4	20
SQZK5	-0.3	52.5	48.3	

2）钻探联合地质剖面揭露出的地层

在钻孔沉积物释光测年（TL）的基础上（表 3-2），对比洞庭湖区第四纪地层分布和沉积学特征（甘家思等，1989；张石钧，1992），双桥钻探联合地质剖面中揭露出的第四纪地层为全新世地层、晚更新世和中更新世地层。第四纪地层之下为新近纪泥岩和砂岩互层。自上而下地层特征描述如下。

表 3-2　钻孔采集 TL 样品测年数据一览表

实验室编号	野外编号	采样地点	放射性元素			年剂量率 Gy/ka	等效剂量率 /Gy	样品年龄/ka
			U/(μg/g)	Th/(μg/g)	K_2O/%			
996206	CCZK1-No.1	湖南常德市	3.76	12.2	2.95	2.60	22.0	8.45±0.72
996207	CCZK1-No.2	湖南常德市	3.47	13.2	2.04	2.42	32.0	13.25±1.13
996208	CCZK3-No.1	湖南常德市	3.99	13.9	2.53	2.71	24.0	8.84±0.75
996209	CCZK3-No.3	湖南常德市	3.03	13.2	2.45	2.38	80.0	33.64±2.86
996210	SQZK1-No.2	湖南常德市	3.95	13.6	3.48	2.83	120.0	42.45±3.61
996211	SQZK1-No.4	湖南常德市	3.87	8.98	0.95	1.96	320.0	163.16±13.87
996212	SQZK3-No.1	湖南常德市	3.35	12.0	2.45	2.37	80.0	33.73±2.87
996213	SQZK3-No.2	湖南常德市	3.53	12.3	3.13	2.58	120.0	46.44±3.95
996214	SQZK3-No.4	湖南常德市	3.76	13.5	3.00	2.72	384.0	141.41±12.02
96215	SQZK5-No.4	湖南常德市	2.93	6.93	0.91	1.54	272.0	176.62±19.43
996216	SQZK5-No.3	湖南常德市	3.80	13.7	3.06	2.75	344.0	124.88±13.74

续表

实验室编号	野外编号	采样地点	放射性元素			年剂量率 Gy/ka	等效剂量率 /Gy	样品年龄/ka
			U/(μg/g)	Th/(μg/g)	K_2O/%			
996217	HYZK1-No. 3	湖南常德市	2. 19	6. 85	0. 93	1. 33	256. 0	191. 89±21. 11
996218	HYZK2-No. 1	湖南常德市	3. 41	11. 5	2. 89	2. 44	24. 0	9. 84±0. 84
996219	HYZK2-No. 2	湖南常德市	2. 12	6. 03	1. 55	1. 38	88. 0	63. 90±5. 43
996220	HYZK2-No. 3	湖南常德市	3. 17	8. 20	1. 10	1. 74	224. 0	128. 36±10. 91
996221	HYZK4-No. 1	湖南常德市	2. 89	10. 7	2. 74	2. 20	26. 0	11. 81±1. 00
996222	HYZK4-No. 2	湖南常德市	1. 85	6. 04	1. 49	1. 29	62. 0	48. 01±4. 08
996223	HYZK4-No. 3	湖南常德市	2. 03	5. 40	0. 65	1. 12	168. 0	150. 25±16. 53
996224	HYZK4-No. 4	湖南常德市	2. 50	8. 78	1. 08	1. 60	320. 0	199. 68±21. 96
996225	HYZK5-No. 3	湖南常德市	2. 11	5. 98	1. 57	1. 37	62. 0	45. 11±3. 83

注：热释光年代由中国地震局地壳应力研究所新年代实验室完成。

（1）全新统（Q_h）：主要为灰色、青灰色、灰黄色粉质黏土，粉砂。

（2）晚更新统（Q_p^3）：下部为灰色、浅灰色黏土、中粗砂充填的砾石层，砾石含量大于50%，直径一般为2～7cm，少量大于钻孔直径。砾石成分多为砂岩，坚硬。夹薄层碳质黏土；上部为灰色、灰黄色细砂、粉砂质黏土；光释光测年结果为距今4.2万～12万年。

（3）中更新统（Q_p^2）：为灰色粗砂砾石层夹薄层灰褐色细砂、黏土，埋深44～48m。光释光测年结果为距今12万～17万年。

（4）新近系（N）：紫红色风化泥岩、灰黄色砂岩。

3. 钻探联合地质剖面中的断层活动性分析

从钻探联合地质剖面中可知（图3-10），全新世灰色、灰黄色粉砂、粉质黏土层底面位于大致相同的高程，埋深在11m左右。晚更新世地层为一套巨厚的灰色砂卵石层，直径一般为20～50mm，部分卵石直径大于孔经，即大于100mm。卵石主要为黑色硅质岩和紫红色砂岩，磨圆度好。卵石间充填物为灰色黏土、砂。底部夹灰褐色、灰黄色黏土、粉砂和粉质黏土。顶面近于水平，没有受到断裂活动因素的影响。

从钻探联合地质剖面可以看出，SQZK3和SQZK4孔中新近系顶面落差为1.5m（图3-10），在SQZK4孔的新近系中发现2个倾角50°、与断层相关的滑动面（图3-11，图3-12），均表现为正断滑动性质。因此认为在SQZK3和SQZK4孔之间的新近系中存在一条正断层。在上更新统底部、中更新统顶部有一套灰褐色、灰色黏土和粉砂层夹层，该夹层在SQZK3和SQZK5孔中出现，在SQZK4孔底部也出现有灰色粉质黏土，测年结果表明：沉积年代为距今12万～17万年（表3-2），顶面大致位于相同的深度上，总体表现为西高东低，与古水流的流向一致。肖伍铺断裂没有影响到该细粒沉积层顶面的产状。根据上述钻孔中揭露的资料，可以认为肖伍铺断裂是一条中更新世断层，中更新统底界断距为1.5m。

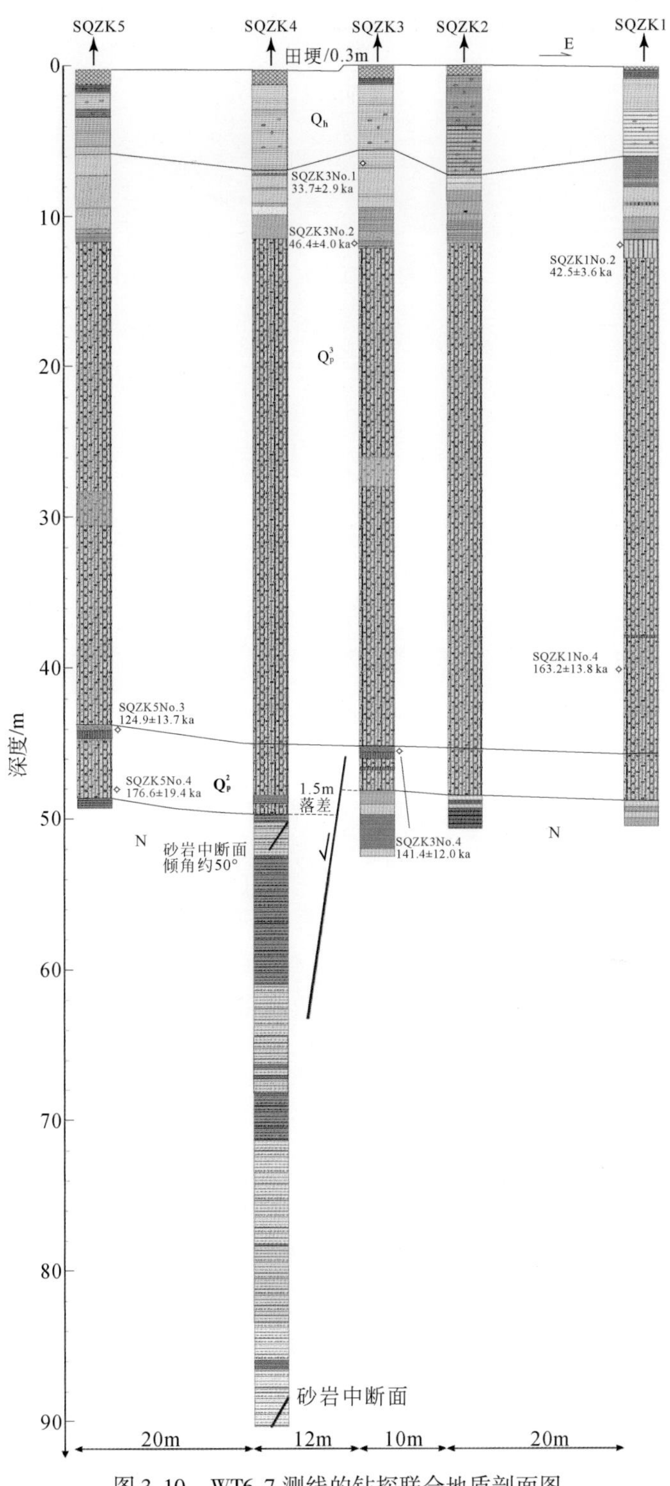

图 3-10　WT6-7 测线的钻探联合地质剖面图

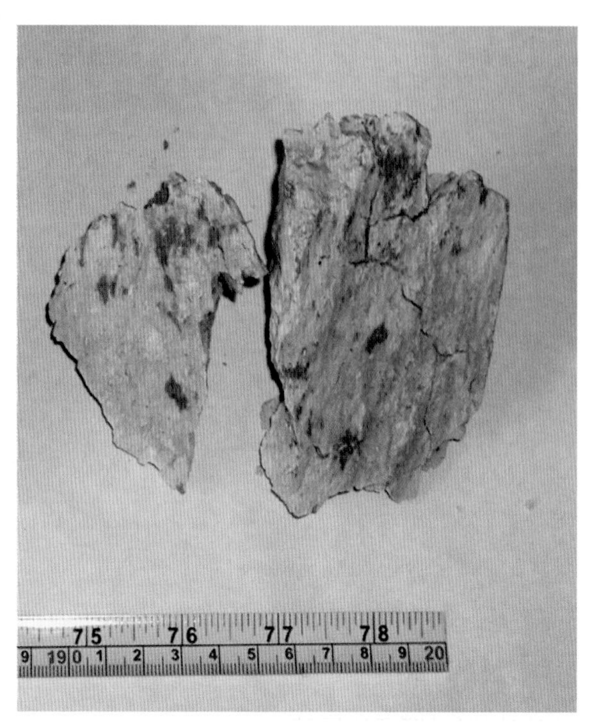

图 3-11　SQZK4 孔 49. 5m 处的滑动面

图 3-12　SQZK4 孔 89. 5m 处的滑动面

（二）太阳山断裂的南延问题

为了控制太阳山断裂是否切割北西西向常德-益阳-长沙断裂延至沅江以南，在已有地质、物探成果的基础上，在沅江以南即常德-益阳-长沙断裂南侧的太阳山断裂可能的南延位置上布设了两条高分辨地震折射测线，其中，WT1 测线长 11.2km，WT2-1 测线长 7km。在整个 WT1 测线控制范围内，除剖面浅部的地震波速度变化较大外，没有发现断裂存在的迹象。在 WT2-1 的基础上，又做了一条长 1.4km 的浅层地震反射剖面（WT2-2）。

1. 地震探测

1）WT2-1 测线的探测剖面

WT2-1 测线采用了 3 个相互重叠的地震观测排列以构成多重追逐相遇观测系统，每个地震排列由 210 个观测点和 5 个炮点组成，在该测线上共获得了 3150 个有效的初至波走时数据。通过采用有限差分波前成像反演方法，获得了图 3-13 所示地震波速度结构分布图。

由图 3-13 可以清楚地看到，WT2-1 测线经过地段内的地震波速度总体上随着深度的增加而逐渐增大，在剖面横向上，大约在剖面桩号 3000m 以西，速度的横向变化相对较小，而在剖面桩号 3000m 以东，速度的横向变化相对较大，并在桩号 2500m 左右出现有高速区的横向不连续和低速区的横向间断，说明在该位置附近应有断层存在。该断点位于北北东向肖伍铺断裂向南南西的可能延伸位置上。

在断层 FP1 的两侧，地震波速度在测线桩号 2500m 左右出现有高速区的横向不连续和低速区的横向间断（图 3-13），但根据速度分布还难以确定断层向剖面浅部的延伸情况和它在剖面上较确切的投影点位置，为了进一步确定断层 FP1 的位置和它的上断点埋深，与 WT2-1 测线重合，跨断层 FP1 又布设了 1 条道间距 2m、12 次覆盖的浅层地震反射探测剖面，即 WT2-2 测线。

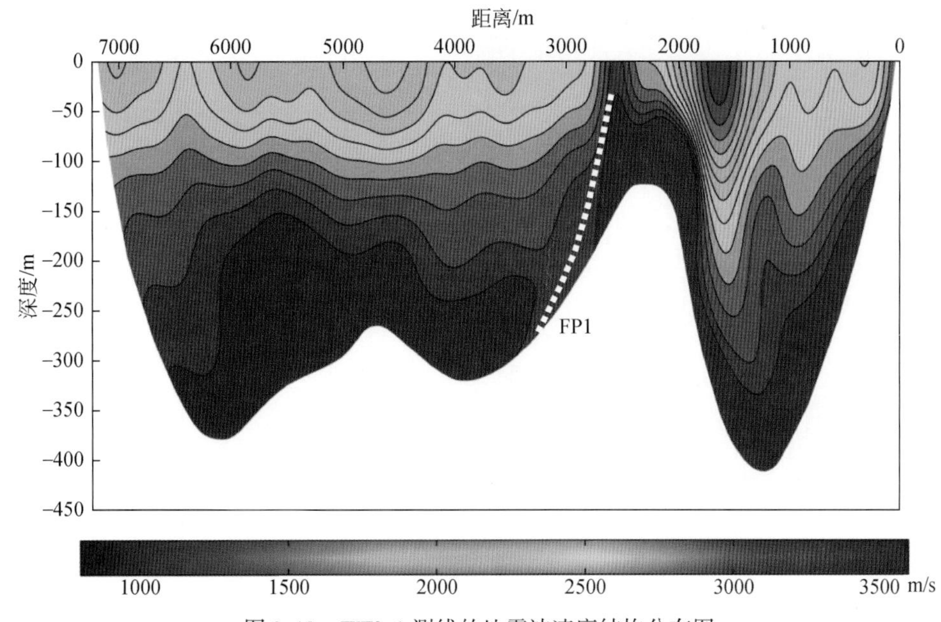

图 3-13　WT2-1 测线的地震波速度结构分布图

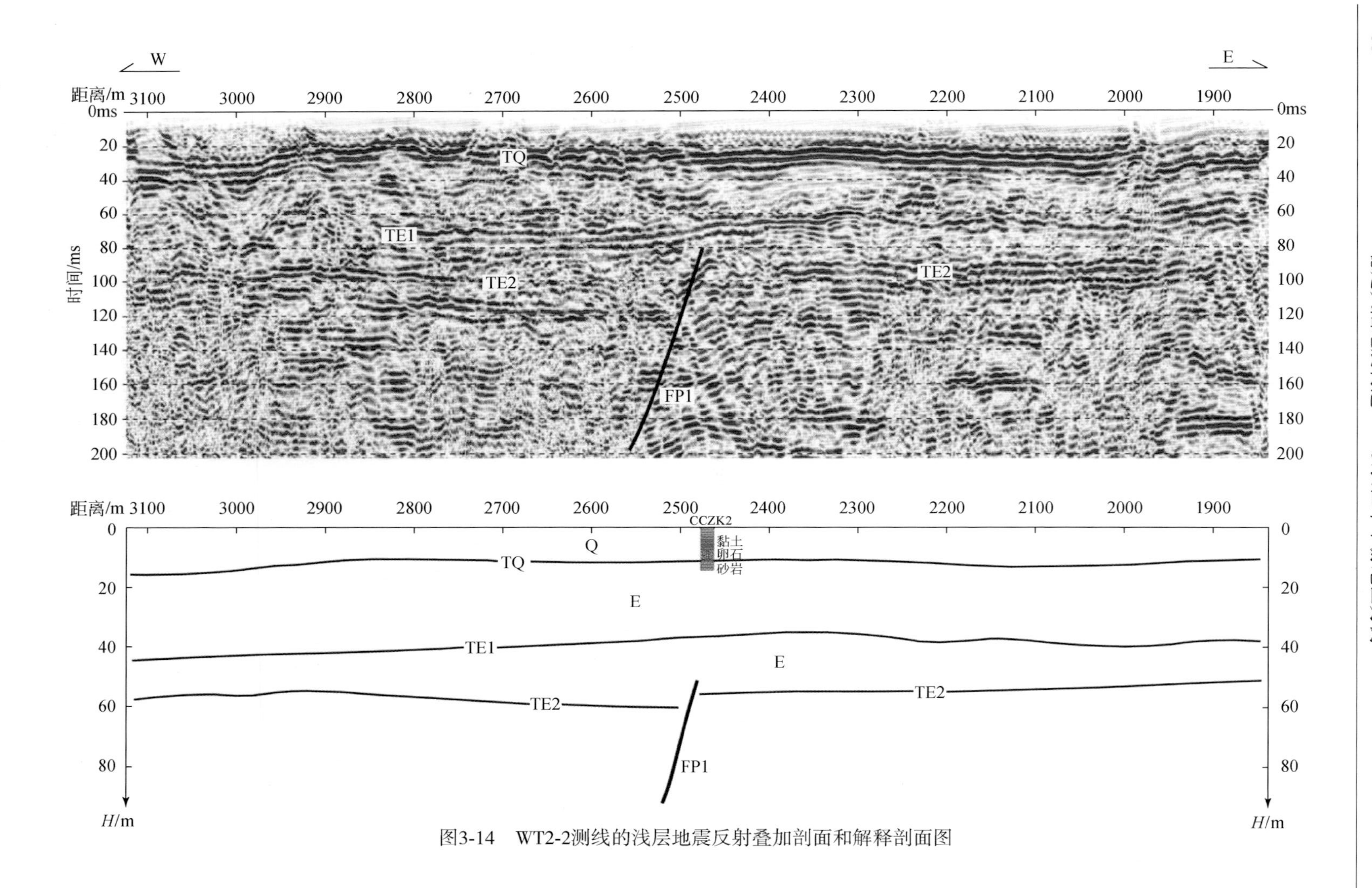

图3-14　WT2-2测线的浅层地震反射叠加剖面和解释剖面图

2）WT2-2 测线的探测剖面

WT2-2 测线跨断点 FP1 布设，测线起点位于 WT2-1 测线桩号 1800m 处，终点位于 WT2-1 测线桩号 3200m 处，测线全长 1400m。为了获得埋藏深度 60m 以上的地层界面反射和被测断层向近地表的延伸情况，以便确定断层 FP1 是否错断第四纪地层，该测线在探测时，采用了道间距 2m、偏移距 0m、72 道接收、排列中间不对称激发、12 次覆盖的观测系统。

图 3-14 为 WT2-2 测线的浅层地震反射波叠加时间剖面和相应的解释剖面图。由图 3-14可以看出，剖面上存在有 3 组反射能量较强、横向连续性较好的地层界面反射波 TQ、TE1 和 TE2，其中，反射波 TQ 解释为第四纪覆盖层的底界面反射，其埋深在 13 ~ 18m 之间变化，反射波 TE1 和 TE2 解释为来自古近系内部的物性界面反射。

从 WT2-2 剖面上 TQ、TE1 和 TE2 这 3 组反射波同相轴的展布特征和横向连续性来看，反射波 TQ 和 TE1 在剖面上均具有较好的连续性，相对起伏变化不大，没有出现反射同相轴的错断；而在测线桩号 2480m 附近，反射波 TE2 出现有明显的反射同相轴错断，并伴有棱断点产生的弧形绕射波，表明该位置应有断层存在（图中用 FP1 标出）。根据获得的地震波速度资料和反射波到时估算，断层 FP1 的上断点深度为 53 ~ 56m，其断距为 3 ~ 5m。在 TE2 反射波以浅，TQ 和 TE1 反射波在剖面上连续性较好，没有出现反射同相轴的错断，因此，断层 FP1 应是 1 条错断古近纪地层的断层。

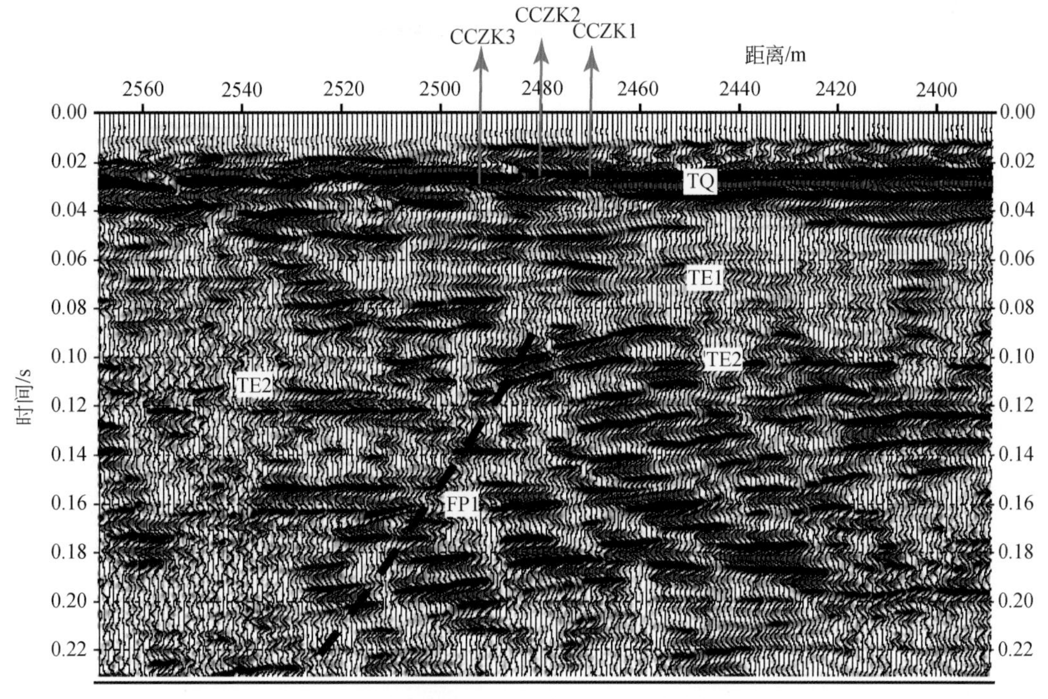

图 3-15　WT2-2 测线跨断点 FP1 的浅层地震反射剖面和钻孔布置图

2. WT2-2 测线的钻探联合剖面探测

1）钻孔布置

为了可靠地确定第四纪地层是否受断层 FP1 的影响，对跨 WT2-2 测线揭示的断层 FP1

进行了钻探联合剖面探测。该钻探联合剖面由 3 个深度 13.7 ~ 17.5m 的钻孔组成（图 3-15），自东向西依次为 CCZK1、CCZK2 和 CCZK3 孔。3 个钻孔所对应的地震测线桩号分别为 2468m（CCZK3 孔）、2480m（CCZK2 孔）和 2490m（CCZK1 孔）。钻孔深度、间距和基岩面埋深数据见表 3-3。

表 3-3　WT2-2 测线钻孔深度、基岩面埋深和孔间距表

钻孔编号	相对 CCZK1 的高度/m	孔深/m	基岩面埋深/m	孔间距/m
CCZK1	0	14.0	12.8	10
CCZK2	0	17.5	12.8	12
CCZK3	0	13.7	12.8	

2）钻探联合地质剖面揭露的地层

在钻孔沉积物释光测年（TL）的基础上（表 3-2），对比洞庭湖区第四纪地层分布和沉积学特征（甘家思等，1989；张石钧，1992），WT2-2 测线的钻探联合地质剖面中揭露出的第四纪地层为晚更新世和全新世地层（图 3-16）。第四纪地层之下为古近纪泥岩和砂岩互层。地层特征描述如下。

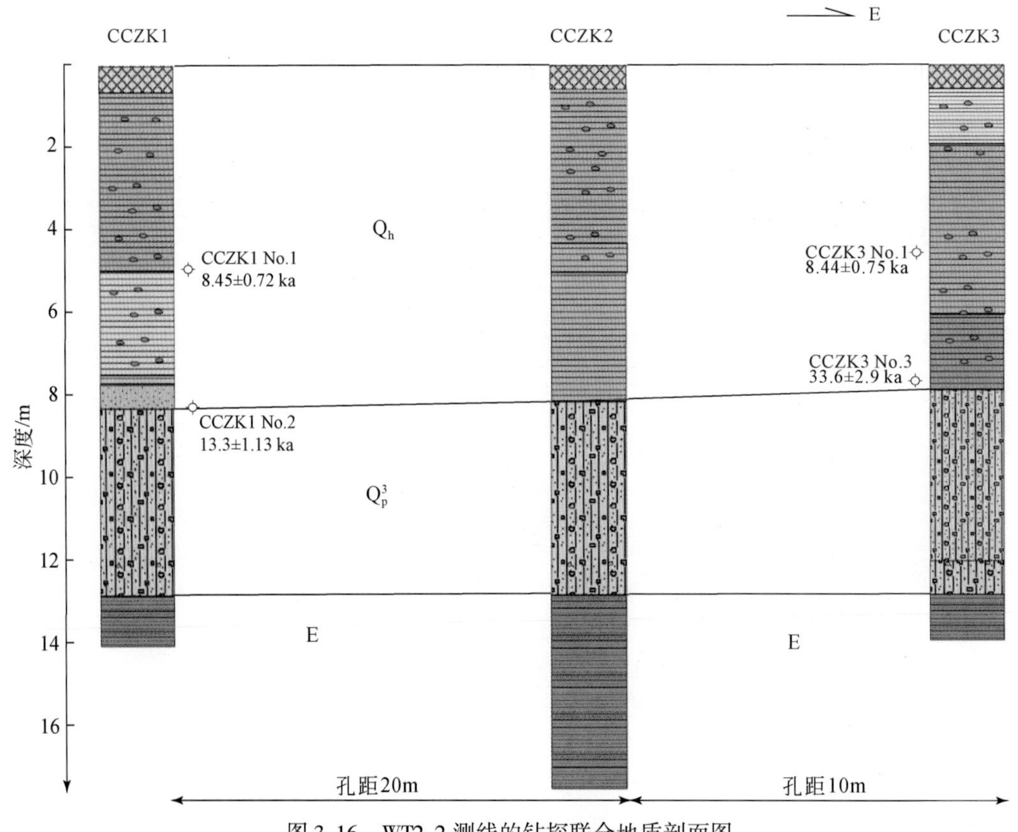

图 3-16　WT2-2 测线的钻探联合地质剖面图

（1）全新统（Q_h）：棕褐色、棕褐色含少量粉砂的黏土，夹铁锰染色的斑点。夹灰黄色、灰绿色粉砂和粉质黏土。厚7.8～8.3m。测年结果为距今1.3万～0.85万年。

（2）上更新统（Q_p^3）：深灰色黏土、中粗砂充填的砾石层。直径一般为2～4cm，最大4～10cm，部分大于11cm，砾石成分多为石英砂岩，坚硬。厚4.5m。

（3）古近系（E）：紫红色风化砂岩、泥岩。

3）钻探联合地质剖面上的构造分析

从图3-16的钻孔地质剖面可以看出，3个钻孔所揭示的古近纪紫红色泥岩、砂岩顶面的埋深相同，均为12.8m。浅层地震剖面上的TQ反射波应是来自该界面的反射波。浅层地震剖面揭示的断层FP1错断了深约55m的TE2反射波，且TE1和TQ反射波横向连续性较好，没有出现错断显示，即说明断层FP1没有影响到古近纪地层的顶面，另外，钻孔地质剖面上的晚更新世和全新世地层也处于相同的位置，没有构造变动的迹象。因此，断层FP1应是1条古近系内部的断层。

（三）小结

根据我们的浅层物探、钻探及年代学工作，可以对太阳山断裂活动性及分布特征做出如下3个方面的小结。

（1）已有资料表明：肖伍铺断裂是太阳山断裂地质及地貌表现清楚、活动时代最晚的一条断裂。我们的浅层物探及钻探工作显示，该断裂从太阳山基岩山区向南至少延伸至常德市区以北，但未断错距今12万～17万年的沉积地层。结合地表活动断裂考察结果，认为肖伍铺断裂最晚活动时代为中更新世，并且表现为一条正断层。

（2）钻探验证工作表明：该断裂的中更新统底界断距约为1.5m，总体而言，活动强度不大。

（3）在常德-益阳-长沙断裂以南的物探及钻探工作表明：存在一条隐伏断裂，但该断裂不但没有断错第四纪地层，而且被古近纪晚期的地层所覆盖。由此可见，在常德-益阳-长沙断裂北边中更新世有过明显活动的太阳山断裂没有延伸到沅江以南。

三、常德-益阳-长沙断裂

该断裂自常德向南东经益阳，然后进入长沙，总体走向NW40°～70°，为一倾向北东的正断裂，倾角50°左右，长约170km。在地形地貌上，常德-益阳-长沙断裂为雪峰山隆起与洞庭湖拗陷的分界断裂。断裂以北，大部为洞庭湖水占据，以南则广泛分布早、中更新世河湖相堆积。

根据以往的研究结果，该断裂带大致可以分为3段：东南段、中段和西北段。东南段分布在长沙、益阳之间。长沙市新开铺一带，中更新统的白沙井组上段地层中发育一系列走向NW40°～70°的断裂，有些“通天”，但上无覆盖层，断面存在侧伏角24°～30°的擦痕，具左旋斜滑阶步，其中最大垂直错动幅度达10～15m。在南郊公园附近中更新统也发育一系列北西走向的断裂，并称为南郊公园断裂，倾向北东，倾角60°以上，断裂破碎带宽2.7m，断面上有斜向和近垂直的擦痕，估计断距有20m左右。常德-益阳-长沙断裂东南段对第四纪中晚期以来发育的层状地貌面及水系等没有控制或切割作用，为中更新世活动段。鉴于东南段发育较好的露头地质剖面，下面着重介绍该断裂中段和西北段活动性探测结果。

常德–益阳–长沙断裂主要表现为一条被第四系覆盖的隐伏断裂（湖南省地质矿产局水文地质工程地质二队，1990），受近SN向隐伏断裂切割，大致可以分为3段：东南段、中段和西北段（图3-17），大致对应着洞庭湖盆地中河洑–临澧、安乡–汉寿和沅江–白马寺3个次级沉积凹陷的南部边界（张石钧，1992；柏道远等，2010）。根据湖南省地矿局水文地质工程地质二队（1990）的工作成果，与常德–益阳–长沙断裂东南段相比，中段沿线第四系层序完整，厚度差异明显，进行精细定量研究的基础较好。借鉴国内外对隐伏断层及其活动性的探测研究经验（Miller and Steeples，1994；Ronald and Talwani，2000；徐锡伟等，2002；韩竹军等，2006），我们主要开展了3方面的工作：①地球物理勘探：充分收集已有基础资料，利用浅层人工地震反射法探测隐伏断裂是否存在及其位置、规模和上断点埋深。为此布置了两条浅层地震测线、即聂家桥测线（测线Ⅰ）和龙潭桥测线（测线Ⅱ）（图3-17），走向北北东–南南西，长度分别为3034m和5785m。②钻探验证：根据浅层物探解译的结果，在聂家桥断点两侧20～25m的范围内各布置了两个钻孔，合计4个钻孔，通过钻探现场编录，编制钻孔柱状图以及地层对比分析，验证浅层物探结果。③年代测试与综合分析：根据标志层位的埋深差异以及新年代样品的测试结果，进行断裂活动性的定量研究。结合地表地质地貌调查，综合判定断裂最晚活动时代。

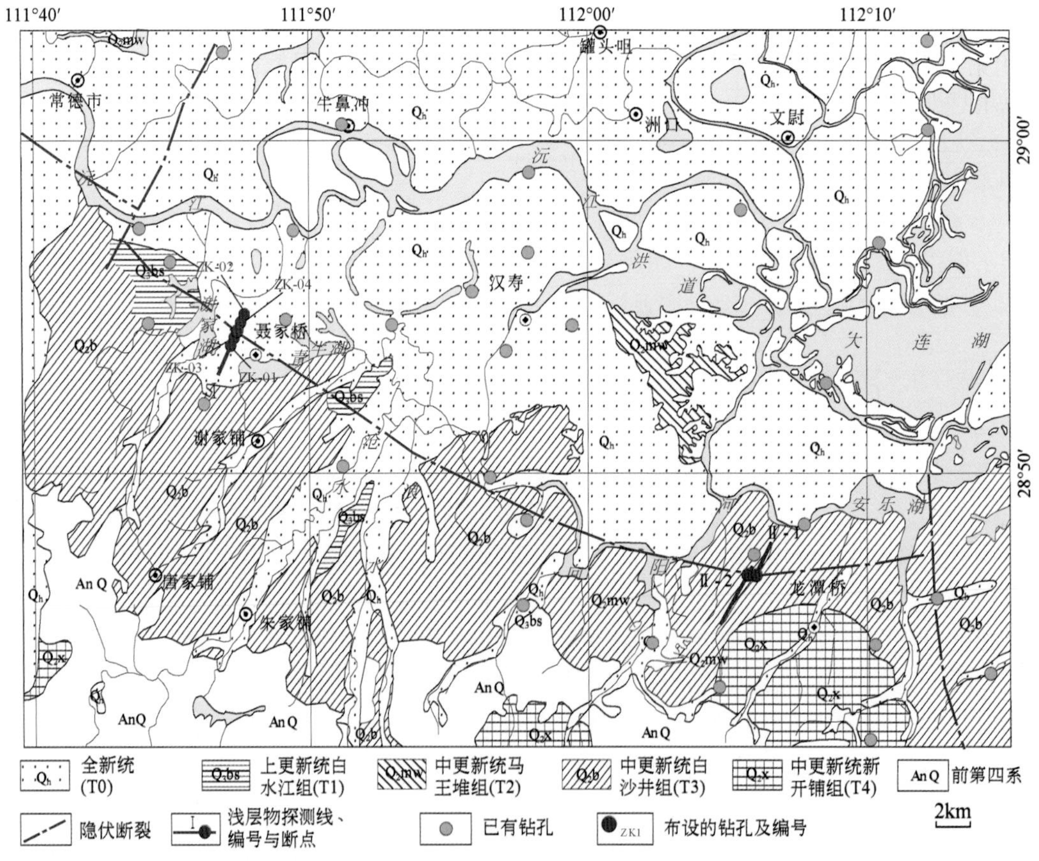

图3-17　常德–益阳–长沙断裂带中段平面分布与实际工作布置示意图

（湖南省地质矿产局水文地质工程地质二队，1990）

西北段位于常德、河洑一带。国家地震局地质研究所（1990）[①] 对该段进行了气汞、地质雷达和浅层地震综合探测，并结合邻近地区钻孔资料，认为该断裂将中更新统顶面和上更新统下部错断 2m。这一认识在后期地震安全性评价与 1631 年 8 月 14 日湖南常德 6 3/4级地震发震构造研究中被广泛研究。中国地震局地质研究所等（2007）[②] 对该断裂段进行过专题研究，本书的内容主要源自此次工作。

（一）中段

1. *浅层物探*

1）聂家桥测线（测线Ⅰ）

测线Ⅰ位于聂家桥乡西部的栗树湾和武王庙之间（图 3-17）。测线方向为 NE–SW，主要目的在于查清是否存在断裂及其准确位置。在实际工作中，测线起点（NNE 端）位于皇成港村村东南的大堤拐弯处，终点（SSW 端）位于花园村村南，全长 3034m。由于在该测线上没有钻孔资料可以借鉴，在对该测线的浅层地震反射剖面进行波组分层和层位标定时，参照了测线邻近地区的钻孔资料（湖南省地质矿产局水文地质工程地质二队，1990）。

根据该测线的反射时间剖面的特征（图 3-18），由浅到深可识别出八组反射能量较强的地层界面反射波，在图中分别用 T01、T02、TQ 和 T1 ~ T5 标出。根据测线附近的地质钻孔资料，我们把 TQ 反射波解释为第四纪覆盖层的底界面反射，把反射波 T01 和 T02 解释为第四系覆盖内部的地层界面反射，而把反射波 T1 ~ T5 解释为古近纪地层内部的地层界面反射。聂家桥测线剖面所反映的地层界面起伏变化形态非常清楚（图 3-18）。从整条剖面反射波同相轴的形态来看，在剖面 100ms 以上，反射波同相轴 T01 和 T02 总体上具有测线两端埋深较深，而中间埋藏较浅的形态，局部地段上出现有一定的起伏。第四系底界面反射波 TQ 在剖面上南西端埋藏较浅，而东北端埋藏较深。剖面双程到时在 70 ~ 80ms 及以下，在剖面上可看到多个自 NE 向 SW 方向倾斜的反射波同相轴 T1 ~ T5，且它们均由深向浅终止到 TQ 反射面上，表明 TQ 反射面应为一个不整合面，其下伏的古近系呈倾向西南的单斜形态，并存在明显的局部起伏变化或地层尖灭现象。

聂家桥测线剖面所揭示的断层特征非常清楚。在测线桩号 412m 附近，TQ 反射波出现有明显的错断，且在 TQ 反射波之下，反射波 T1 ~ T5 的产状在该位置两侧也有较大的变化。测线桩号 412m 以南，TQ 之下的反射面呈自北向南倾伏的单斜形态；测线桩号 412m 以北，地层反射面产状近乎水平。根据剖面所揭示的这些特征分析，我们认为在测线桩号 412m 附近应有断层通过，性质为倾北东的正断层，它错断了剖面上 TQ 之下的所有地层界面，但没有错断 T02 以浅的反射震相（图 3-18）。

2）龙潭桥测线（测线Ⅱ）

为了进一步查验该断裂的是否存在及其准确位置，又布置了测线Ⅱ。该测线位于龙潭桥乡的西北部。因受地表障碍物的限制，该测线分三个测段分别进行了探测。这三个测段

---

① 国家地震局地质研究所 . 1990. 湖南省常德市城区地震小区划研究报告。

② 中国地震局地质研究所，湖南省防震减灾工程研究中心，中国地震灾害防御中心 . 2007. 湖南桃花江核电厂可研阶段地震安全性评价报告。

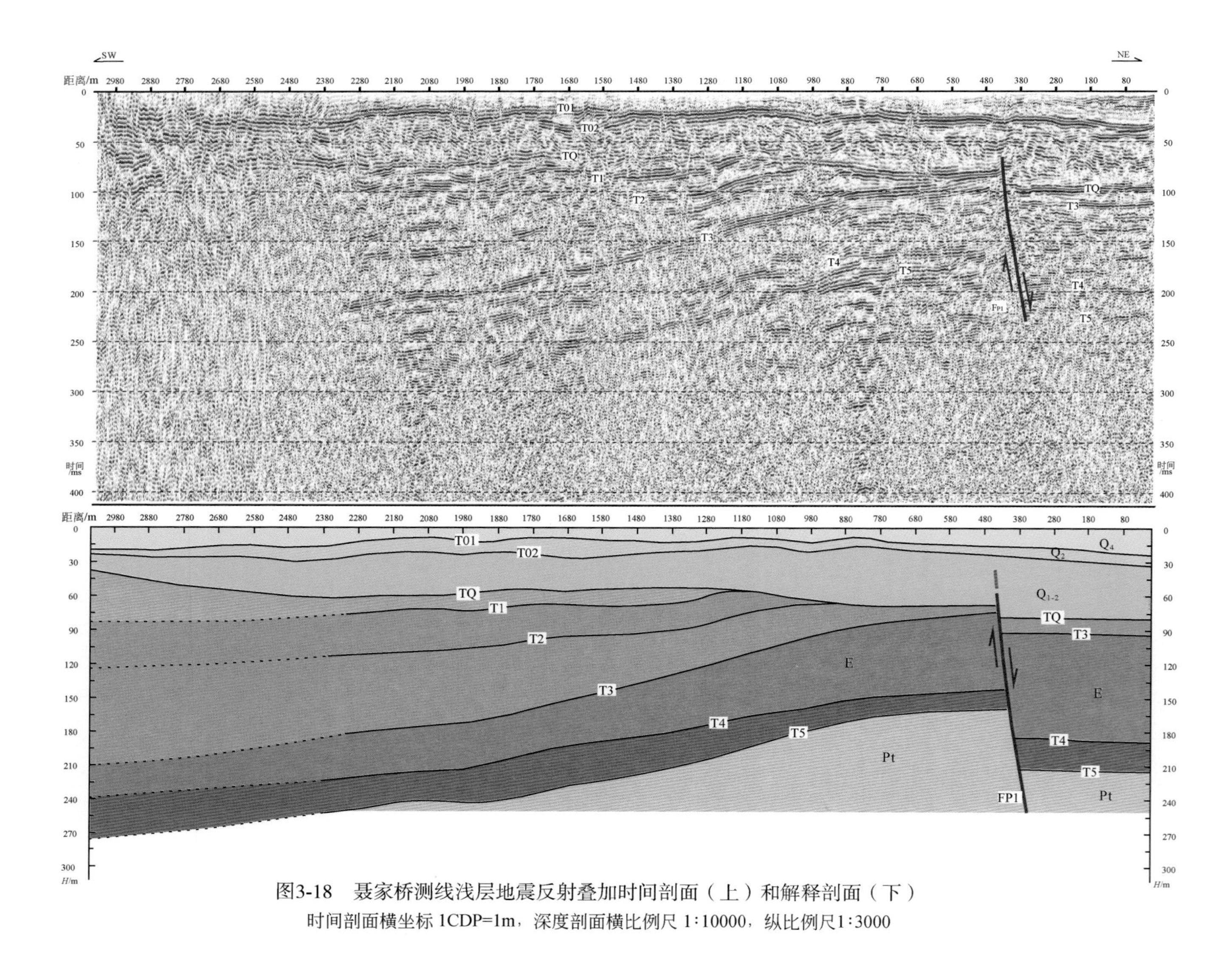

图3-18　聂家桥测线浅层地震反射叠加时间剖面（上）和解释剖面（下）

时间剖面横坐标 1CDP=1m，深度剖面横比例尺 1:10000，纵比例尺1:3000

分别称为龙潭桥Ⅱ-1测段、龙潭桥Ⅱ-2测段和龙潭桥Ⅱ-3测段（图3-17）。龙潭桥Ⅱ-1测段位于张家冲和邓家湾之间，测线起点（NE端）位于余家桥村和百家咀村之间，终点（SW端）位于董家冲和余家桥村之间的小河边，长度为1554m。龙潭桥Ⅱ-2测段位于余家桥村和猴子树村之间，测线起点（NE端）位于余家桥村南桥边，终点（SW端）位于铁家桥村北的小河边，长度为2031m。龙潭桥Ⅱ-3测段位于猴子树村和油榨湾村之间，测线起点（NE端）位于铁家桥村北的小河边，终点（SW端）位于文武桥村南石子路，全长2200m。在龙潭桥Ⅱ-1测段和龙潭桥Ⅱ-2测段的重叠部位均发现了断裂存在的证据，龙潭桥Ⅱ-3测段未见断裂存在的迹象。下面以龙潭桥Ⅱ-2测段为例，介绍浅层地震勘测结果。

图3-19给出了在龙潭桥Ⅱ-1测段上获得的浅层地震反射叠加时间剖面和相应的深度解释剖面。地质资料表明，该测段第四纪覆盖层以下的基岩为白垩系（K）。另外，在该测段起点（东北端）西北方向0.5～0.6km处有1个地质钻孔（ZK215）（湖南省地质矿产局水文地质工程地质二队，1990），该钻孔揭露的顶部两套地层分别为中更新统中段白沙井组（Q_pb），厚57.3m，以及中更新统下段新开铺组（Q_px），厚27.7m。下面为下更新统汨罗组（Q_pm）和华田组（Q_pht），第四系底界埋深为186m。在对该测线剖面进行层位标定和界面分层时，参考了ZK215钻孔资料，但由于该测线位于两个丘陵之间的低洼地带，地下地层岩性变化较大，且测线距钻孔又有一定的距离，因此，层位的标定可能会有一定的误差。

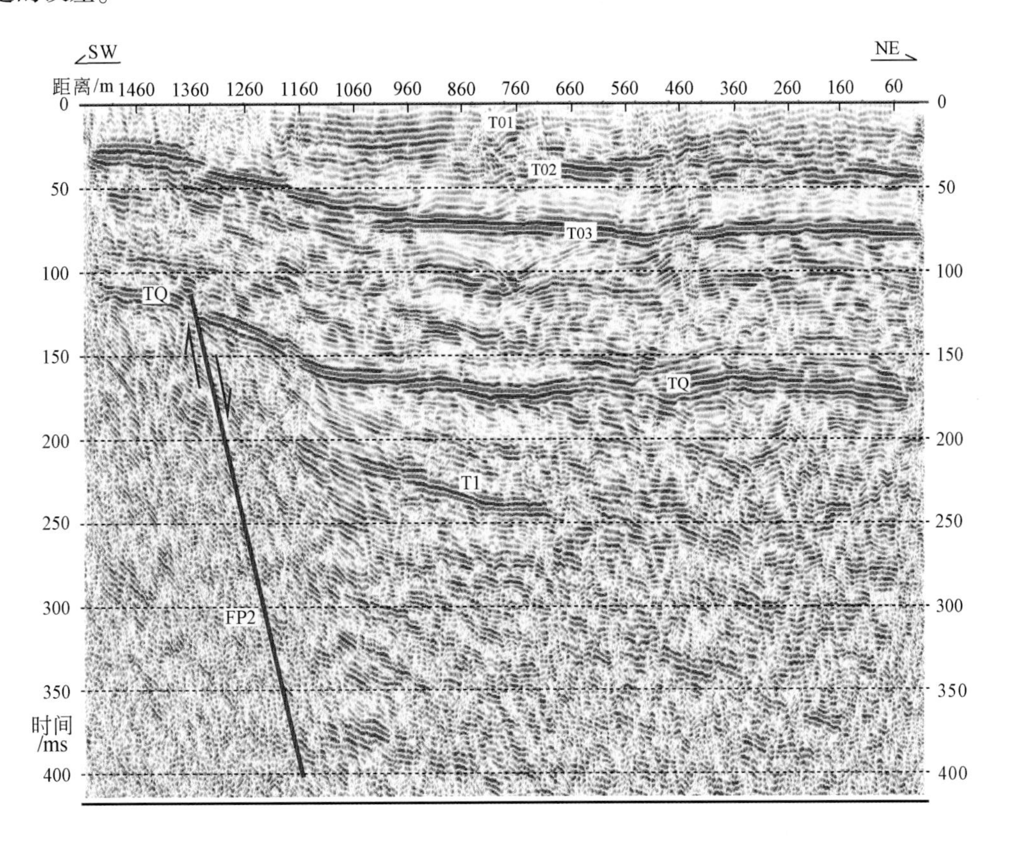

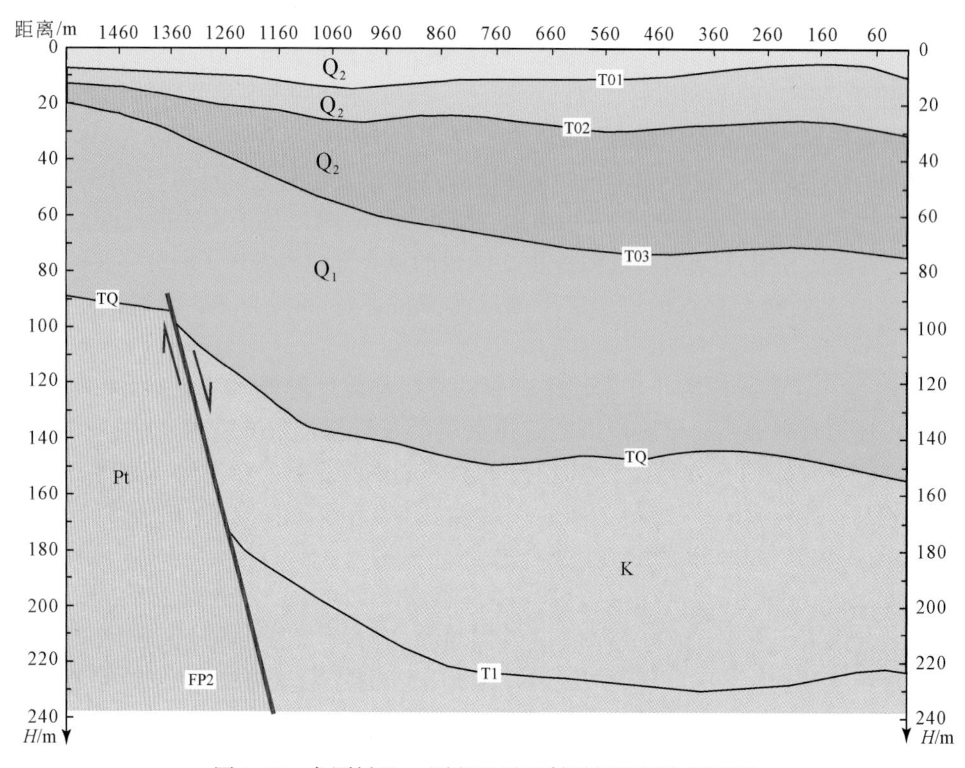

图 3-19　龙潭桥Ⅱ-1 测段地震反射时间和深度剖面图

时间剖面横坐标 1CDP=1m，深度剖面横比例尺 1：10000，纵比例尺 1：2000

由图 3-19 的反射波叠加时间剖面图可以看出，在双程到时 200ms 以上，可以看到多组反射能量较强、横向连续性较好的地层界面反射波，且它们在整条剖面上都能被连续可靠追踪。双程到时 200ms 以下，在桩号 1380m 以北的剖面段上，也能看到一些反射能量相对较弱，断续存在的反射波同相轴，这表明该位置两侧的地层物性具有一定的差异。

根据图 3-19 的叠加时间剖面特征，由浅至深可识别出 5 组特征明显、反射能量较强、横向连续性较好的地层界面反射波，在图中分别用 T01、T02、T03、TQ 和 T1 标出。从这些地层反射波在剖面上的波场特征来看，反射波 T03 和 TQ 的反射能量最强，而其他反射波的能量相对较弱，反射能量强表明相应界面上下具有较大的物性差异。综合剖面反射波场特征和地质钻孔资料，我们把 TQ 反射波解释为第四纪覆盖层的底界反射，把 T01、T02、T03 解释为第四系内部的地层界面反射；T1 反射波尽管在剖面上断续存在，其反射能量弱于 T03 和 TQ，但在剖面上仍能进行对比解释，我们把它解释为白垩系内部的一个地层界面反射。从剖面上反射波同相轴的展布形态来看，在剖面桩号 1000m 以北的地段上，地层反射界面大都呈近水平展布，相对起伏变化不大；而在剖面的西南段，桩号约 1000m 以南，所有的地层反射界面均呈现出自南向北倾伏的单斜形态。

在龙潭桥Ⅱ-1 测段的叠加时间剖面图上，约在测线桩号 1380m 处，可看到 TQ 反射波出现有反射能量的突然变化和反射波同相轴的明显错断，另外，在反射波 TQ 之下的基岩地层内部，还可看到剖面反射波场特征和反射能量也有明显的不同，具体表现为，在测线桩号1380m以北，剖面上存在有一些水平或倾斜的反射波同相轴，而在测线桩号1380m以南的地段上，反射特征不明显，反射同相轴显得非常凌乱，规律性较差。因此，认为在测线桩号1380m附近可能有断层存在。剖面上FP2倾向NE，为正断层，该断层错断了TQ反射面，但没有错断第四系内部的T03反射层。从测线的中间地段向北，T03界面比较稳定地分布在72m左右的深度上，在该测段起点（东北端）北边的钻孔ZK215中，顶部白沙井组（Q_2b）和新开铺组（Q_2x）两套地层的累计厚度为75m，可以认为T03界面相当于新开铺组（Q_2x）的底界，从该界面不存在任何断错现象，反映了该断裂在中更新世以来活动性已很微弱。

图3-20给出了龙潭桥Ⅱ-2测段获得的反射叠加时间剖面和相应的深度解释剖面。地质资料表明，该测段第四系覆盖层以下的基岩为白垩系（K）。另外，在该测段起点（东北端）西北方向0.5～0.6km处有1个地质钻孔（ZK215）（湖南省地质矿产局水文地质工程地质二队，1990），该钻孔揭露的顶部两套地层分别为中更新统中段白沙井组（Q_2b），厚57.3m，以及中更新统下段新开铺组（Q_2x），厚27.7m。下面为下更新统汨罗组（Q_1m）和华田组（Q_1ht），第四系底界埋深为186m。在对该测线剖面进行层位标定和界面分层时，参考了ZK215钻孔资料，但由于该测线位于两个丘陵之间的低洼地带，地下地层岩性变化大，且测线距钻孔又有一定的距离，因此，层位的标定可能会有一定的误差。

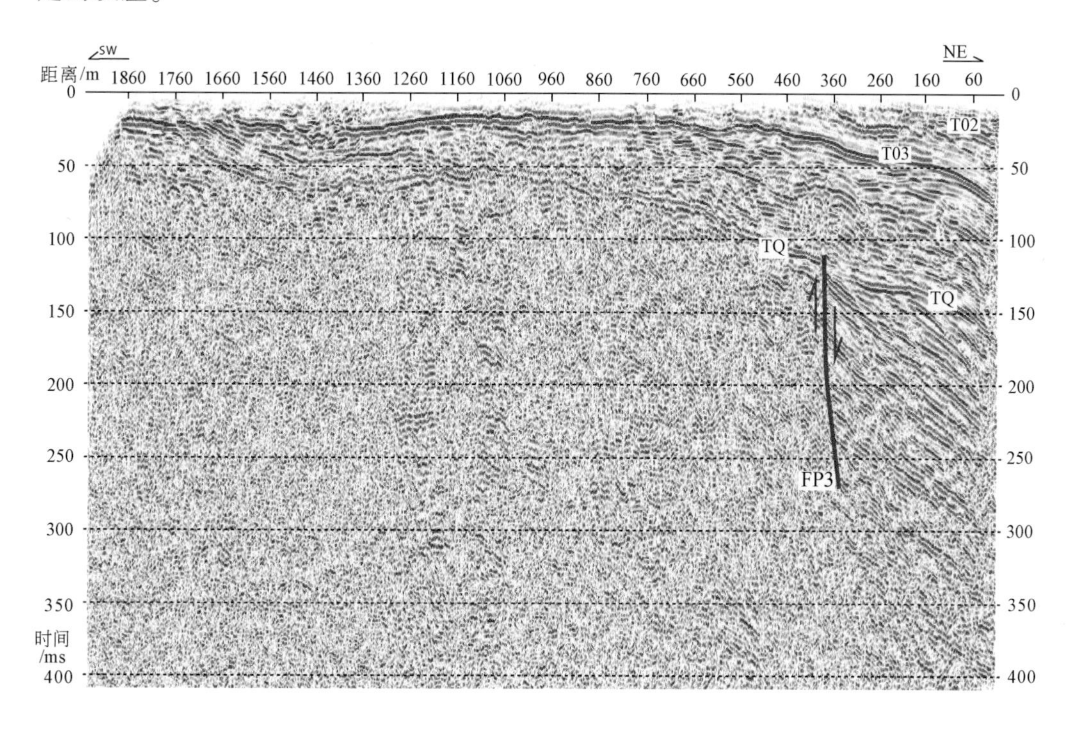

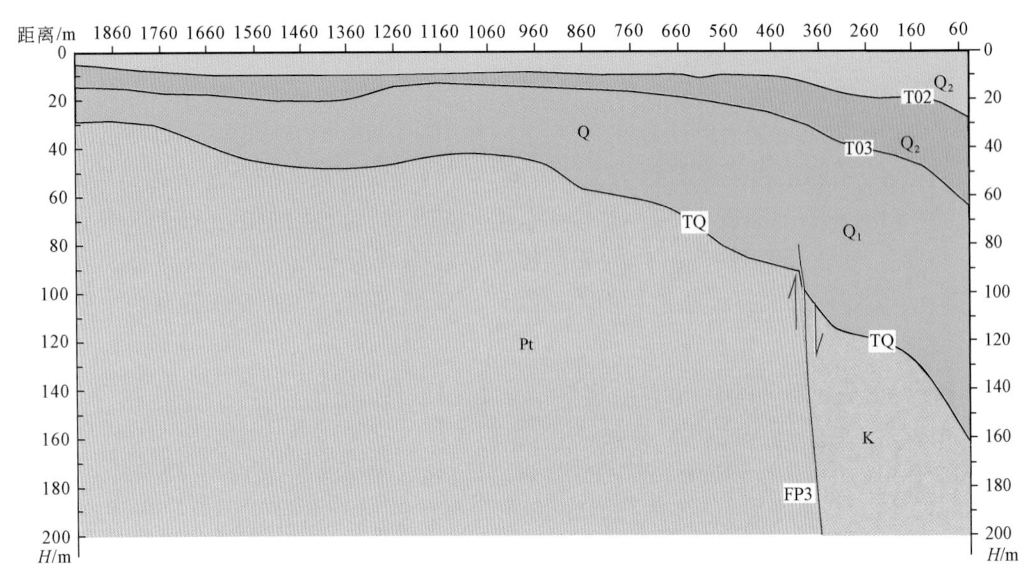

图 3-20　龙潭桥Ⅱ-2 测段地震反射时间和深度剖面图

时间剖面横坐标 1CDP=1.5m，深度剖面横比例尺 1∶10000，纵比例尺 1∶2000

该测段在东北段（桩号 0～600m）的剖面形态与龙潭桥Ⅰ测段桩号 1380m 以南的剖面特征相似。其共同特征均表现为，在断层的下降盘一侧，地层界面反射丰富，且这些反射均一律向北东方向倾斜，而在断层上升盘一侧，第四系之下的基岩内部无明显反射。该测段揭示的基岩面反射波 TQ 具有较大的起伏变化，其深度由南向北逐渐加深，在剖面的西南端，基岩埋深为 28～30m；而在剖面的东北端，其深度约为 160m。在桩号 1160～1760m 之间，基岩面出现明显下凹。在该测段剖面上解释的断点 FP3 位于桩号 396m 左右。剖面上 FP3 倾向 NE，为正断层，该断层错断了 TQ 反射面，但没有错断第四系内部的 T03 反射层。

2. 钻探调查

根据浅层地震探测研究结果，在汉寿县聂家桥浅层地震勘探（测线Ⅰ）确定的断裂部位上开展了钻探地质剖面探测，以进一步确认常德-益阳-长沙断裂中段的断错层位、最新活动时代与位错量。

在长 45m 的剖面上共布置 4 个钻孔，其平面分布见图 3-21 左上角。4 个钻孔中，两个钻孔位于物探推测断层上盘，两个位于断层下盘（图 3-21）。

钻井位于水渠人工堤坝上，其海拔 25m，高出两侧耕作地 2.5～3.0m，即钻孔岩心中最上部均有厚约 3m 的人工填土。现将 4 个钻孔的岩心柱状图简述如下（图 3-22～图 3-25）：

钻孔 ZK-01（图 3-21）：位于断裂下盘，距物探推测上断点地表投影 25m，终孔深 75.5m，在-72.5m 深度钻到第四系下伏基岩，即古近纪紫红色粉砂质泥岩。自上至下依次见全新统、上更新统、中更新统、下更新统和古近系。其岩心柱状图见图 3-22。在-16m处采集热释光样品（TL-03），年龄为（145.35±12.59）ka。

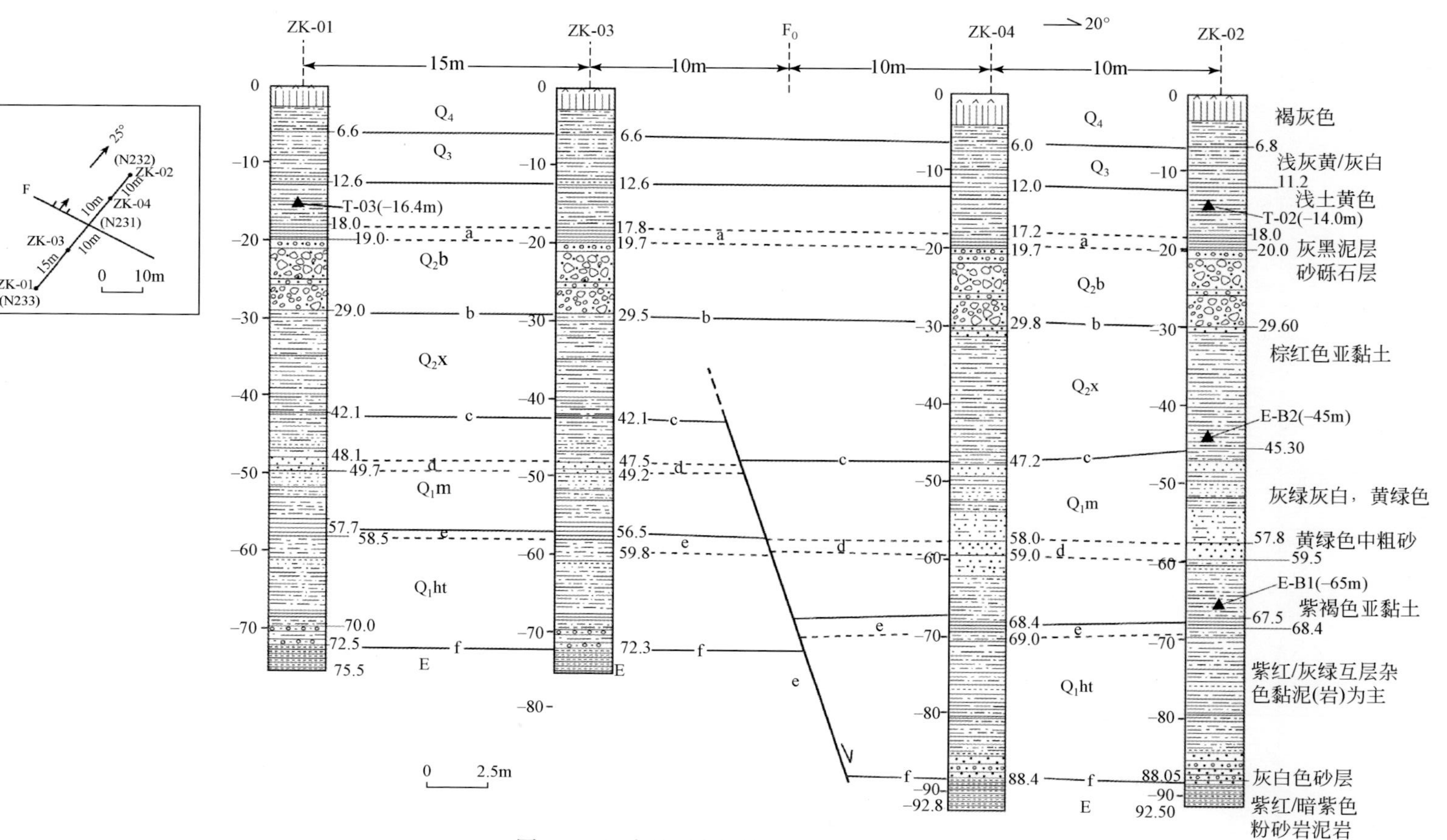

图3-21 汉寿县严家桥钻探地质剖面图

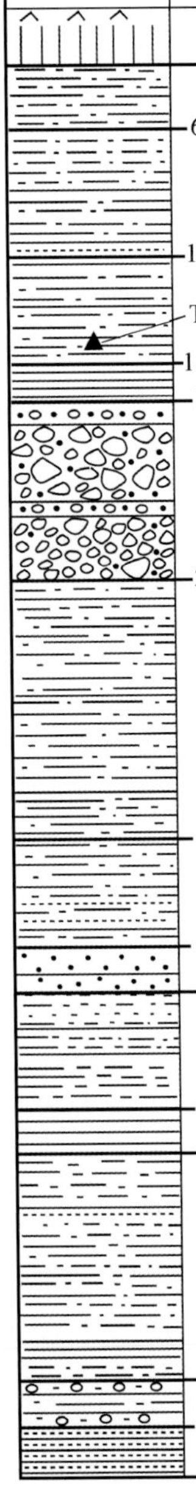

岩心	分层			地质时代	岩心特征
	层底深/m	层号	层厚/m		
	3.0	1	3.3	Q_4	褐灰色亚黏土，人工填土
	6.6				浅灰白/灰色亚黏土，粉砂质亚黏土
	12.6	2	6.0	Q_3	灰黄–浅黄色亚黏土与粉砂质亚黏土互层，向下变棕黄色，底部为土黄色细砂
TL-03	18.0	3	5.4	Q_2b	棕黄色粉砂质黏土夹灰黄色黏泥，向下变浅灰/浅灰黄色，T-03样采自–16.4m
	19.0	4	1.0		深灰–灰黑色粉砂质黏土、黏泥
	29.0	5	10.0		浅灰白色砂砾层，顶部为中粗砾砂砾层，砾径1~3cm，中下部为浅灰白色砂砾层粗大卵石层，砾径8~12cm，砾石成分以灰岩为主，次为石英岩，磨圆度好
	42.1	6	13.1	Q_2x	棕红色亚黏土、粉砂质黏土夹浅灰色、灰黄色亚黏土、亚砂土，局部夹紫红色亚黏土、粉砂质黏土
	48.1	7	6.0	Q_1m	灰绿–浅黄绿色亚黏土与粉细砂互层，局部夹细砂层，顶部为灰白色粉细砂
	49.7	8	1.6		黄绿色中细砂、中砂层
	57.7	9	8.0		灰绿色粉细砂，亚黏土层
	58.5	10	0.8	Q_1ht	紫褐色亚黏土，黏土层
	70.0	11	11.5		紫红、灰绿色亚黏土、粉砂质黏土，夹浅灰色/黄白色中细砂、粗砂，中部夹棕红色黏泥、亚黏土、粉砂质黏土
	72.5	12	2.5		浅灰绿灰色/灰白色砂层夹粉砂层，底部为紫红色含砾黏泥，砾石以石英岩为主，灰岩次之，砾径上细(1~3cm)下粗(3~5cm)磨圆度中-差
	75.5	13	3.0	E	紫红/暗紫色粉砂岩，粉砂质泥岩，坚硬

图 3-22　聂家桥钻孔（ZK-01）岩心柱状图

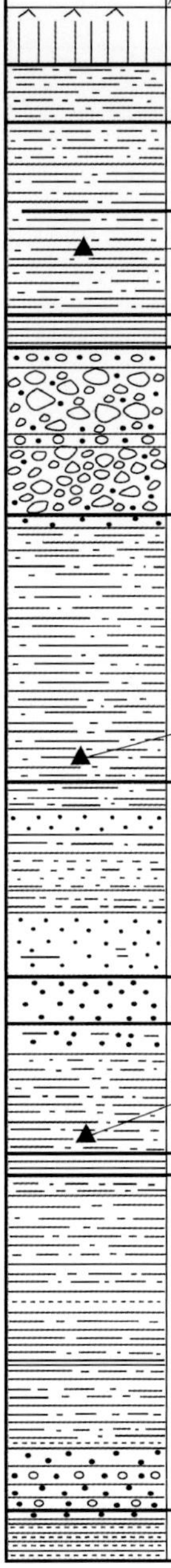

岩心	分层			地质时代	岩心特征
	层底深/m	层号	层厚/m		
	3.0	1	3.8	Q_4	褐灰色亚黏土，混杂土，人工填土
	6.8				浅灰白、褐灰、浅黄色粉砂，亚黏土，粉砂质亚黏土
	11.2	2	5.4	Q_3	棕褐，灰黄色亚黏土，粉砂质亚黏土，底部含中细砂
TL-02	18.0	3	6.8	Q_2b	棕红/棕黄色亚黏土，粉砂质亚黏土，夹棕红色粉砂质亚黏土，黏泥TL-02样品采自-14.0m
	20.0	4	2.0		灰黑色黏泥，粉砂质黏泥
	29.60	5	9.6		上部灰白色砂砾层(中粗砾，砾径2~3cm)中下部粗大砾石层卵石层，(砾径8~15cm),砾石成分以灰岩为主，次为石英岩，砾石分选磨圆度较好
E-B2	45.30	6	15.7	Q_2x	棕红色(夹灰黄，灰白色)亚黏土，粉砂质亚黏土。顶部含细砾及灰黄-浅灰白色亚黏土，中下部以紫红-棕红色亚黏土、粉砂质亚黏土为主
	57.8	7	12.5	Q_1m	浅灰绿、灰白、黄绿色亚黏土、亚砂土与粉细砂互层。中下部以浅灰白色粉砂为主
	59.5	8	1.7		黄绿色中粗砂层
E-B1	67.5	9	8.0		灰绿浅黄绿色、浅灰黄色粉砂质黏土与粉细砂互层
	68.4	10	0.9	Q_1ht	紫灰，褐紫色亚黏土，具灰白色蠕虫状结构
	88.05	11	19.68		紫红，紫灰色与浅灰绿色互层的亚黏土、粉砂质黏土，中下部以紫红色亚黏土为主；底部以浅灰白浅灰绿色粉细砂、细砂砾层为主，砾石以石英岩为主，次为灰岩，砾径多为1~3cm，大者达3~5cm，磨圆度较差
	92.50	12	2.55	E	紫红/暗紫色粉砂质泥岩，质地坚硬

图 3-23　聂家桥钻孔（ZK-02）岩心柱状图

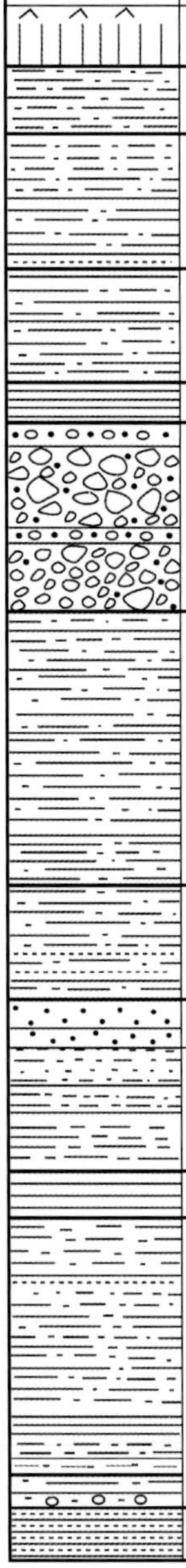

岩心	分层			地质时代	岩心特征
	层底深/m	层号	层厚/m		
	3.4	1	3.2	Q_4	褐灰色亚黏土，人工填土
	6.6				浅灰白/灰色亚黏土，粉砂质亚黏土、黏土
	12.6	2	6.0	Q_3	灰黄-浅黄色亚黏土夹粉砂层或与粉砂质亚黏土互层，向下变棕黄色，底部为土黄色细砂
	17.8	3	5.2	Q_2b	棕黄色粉砂质黏土夹灰黄色黏泥粉砂，向下变浅灰/浅灰黄色
	19.7	4	1.9		深灰-灰黑色粉砂质黏土，黏泥
	29.5	5	9.8		浅灰白色砂砾层，顶部为中粗砾砂砾层，砾径2~3cm，中下部为浅灰白色砂砾层粗大卵石层，砾径8~10cm.砾石成分以灰岩为主，次为石英岩，磨圆度好
	42.1	6	12.6	Q_2x	棕红色亚黏土、粉砂质黏土夹浅灰色、灰黄色亚黏土、亚砂土，局部夹紫红色亚黏土及粉砂质黏土
	47.5	7	5.4	Q_1m	灰绿-浅黄绿色亚黏土与粉细砂互层，局部夹细砂层，顶部为灰白色粉细砂
	49.2	8	1.7		黄绿色中细砂、中砂层
	56.5	9	7.4		灰绿/灰白色粉砂质黏土，亚黏土
	59.8	10	3.3	Q_1ht	紫灰色亚黏土层
	71.5	11	11.7		紫红、灰绿色亚黏土、粉砂质黏土，夹浅灰色/黄白色等杂色中细砂、粗砂，中部夹棕红色黏泥、亚黏土、粉砂质黏土
	72.3	12	0.8		上部紫红色黏土泥岩(风化壳)，下部砾石层，砾石以石英岩为主，灰岩次之，砾径上细(1~2cm)下粗(3~5cm)磨圆度中-差
	76.0	13	3.7	E	紫红/暗紫色粉砂岩，粉砂质泥岩，坚硬

图 3-24　聂家桥钻孔 ZK-03 岩心柱状图

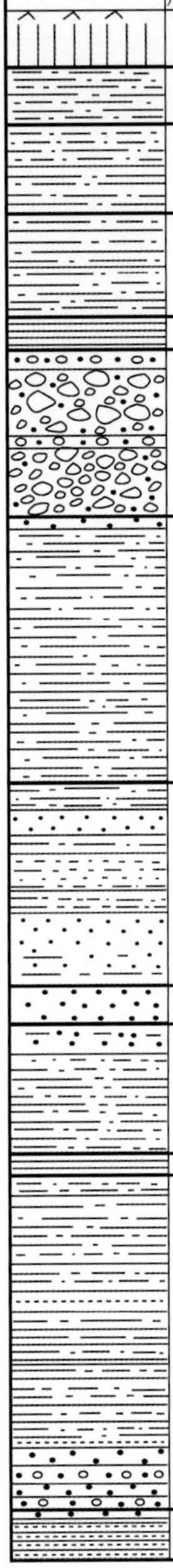

分层			地质时代	岩心特征
层底深/m	层号	层厚/m		
3.0	1	3.8	Q_4	褐灰色亚黏土等混杂土，人工填土
6.0				浅灰，褐灰色粉砂，亚黏土、粉砂质亚黏土
12.0	2	6.0	Q_3	棕褐，灰黄色亚黏土夹粉砂、粉砂质亚黏土，底部含中细砂
17.2	3	5.2	Q_2b	棕红/棕黄色亚黏土，粉砂质亚黏土夹棕红色粉砂、亚黏土、黏泥等
19.7	4	2.5		灰黑色黏泥，粉砂质黏泥
29.8	5	10.1		上部灰白色砂砾层(中粗砾，砾径2~3cm)，中下部粗大砾石层卵石层，(砾径8~12cm)，砾石成分以灰岩为主，次为石英岩，砾石分选磨圆度较好
47.20	6	15.7	Q_2x	棕红色(夹灰黄、灰白色)亚黏土与粉砂质亚黏土。顶部含细砾及灰黄-浅灰白色亚黏土，中下部以紫红-棕红色亚黏土、粉砂质亚黏土为主
58.0	7	12.5	Q_1m	浅灰绿、灰白、黄绿色亚黏土与粉细砂互层。中下部以浅灰白色粉砂为主
59.0	8	1.0		黄绿色中细砂层、中细砂层
68.4	9	8.0		灰绿浅黄绿色、浅灰黄色粉砂质黏土与粉细砂互层
69.0	10	0.6	Q_1ht	紫灰、褐紫色亚黏土
88.40	11	19.68		紫红、紫灰色与浅灰绿色互层的亚黏土、粉砂质黏土。中下部以紫红色亚黏土为主；底部以浅灰白浅灰绿色粉细砂、细砂砾层为主，砾石以石英岩为主，次为灰岩，砾径多为1~3cm，大者达3~5cm，磨圆度较差
92.80	12	2.55	E	紫红/暗紫色粉砂质泥岩，质地坚硬

图 3-25　聂家桥钻孔 ZK-04 岩心柱状图

钻孔 ZK-02（图 3-23），位于断层上盘，距物探推测上断点地表投影 20m，终孔深 92.5m。在-88.05m 深度钻到第四系下伏基岩，即古近纪紫色粉砂质泥岩。其岩心柱状图见图 3-23。在-14m 处采集热释光样品（TL-02），年龄为（143.51±12.54）ka。在-45m 和-63m 处采集 ESR 年代样品（E-B2）和（E-B1），测试结果分别为（637±64）ka 和（869±91）ka，时代上属中更新世和早更新世。

钻孔 ZK-03（图 3-24），位于断裂下盘，距物探推测断裂上断点地表投影 10m，终孔深 76.0m，在-72.3m，钻到古近纪基岩（紫红色粉砂岩）。

钻孔 ZK-04（图 3-25），位于断裂上盘，距物探推测断裂上断点地表投影 10m。终孔深 92.8m，在-88.4m 钻到古近纪紫红色粉砂质泥岩。

综合分析上述 4 个钻孔岩心资料，可以看出，这些钻孔岩心自上而下可分为不同颜色、岩性的 13 个相对独立的层位。

层 1：为最上部的褐灰色黏土、粉砂质黏土，厚 3～4m，为全新统。

层 2：为浅黄/灰黄色亚砂土、亚黏土和粉砂质，底部常有薄层土黄色中细砂层，厚度多在 5～6m，应属上更新统白水江组河湖相地层（Q_3bs）。

层 3～层 5：是一套棕红/棕黄色为主的亚黏土砂黏土、中细砂及砂砾层，从其颜色和岩性看，应为中更新世地层。这一大套地层按其沉积韵律，颜色差异可细分为上、中、下 3 个层位：层 3 的上段为浅黄-棕黄色-浅灰白色砂黏土层，向下颜色变浅逐渐过渡为浅灰白色，在 ZK-01 和 TL-02 于该套地层中各采集了一个热释光年代样品（TL-03 和 TL-02），测年结果相当，分别为（145.35±12.59）ka 和（143.51±12.54）ka，属中更新世。层 4 为一层厚约 2m 的灰黑色黏泥层，粉砂质亚黏土层。层 5：为灰白色砂砾层，厚约 10m，上细、下粗，砾石成分以浅灰色灰岩为主，石英岩次之，砾径多在 3～5cm，大者达 10cm，磨圆分选好，中细砂充填。从层位对比，层 3～层 5 相当于中更新统白沙井组（Q_2b）（湖南省地质矿产局水文地质工程地质二队，1990）①。

层 6：以棕红色夹棕黄、灰黄色黏土层为主，中下部以紫红-红色黏土、粉砂质黏土为主，厚 13～15m，从层位和颜色看，属中更新统新开铺组（Q_2x）。在钻孔 ZK-02 的-45m 采集该套地层的 ESR 年代样品（E-B2），测试结果分别为（637±64）ka。

层 7～层 9 以浅灰绿色砂黏层为主，属下更新统汨罗组湖积层（Q_1m）。其中，层 7：以灰绿色浅黄绿色为主间夹浅灰白色的亚黏土、亚砂土或与粉细砂互层，厚 6～12.5m。层 8：黄绿色中粗砂、中细砂层，厚约 1m。层 9：浅灰绿色为主的粉砂与亚黏土互层。在钻孔 ZK-02 的-63m 处采集该套地层的 ESR 年代样品（E-B1），测试结果分别为（869±91）ka。

层 10 和层 11 为下更新统华田组地层（Q_1ht），其中，层 10 为紫褐色亚黏土层，厚约 1m；层 11 是一套以紫红色亚黏土为主，间夹灰绿等杂色黏土层，呈半成岩状层，厚 11～20m。层 12 为厚度不大的浅灰白色砂砾层，厚度约 2m，不整合于古近纪紫色粉砂岩（层 13）之上。层 10 和层 11 为明显的紫红色间夹灰绿色黏泥及杂色泥岩，并可与典型的下更新统华田组相对比。紫色泥岩与其上的灰绿色砂黏层之分界也是划分华田组与汨罗组的特

① 湖南省地质矿产局水文地质工程地质二队．1990. 湖南省洞庭盆地第四纪地质研究报告及第四纪地质图（1：20000）。

征标志（湖南省地质矿产局水文地质工程地质二队，1990）。

层13：紫红/暗紫色粉砂质泥岩，粉砂岩，质地坚硬，应为古近纪基岩。

在聂家桥钻探剖面及其邻近地区缺少中更新统上段马王堆组（Q_2mw）（湖南省地质矿产局水文地质工程地质二队，1990）①。

3. 钻探地质剖面揭示的断裂活动性

1）标志层的选定及确定性分析

在完成ZK-01、ZK-02钻探取心以后，发现两孔间的古近纪基底顶界面有15余米的相对落差。为此，我们向物探推测断裂位置方向分别布置了钻孔ZK-03和ZK-04，得到如图3-21所示的钻探地质剖面。ZK-04与ZK-02的间距为10m，ZK-01与ZK-03的距离为15m。分别位于断裂两盘的ZK-03与ZK-04的间距为20m，这是考虑到物探推定的断裂上断点埋藏较深（−75～−85m），加之正断层在上下盘地层中可能存在的斜向扩展的影响。然而，10～15m的钻孔间距对于短距离沉积相对较为稳定的湖相地层来说，一般不至于因沉积相变而掩盖断裂差异活动的基本面貌。剖面上（图3-21），灰黑色黏泥层（层4底界）和厚达10m的砂砾层（层5）在断裂上下盘45m的距离内无论在颜色、岩性成分与厚度上几乎完全相似，足以证明湖相地层及其顶界面在一定距离内具有相对的稳定性。这也是我们有可能用湖积层或河湖层的顶界面作为标志层来量度断裂上下盘同一层位断差的一个依据。

按照沉积相对稳定和岩性及颜色易于辨认两个原则，我们自上而下选定了具有可对比性的6个标志层（图3-21中的a～f），作为分析定量评估断裂活动性的主要地层或界面。这6个标志层自上而下依次是：a层即层4（Q_2b）中部的灰黑色黏泥层；b层面为灰白色粗砂砾层即层5的底界面；c层面即层6与层7的分界即棕红色亚黏土（Q_2x）底与灰绿色砂黏（Q_1m）顶面的分界面；d层即层8（Q_1m）中部的黄绿色中粗砂层；e层即层10为华田组（Q_1ht）中的紫褐色黏土亚黏土层；f层面即层13古近纪紫色粉砂岩的顶界面。应该说明的是，上述6个标志层中，a、b、c和f四个层、界面作为对比的可靠性较好，而以岩性和颜色具一定特征的d、e两个层位的可靠性稍差一些。但这2个层位均为断裂所切错，因而它们对于认识断裂的活动性状意义较大。

2）断裂活动性分析确定

（1）断裂活动时代的分析

钻探地质剖面表明，该断裂明显切错古近纪基岩顶界面，并向上切错下更新统的华田组（Q_1ht）、汨罗组（Q_1m）和中更新统下段新开铺组（Q_2x）底界面，而中更新统中段的白砂井组（Q_2b）则平整地覆盖在断裂之上，未有任何变形和位错形迹。白砂井组上部层位的TL年龄分别为（145.35±12.59）ka和（143.51±12.54）ka，由此可见该断裂段的最新活动时代在中更新世早期，中更新世中晚期以来已无活动迹象。这与中更新世中晚期以来河湖相地层广阔分布和区内的平坦地形地貌相吻合（图3-17）。

① 湖南省地质矿产局水文地质工程地质二队.1990.湖南省洞庭盆地第四纪地质研究报告及第四纪地质图（1∶20000）。

（2）断裂位错量的分析

钻探剖面资料表明，断裂两盘基岩顶界面（或下更新统底界面，层 f）垂直落差为 16.10m；下更新统华田组中上部的紫褐色亚黏土层（e 层）顶界面垂直落差 11.90m；下更新统汨罗组底部黄绿色中粗砂层（d 层）顶界面垂直落差 10.5m；中更新统新开铺组底界（c 层）垂直落差为 5.0m（图 3-21）。即断点越深其断距越大，而越往上断距越小。资料表明，该断裂的最新活动和向上破裂是逐渐消减在下中更新统新开铺组的亚黏土层中。此外，同一层位，断层上盘的华田组（Q_1ht）和汨罗组（Q_1m）的沉积厚度远大于断层下盘的沉积厚度，表明该断裂的活动具有较明显的边沉边断的同生性质（向宏发等，1994）。

4. 地表地质地貌特征

与聂家桥测线一带由全新统组成的冲积平原不同，在龙潭桥测线附近，发育多级层状地貌面（图 3-26）。龙潭桥测线的物探工作通过 3 条分支测线完成的，在龙潭桥Ⅱ-1 测线段和龙潭桥Ⅱ-2 测线段的重叠部位均揭示了断点，它们可以较好地限定隐伏断裂在空间上的可能延伸方向。在断裂两侧 1km×1km 的范围内，我们进行了较详细的地质地貌调查研究，结果表明：除了高漫滩，该处发育 3 级层状地貌面，其中 T1 阶地，由上更新统白水江组（Q_3bs）组成，该级阶地构成了近南北向沟谷的主体部分，为居民及耕地主要分布区；T2 阶地由中更新统上段马王堆组（Q_2mw）组成，空间上断续分布，在朱家湾北侧 T2 阶地上可见一套分选、磨圆均较好的砾石层（图 3-26），砾石成分混杂，粒径以 3～4cm 为主，层理不发育，充填物为棕红色砂质黏土，局部夹有灰黄色砂黏土层，采集热释光年代样品（T-K5）；T3 阶地由中更新统中段白沙井组（Q_2b）组成，该层状地貌面广泛分布，受近南北向河流切割，大多呈条带状，顶面地势平坦，断裂两侧出露的网纹红土岩性相同，不存在地形地貌差异，海拔均为 65～70m，整体上略向北倾斜。

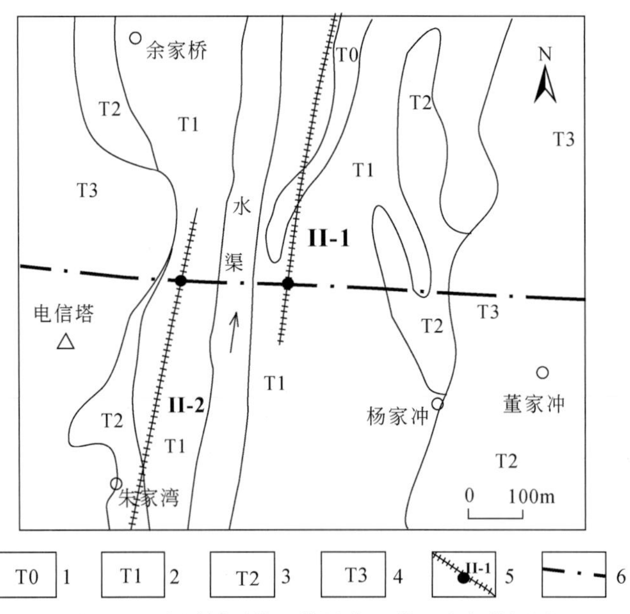

图 3-26　龙潭桥测线一带层状地貌面发育特征图

1. 高漫滩，由全新统组成；2. T1 阶地，由上更新统白水江组（Q_3bs）组成；3. T2 阶地，由中更新统上段马王堆组（Q_2mw）组成；4. T3 阶地，由中更新统中段白沙井组（Q_2b）组成；5. 浅层物探测线、断点及编号；6. 隐伏断裂在断裂可能延伸的位置上，于中更新统中段白沙井组（Q_2b）网纹红土未见任何构造扰动的迹象（图 3-27），采集热释光年代样品 T-K5 和 T-K6，测试结果分别为（71.82±6.10）ka 和（309.38±26.30）ka。

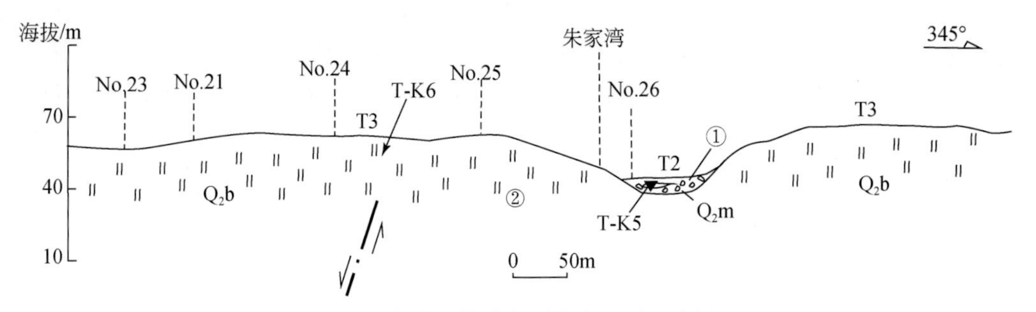

图 3-27　朱家湾一带跨断裂综合地质地貌剖面图

①中更新统上段马王堆组（Q_2mw）砂砾石；②中更新统中段白沙井组（Q_2b）网纹红土

在断裂沿线野外调查的基础上，结合前人工作成果，编制了常德–益阳–长沙断裂带中段沿线的层状地貌面分布特征图（图 3-27）。在洞庭湖北缘边界带，除了广泛分布全新统的高漫滩地带及现代水体外（T0），可以分出 4 个层状地貌面。T1 层状地貌面海拔 30～33m，分布比较局限，由上更新统白水江组（Q_3bs）组成；T2 层状地貌面海拔一般为35～38m，在湖区高程有所降低，由中更新统上段马王堆组（Q_2mw）组成；T3 层状地貌面海拔一般为 65～70m，该地貌面分布最为广泛，由中更新统中段白沙井组（Q_2b）组成，该地貌面平稳地分布在钻孔资料推断的以及浅层物探资料显示断错证据的隐伏断裂之上，在断裂两侧未见地形地貌差异，该地貌面只表现出整体性地向北掀斜的特点。T4 层状地貌面海拔一般为 110～120m，靠基岩山区一侧分布，由中更新统下段新开铺组（Q_2x）组成。根据上述地貌面的分布特征分析，也可以看出：常德–益阳–长沙断裂带中段至少在中更新世中期以来已经停止活动，可以归类为早–中更新世断裂。

5. 小结

通过对常德–益阳–长沙断裂带中段较为详细的浅层物探、钻探、年代学测试以及地表地质地貌调查和综合分析等方面的工作，可以获得如下有关该断裂段的几何学、运动学和活动时代等认识。

（1）几何学特征：浅层物探测线剖面清晰地揭示了 3 个断点，它们为常德–益阳–长沙断裂带中段（隐伏断裂）在空间上的分布状态提供了直接证据。同时，可以看出：这是一条倾向北北东的正断层。

（2）活动时代：在跨断点、总长 45m 剖面上布设的 4 个钻孔探测结果表明：常德–益阳–长沙断裂带中段明显断错了古近纪基岩顶界面，并向上切错下更新统的华田组（Q_1ht）、汨罗组（Q_1m）和中更新统下段新开铺组（Q_2x）底界面，而中更新统中段的白砂井组（Q_2b）则平整地覆盖在断裂之上，未有任何变形和位错形迹。由此可见该断裂段的最新活动时代在中更新世早期，中更新世中晚期以来已无活动迹象。

（3）运动学参数：断裂两盘基岩顶界面（或下更新统底界面）垂直落差，即第四纪以来总断距为 16.10m；越往上断距越小。同一层位，断层上盘的华田组（Q_1ht）和汨罗组（Q_1m）的沉积厚度远大于断层下盘的沉积厚度，表明该断裂的活动具有较多的边沉边断的同生断裂性质。

（二）西北段

西北段位于常德、河洑一带（图 3-28）。在国家地震局地质研究所（1990）① 研究的基础上，并结合 1∶20 万的湖南省洞庭湖盆地第四纪地质图推断的北西向隐伏断裂分布位置（湖南省地质矿产局水文地质工程地质二队，1990）②，我们 2008 年在开展常德核电厂可行性研究阶段地震安全评价工作中，布设了两条浅层地震测线，即 WT4 和 WT5 测线（图 3-28），并进行了钻探验证工作。现将获得的这两条测线的反射剖面特征以及钻探工作的初步结果介绍如下。

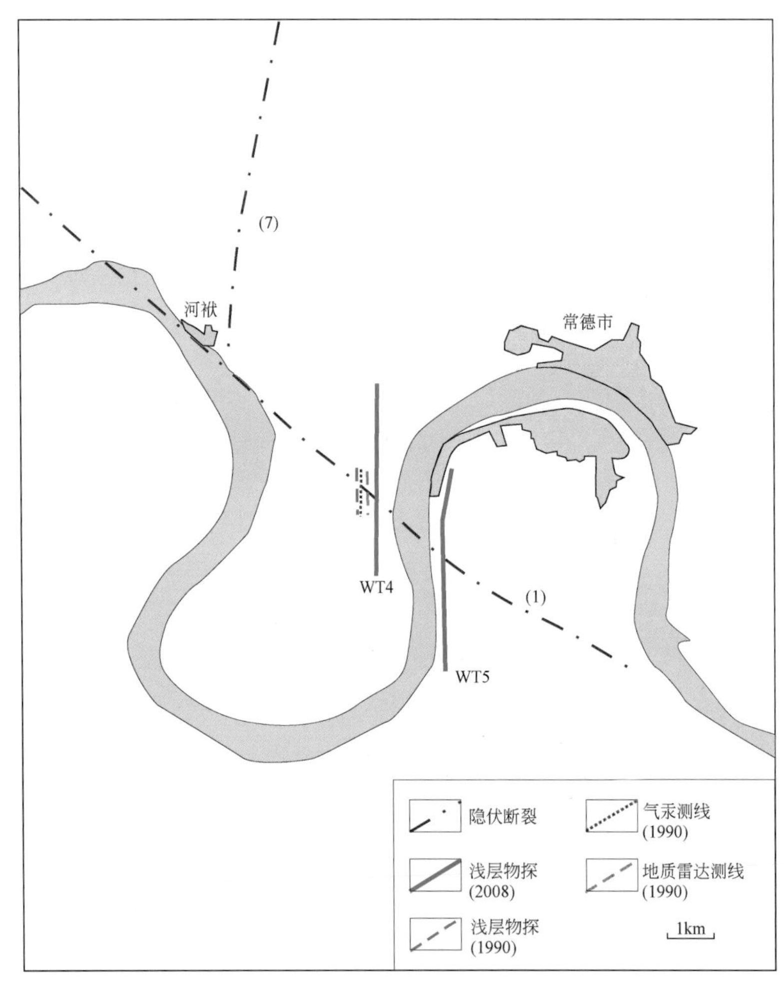

图 3-28　常德–益阳–长沙断裂西北段地球物理与地球化学探测工作布置图

断裂名称：(1) 常德益阳–长沙断裂；(2) 太阳山断裂

① 国家地震局地质研究所 . 1990. 湖南省常德市城区地震小区划研究报告。

② 湖南省地质矿产局水文地质工程地质二队 . 1990. 湖南省洞庭盆地第四纪地质研究报告及第四纪地质图（1∶20000）。

1. 浅层物探剖面

1）WT4 测线的探测剖面

WT4 测线位于丹洲垸余家港附近（图 3-28），测线北端起于高泗村西，南端至楠木村，测线全长 4000m。从本区已有的地质资料来看，该测线经过地段的第四系厚度小于 50m，为了获得埋藏深度较浅的地层界面反射，并兼顾可能的倾斜界面反射，通过现场试验，在该测线的探测时，采用了排列中间激发、双边不对称接收的多次覆盖观测系统方式，相应的观测系统参数分别为：道间距 2m、偏移距 0m、96 道接收、覆盖次数 12 次。

经室内资料处理和解释获得的 WT4 测线的浅层地震反射叠加时间剖面和深度解释剖面见图 3-29。由叠加时间剖面可以看出，剖面上共有两组特征明显的地层反射波 TQ 和 T0，其中，反射波 TQ 解释为来自第四系覆盖层底界面的反射，该反射波在剖面上起伏变化形态清楚，反射能量相对较强，在整条剖面上均可以被连续可靠追踪，剖面桩号约 1980m 以南，该反射波为近水平展布，其界面埋深为 20～22m；桩号 1200～2400m 之间，TQ 反射波具有较大的起伏变化，为基岩面埋深变化较大的区段。在该区段内，基岩埋深最浅处约为 20m，最深处约为 35m（桩号 1700m 左右）；剖面桩号约 1200m 以北，基岩面反射波 TQ 的产状近于水平，但总体向北倾伏，其深度在 30～35m 之间变化。反射波 T0 在剖面上的反射能量弱于 TQ 反射波，其连续性较差，多数地段上从剖面上可看到它的存在，局部地段上不能被连续追踪，这表明产生 T0 反射波的物性界面两侧的物性差异较小，地层介质较为松散。根据邻近地区钻孔资料，T0 反射波解释为来自全新统底界的界面反射。

WT4 测线剖面揭示的断层 FP2 位于测线桩号 1395m 左右。从剖面特征来看，断层 FP2 错断了反射波 TQ，在断层 FP2 的两侧，反射波 TQ 出现有明显的相位错动。在第四系内部，看不到断层存在的迹象。

在图 3-30 的波形叠加时间剖面图上，可以清楚地看到 65ms 左右的反射波 TQ 出现有 2～3ms 的相位落差，其上断点埋深为 30～32m。由于 TQ 以上的反射波相位横向连续性较好，没有出现错断，因此，该断层没有延伸到第四系内部。

2）WT5 测线的探测剖面

WT5 测线沿着常德西站南面的沅江东大堤自北向南敷设（图 3-28），测线北端起于八方河村，南端终点位于大禾场村附近，测线全长 4500m。现场调查发现，测线近地表多为人工杂填物和人工取土留下的土坑，浅部地层多为人工排砂塑造河道的再堆积物，因此，激发和接收条件极差，对地震勘探工作非常不利。为了能够获得质量较好的反射地震记录，通过现场反复试验，在地震波激发时，采用了增加激发孔深（2.5～3m）和加大激发药量（150～200g）的工作方法。

图 3-31 给出了 WT5 测线的浅层地震反射叠加时间剖面和深度解释剖面图。由图可以看出，尽管该测线的激发和接收条件较为复杂，但由于工作中采用了适合于该测线条件的工作方法，仍获得了信噪比较高的反射叠加剖面图像。从图 3-32 的反射波叠加时间剖面可以看出，在双程到时 100ms 以上，剖面上有一组反射能量较强的反射波组 TQ，结合本区地质资料，把 TQ 解释为第四系覆盖层的底界反射。该波组由 4～5 个强反射相位构成，可能反映了地下地层由软变硬的过渡带，如基岩风化壳，这几个强反射相位在剖面上的持

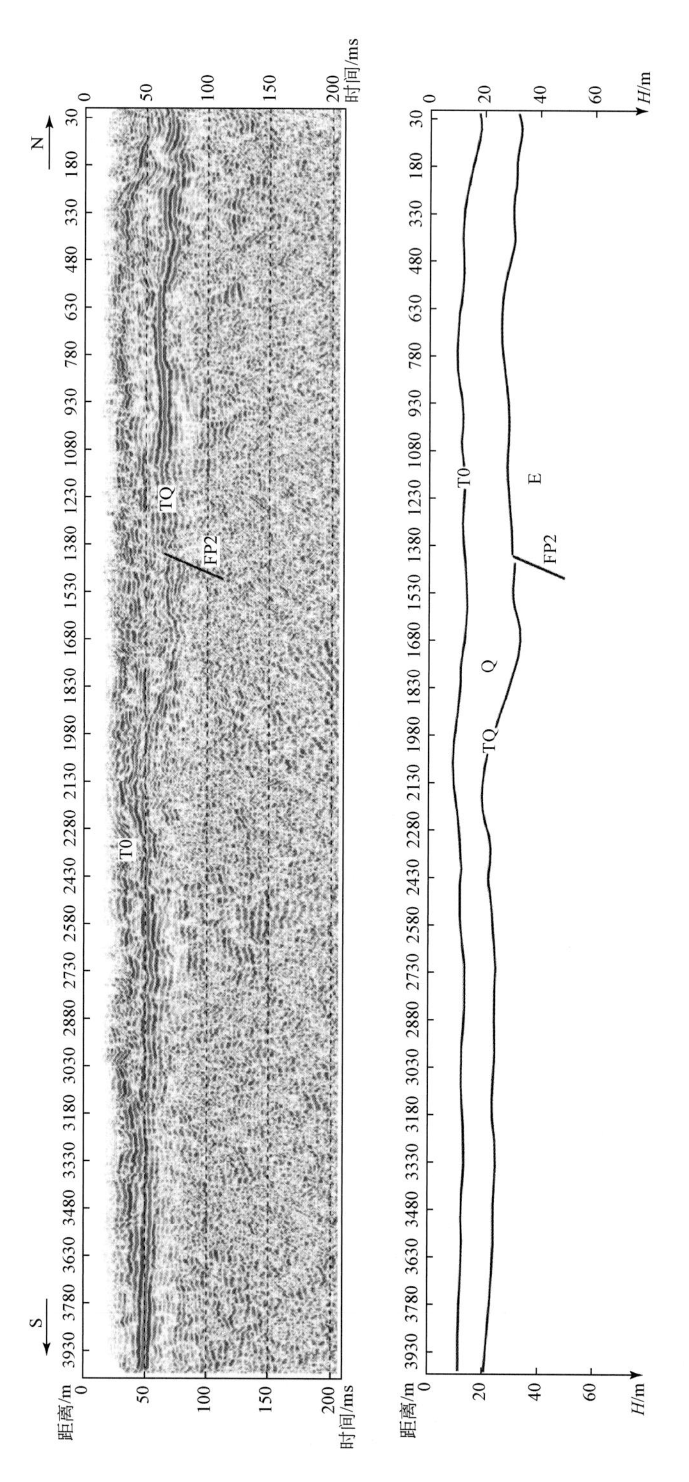

图3-29　WT4测线的浅层地震反射叠加剖面和解释剖面图

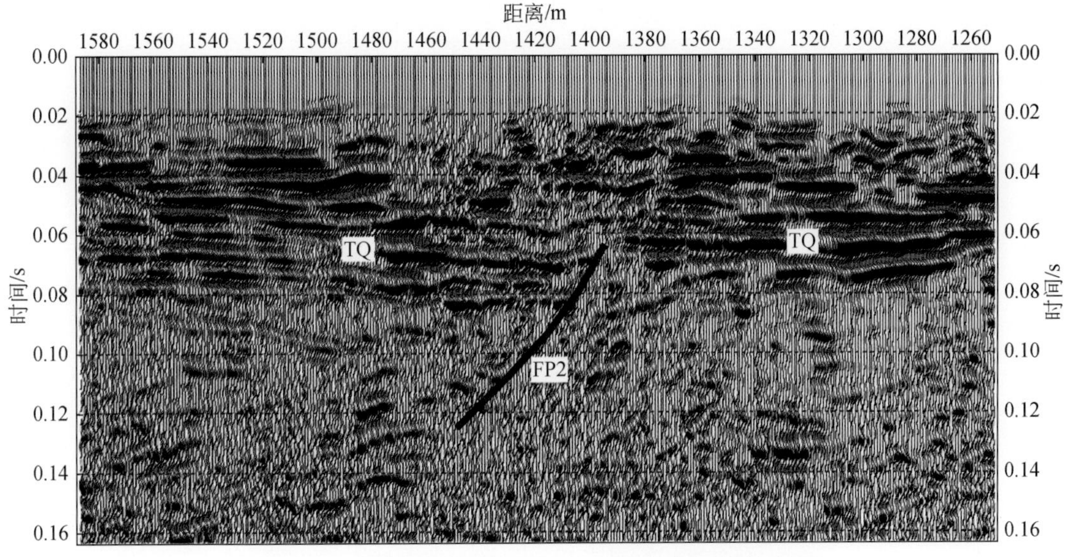

图 3-30　WT4 测线跨断点 FP2 的浅层地震反射时间剖面

续时间约为 20ms，对应过渡带厚度为 12～15m。从 TQ 反射波在剖面上的纵、横向展布特征来看，该界面具有较大的起伏变化，表现出剖面南北两端基岩埋深较浅，而剖面中部埋藏较深的形态，剖面桩号 500m 以北，TQ 反射波为近水平分布，其埋深为 25～28m；桩号 550～700m 之间，基岩面自北向南倾伏，为基岩斜坡区；总的看来，在剖面桩号 600～1200m 和 1400～2500m 之间，剖面上应是 2 个明显的基岩凹陷区，凹陷区内的基岩埋深最深处为 53～55m；剖面桩号 2550m 以南，TQ 反射波的产状近于水平，但总体表现为自南向北倾伏的单斜形态。

从 WT5 测线剖面上的反射波展布特征和横向连续性来看，该测线经过地段的基岩面反射波 TQ 具有较高的信噪比，通过对剖面反射波组构和 TQ 反射波的多相位对比分析，发现在剖面桩号 700m 左右，TQ 反射波的第 3 至第 5 相位存在有相位错动和反射能量的横向不连续，且在 TQ 反射波之下的古近系内部有明显的反射同相轴错断（详见图 3-31 的波形加变面积展开图），另外，在错断点的两侧，反射波 TQ 的产状也出现有明显的变化，即在错断点以北，反射波 TQ 向南倾，而在错断点以南，TQ 反射波向北倾。根据剖面反射波出现的这些变化，在剖面桩号 700m 处，解释了一个上断点埋深为 53～55m，落差小于 1m、其断面向南倾的断点 FP3。

2. WT5 测线的钻探联合剖面探测

1）钻孔布置

为了查明断点 FP3 是否影响第四纪地层以及该断点两侧的第四系厚度，在 WT5 测线上，横跨断点 FP3 进行了钻探联合剖面探测（钻孔布置见图 3-31）。该钻探联合剖面由 5 个深度 39～59m 的钻孔组成，5 个钻孔的位置分别位于浅层地震测线桩号 670m（HYZK1 孔）、688m（HYZK2 孔）、700m（HYZK3 孔）、710m（HYZK4 孔）、734m（HYZK5 孔）。

钻孔间距、深度、基岩面埋深见表 3-4。年代数据见表 3-2。

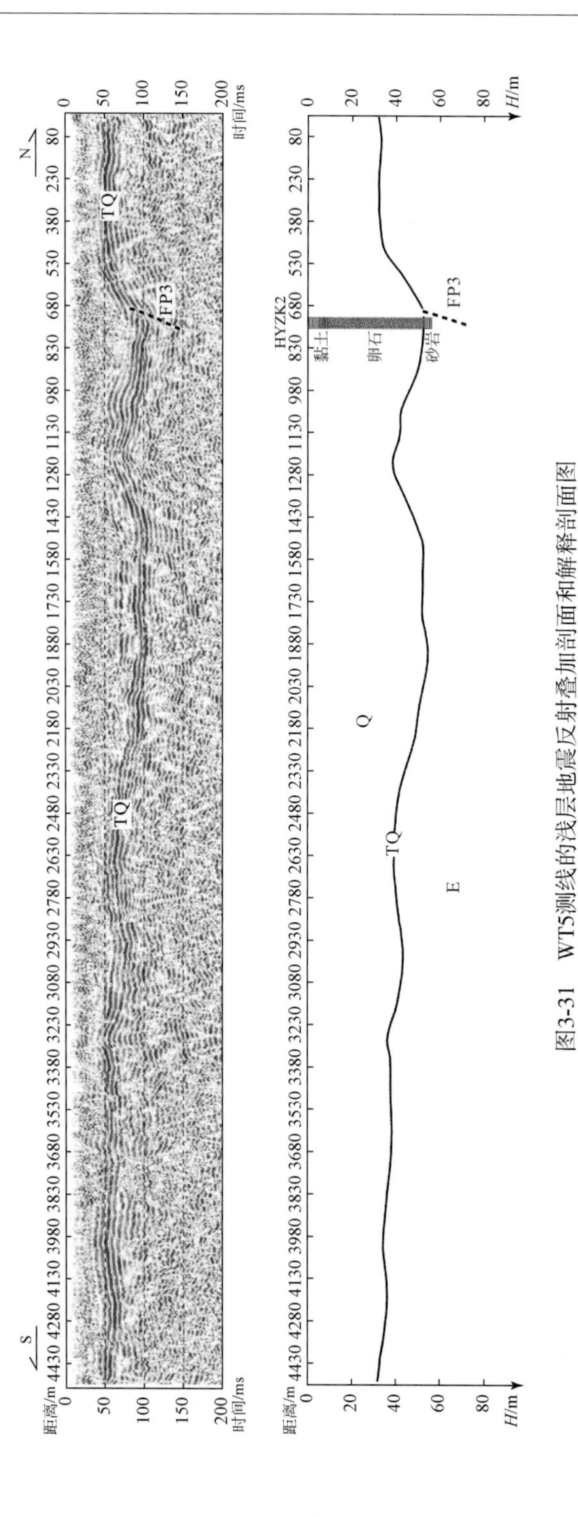

图3-31　WT5测线的浅层地震反射叠加剖面和解释剖面图

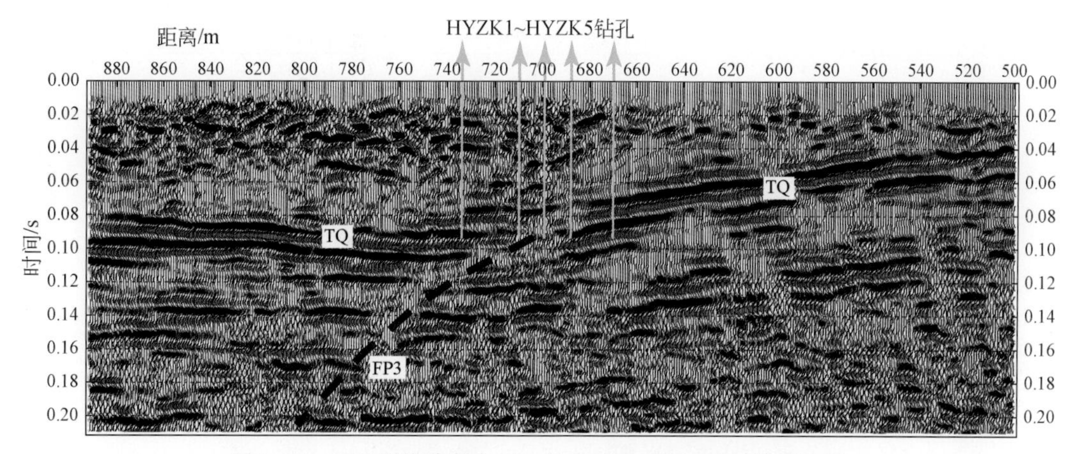

图 3-32　WT5 测线跨断点 FP3 的浅层地震剖面和钻孔布置图

表 3-4　WT5 测线的钻孔深度、基岩面埋深和孔间距表

钻孔编号	相对 HYZK1 的高度/m	孔深/m	基岩面埋深/m	孔间距/m
HYZK1	0	55	53.7	24
HYZK2	0	57	53.4	10
HYZK3	0	59	53.9	12
HYZK4	0	55.5	53.5	18
HYZK5	0	39		

2）钻探联合地质剖面揭露的地层

对比洞庭湖区第四纪地层分布和地层特征，WT5 测线的钻探联合地质剖面中揭露出的第四纪地层为晚更新世和全新世地层（图 3-33）。第四纪地层之下为古近纪泥岩和砂岩互层。地层特征描述如下：

（1）全新统（Q_h）：主要为灰色、青灰色、灰黄色粉质黏土，粉砂；根据调查，当年修建沅江大堤时把大堤外侧黏土和粉质黏土全部挖开用来修建沅江大堤，现在钻孔中埋深 0～8.5m 的黏土、粉砂和粉质黏土为沅江河道内抽砂充填人工取土留下的土坑。因此，联合剖面中的全新世地层不是原始堆积，而是人工排砂塑造河道的再堆积。

（2）上更新统（Q_p^3）：灰黄色、灰色黏土、细砂、粗砂充填的卵石层。直径一般为 2～3cm，最大 5～9cm，部分砾石直径大于 10cm。砾石含量大于 50%，砾石成分主要为黑色硅质岩和紫红色砂岩，磨圆度好，卵石坚硬，上部松散。下部夹灰色、灰黄色黏土、粗砂充填的砾石层，砾石含量约 50%，成分为紫红色砂岩和黑色石英岩。

（3）古近系（E）：紫红色全风化泥岩、砂岩。

3）钻探联合地质剖面的构造解释

图 3-32 为跨断点 FP3 的钻探联合地质剖面图。由图可以看出，剖面中的全新世地层底面大致处于相同的埋藏深度上，全新世地层的底面为灰黄色粉砂和粉质黏土。晚更新世—中更新世地层为灰色、深灰色黏土、中粗砂充填的卵石层夹灰黄色砂卵石层，其底面

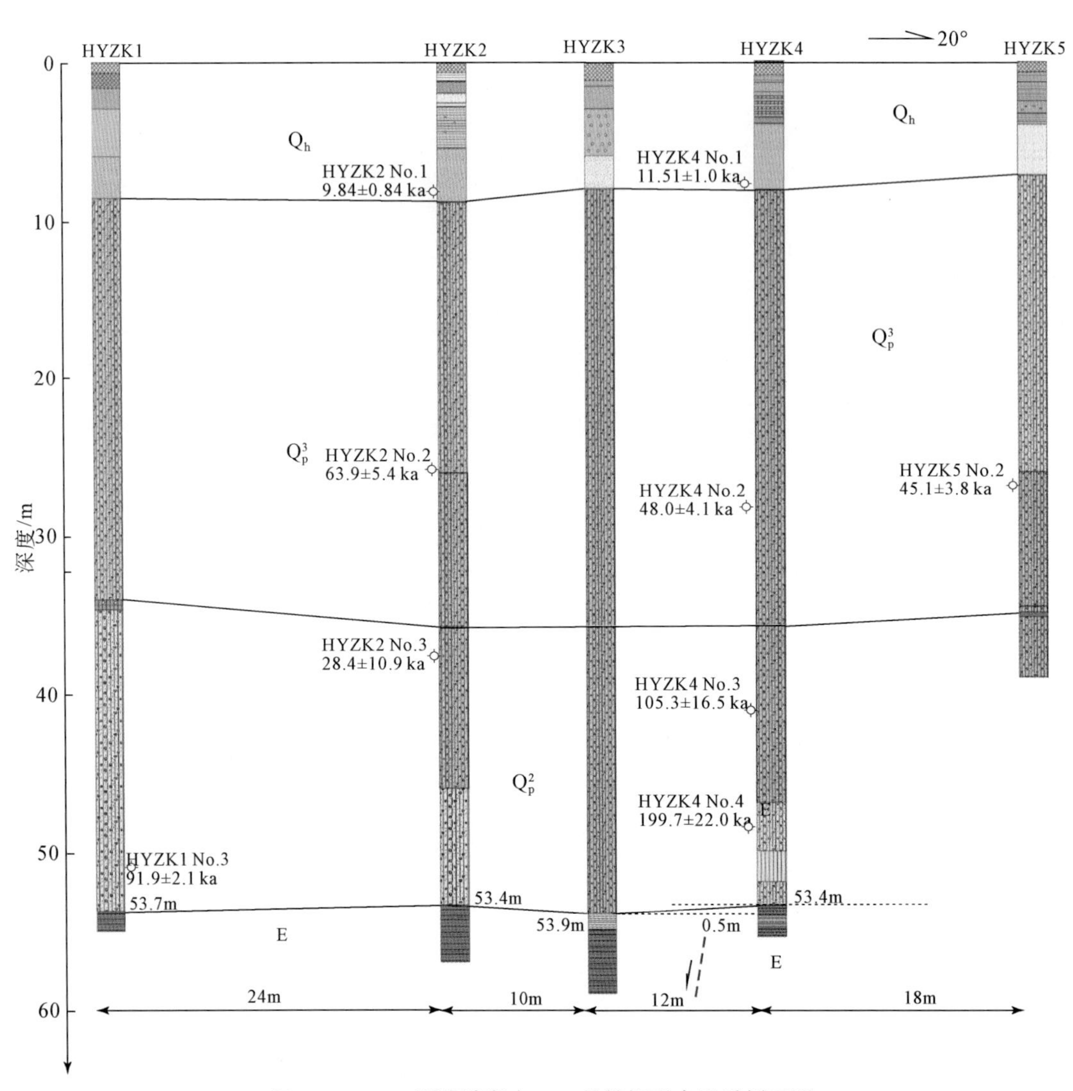

图 3-33　WT5 测线跨断点 FP3 的钻探联合地质剖面图

埋深约为 34m，中更新世地层为灰色、灰黄色粗砂砾石层，底部夹灰色黏土和粉质黏土，光释光测年结果为 12.9 万～20 万年，底面埋深为 53.4～53.9m。钻孔揭示的古近纪紫红色泥岩、砂岩为强风化到中风化基岩，各钻孔中基岩顶面的落差为 0.5m。古近纪泥岩、砂岩产状水平，在 4 个钻孔中可以对比。综合浅层地震剖面和钻孔地质剖面分析，认为断点 FP3 应是 1 条没有错断距今 20 万年以来中更新世晚期地层的断层。

考虑到该钻孔剖面位于沅江岸边，早期的河流侵蚀作用可能是上述钻孔剖面缺少早第四纪沉积层的原因。根据上述的钻孔验证资料，可以说明常德-益阳-长沙断裂带西北段晚更新世以来不活动。由于该段位于洞庭湖盆地的西南边缘地带，对现今的地形地貌有一定的控制作用，可以推断为一条早-中更新世断裂。

3. 小结

常德-益阳-长沙断裂带西北段没有发现晚更新世以来的活动证据。由于该段位于洞庭湖盆地的西南边缘地带，对现今的地形地貌有一定的控制作用，结合该断裂带东南段和中段为中更新世断裂的认识，可以把西北段推断为一条中更新世断裂。

四、岳阳-湘阴断裂

岳阳-湘阴断裂（也称湘江断裂）北起于沙湖以北，向 SW 经白螺矶、岳阳、鹿角、汨罗至湘阴以南后与宁乡-新宁断裂相交，长约 240km，走向 25°～30°。断裂发育于冷家溪群、板溪群和震旦系以及古生界中，部分还涉及中生界，是江汉-洞庭湖盆地与幕阜山断块上升区的分界断裂。在重力和航磁等地球物理场中都有反映，大致以岳阳为界分为南、北两段。

北段岳阳段走向 30°左右，断裂为江汉及洞庭湖盆地东缘的控制构造。在白垩纪和古近纪时，基本是江汉拗陷的东边界，对沔阳和陈沱口凹陷的发育起到一定的控制作用。新近纪它也控制了盆地的沉积边界，西侧为湖积平原，东侧是平缓的丘陵和低山。南段湘阴段走向 20°左右，在白垩纪和古近纪时断距不太大，为 100～200m。第四纪有活动，断裂两侧地貌反差明显，西侧是被全新统覆盖的冲积-湖积平原，东侧大面积抬升，形成多级阶地，沿湘江东岸出现湖蚀崖。白羊坡一带构成第三级阶地的中更新世地层广泛出露，其中 NNE 走向小断裂相当发育。在第四纪时期，据张石钧（1992）研究，岳阳-湘阴断裂明显控制第四纪早、中更新世地层分布，尤其是中更新统等厚线在断裂两侧有明显变化。在岳阳-湘阴一带断裂两侧下更新统厚度差 40m 以上，中更新统厚度差达 50m 以上。至晚更新世，湖积层已主要分布在断裂西侧新河一带，断裂两侧的地层差异不明显。

2006 年，我们在开展“湖南大唐华银核电厂初可研阶段候选厂址地震地质调查及评价”时，曾在湘阴一带做了野外探测和调查。下面主要介绍此次工作的一些结果。

（一）地貌表现

从 1∶5 万航片的地质解译，在湘阴县樟树港镇至望城县铜官镇白羊坡湘江边一段航片上，推测的断裂延伸段上并没有呈现明显的线性迹象（图 3-34）。

尽管如此，在地貌背景上，岳阳-湘阴断裂分布在洞庭湖滨拗陷与幕阜山隆起的接壤地带，地貌上总体上为滨湖平原与残丘低山的过渡地带。地势上，断裂东侧高、西侧低。东部隆起区海拔多在 300～500m，平均 200～300m，向西过渡为平原区，海拔多在 80m 以下，平均 30～50m。新构造期以来，区内以缓慢差异隆升运动为主，东部发育多级剥夷面和 5～6 级河流阶地。

图 3-35 显示了樟树港-左家塅一带湘江阶地地质剖面。该剖面横穿湘江东岸至盆地边缘，揭示了湘江发育有 5～6 级阶地。其中：T3～T5 发育较好，阶地面开阔，T1～T2 则范围很局限。T3～T4 由 Q_2b 白沙井组及上覆网纹红土组成；T5～T6 的基座是由汨罗组湖相层 Q_1^1m 组成，其上披覆有 Q_2^{el}红黏土。T1～T6 阶地拔河高度依次为：3～5m、20～25m、30～35m、45～50m、50～60m 和 65～80m。根据区域阶地研究资料综合分析，T1 为 Q_4，

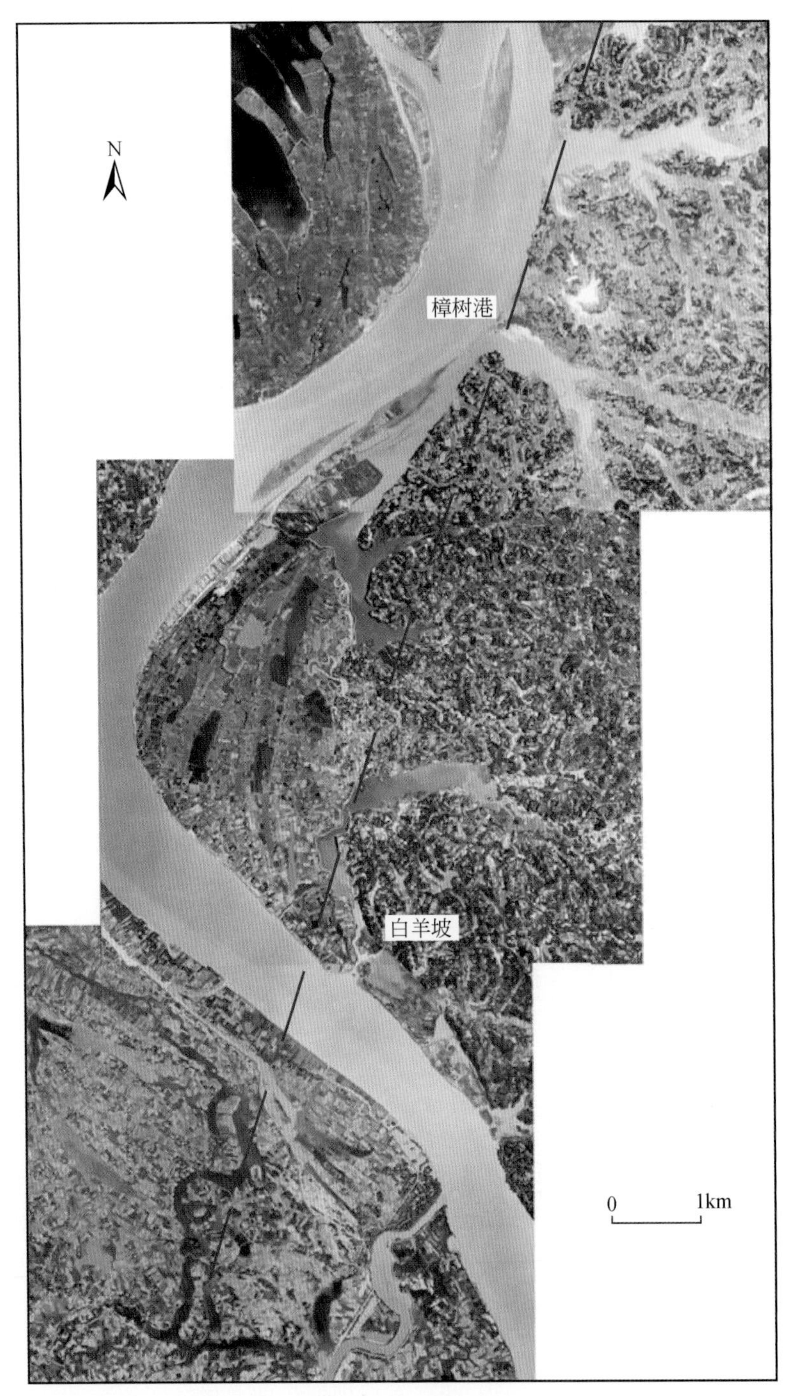

图 3-34　樟树港-白羊坡一带航片影像

T2 为 Q_3，T3 ~ T4 为 Q_2，T5 ~ T6 为 Q_1。在该处的地貌观察表明，湘江 T1 ~ T2 阶地平稳地跨断裂分布。

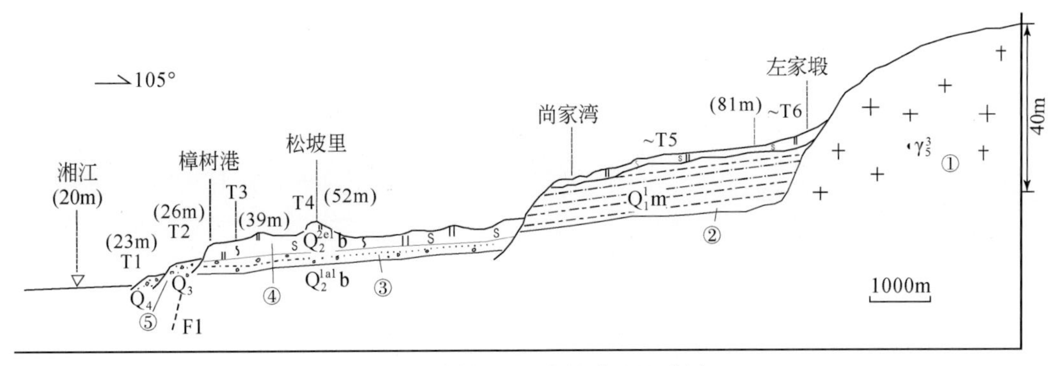

图 3-35　樟树港-左家墩阶地地质剖面

①花岗岩；②粉砂质黏土；③砂砾石、砾石；④棕红色蠕虫状网纹红土；⑤砂砾、亚砂土 F1 为湘江断裂的推测位置

在岳阳-湘阴断裂西侧的幕阜山隆起发育有 100 ~ 120m、200 ~ 250m、400 ~ 450m 及 600 ~ 700m 四级剥夷面，分别以 P4、P3、P2 和 P1 表示。其中较高的 2 级剥夷面（P1、P2）分别形成于中新世，较低的 2 级剥夷面则分别形成于上新世（N_2）及上新世-第四纪（N_2-Q_1）。湘江正是在最低一级剥夷面（拔高 100m±）的基础上侵蚀下切发育起来的。因而湘江最高一级阶地（T6）应属早更新世；这与区内湘江 T6 阶地多以汨罗组（Q_1m）湖相地层为基座的情况相符合。在左家墩东南一带，构成 T5 ~ T6 阶地的顶部层位均属中更新世残积红层，而它是以下更新统汨罗组（Q_1m）的湖相地层为基座。

根据地貌特征的综合分析，岳阳-湘阴断裂中新世以来的新构造运动相对较弱，中新世以来的最大垂直差异幅度（含其下沉堆积厚度）仅为 1000m 左右。即新构造期以来，以缓慢的差异隆升运动为主，发育多级剥夷面和 5 ~ 6 级河流阶地。上新世以来，随着整体性的地壳缓慢隆升和岳阳-湘阴断裂的垂直差异活动，洞庭湖盆地逐渐退缩，致使区内的断裂活动自东向西不断迁移。地貌和地层分布表明，岳阳-湘阴断裂第四纪早中期的壳差异活动中等偏弱，晚更新世以来的地壳差异活动较弱或停止活动。

（二）断错现象

湖南省地震局（2002）① 在湘阴南铜官西北调查研究过程中，发现白羊坡一带在中更新世白沙井组中存在 NW 和 NNE 两组断裂，其中 NNE 向一组断裂有可能是岳阳-湘阴断裂的地表形迹。为查明白羊坡一带断裂的性质与活动时代，对白羊坡一带断裂分布地貌部位、断错地层层序，以及断裂性质与时代进行了进一步的探槽剖面开挖、剖面实测与相关年龄样品采集与测试（表 3-5）。

表 3-5　岳阳-湘阴断裂活动性鉴定中热释光测年结果表

野外编号	采样地点	地质地貌部位	放射性元素含量			年剂量率 Gy/ka	等效剂量率 /Gy	样品年龄 /ka
			U/(μg/g)	Th/(μg/g)	K_2O/%			
T-05	湘阴杨家山	T3 阶地	3.77	15.6	1.66	2.61	960.0	367.81±31.26

① 湖南省地震局. 2002. 长沙市活断层探测与地震危险性评价项目可行性研究报告。

续表

野外编号	采样地点	地质地貌部位	放射性元素含量			年剂量率 Gy/ka	等效剂量率 /Gy	样品年龄 /ka
			U/(μg/g)	Th/(μg/g)	K_2O/%			
T-12	望城白羊坡	卷入断裂带内的棕红色粉砂	4.51	23.2	1.97	3.48	1250.0	359.19±30.53
T-14	望城白羊坡	卷入断裂带内的棕红色亚黏土	3.97	18.7	1.70	2.92	1000.0	342.46±29.11
T-15	汨罗鹤泉庙	断裂上覆中更新统红层	8.58	42.0	2.98	3.82	605.0	170.16±14.46
ZT-01	湘阴白泥湖	钻孔岩心（-10.0m 处）	2.84	13.4	3.21	2.50	40.0	16.01±1.36
ZT-02	湘阴白泥湖	钻孔岩心（-30.0m 处）	0.71	2.03	0.85	0.53	55.0	103.77±8.82

白羊坡探槽地质剖面（图 3-36）位于铜官西北湘江 NW 向扭拐之处。此点地处推测的 NNE 向湘江断裂（F1）和 NW 向常德-长沙断裂近于交汇地区。剖面上发育 NNE（10°~26°）和 NW-NNW（318°~350°）向两组断裂。它们均发育于相当于湘江的 Ⅰ 级侵蚀阶地的基座（由 Q_1^1m-Q_2b 组成）上。

在长 30 余米的探槽剖面上，共有大小断裂 9 条（分别称 f1~f9，自西至东 f1~f5 发育在白沙井组下段（$Q_2^{1al}b$）棕黄色砂砾层、含砾砂层中，NW-NNW 向的 f1~f3 为倾向 NE 的正断裂，NNE 向一组（f4、f5），为陡倾 NW 向的逆断裂。这些小断错构造表现为砾石定向排列，砂砾层断错面和砂砾岩中铁锰质夹层的断错牵引变形等。上述 5 条小错断面宽均为 3~5cm，其垂直断距均在 30~50cm，其组合表明属于 NW-SE 向挤压构造应力作用下的一组断裂。

剖面东半部的 f6~f9 发育在白沙井组下段（Q_2^1b）棕黄色砂砾层与上段（Q_2^2b）棕红色蠕虫状亚黏土之间或其内部，均显示为正断裂性质。其中 f6、f9 为相向倾斜的下滑正断裂性质，断距难以确定，可能较大，达 1~2m 及以上；f7、f8 是规模较小、断距不明显的引张裂缝。对于 f9，我们倾向于它是在 $Q_2^{1al}b$ 砂砾层侵蚀陡坎地貌面基础上再次下滑的正断裂（东盘砂砾层、砂层在近 f9 处无断错牵引变形，断裂下部顺断层面定向排列的砂砾层呈半胶结状，其内无断错形迹，断层错动面仅发生在断裂上部灰白色黏土层中）。即 f6~f9 所夹地块网纹状亚黏土应属后期裂陷为主的滑塌堆积，它发生在中更新世中晚期网纹黏土堆积之后，被断层卷入的棕红色网纹红土的 TL 年龄为（342~359）ka（表 3-5）。表明 NNE 向断裂后期活动的断错发生在中更新世中晚期。

上述地质剖面表明，NNE 向岳阳-湘阴断裂最新一期活动发生在中更新世中晚期并以正断活动为主。

在湘阴北杨家山一带，在推测断裂的东盘杨家山村一带出露中更新世网纹红土（拔高 38~40m），相当 T3 阶地，其 TL 年龄为（367.81±31.26）ka（表 3-5）。在网纹红土之下可见一套灰白色粉砂质黏土黏泥质粉砂等河湖湘地层（图 3-37）。在中更新世网纹红土中下部，见到两条近于平行的 NNE 向泥裂缝，走向 5°~20°，倾向 NW，倾角 80°~84°。推测湘江断裂应从杨家山西湘江河道附近通过。

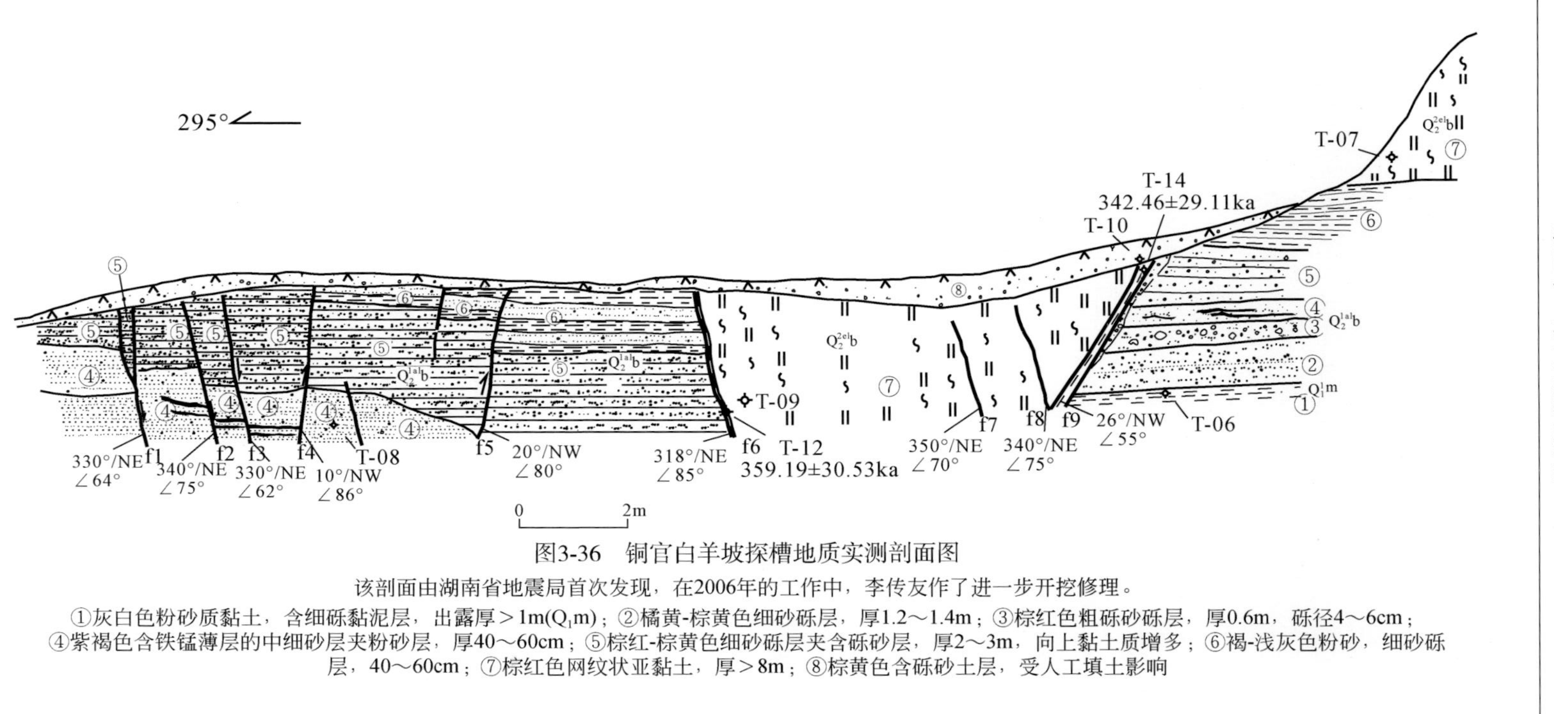

图3-36　铜官白羊坡探槽地质实测剖面图

该剖面由湖南省地震局首次发现，在2006年的工作中，李传友作了进一步开挖修理。

①灰白色粉砂质黏土，含细砾黏泥层，出露厚＞1m(Q_1m)；②橘黄-棕黄色细砂砾层，厚1.2～1.4m；③棕红色粗砾砂砾层，厚0.6m，砾径4～6cm；④紫褐色含铁锰薄层的中细砂层夹粉砂层，厚40～60cm；⑤棕红-棕黄色细砂砾层夹含砾砂层，厚2～3m，向上黏土质增多；⑥褐-浅灰色粉砂，细砂砾层，40～60cm；⑦棕红色网纹状亚黏土，厚＞8m；⑧棕黄色含砾砂土层，受人工填土影响

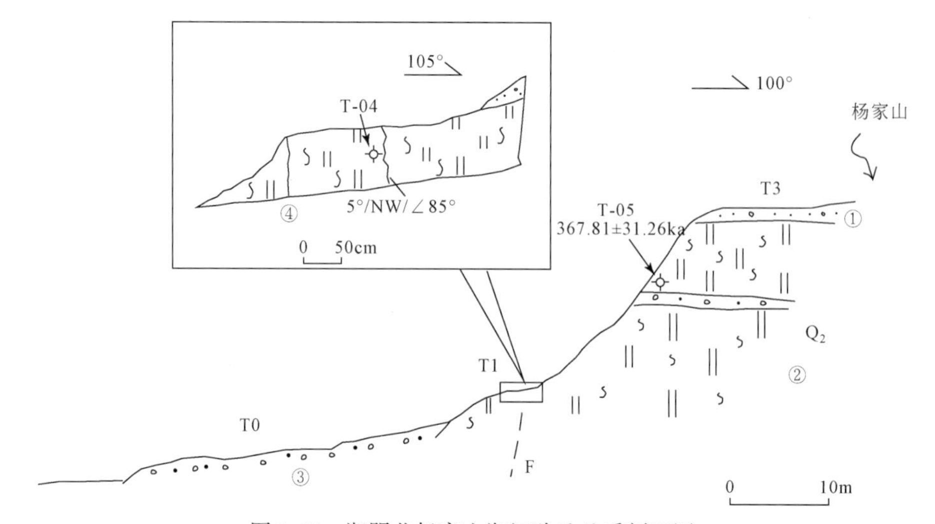

图 3-37　湘阴北杨家山湘江阶地地质剖面图

①红色砂质黏土；②棕红色蠕虫状亚黏土；③浅黄褐色含砾砂黏土；④泥裂缝

（三）浅层物探与地质解译

为查明湘江断裂湘阴县城附近的具体位置和断裂活动时代，我们沿推测断裂位置布置了两条长达 8km 的浅层地震勘探剖面，采用美国产的 48 道浅层地震勘探测仪，对断裂的活动性进行浅层地震勘探。浅层地震探测线路和钻孔分布见图 3-38。

浅层地震勘探时间剖面的地质解释，主要依据测线穿经地段地层层序尤其是第四系分层及其厚度。据区域地质及钻探地质资料：白泥湖一带，第四系厚达 130 ~ 150m；静河测线附近（靠近湖区东南边缘），第四系厚 60 ~ 80m；马厂坪一带第四系厚仅 20 ~ 30m。据在白泥湖一带两个浅层钻探岩心资料分析（图 3-39，图 3-40）：孔 2 在−38. 40m 处，即遇到一套黄绿色粉砂、黏泥，或灰白色粉砂质黏土、粉砂层。从颜色上看，它是典型的早更新世汨罗组（Q_1m）湖相地层。而这一黄绿色砂黏层之上均为浅黄色砂砾层及粉砂、砂黏土层（图 3-40）。从颜色和岩性上看，该黄色砂砾层、砂黏层又很类似晚更新世地层，而且两个孔的岩心大体可相对比（图 3-39，图 3-40）。TL 及 ESR 测年结果表明，−10. 0m 处样品的 TL 年龄为（16. 01±1. 36）ka；−30. 0m 处粉砂质黏土的 TL 年龄为（103. 77±8. 8）ka（表 3-5）；−40m 的 ESR 年代为（1296±130）ka。上述资料和测年结果表明，区内−34m深度的砂砾层很可能是上更新统底部砂砾层，其下为早更新世或早中更新世湖积层。

上述钻孔岩心资料提示我们：埋深约−34m 的上更新统底部砂砾层可作为区内重要的一个界面：其上为松散的砂、黏质堆积，其下为相对较压实的早、中更新统黏泥和湖相砂黏质堆积，这与地表所见地层岩性特征相一致。−37m 处的 ESR 年代为（797±80）ka。浅层地震剖面的 T 波速层大体上是上更新统底界面。即上更新统底界，在白泥湖一带，埋深 30 ~ 50m；在静河一带埋深 20 ~ 30m；在马厂坪一带，据地质调查晚更新世残积层厚仅2 ~ 3m。这为我们进行浅层地震剖面的地质解释提供了资料依据。

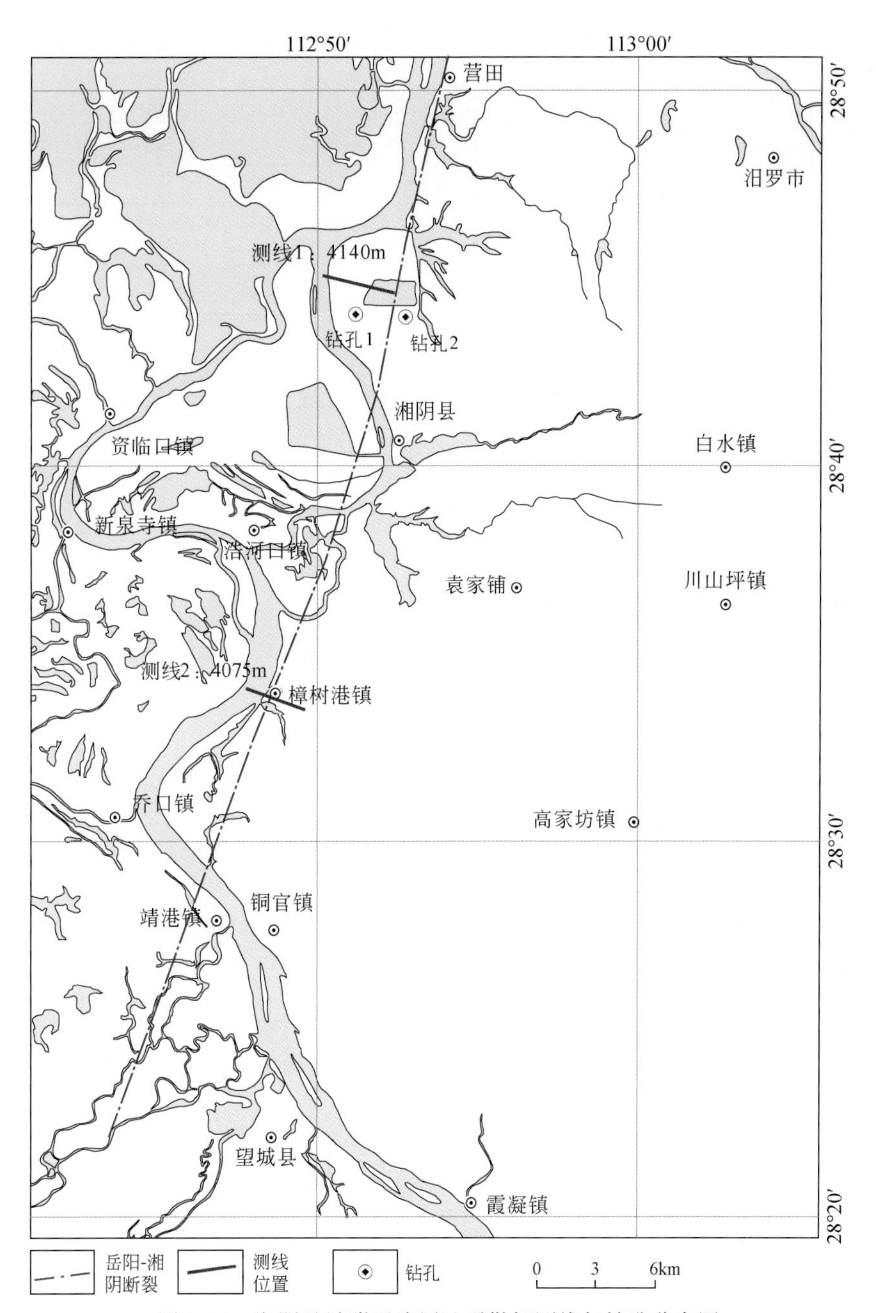

图 3-38　湘阴县城附近浅层地震勘探测线与钻孔分布图

岩性	进尺		岩土名称	地质时代分析	地层描述
	自(m)	至(m)			
	0	3.40	冲积土	Q_4	棕褐色，灰白色，褐色，可塑软塑
	3.40	4.60	淤泥质黏土		黄褐色，灰白色，软可塑，黏粒为主，粉粒次之
	4.60	6.40	粉质黏土		棕褐色，灰白色，硬可塑，黏粒为主
	6.40	9.20			棕褐色，软可塑
	9.20	10.30	细砂层	Q_3	软黏土泥沙层，褐色，软塑，黏土为主，砂粒次之
	10.30	11.40	砂砾层		黄褐色，细砂松软
	11.40	15.80	中砂层		褐色，灰白色，粒径大到3cm
	15.80	33.40	中砂砾石层		中砂砾石层，黄褐色，褐色，粒径0.10~43cm 其中24.8~28.30cm为纯黄色，密实胶结一般
	33.40	41.00	粉砂层	$Q_{1\sim2}$	灰白色，白色，密实
	41.00	46.00	细砂层		黄褐色，褐色，密实一般，无胶结物
					颗粒粒径0.2cm

■ ESR采样点位

图 3-39　白泥湖乡政府钻孔（孔 1）岩心剖面

测线 1 为白泥湖-杜家坝测线（图 3-41），走向近 EW，长 4140m。从现有地质钻探资料分析，它完全能截住岳阳-湘阴断裂的空间延伸。该浅层地震剖面显示的 T0、T1 界面清晰、连续，资料可靠度高。

在 355m 处，T1 波速层 230ms 以下反射波组存在间断迹象。对应的 F1-1 上断点深度在 200m 左右。断层倾向西，倾角 74°。而区段的下更新统底界埋深约 150m。表明此处断裂未切错早更新世地层（图 3-42），或者说岳阳-湘阴断裂第四纪有过活动断面未从测线范围内穿过。

测线 2 为静河测线，长 4075m。据地质资料，区内第四系厚 60 ~ 70m，上更新统（Q_3）底界埋深约 20m。浅层地震剖面表明，在 770m 和 1080m 处断裂切错 T1 波组面及其以下波组，但 T0 波组面未断。表明断裂最新活动向上延伸可达距地表约 30m 以下的早、中更新世地层内。而上更新统未断，为早、中更新世断裂（图 3-42）。

岩性	进尺		岩土名称	地质时代分析	地层描述
	自(m)	至(m)			
	0	2.9	填土	Q_4	棕褐色粉质黏土填成，可塑松软
	2.90	4.80	淤泥质黏土		淤泥质黏土，软可塑，湿，黑褐色
	4.80	5.70	粉质黏土		黄褐色，红褐色，灰白色，硬可塑
	5.70	8.80			棕褐色，硬可塑
▲	8.80	12.80	细砂层	Q_3	棕黄色，灰黄色无黏土胶结，密实一致 −10m砂黏层的TL年龄为(16.01±1.36)ka
	2.80	15.10	砂砾层		黄褐色，黄色，砂颗粒成份为主，砾、粉次之，粒径1.5cm
	15.10	20.60	中砂层		黄褐色，黄色，胶结一般，密实
	20.60	22.50	中砂砾石层		中砂砾石，黄褐色砂粒为主，粒径3cm,密实
	22.50	25.00	粗砂层		黄褐色粗砂层，粒径0.5cm,含小砾石
▲	25.00	34.30	中砂砾石层		中砂砾石层黄褐色，黄色黏性含一般密实，粒径1.5cm,−30m砂层的TL年龄为(103.77±8.82)ka
	34.30	38.40	中砂层	Q_1	中砂层，黄绿色，灰黄色，黏性一般，密实
■	38.40	43.50	黏土夹层		黄绿色，灰白色，黏、粉质状，硬塑
	43.50	50.00	中砂砾石层		中砂砾石层，灰白色密实，黏性一般，砾石粒径3cm

▲TL采样点位；■ ESR采样点位。

图 3-40　白泥湖杜家坝西 1km 钻孔（孔 2）岩心剖面

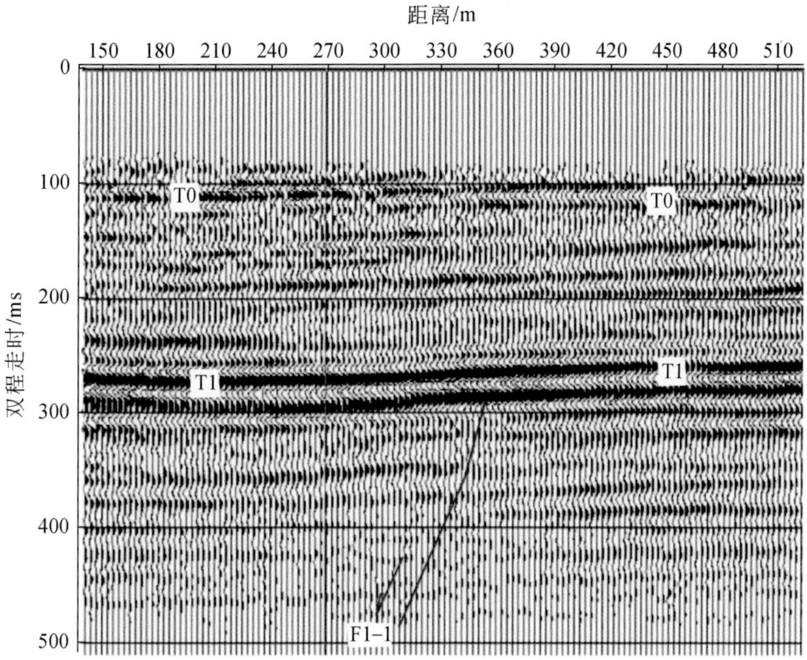

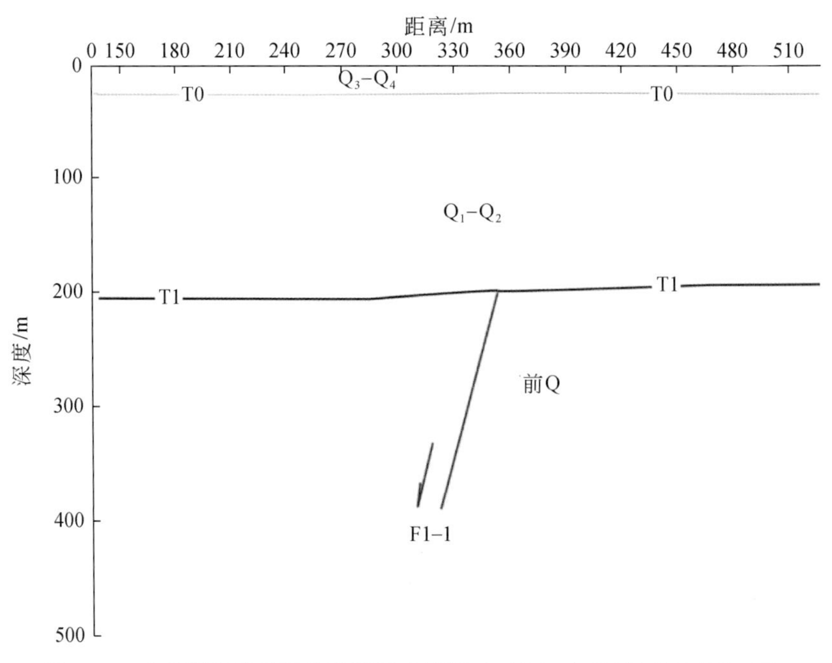

图 3-41　白泥湖测线浅层地震勘探时间剖面（上）和地质解释剖面（下）

（四）小结

通过上述地貌、地质、浅层物探与钻探、第四纪地层年代学研究等，可以获得如下结论：

（1）岳阳-湘阴断裂对洞庭湖拗陷盆地西缘中更新统厚度也有一定的控制作用，并使中更新统在盆缘形成界线分明的台阶。

（2）在白羊坡可见直接断错中更新统的地质证据，切错中更新世中晚期的网纹红土。

（3）浅层地震勘探表明，断裂切错相当于下更新统底界的 T1 波速面，但未切错相当于上更新统底界的 T0 波速层。即该断裂最新活动时代为中更新世中晚期（Q_2^2）。

（4）地表或近地表野外调查表明岳阳-湘阴断裂晚更新世以来基本停止活动。中强地震的发生并不一定与在地表产生明显位错的、晚更新世以来的活动断裂相联系，它们可以是早-中更新世有过活动的断裂在活动性减弱过程中的能量释放。

五、澧水-津市-石首断裂

该断裂位于澧县、津市、石首和监利一线，总体走向 NE80°～85°倾向 N，倾角 60°以上，总长 130km 左右。断裂发育于板溪群和震旦系、古生界及三叠系中，是江汉拗陷和华容隆起之间的分界构造带。它被 NW 向黄山头-南县断层截切为东西两段。

西段为澧水-津市断裂，自西而东由磺厂-仙风山、苗市、冷水街、青山庙和澧水等断层组成，早期为逆断层性质，自白垩纪起拉张活动，形成宽约 15m 的破碎带，发育断层

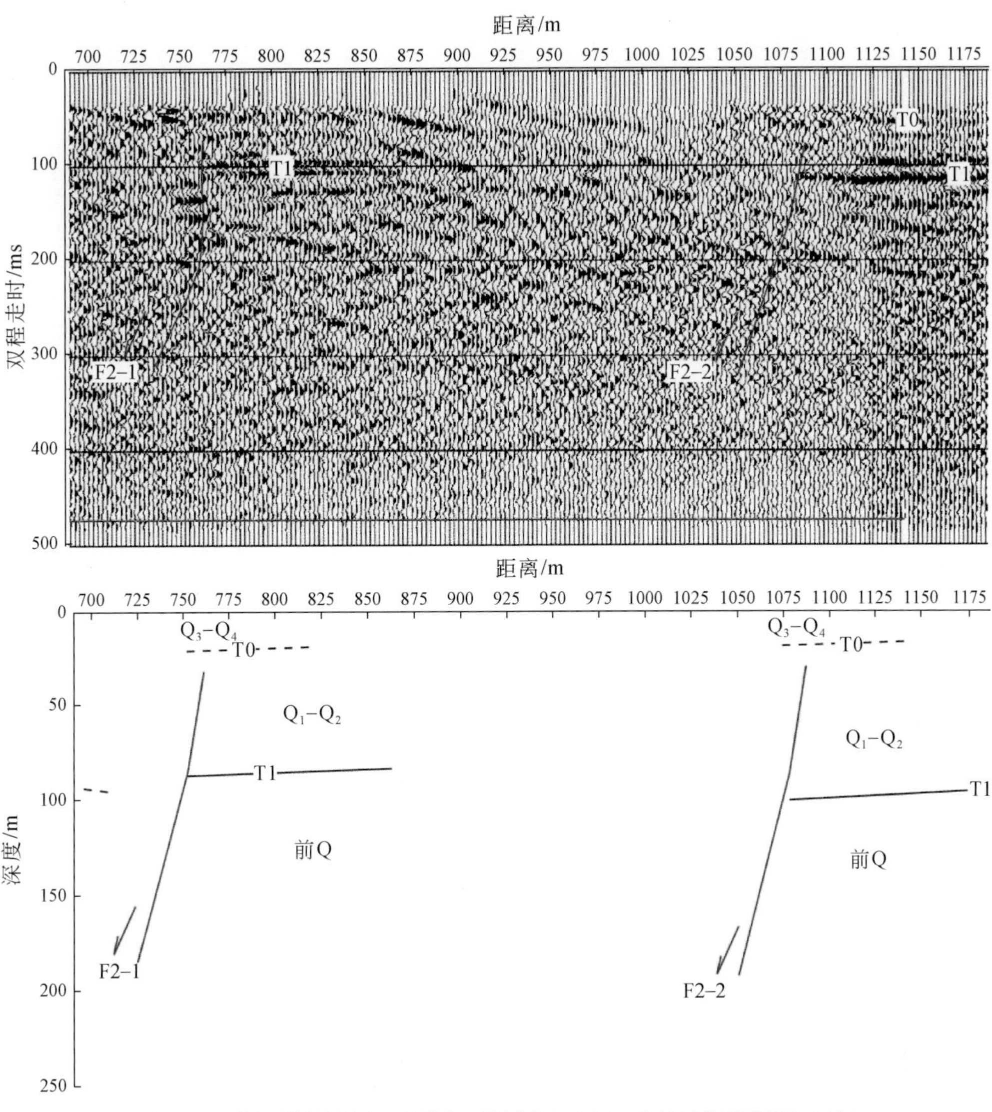

图 3-42　静河测线浅层地震勘探时间剖面（上）和地质解释剖面（下）

泥。在地貌上反差明显，南侧是高程为 200m 的剥蚀面，北侧是冲积平原，堆积的第四纪地层厚有 150m 左右。在磺厂–仙风山断层两端取断层泥，TL 测年为距今 15. 17 万年（国家地震局地质研究所，1993）[①]，表明中更新世也有明显活动。

东段为石首–监利断裂，是根据物探资料推断的隐伏断裂，其东部大致控制了陈沱口凹陷的南界。新近纪时，北侧陈沱口凹陷明显下沉，沉积厚 500 余米，南侧上升，基本未接受沉积（国家地震局地质研究所，1993）[②]。在华容小墨山、李师垄候选厂址初可研阶段地震专题工作中，曾在该断裂段东侧做过浅层物探和第四纪地层的钻探工作。在整理、分析这些基础资料的基础上，我们提出了以下新认识。

①② 国家地震局地质研究所 . 1993. 湖南省江垭水库地震安全性评价工作报告。

（一）浅层地震探测

沿着石首–监利断裂，在监利县城附近上布设了两条浅层地震测线（WT-3、WT-4）和两个钻孔（ZK-3、ZK-4），分别位于监利县扬州分场和邹铺一带（图 3-43）。

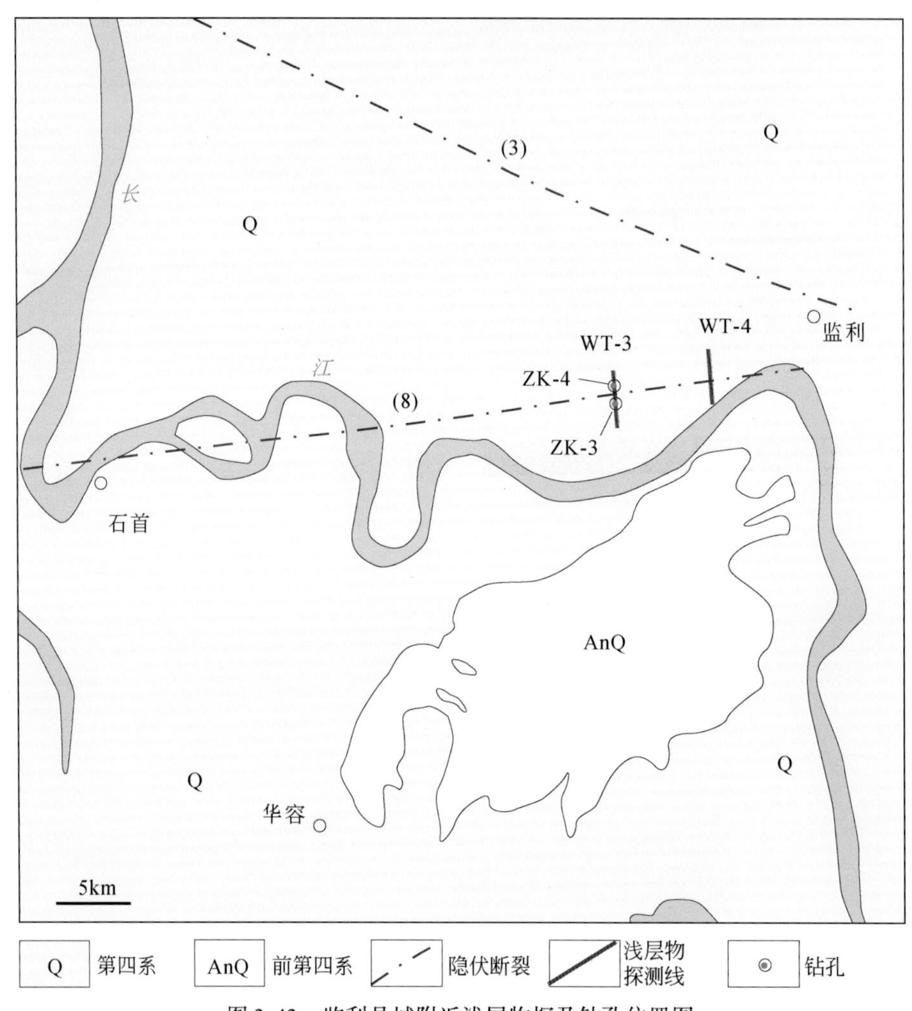

图 3-43　监利县城附近浅层物探及钻孔位置图
（断裂编号、名称参见图 3-1）

扬州分场浅层地震测线（WT-3）：长 1680m，自北向南 892m 处、第四纪地层底界及之下层位出现反射波组的不连续现象，解释为北倾正断层，它没有影响到上覆第四纪地层（图 3-44）。根据湖南省地质矿产局水文地质工程地质二队（1990）资料，剖面位置的第四系底部为下更新统汨罗组中细砂。

邹铺浅层地震测线（WT-4）：该地震测线长 3281m，沿乡间小路布设，观测条件优良，地形起伏很小。剖面中 160ms 深度的反射界面清楚，反射能量强，在 1841m 和 2241m 的位置，T2 波组出现错断或扭曲，推测是石首–监利断裂通过的位置（图 3-45）。

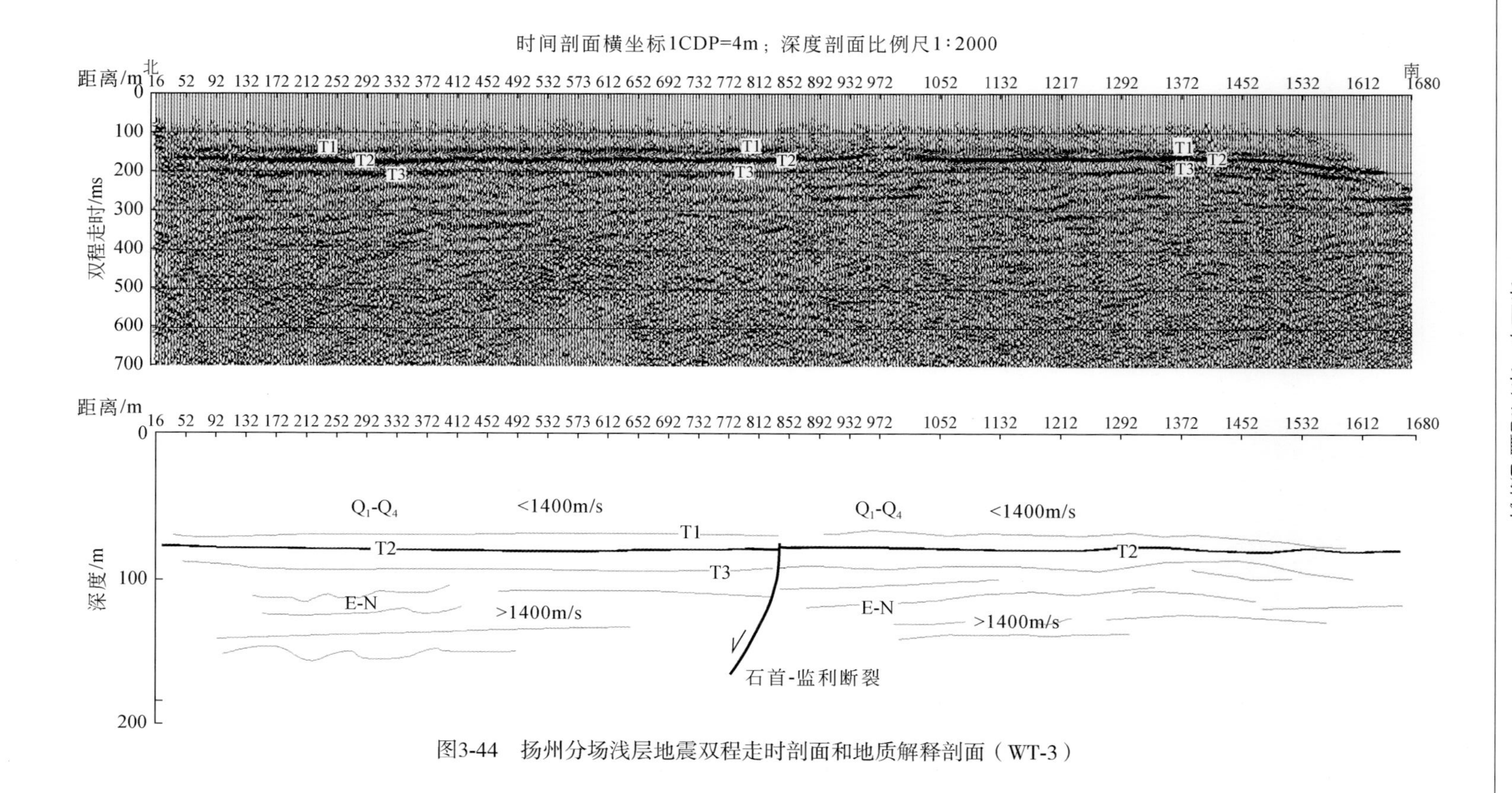

图3-44　扬州分扬浅层地震双程走时剖面和地质解释剖面（WT-3）

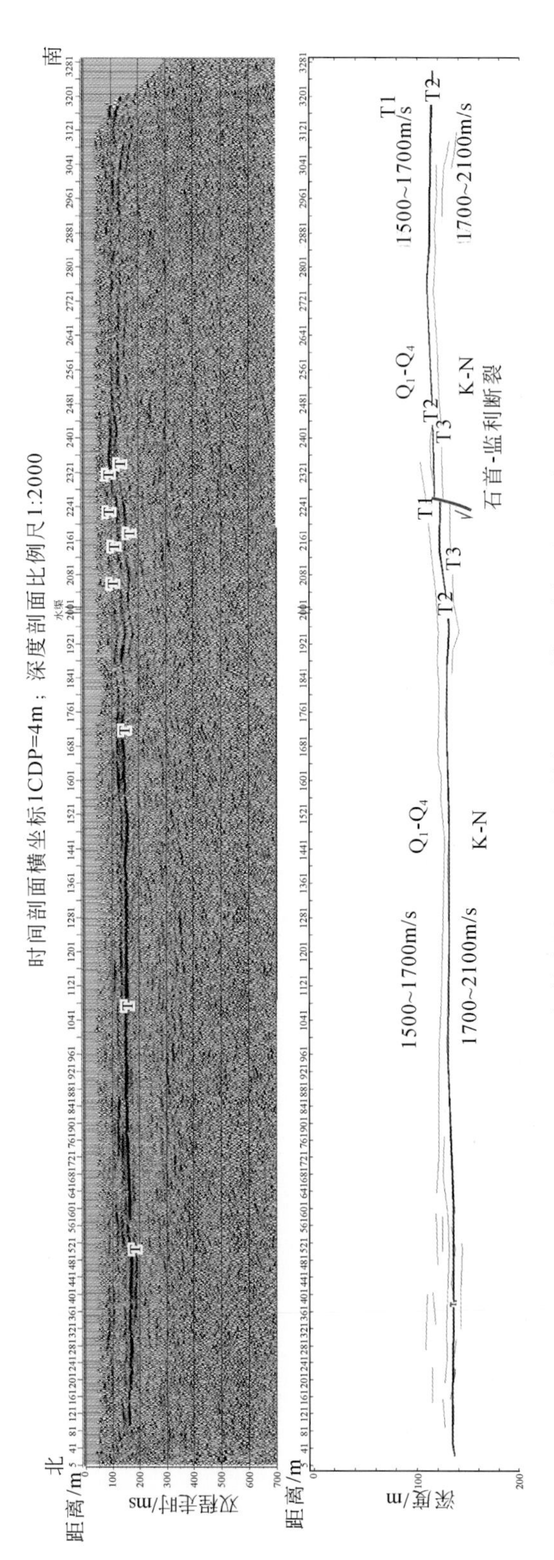

图3-45　邹铺浅层地震双程走时剖面和地质解释剖面（WT-4）

(二) 钻探

根据浅层地震探测结果，在 WT-3 测线、自北向南 852m 和 892m 的位置完成了两个深分别为 83. 8m（ZK-4）和 92m（ZK-3）的钻孔，柱状图如图 3-46 所示。从剖面中可以看出，钻孔中的地层可以分为 4 套，自上而下岩性特征描述如下：

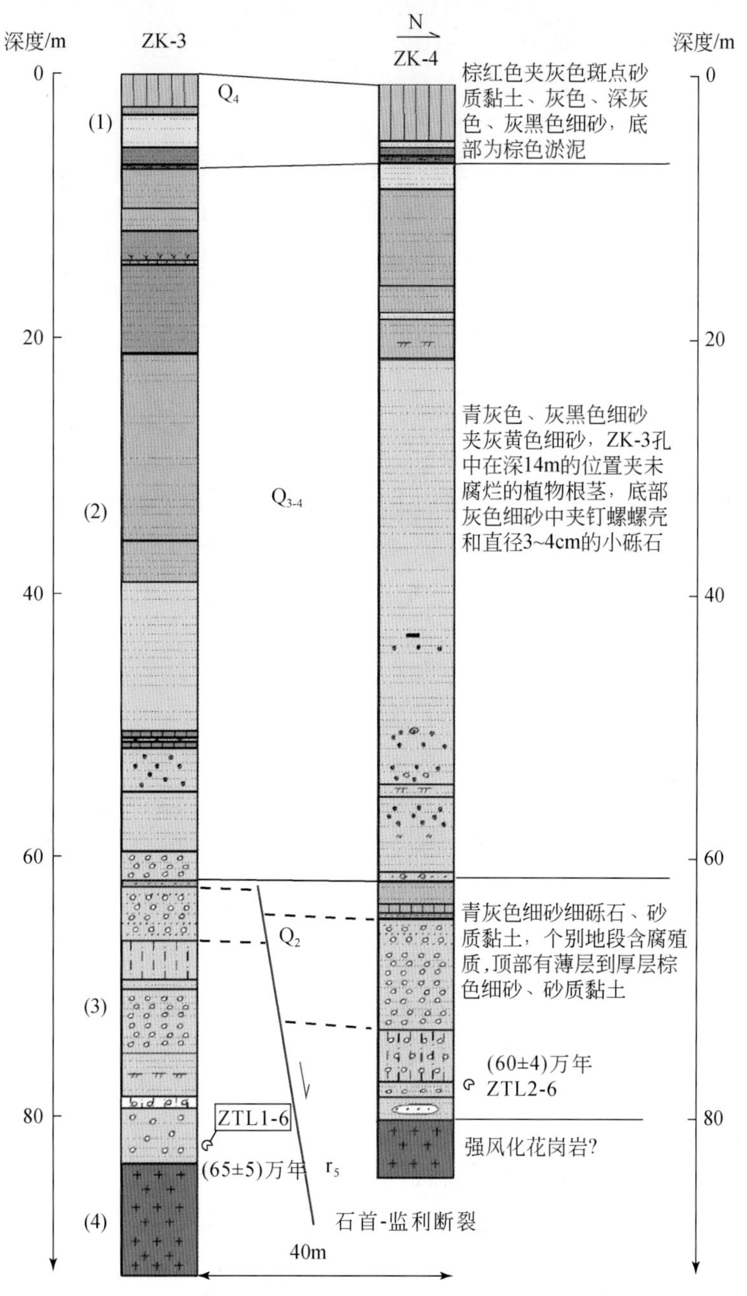

图 3-46　扬州分场南 ZK-3 和 ZK-4 钻探柱状剖面图

层（1）埋深7m左右，最下部地层为棕色淤泥，向上变为黄灰色、深灰色细砂，最上部为棕黄色夹灰色斑点的黏土，为全新世地层。

层（2）埋深7～60m，主要为青灰色细砂。ZK-3钻孔中，深度10～12m为黄灰色细砂；深度12.5m的位置，薄层黄灰色细砂中夹一层尚未完全碳化的草科植物根茎；36～37m的位置，为灰黄色细砂，；底部为灰色细砂夹钉螺螺壳，青灰色细砂夹薄层棕色黏土，深50m的位置夹少量小砾石。ZK-4钻孔中，此层顶部为灰黄色细砂，向下为灰色细砂、灰黄色细砂夹少量腐殖质。埋深22～61m，为巨厚层的青灰色细砂，深50～60m的位置，青灰色细砂中夹钉螺螺壳、少量砾石和腐殖质，砾石直径2～3cm。根据华容幅1∶20万水文地质图资料，层（2）为晚更新世-全新世地层。

层（3）为青灰色细砂砾石层、砂质黏土砾石层，局部含少量腐殖质。ZK-3钻孔中，层（3）埋深60～83m，ZK-4钻孔中，埋深61～80m。ZK-3底部第四系堆积物年龄为（65±5）万年，ZK-4底部第四系堆积物年龄为（60±4）万年，为早中更新世地层。

层（4）为强风化燕山期花岗岩，ZK-3和ZK-4钻孔中埋深分别为83m和80m，顶部埋深相差仅3m。

（三）断裂活动性分析

根据第四纪地层钻孔剖面岩性特征及测年结果，监利县城附近的第四系底界在80m左右。因此，可以判断图3-44和图3-45上的T2反射界面代表了第四纪地层的底面，石首-监利断裂不但影响到第四纪地层的底部，而且断错到中更新世地层中，应属于一条中更新世断裂。

六、沅江-南县断裂

该断裂也称迎风桥-北景港断裂（张石钧，1992），主体部分隐伏于洞庭湖盆地之内，为赤山凸起的东边界断裂。据张石钧（1992）研究，断裂（主要是其北段）以西第四系下更新统厚<110m，断裂以东的沅江凹陷下更新统厚度达130～170m（图3-47），即断裂北段应为断面西倾的正断裂；断裂南段（南咀以南段）则东盘相对隆升，下、中更新统及部分白垩系露出地表，其西的下、中更新统则大都隐伏于洞庭湖区。据前人研究资料，该断裂对第四纪地层的控制作用至中更新世后大为减弱（尤其是其北段）。而至晚更新世，断裂已不再有控制作用（张石钧，1992）。

据湖南省地质矿产局水文地质工程地质二队（1990）有关钻孔资料，迎风桥-阳南塘隐伏断裂对早第四纪地层分布有一定控制作用。据钻井资料，断裂东盘的ZK205、ZK206距地表40～50m及以下均有早更新世的汨罗组（Q_pm）和华田组（Q_ph）沉积，且其厚度达60～80m；而断裂西盘，据ZK199，可见中更新统的新开铺组（Q_px）直接超覆在前第四系基岩之上（图3-48），表明早更新世期间断裂西盘抬升，东盘相对下沉，堆积了河湖相的华田组和汨罗组。这种西升东降的现象至中更新世已不明显。中更新世中期以来，白沙井组（Q_pb）已经完全平整超覆在该隐伏断裂之上（图3-48）。表明沅江-南县断裂伏断裂的活动主要在早更新世，中更新世中期以来，断裂已无垂直差异活动迹象。

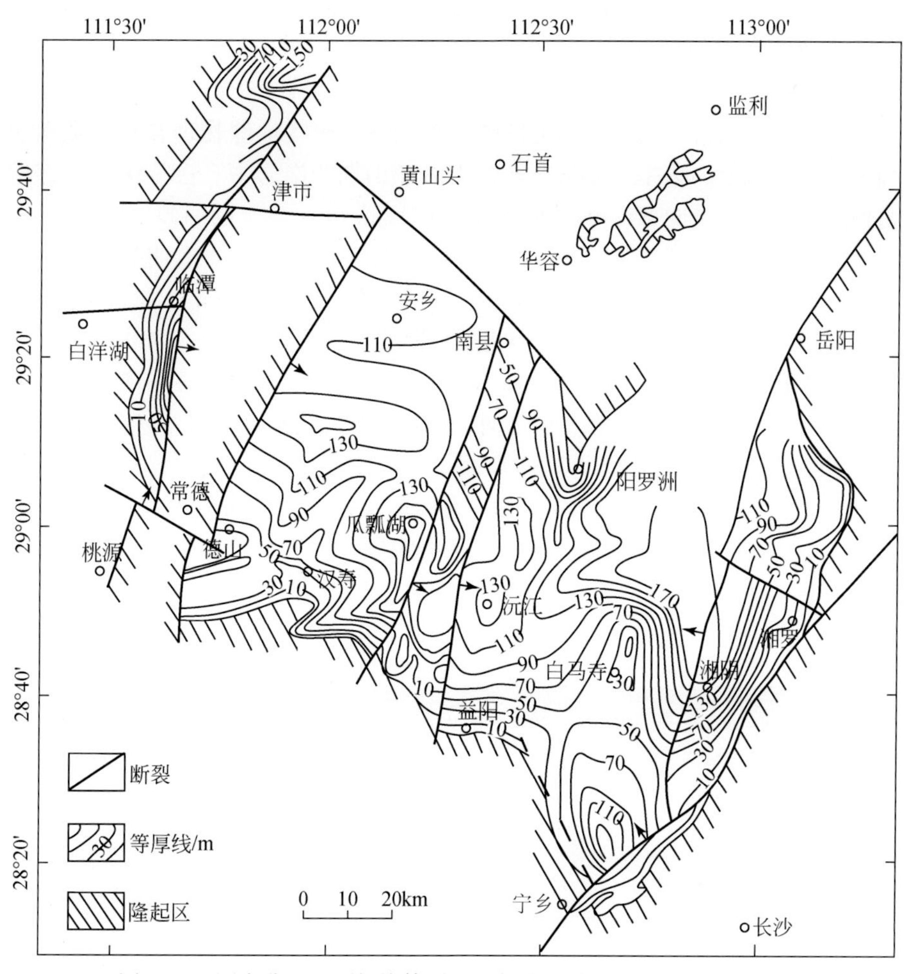

图 3-47　洞庭盆地下更新统等厚图（据张石钧，1992；略有修订）

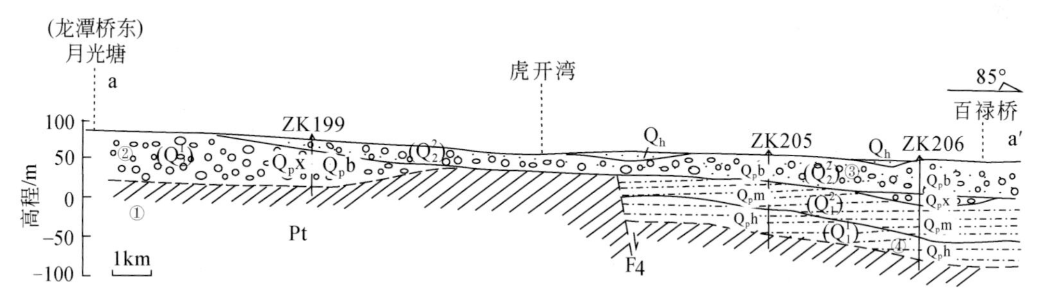

图 3-48　龙潭桥东-百禄桥（沅江-南县断裂）钻探地质剖面

（据湖南省地质矿产局水文地质工程地质二队，1990）

①岩；②砾石层；③砂砾石；④粉砂质黏土

七、黄山头-南县断裂

该断裂位于洞庭湖盆地与华容隆起之间，系由重、磁等地球物理资料及钻探和部分地面地质调查揭示的断裂。它主要发育于板溪群和燕山期花岗岩中，白垩纪和古近纪时控制了洞庭湖拗陷的北界，走向 NW40°～50°。

中国地震局地震研究所①认为该断裂第四纪对沉积厚度的分布有明显控制作用，断裂东北盘以断块抬升为主，是基岩残山和丘陵，第四系沿其边缘分布，厚度一般不足 50m。如在黄山头附近，中更新世网纹状红土构成第三级基座阶地，厚 6～8m，相对高程 12～20m。断裂南侧相对下沉而为洞庭湖平原，第四系厚 100 余米。断裂东南段局部地方可见网纹状红土层被切断，亦有网纹状红土充填于破碎带中。断层泥 TL 测年为距今（23.29±1.72）万年和（26.07±1.62）万年，SEM 法也证明中更新世晚期有过强烈的黏滑活动。

从第四纪地层分布特征来看，黄山头-南县断裂很可能构成了一条江汉盆地与洞庭湖盆地之间的转换断层，在拦腰截断江汉-洞庭湖盆地的同时，还显示了较为强烈左旋走滑运动。在断裂北侧大致平行的位置上可能存在一条疑似断裂，且有晚第四纪有过活动的地貌迹象。在遥感影像上（图 3-49），可以看出津市与石首之间一系列水系都出现

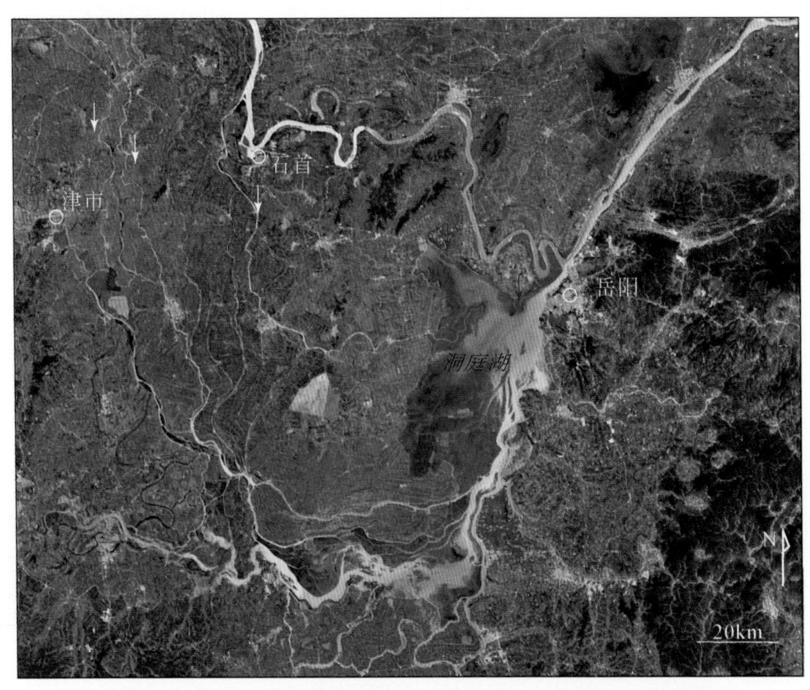

图 3-49　黄山头-南县断裂东侧至洞庭湖一带遥感影像图

（image @ 2020 Google Earth）

① 中国地震局地震研究所. 2000. 仙桃汉江公路大桥工程地震安全性评价报告。

了同步左旋错位（图 3-49 中白色箭头所指）。在洞庭湖北侧存在一条北西向线状影像（图 3-49 中红色箭头所示），表现清楚。沿着该线状构造，也可看出左旋走滑运动的证据，如湘江水系在汇入长江之前也出现了左旋错位的现象。洞庭湖本身的分布特征还有可能反映了晚第四纪构造作用，而不是古地形或外动力作用的结果。推断黄山头-南县断裂与岳阳北西向线状构造的拉分作用形成了一个沉降中心、即洞庭湖盆地（图 3-49，图 3-50）。

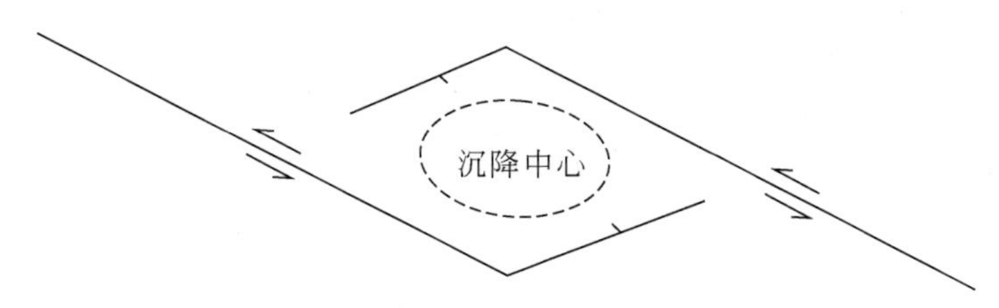

图 3-50　左阶雁列状左旋走滑断裂拉分作用模式图

第四节　洞庭湖盆地第四纪演化与力学环境

第四纪洞庭湖盆地是在白垩纪—古近纪红色盆地的基础上发展起来的，但二者在沉积范围等方面的差别明显（张石钧，1992）。柏道远等（2010）划分出澧县、临澧、安乡和沅江 4 个凹陷单元，其中澧县凹陷和临澧凹陷基本上与河洑-临澧凹陷相对应。受太阳山凸起、赤山水下隆起和麻河口凸起的分隔，第四纪洞庭湖盆地主要可以分为河洑-临澧、安乡-汉寿、沅江-白马寺和湘阴 4 个次级沉积凹陷（图 3-51）。

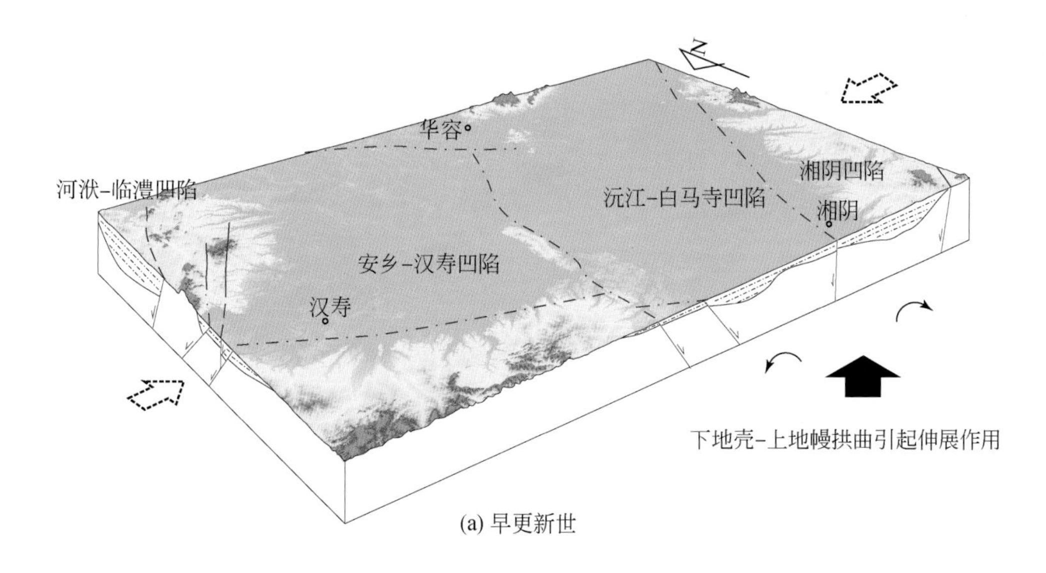

(a) 早更新世

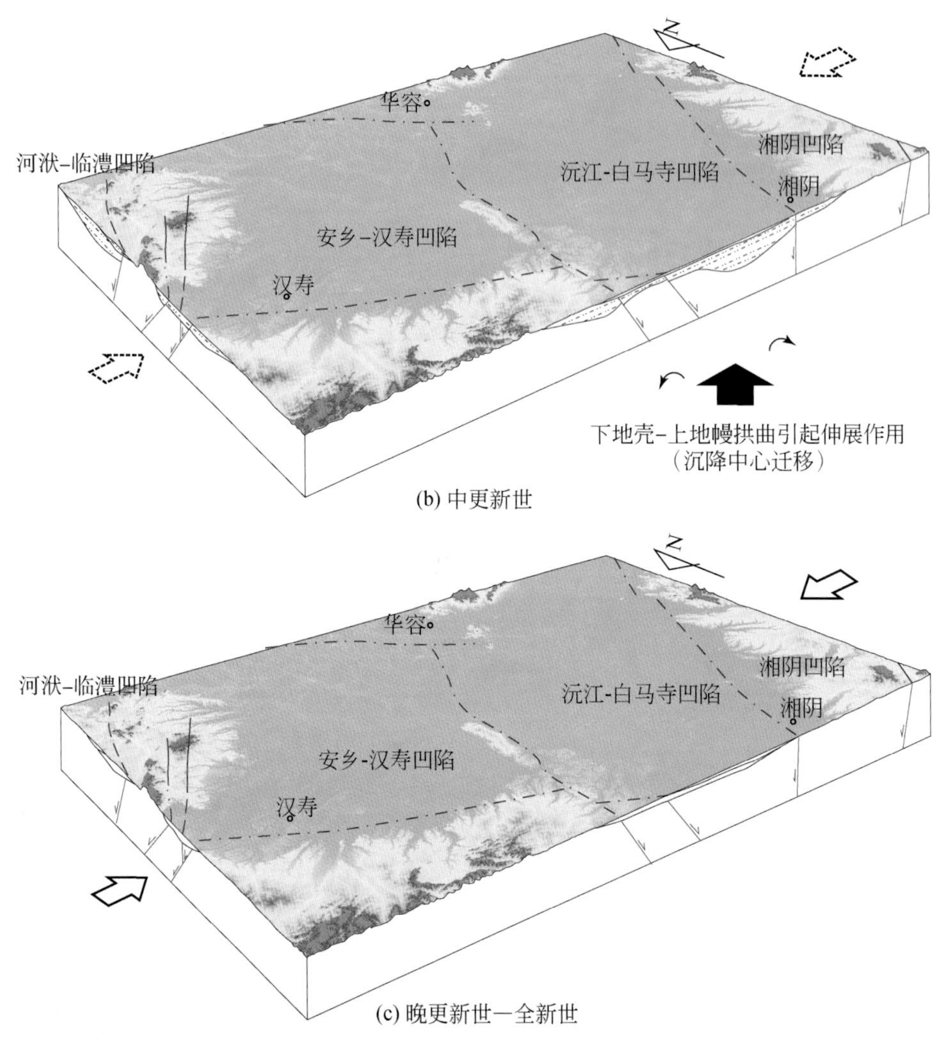

(b) 中更新世

(c) 晚更新世—全新世

图 3-51 洞庭湖盆地第四纪构造演化模式图

一、早更新世

太阳山断裂上的肖伍铺断裂（f3）可以看作是河洑-临澧沉积凹陷西边界上的一条分支断裂。根据张石钧（1992）的研究，该凹陷早更新世最大沉积厚度>165m。沿着肖伍铺断裂的中更新统底界断距为 1.5m，反映该断裂很可能属于一条生长型正断裂。在安乡-汉寿沉积凹陷的中，早更新世安乡-汉寿凹陷中发育两个沉降中心，瓜瓢湖中心最大沉积厚度为 184.1m，中心区的等值线成近南北向；位于凹陷中间地带的西洞庭中心沉积厚度>150m，等值线成北西西向（图 3-51）。

在与断裂活动性的关系方面，北西西向常德-益阳-长沙断裂中段的上、下盘，下更新统厚度平均值分别为 42.0m 和 30.3m，这些数据显示，在早更新世时期，安乡-汉寿凹陷中的北西西向分布沉降中心不仅分布离北西西向边界正断裂较远的凹陷中心，而且受断裂控制的差异性沉降幅度只有 11. 7m。由此可见，该时期盆地沉降主要是通过拗陷作用形成的，而不是断陷作用。与河洑-临澧和安乡-汉寿两个次级沉积凹陷相比，沅江-白马寺凹陷和湘阴凹陷构造演化比较特殊。前两个凹陷的构造活动以继承性为主，而沅江-白马寺凹陷在第四纪时期存在一定构造反转的现象（图 3-51）。如白马寺一带在早更新世表现为一个凸起区（张石钧，1992）。岳阳-湘阴断裂构成了它的东边界，在断裂东侧发育湘阴凹陷。沉降中心带并非沿着断裂线状展布，湘阴凹陷主要也是通过拗陷作用形成的。

从洞庭湖盆地周缘不同走向的断裂均表现出正断层性质来看，该盆地在早更新世表现为一个主动型伸展盆地，即存在岩石圈上隆的顶托作用，还导致了上地壳变薄和破裂，并形成伸展盆地（图 3-45）。与新近纪的构造活动相比，总体上以继承性为主。尽管在区域构造动力学背景上受到近东西向主压应力的影响，但未能对洞庭湖盆地在早更新世的伸展作用及沉积凹陷形成明显的抑制。

二、中更新世

进入中更新世，河洑-临澧和安乡-汉寿两个次级沉积凹陷仍以继承性沉降为主（图 3-51）。在河洑-临澧沉积凹陷中，中更新世最大沉积厚度为 ~96m（张石钧，1992）。中更新世时期的安乡-汉寿凹陷继续下沉，沉积凹陷的分布格局基本同早更新世相同，瓜瓢湖中心最大沉积厚度为 133. 3m，等厚线表现出明显的由北西向南东延伸的舌状。北西西向常德-益阳-长沙断裂中段的上、下盘，中更新统厚度分别 34. 5m 和 29. 5m，中更新统新开铺组底界垂直落差为 5. 0m，受断裂控制的差异性沉降幅度只有 5. 0m。中更新统中段白砂井组（Q_2b）及之后的上更新统已平稳地覆盖在断裂之上。

沅江-白马寺凹陷和湘阴凹陷构造演化发生反转。白马寺一带反转为一个重要的凹陷，最大沉积厚度>200m，但沉降中心带并非沿着岳阳-湘阴断裂线状展布，而是为北西向，大致平行常德-益阳-长沙断裂东段。在沉降幅度上与断裂活动强度也不匹配。因此，沅江-白马寺凹陷在第四纪时期也是主要通过拗陷作用形成的。湘阴凹陷则基本上停止发育。

虽然在中更新世仍然存在岩石圈上隆的顶托作用，产生断错地表的正断裂（图 3-51），但从新生代早期一直持续到早更新世的湘阴凹陷和麻河口凸起的继承性构造活在中更新世早期被打破了。在更大的范围内，崔之久等（1998）和李吉均等（2001）根据早更新世晚期至中更新世早期（1. 2 ~ 0. 6Ma）青藏高原环境变化及构造活动的差异性，把这一阶段的剧烈运动命名为“昆黄运动”。在青藏高原东缘及东南缘，此期构造运动也产生了重要的影响（程捷等，2001；张岳桥等，2010），并称为“元谋运动”。从上述的分析可以看出：这一期构造运动在洞庭湖盆地也留下了较为明显的烙印，为表述方便，可以称为“湘阴运动”。

三、晚更新世—全新世

晚更新世，盆地沉积范围大幅缩小（图 3-51），湖盆沉积边界西面退至常德至周家店附近，东面则退至湘江断裂，赤山及其南端已全部升出水面，湖盆沉积凹陷呈马蹄形卧于盆地内（张石钧，1992）。在全新世前期，洞庭盆地南部继续掀斜式抬升，沉积中心位于盆地北部；后期盆地北部也发生向南的掀斜式抬升，致使盆地内积水洼地愈来愈小，呈近东西向横贯于盆地中央偏南的部位。

洞庭湖盆地周缘及内部一些主要断裂未发现断错晚更新世及全新世地层的现象，这很可能说明了岩石圈上隆及其上地壳的减薄效应在晚更新世以来基本上停止了。在现今构造应力场作用下，洞庭湖盆地凹陷范围大幅降低。发生在中更新世末期（0.15Ma BP）的共和运动（李吉均等，2001），对洞庭湖盆地的影响亦不可忽视。

第五节　盆地构造属性与中强地震活动

一、盆地构造属性

常德-益阳-长沙断裂构成了安乡-汉寿沉积凹陷的南部边界，根据张石钧（1992）的研究，早更新世安乡-汉寿凹陷中发育两个沉降中心，瓜瓢湖中心最大沉积厚度为184.1m，中心区的等值线成近南北向；位于凹陷中间地带的西洞庭中心沉积厚度>150m，等值线成北西西向。北西西向常德-益阳-长沙断裂中段的上、下盘，下更新统厚度平均值分别为42.0m和30.3m，这些数据显示，在早更新世时期，安乡-汉寿凹陷中的北西西向分布沉降中心不仅分布离北西西向边界正断裂较远的凹陷中心，而且受断裂控制的差异性沉降幅度只有11.7m。由此可见，该时期盆地沉降主要是通过拗陷作用形成的，而不是断陷作用。

中更新世安乡-汉寿凹陷继续下沉，沉积凹陷的分布格局基本同早更新世相同，瓜瓢湖中心最大沉积厚度为133.3m，等厚线表现出明显的由北西向南东延伸的舌状。北西西向常德-益阳-长沙断裂中段的上、下盘，中更新统厚度分别34.5m和29.5m，中更新统新开铺组底界垂直落差为5.0m，受断裂控制的差异性沉降幅度只有5.0m。中更新统中段白砂井组（Q_2b）及之后的上更新统、全新统已平稳地覆盖在断裂之上。

以洞庭湖盆地南缘常德-益阳-长沙断裂中段对应的安乡-汉寿凹陷为例，通过断裂活动性的精细定量研究，可以认为：第四纪时期，安乡-汉寿凹陷主要是通过拗陷作用形成的。

对于岳阳-湘阴断裂切过了沅江-白马寺凹陷的东边界。尽管在第四纪时期该凹陷存在构造反转的现象，如白马寺一带在早更新世还表现为一个凸起区（张石钧，1992），中更新世时期反转为一个重要的凹陷，最大沉积厚度>200m，但沉降中心带并非沿着岳阳-湘阴断裂线状展布，而是为北西向，大致平行常德-益阳-长沙断裂东段。在沉降幅度上与断裂活动强度也不匹配。因此，沅江-白马寺凹陷在第四纪时期也是主要通过拗陷作用形成的。

洞庭湖盆地在第四纪时期的构造属性主要表现为一个拗陷型盆地，但直到中更新世末期，存在一定的断陷作用。晚更新世以来，断陷作用消失，完全表现为一个拗陷型盆地，洞庭湖盆地的沉积环境发生了很大变化，盆地沉积范围大为缩小。对洞庭湖盆地第四纪时期构造演化特征与属性的研究，对于我们认识或界定中国东部第四纪时期构造运动期次有着重要意义。洞庭湖盆地周缘的太阳山断裂、常德–益阳–长沙断裂和岳阳–湘阴断裂对沉积地层的断错作用在中更新世末期基本上都停止了。在走向上，这几条断裂可以分为北东–北北东向和北西向两组。浅层物探及地质钻探验证都显示了这两组断裂在中更新世以正倾滑运动性质为主，这表明洞庭湖盆地在该时期还存在明显的下地壳拱曲现象，在近垂直方向的主压应力作用下，不同方向的断裂都表现出正倾滑运动特征，洞庭湖盆地仍显示了一定的断陷作用。晚更新世以来，这种正断倾滑运动减弱。现今的震源机制解反映的主压应力以水平方向为主。由此可见，从中更新世到晚更新世，至少在洞庭湖地区存在构造动力学环境的变化。这种变化在长江中下游地区是否具有普遍性，还有待进一步研究。

综上所述，洞庭湖地区断裂断错地表的构造活动特征终止在中更新世末期，这也是意味着发生在中更新世的一期构造运动幕的结束。晚更新世以来，洞庭湖地区进入了新的构造演化阶段。在这一阶段，最主要的断裂活动特征表现为基本上不发生断错地表的破裂行为。

二、对识别中强地震构造的启示

如前所述，除了北部边界外，洞庭湖盆地与周边隆起山地之间不但断裂发育，同时也是中强地震集中发生的地带。有历史记载以来，在湖南省境内共发生过 $M \geqslant 4.7$ 的地震 18 次，其中有 11 次发生在洞庭湖盆地周缘边界带及其附近，其中包括 2 次震级最大的历史地震，即 1631 年常德 6 3/4级和 5 3/4级地震，以及 1556 年岳阳 5 级地震、1631 年宁乡 5 1/2级地震、1906 年常德 5 级地震和 1717 年石门 5 1/4级地震等。尽管迄今为止一些地段还没有发生过破坏性地震，但根据构造类比原则，洞庭湖盆地与周缘隆起山地之间的主要边界断裂均可判断为中强地震的发震构造。

与常德–益阳–长沙断裂的构造表现相类似，沿着洞庭湖盆地东缘分布的岳阳–湘阴断裂，在铜官镇西北白羊坡也同样存在断错中更新世地层的构造现象；沿着洞庭湖盆地西缘内侧分布的太阳山断裂，地形地貌线状特征清晰，浅层物探及钻探也证实了存在断错早、中更新世地层的地质证据。结合洞庭湖盆地周缘频繁的中强地震活动，该地区断裂活动性调查结果同样表明了中强地震的发生并不一定与在地表产生明显位错的、晚更新世以来的活动断裂相联系（韩竹军等，2002），它们可以是早–中更新世有过活动的断裂在活动性减弱过程中的能量释放。换言之，早–中更新世有过活动的断裂并不意味着它们完全停止活动，只是这些断裂活动性较弱，不至于产生断错地表的强震活动，但可以发生中强地震。因此，一条断裂是否存在断错早、中更新世地层的构造现象，是判断中强地震发震构造的一个重要标志。

第六节　结　　论

通过对太阳山断裂、常德–益阳–长沙断裂和岳阳–湘阴断裂较为详细的浅层物探、钻探、年代学测试以及地表地质地貌调查和综合分析等方面的工作，可以获得有关这些断裂几何学、运动学、活动时代以及洞庭湖盆地构造属性等方面的一些认识。

（1）几何学特征：根据浅层物探测线剖面及钻探验证，3 条断裂在第四纪时期均表现为正断层性质。常德–益阳–长沙断裂倾向北北东，其余两条断裂倾向北西西。

（2）活动时代：3 条断裂均断错了中更新世地层，其中常德–益阳–长沙断裂明显断错了古近纪基岩顶界面，并向上切错下更新统的华田组（Q_1ht）、汨罗组（Q_1m）和中更新统下段新开铺组（Q_2x）底界面，而中更新统中段的白砂井组（Q_2b）则平整地覆盖在断裂之上，表明该断裂最新活动时代在中更新世早期。太阳山断裂和岳阳–湘阴断裂最晚活动时代持续至中更新世晚期。

（3）运动学参数：沿着太阳山断裂，中更新统底界断距为～1.5m；常德–益阳–长沙断裂第四纪以来总断距为 16.10m；越往上断距越小，断裂的活动具有较多的边沉边断的同生性质；露头剖面调查显示岳阳–湘阴断裂对中更新世中晚期网纹黏土（距今 342～359ka）的断距>5m。

（4）盆地构造属性：通过对第四纪以来断裂控制的差异性沉降幅度与凹陷内沉积厚度的对比分析，可以认为洞庭湖盆地第四纪时期的沉降主要是通过拗陷作用形成的，但直到中更新世末期，仍存在一定的断陷作用。晚更新世以来，断陷作用消失，完全表现为一个拗陷型盆地。根据洞庭湖盆地第四纪沉积学特征及其断裂活动性，发生在青藏高原的昆黄运动（1.2～0.6Ma）和共和运动（0.15Ma BP）在本研究区内也有较为明显的表现。

（5）中强地震构造标志：洞庭湖盆地与周边隆起山地之间不但断裂发育，同时也是中强地震集中发生的地带。一条断裂是否存在断错早、中更新世地层的构造现象，是判断中强地震发震构造的一个重要标志。

第四章　基岩区断裂活动性

第一节　概　　述

如何在相对稳定的基岩区开展断裂活动性调查与发震构造判定是一项具有挑战性的研究工作。江西中北部瑞昌-铜鼓断裂和宜丰-景德镇断裂主要发育在前新生代基岩区，但存在第四纪有过活动的地质和年代学证据，同时也是两条重要的中强地震构造带（图 4-1）。

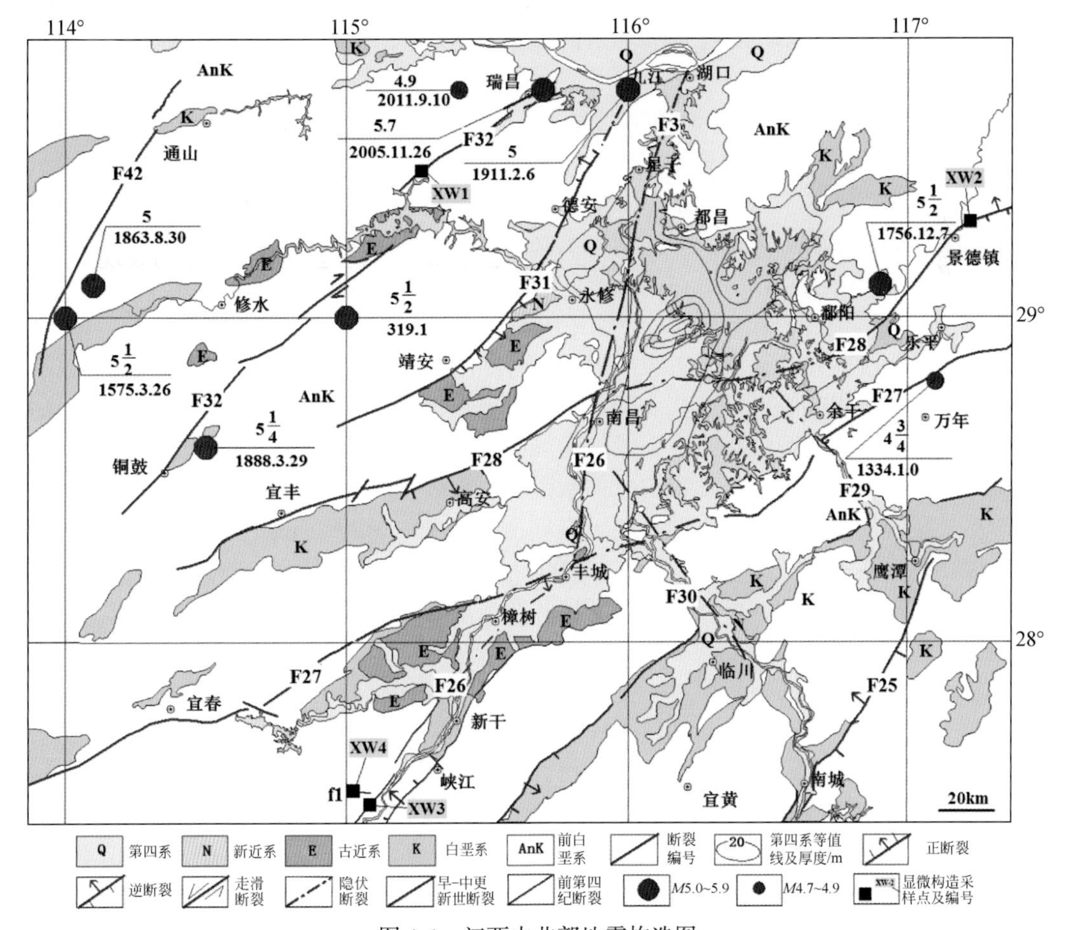

图 4-1　江西中北部地震构造图

（地质资料据江西省地质矿产局，1984；历史地震资料据国家地震局震害防御司，1995）

断裂名称与编号（参见第一章相关内容）：F25. 大余-南城断裂；F26. 湖口-新干断裂（赣江断裂）；F27. 丰城-婺源断裂；F28. 宜丰-景德镇断裂；F29. 余干-鹰潭断裂；F30. 南昌-抚州断裂；F31. 九江-靖安断裂；F32. 瑞昌-铜鼓断裂；F42. 塘口-白沙岭断裂

在这两条断裂露头剖面上均发育断层泥条带，断层泥显微构造图像揭示了丰富的构造变形现象，构造成因机制明确。如前所述，华南相对稳定的基岩区常常是我国重大工程如核电厂选址中优先考虑的地区，同时也是我国经济发达、人口密集的城市群主要分布区；在这些地区地震构造环境评价中，断层泥显微构造研究为鉴定断裂活动性、判定中强地震发震构造提供了一条可以借鉴的技术途径。

江西中北部地处华南块体内部（张培震等，2003），在地震区带划分上属于华南地震区，但毗邻华南与华北地震区之间的边界带，是我国地震活动性较弱的相对稳定区，以中强地震为主要活动特征（国家地震局震害防御司，1995）。第四纪时期，华南地区断裂活动性普遍较弱。除了一些大型盆地的边缘断裂，大多数断裂对第四纪沉积的控制作用不明显，主要分布在前新生代基岩区，采用断错地层年代测定等常规方法有时很难达到鉴定此类断裂活动性的目的（史兰斌等，1996）。断层泥是断裂活动的直接产物（Sibson，1986），记录了断裂活动性质、方式和历史等信息（马瑾等，1985；张秉良等，2002；Schleicher，2010），可以用来研究基岩区断裂活动性（林传勇等，1995；姚大全，2001；付碧宏等，2008）。

近年来，关于2008年汶川8级地震地表破裂带中新鲜断层泥的发现和研究，促进了对断层泥显微构造、矿物成分和成因机制的研究（付碧宏等，2008；王萍等，2009；韩亮等，2010；Lin，2011；党嘉祥等，2012；袁仁茂等，2013）。断层泥与中强地震构造背景下的断裂活动也存在密切关系。如大别山东北部的霍山地区历史上曾发生过6次破坏性地震，最大地震为1917年霍山6 1/4级地震，构造上发育6条呈共轭交切关系的北西向和北东向断裂（韩竹军等，2002）。姚大全等（1999，2006）的工作表明，这6条基岩断裂上均发育断层泥条带，并对断层泥微观滑移方式与断层活动时代、活动方式及地震活动的关系进行了研究。王华林等（1992）在鲁西北西向基岩断裂上也开展过类似工作。在断层泥显微构造特征与发震构造关系上，一般认为局部化脆性变形的显微构造特征是在黏滞滑动或快速加载条件下形成的，与发震构造关系密切；而散布的韧性变形显微构造特征是断裂稳定滑动或缓慢加载的产物，亦即断层无震蠕滑的产物（Moore et al.，1989；张秉良和林传勇，1993；杨主恩等，1999；Reinen，2000；姚大全，2004；姚大全等，1999）。断层泥是断裂长期活动的产物，有可能经历过断裂的非地震蠕滑阶段和地震的黏滑阶段，可以造成两种变形机制显微构造特征共存的现象。

下面以江西中北部两条发生过中强地震的瑞昌-铜鼓断裂和宜丰-景德镇断裂为例，在露头剖面宏观地质特征分析、新年代学样品测试以及断层泥显微构造定向样品采集的基础上，通过室内磨制薄片，开展断层泥显微构造变形特征研究，探讨了中强地震构造区断层泥变形特征的成因机制。同时也在不存在第四纪活动证据、没有发生过中强地震的湖口-新干断裂（南段）以及一条规模较小的近东西向罗田断裂（f1）露头剖面上采集了泥状松软物质样品，显微构造图像分析表明：雨水淋滤充填或风化形成的断裂构造带内部泥状松软物质与构造成因的断层泥存在显著差别。

第二节　断裂构造基本特征

在区域地球动力学背景上，江西中北部与长江中下游其他地区一样，新构造运动背景主要体现在华南和华北块体边界带的相互运动；东侧有菲律宾海板块俯冲作用对东南沿海产生的北西西向推挤和冲绳海槽北西–南东向扩张的侧向挤压。菲律宾海板块俯冲作用以及对东南沿海产生的北西西向推挡作用波及大致沿着江西与福建边界分布的河源–邵武断裂（闻学泽和徐锡伟，2003），该断裂在寻乌、会昌一带的构造及地震活动性相对较强（何昭星，1989；雷土成等，1991），江西省有记载以来的最大历史地震为1806年1月11日会昌6级地震。总体而言，江西中北部没有强烈构造活动与地震活动的动力学背景，大致以丰城–婺源断裂为界（图4-1），可以分为赣中和赣北两个次级地震构造区，其中赣北地震构造区临近两个华南和华北两个一级地震区边界，发育鄱阳湖拗陷，新构造运动时期存在较为明显的差异性活动，中强地震活动较为频繁；而赣中地震构造区既不靠近华南与华北两个地震区边界带，又远离台湾岛弧板块碰撞带的影响，因此，新构造运动时期差异性运动不明显，表现为大面积的整体性缓慢抬升，地震活动性较弱。瑞昌–铜鼓断裂和宜丰–景德镇断裂地处赣北地震构造区，湖口–新干断裂（南段）和近东西向罗田断裂（f1）位于赣中地震构造区。

江西中北部发育NNE—NE、NEE和NW向3组区域性断裂（图4-1），其中又以前两组为主。NNE—NE向的瑞昌–铜鼓断裂、九江–靖安断裂以及NEE向的宜丰–景德镇断裂与≥5级的中强地震关系密切。在江西开展的内陆核电厂地震地质专题研究或地震安全性评价工作，在这3条断裂的露头剖面上均发现了松软的断层泥条带。湖口–新干断裂（又称“赣江断裂带”）沿线历史上还没有破坏性地震的记载，江西省地质矿产局（1984）把南昌市北郊乐化镇以北划分为北段，乐化至丰城为中段，南段为新干至吉安一带。中、北段地貌差异明显，对第四纪地层分布有控制作用，可见喜马拉雅期侵入的脉状基性岩呈北北东向分布；南段第四纪活动性证据不明显。罗田断裂则是发育在赣江左岸的一条小断裂，不存在第四纪时期有过活动的地貌或地质迹象。

瑞昌–铜鼓断裂是一条典型的中强地震发震构造带（Han et al.，2012）。沿该断裂串珠状分布瑞昌、范镇和武宁3个继承性第四纪小盆地。在地震活动性方面，除了两次5.0～5.5级历史地震外，1970～2005年发生过5次3.0～4.9级地震，如1995年4月15日范镇4.9级地震、2004年1月26日叶家铺南4.1级地震等。2005年11月26日在瑞昌盆地发生了5.7级地震，显示了3.0级以上有感地震的在北东成带分布特征，与该地区第四纪盆地和断裂构造的总体走向一致。2005年九江–瑞昌5.7级地震极震区地震烈度为Ⅶ度，长轴为北东东—北东方向，与震源机制解中节面Ⅰ相吻合（吕坚等，2008）。根据瑞昌盆地内浅层人工地震勘探和钻探验证，在瑞昌盆地东缘发育一条走向南西–北东、倾向北西的正断裂（瑞昌盆地东缘断裂），该断裂中更新世早期仍有过明显的断错活动（Han et al.，2012），为2005年九江–瑞昌5.7级地震发震构造（详见第五章）。

宜丰–景德镇断裂带规模较大，位于宜丰、南昌、景德镇一线，走向50°～70°。断裂地貌表现清楚，沿线主要表现为线性负地形。白垩纪至古近纪时，鄱阳湖地区为江南台隆上的一个断陷盆地，北东东向宜丰–景德镇断裂从盆地中间通过，并将盆地分成南鄱阳凹陷带、西山–鸣山隆起和北鄱阳凹陷带。第四纪时期，鄱阳湖盆地内最大沉积厚度达60～70m（图4-1）。虽然宜丰–景德镇断裂从鄱阳湖盆地中间通过，但盆地内第四系等厚线呈北东东向分布，主要分布在断裂北侧的上盘，长轴方向与断裂走向一致，宜丰–景德镇断裂是江西省境内对第四纪岩相古地理环境控制作用最为明显的一条断裂，也是第四纪时期仍有一定活动性的地质证据。在地震活动性方面，1756 年波阳 5 1/2级地震的等震线长轴方向为 65°左右（国家地震局震害防御司，1995），与宜丰–景德镇断裂走向基本一致，可以认为该断裂为1756 年波阳 5 1/2级地震的发震构造。

第三节　研究方法

在江西中北部基岩区断裂中的断层泥显微构造研究方法包括如下几个步骤。

（1）野外采样：在野外观察的基础上，根据断裂的宏观地质特征，在主断面的断层泥条带上，平行断面采集断层泥的定向样品，用软材料包裹，然后放入塑料盒中固定，防止在运输过程中破坏原始结构。

（2）磨制薄片：由于样品松软易变形，在磨制薄片前，用环氧树脂将样品固结硬化。之后磨制垂直断层面定向薄片。

（3）显微观察：采用德国蔡司 Zeiss Axioskop40 型偏光显微镜进行显微构造观测。

（4）数字成像：在 ProgRes Capture Pro 2. 8 软件支持下进行数字成像。

由于断裂活动的剪切作用，在断层泥显微构造中经常可以观察到一些比较典型的剪切面或变形现象（图 4-2；Blenkinsop，2002）。其中 Y 剪切（Y-shear）为平行于断层的主剪切方向发育的剪切面。Y 剪切之间发育的显微构造包括：里德尔剪切（Reidel shears），又可分为 R1 和 R2 剪切，它们是一种局部化滑动面，通常由不连续的面、破裂和剪切条带等构成；其中 R1 剪切与主滑动面小角度斜交（这里为 15° ~ 17°），其剪切指向与主滑动面剪切指向相同。R2 剪切与主滑动面大角度斜交（这里为 60°左右），其剪切指向与主滑动面剪切指向相反。P-叶理（P-foliation）一般由黏土矿物斜交断层泥边界的平行排列组成，由于黏土矿物较软，常常见到弯曲的现象。P-叶理常为 R1 剪切所分割或为 Y 剪切所限定，构成类似 s-c 组构（s-c fabric）。还有碎屑颗粒的拉长及拖尾构造，T-破裂（张性破裂）等。在变形方式上，P-叶理和碎屑颗粒流动条带状发育等特征，一般是断层蠕动的结果；Y、R 剪切以及棱角状、次棱角状碎斑随机分布，呈楔形的碎斑密集分布，一般是断层黏滑的产物。通过对断层泥有代表性的显微构造特征研究，可以对断裂运动方向和变形方式等进行判断（Sibson，1986；张秉良等，2002 ；Blenkinsop，2002）。

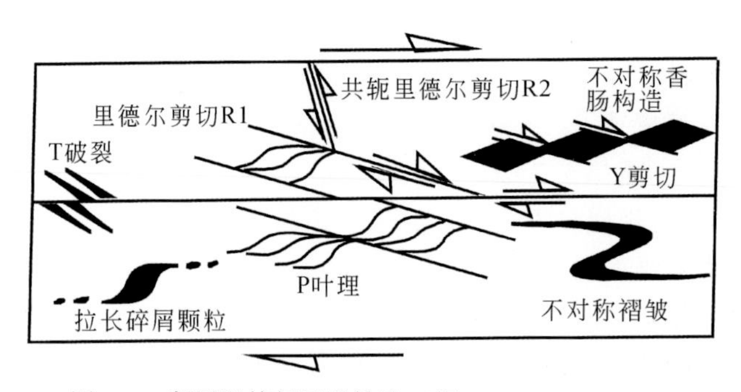

图 4-2　断层泥特征显微构造（据 Blenkinsop，2002）

第四节　宏观地质特征与显微构造分析

在瑞昌-铜鼓断裂、宜丰-景德镇断裂、湖口-新干断裂南段和罗田断裂上，采集了4组显微构造样品（XW1、XW2、XW3和XW4；图4-1）。下面分别介绍这4条断裂采样点露头剖面宏观地质特征、断裂活动性以及显微构造分析结果，研究断裂活动性的不同及其在显微构造上的差异。

一、瑞昌-铜鼓断裂

（一）露头剖面宏观地质特征

瑞昌-铜鼓断裂由一组次级断裂组成（表4-1），在瑞昌与武宁之间，断裂斜切了北西西走向的奥陶纪和志留纪单斜地层；地貌上出现负地形，尤其是在康山、黄塘山至东塅一线，断裂沿线表现出明显的地形地貌反差，北高南低。南侧为海拔70～80m的低台地，相当于修水T5阶地的海拔；北侧为海拔120～140m的低山、丘陵地带。在东塅村，于新开挖的房屋地基后侧露头剖面上（图4-3），可见宽2.5～3.0m的断裂构造带，断面平直，产状为63°/SE∠65°，断裂构造带中间部位为构造混杂带，两侧主要表现为强烈的碎裂岩带和扁豆体带，尤其是在东南侧的主断面上，可见0.5～1.0cm厚的灰绿色、灰白色断层泥条带，其中采集的断层物质热释光年代样品（DJ-TL-3）测试结果为（323.92±27.53）ka（图4-1）。断裂沿线的地貌学特征、断层物质测年结果以及在瑞昌盆地中钻探验证，显示了该断裂应是一条早、中更新世断裂（Han et al.，2012）。

表4-1　武宁县鲁溪镇东塅村断层泥TL样品测年数据

野外编号	采样地点	样品物质	放射性元素含量			年剂量率 Gy/ka	等效剂量 /Gy	样品年龄/ka
			U/(μg/g)	Th/(μg/g)	K_2O/%			
DJ-TL-3	武宁县鲁溪镇东塅村	断层泥	4.09	17.5	2.73	2.47	800.0	323.92±27.53

注：TL测年由中国地震局地壳应力研究所热释光实验室完成。

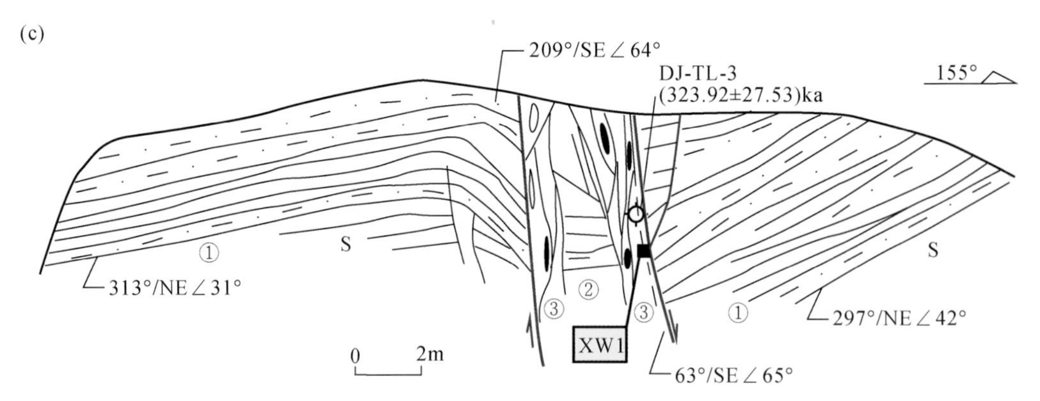

图 4-3　鲁溪镇南东塅村瑞昌-铜鼓断裂剖面图

①志留系，灰绿色与灰紫色页岩互层；②构造混杂带；③强烈片理化带与扁豆体带，南侧沿主断面发育断层泥条带

断层两侧地层岩性基本类似，均为志留系薄层状灰绿色与浅紫色页岩互层，但产状及变形程度有所不同。其中，东南盘地层产状单一，但倾角较大，产状为 297°/NE∠42°；西北盘倾角较缓，产状为 313°/NE∠31°，但近断层处，地层产状发生突然变化，表现出明显的牵引现象，反映了正断层活动性质。

（二）显微构造特征

在鲁溪镇南东塅村瑞昌-铜鼓断裂露头剖面上，通过断层泥定向样品采集（样品编号 XW1；采样位置参见图 4-3）以及室内的硬化处理和磨制垂直断面的定向薄片，在蔡司 Zeiss Axioskop 40 型偏光显微镜下获得 3 张有关断层泥显微构造的照片（图 4-4），其中 XW1-1 和 XW1-3 是在单偏光下拍摄的，XW1-2 是正交偏光下拍摄的。

在图 4-4 中的 XW1-1 照片上，可以看出切片大部分地带的物质粒度较细，铁质含量高，透明度较差。在切片中部，“追踪张”式的张剪性裂隙贯穿了断层泥切片。在切片左侧，除了贯穿性的 Y 剪切外，还发育一组规模较小但密集分布的 R1 和 R2 剪切。在右上方，可见碎屑颗粒拉长拖尾现象以及 P 叶理。这些特点显示了反映断裂局部化脆性变形的 Y 剪切、R 剪切与反映缓慢变形（蠕滑）的 P 叶理同时并存，但它们均反映瑞昌-铜鼓断裂张剪性正断层活动性质，与宏观露头剖面上的研究结果一致。

图 4-4 中的 XW1-2 照片为 XW1-1 右上方及外侧局部放大的正交偏光照片，从中可以看出：呈弧形起伏的斜向 P-叶理非常发育，清楚地显示了颗粒流动条带状断层泥结构特征，同时 P-叶理受到了平行断层泥边界的 Y 剪切所限定或分割。方解石脉体（天蓝色为正交偏光下方解石的干涉色）充填断层裂隙后，被剪切拉长或形成拖尾构造，碎屑长轴方向与叶理方向一致。片状矿物定向排列或串珠状分布、P-叶理发育等均显示缓慢变形的特点，应是断层蠕动的结果。XW1-2 显示的右旋拖曳变形清晰地显示了断裂的正倾滑运动性质。XW1-3 为 XW1-1 左侧局部放大的单偏光照片，切片上部发育一组平行的 Y 剪切，下部可见碎屑颗粒的蠕变拉长现象以及碎屑颗粒拖曳构造。这种代表快速滑动（黏滑）和反映缓慢变形（蠕滑）的显微构造同时并存的现象，很可能与地震中的快速变形与间震期即在应力松弛阶段的缓慢调整密切相关。

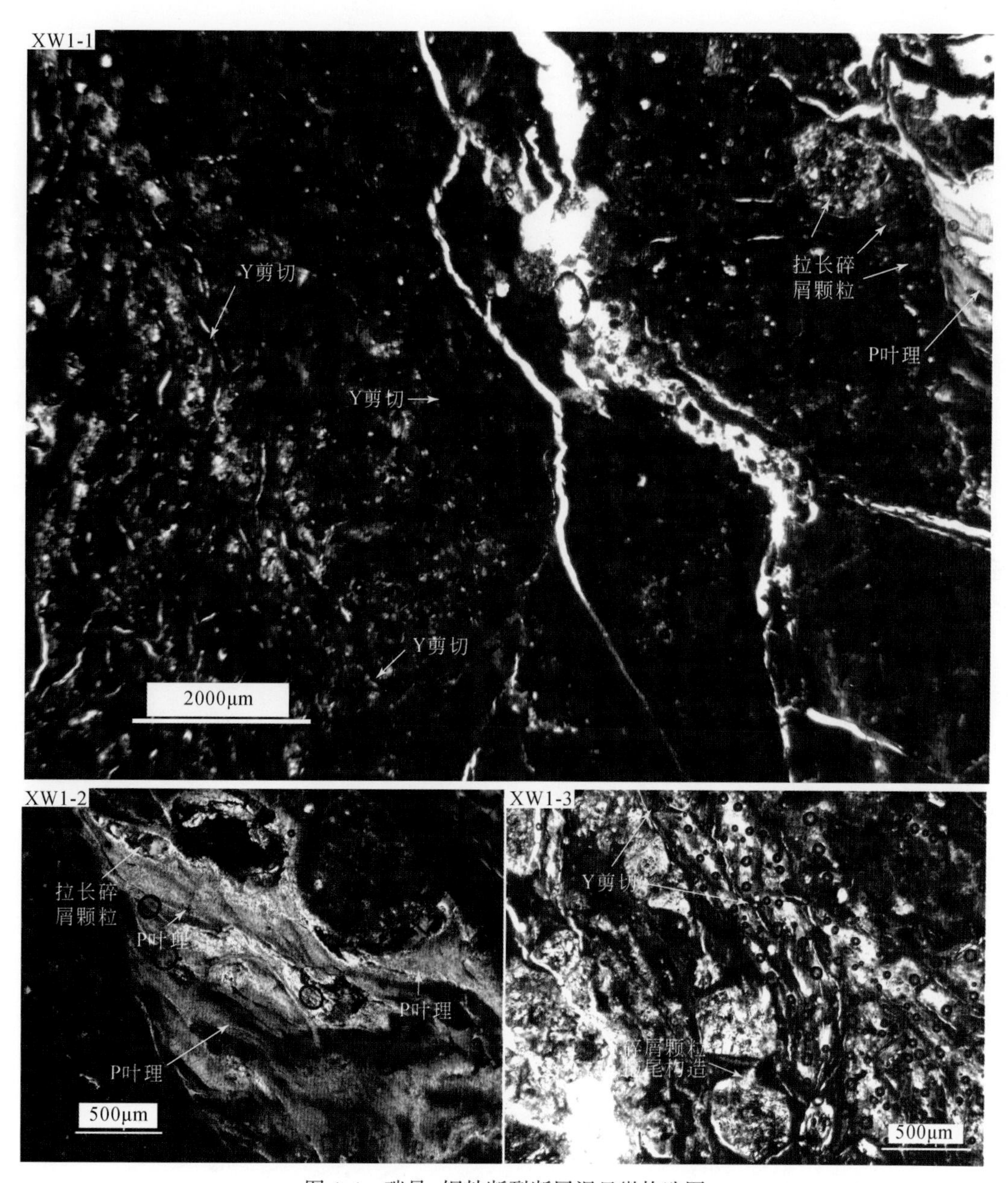

图4-4　瑞昌–铜鼓断裂断层泥显微构造图

XW1-1：断层泥切片的单偏光照片。“追踪张”破裂变形贯穿切片，平行Y剪切的破裂连接了R1和R2剪切。在切片左侧，可见与断面平行的Y剪切；在切片的右上部，发育碎屑颗粒拉长拖尾现象及P叶理（如箭头所示）。XW1-2：正交偏光照片，断层泥中发育P叶理（如箭头所示），方解石（天蓝色）拉长方向与叶理方向一致。XW1-3：单偏光照片，切片上部发育一组平行的Y剪切（如箭头所示），下部可见碎屑颗粒的蠕变拉长现象以及碎屑颗粒拖曳构造（如箭头所示）

二、宜丰-景德镇断裂

（一）露头剖面宏观地质特征

宜丰-景德镇断裂呈北东东向从景德镇市区穿过，地貌上表现为一个北东东向线状谷地。在景德镇市何家桥路西铁路边，于新开挖的基岩剖面上，可见规模较大的断裂构造带（图 4-5）。断裂构造带发育在元古宇双桥山组与古生界二叠系栖霞组（近断层处已遭受碎裂作用）之间，其中上盘的双桥山组为一套灰色、灰黄色条带状千枚岩、粉砂质板岩夹黄铁矿变余沉凝灰岩；下盘的栖霞组为灰岩，破碎强烈。断裂构造带宽 15～20m［图 4-5（a）］，主要由碎裂岩带、构造陡立带及紧密褶皱带组成，强烈破碎，发育多条断层泥条带，其中，在构造带内部可见紫红色、灰青色和白色等多个条带状断层泥带。在与断裂下盘灰岩的接触界面，发育平直的剪切面，沿着剪切面均可见松软的棕黄色断层泥条带［图 4-5（b）］。在断裂构造带上，主要剪切面均倾向 NW，产状为 57°/NW ∠81°，逆断层性质。采集的断层泥年代样品 GD-J-E1 测试结果为距今（248±28）ka（表 4-2）。

图 4-5　景德镇市何家桥宜丰-景德镇断裂剖面图

①灰岩；②灰色、灰黄色条带状千枚岩、粉砂质板岩夹黄铁矿变余沉凝灰岩；③构造破碎带；④断层泥带；⑤紧密褶皱带

1756 年沿着该断裂发生了波阳 5 1/2级地震。宜丰–景德镇断裂在鄱阳湖凹陷中对第四系分布的控制作用以及基岩区的地貌表现和断层物质测年结果，显示了该断裂应是一条早、中更新世断裂。

表 4-2　景德镇市和峡江县 ESR 样品测年结果一览表

实验室编号	野外编号	采样地点	样品物质	古剂量/Gy	年剂量/(Gy/ka)	年龄/ka
11006	GD-J-E1	景德镇市何家桥	断层泥	1514±181	6.09	248±28
12349	DT-E-3	罗田–洲上	断层物质	信号饱和	3.19	大于 1500
12350	DT-E-4	峡江县木膳村	断层物质	4516±497	3.93	1149±126

资料来源：中国地震局地质研究所地震动力学国家重点实验室。

（二）显微构造特征

在景德镇市何家桥宜丰–景德镇断裂露头剖面上，采集断层泥定向样品（编号 XW2），采样位置如图 4-5 所示。经过室内硬化处理和磨制垂直断面的定向薄片，在蔡司 Zeiss Axioskop 40 型偏光显微镜下获得 3 张有关断层泥显微构造的单偏光照片（图 4-6）。

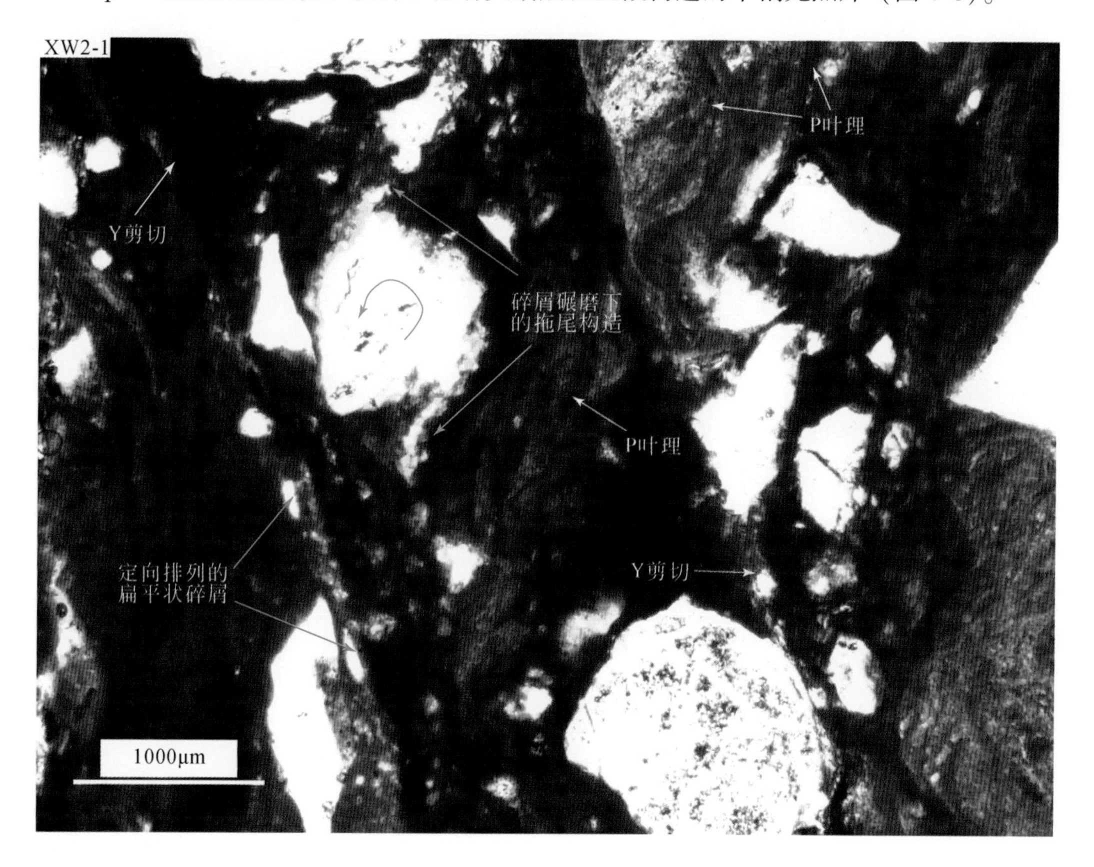

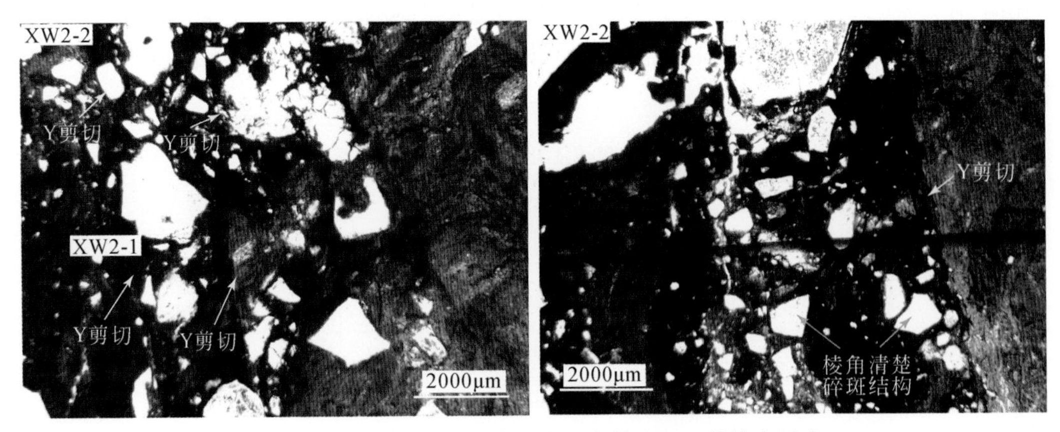

图4-6 宜丰–景德镇断裂断层泥显微构造图（单偏光照片）

XW2-1：发育平行的两条Y剪切（如黄色箭头所示），沿着Y剪切可见定向排列的扁平状碎屑（绿色箭头所示）。基质为含铁质较多的黏土，碎斑在逆时针碾磨出现拖尾构造（如蓝色箭头所示）。两条平行的Y剪切之间发育P叶理（如白色箭头所示），碎屑拉长方向与叶理方向一致。XW2-2：可以看出XW2-1中两条平行的Y剪切在更大范围的连续发育特征（如箭头所示），XW2-1位于该照片的左下方（如白色图框所示）。XW2-3：碎斑大小不一，为棱角状或次棱角状

在图4-6中的XW2-1照片上，可以清晰地看出两条平行的脆性剪切滑动面，如图中黄色箭头所示的Y剪切。图面上可见大小不一的碎斑，大多为棱角状或次棱角状。沿着Y剪切发育定向排列的扁平状碎屑，如图中绿色箭头所示。基质为含铁质较多的黏土，在两条Y剪切面之间的基质中可见显示左旋剪切作用的P-叶理（图中白色箭头所示），并对碎砾有逆时针方向的碾磨作用，使其呈次棱角状，边缘也显示出拖曳拉长现象，即拖尾构造（图中蓝色箭头所示）及流动条带。碎屑拉长方向与叶理方向一致。这些现象表明了Y剪切表现为左旋错动，这与断裂剖面上观察到上盘上升、下盘下降的逆断层活动性质一致。

在图4-6的XW2-2照片上，可以看出XW2-1中两条平行的Y剪切在更大范围的连续发育特征（如箭头所示），XW2-1位于该照片的左下方（如白色图框所示）。对比照片XW2-2和XW2-1，可以看出：在局部放大的照片上，能够清晰地反映显微构造特征如P叶理等以及剪切作用的运动学特征。在XW2-3中，含有大、中、小三种粒度不同的碎斑，次棱角状，随机分布。该样品中平直的剪切面、棱角状或次棱角状碎砾以及局部地段显示的楔形充填形态，都是断层快速滑动的产物，表明此样品经历了黏滑作用。

综合宜丰–景德镇断裂上3个断层泥切片的观察结果，可以看出与瑞昌–铜鼓断裂类似的断层泥显微构造特征，即代表快速滑动（黏滑）的Y剪切以及棱角状、次棱角状碎斑和反映缓慢变形（蠕滑）的P-叶理、碎屑颗粒拖尾构造同时并存的现象。

三、湖口–新干断裂南段

（一）露头剖面宏观地质特征

湖口–新干断裂南段由一组北东—北北东向次级断裂组成，对白垩系分布有一定的控

制作用，但与古近系的断错关系不明显。在峡江县城巴邱镇木膳村 315 省道边，可见该断裂露头剖面（图 4-7），断裂发育在青白口系灰绿色变余细粒杂砂岩与粉砂质千枚岩互层中。

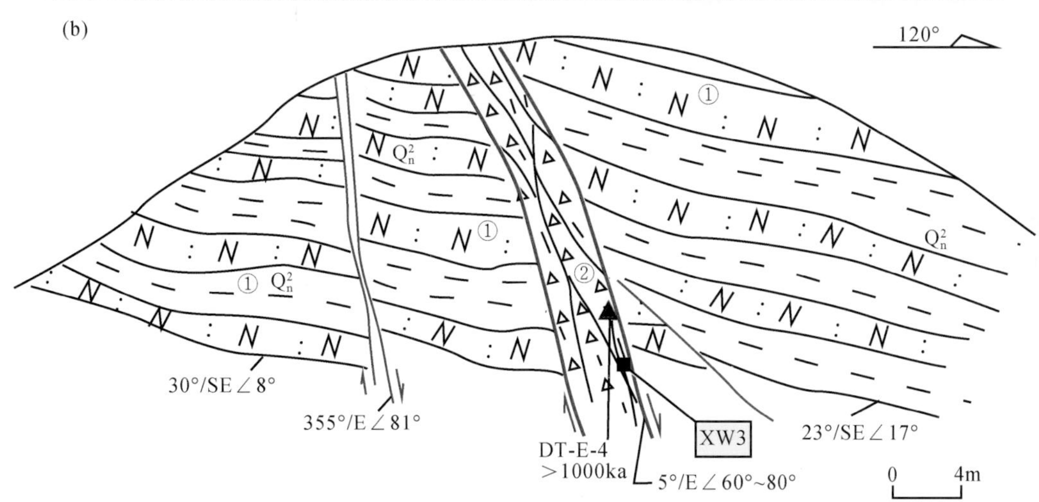

图 4-7　巴邱镇木膳村省道边北侧湖口–新干断裂剖面图

（a）露头照片；（b）剖面图

①青白口系灰绿色变余细粒杂砂岩与粉砂质千枚岩互层；②断层碎裂岩带

在公路北侧的断层碎裂岩带宽 3～4m（图 4-7），断面产状 5°/E∠60°～80°。中下部陡立，呈向外凸出的弧形。断裂两侧的地层产状略有差异，并有轻微弯曲变形现象，牵引变形特征显示了正断层活动性质。邻近断裂处发育一些伴生构造。在靠近上盘处断层物质呈土黄色，并可见 10cm 左右宽的扁豆体带。与断裂两侧的灰绿色变质岩相比，断层碎裂岩带由于遭受风化淋滤影响，整体上呈青灰色，靠近上盘处采集显微构造样品（样品编号 XW3，图 4-7）。

断裂沿线发育一些长条状山脊，但包括形成于第四纪早期（早更新世）、海拔120 ~ 170m 的剥夷面以及赣江河流阶地在内层状地貌面平稳分布，没有构造变形迹象。采集断层物质电子自旋共振年代样品（DT-E-4），测试结果显示最晚活动时代大于 1000ka（表 4-2）。根据该断裂地质地貌表现特征，并结合测年结果，可以判定为一条前第四纪断裂。

在稠溪村南 1km 处土公路边，断裂构造带表现为宽 3 ~ 4m 的粗碎裂岩带（图 4-8），两侧地层产状差异明显，其中，上盘产状为 85°/S∠33°；下盘为 94°/S∠47°。上覆厚度较大的棕黄色晚第四纪残坡积层，平稳分布没有构造扰动迹象。在断裂构造带上，未见新鲜滑动面，也没有松软的断层物质。

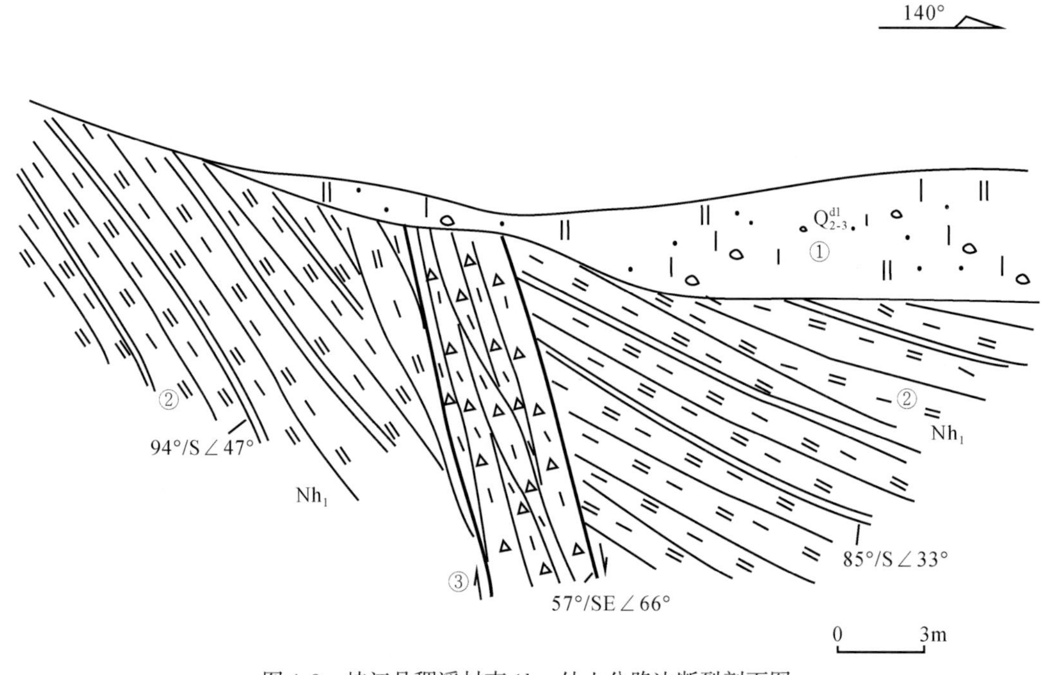

图 4-8　峡江县稠溪村南 1km 处土公路边断裂剖面图

①中–上更新统，棕红色砂质黏土层；②南华系，灰绿色白云母片岩夹硅质绢云千枚岩；③粗碎裂岩

（二）显微构造特征

在华南温热多雨的条件下，沿着断裂构造带出现的泥状松软物质既可能是断裂两侧岩层相互碾磨的结果，也可能是后期雨水淋滤充填或风化的产物，在野外现场的宏观观察中有时很难进行区分，通过室内磨制的薄片显微构造观察，可以为鉴定它们的构造成因或非构造成因提供一个重要技术途径。为此，在巴邱镇木膳村湖口–新干断裂南段露头剖面上采集了泥状松软物质样品（XW3）。经过磨制薄片，获得了如图 4-9 所示的显微构造图像。

可以看出：不同方向的条纹凌乱分布、相互交接，未见统一的方向性，尤其是不同的单体矿物或碎屑颗粒均未见被拉长、碾磨或定向排列的现象（图 4-9），与瑞昌-铜鼓断裂和宜丰-景德镇断裂上采集的断层泥显微构造特征形成鲜明对比。可以认为：该露头剖面上的松软物质应为后期雨水淋滤充填或风化的结果。

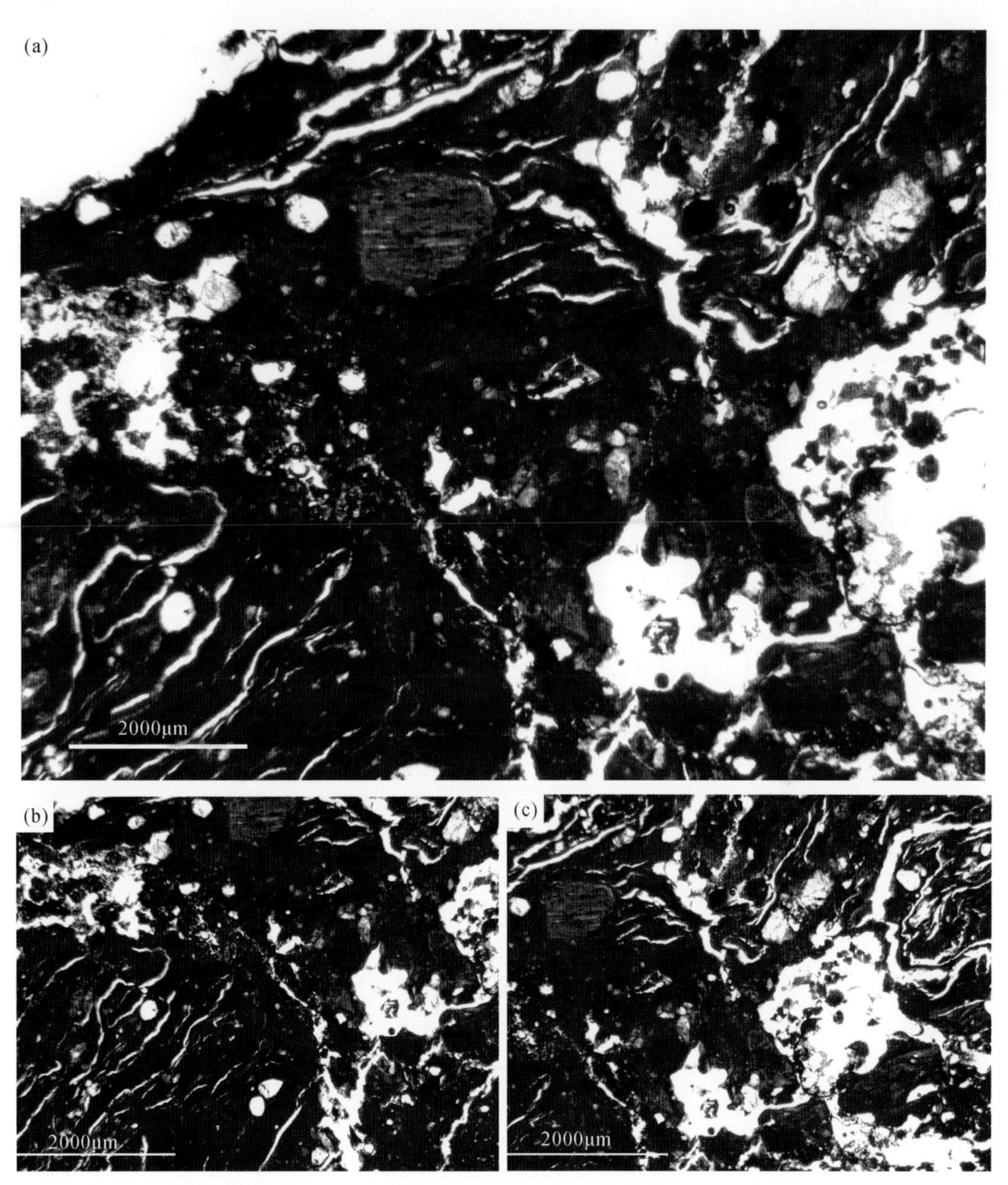

图 4-9 湖口-新干断裂南段泥状松软物质显微构造图（单偏光照片）

四、罗田断裂

（一）露头剖面宏观地质特征

该断裂西起峡江县良田北水库东边，经罗田镇洲上南、大桥下，延伸至脑背村北，走向近 E-W 向，长约 5.4km，是一条规模较小的近 E-W 向断裂。

断裂发育于印支期黑云二长花岗岩体中，在断裂沿线，海拔 120 ~ 170m 的剥夷面平稳分布，地貌上没有明显表现。

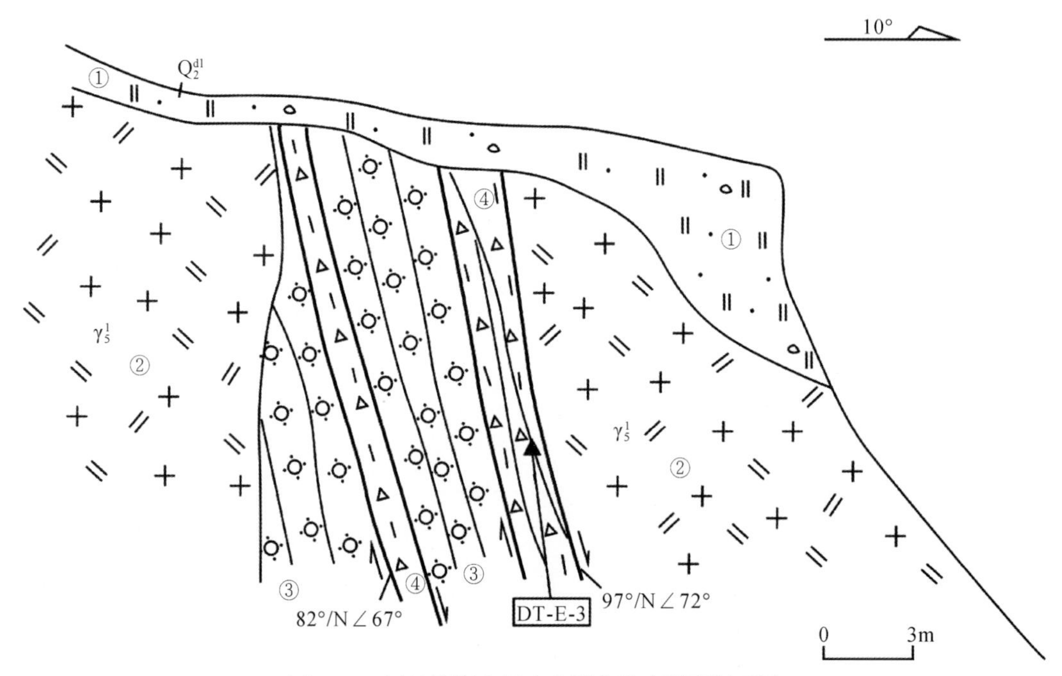

图 4-10　罗田镇洲上村南水泥公路边断裂剖面图

①中更新统，含碎石砂质黏土层；②印支期黑云二长花岗岩；③硅化带；④断层碎裂岩带

在罗田镇洲上南部的水泥公路可见该断裂露头剖面（图 4-10）。在宽 7 ~ 9m 的硅化带中可见两条碎裂岩带，其硅化带内部的一条碎裂岩已被网纹红土化，不发育新鲜滑动面及断层泥条带，未见新鲜滑动面。硅化带两侧均为印支期黑云二长花岗岩，发育块状构造，近断层处节理、劈理发育，岩体破碎。断裂构造带上覆含碎石砂质黏土层，具网纹状结构，应属中更新统残坡积层，不存在构造扰动迹象。采集断层物质电子自旋共振年代样品（DT-E-3），测试结果显示古剂量信号饱和，最晚活动时代>1500ka（表 4-2）。

向东在大桥下村边的印支期黑云二长花岗岩中，可见一组近于平行的灰白色石英岩脉。在该剖面的南部发育碎裂岩带（图 4-11），并被强烈片理化，其中可见一些灰白色、浅绿色的泥质条带，但其连续性较差，并呈弥散式分布，而不是局限在错动面上呈条带状连续分布。这些泥状条带野外初步判定为风化成因，同时采集了显微构造样品（XW4）。

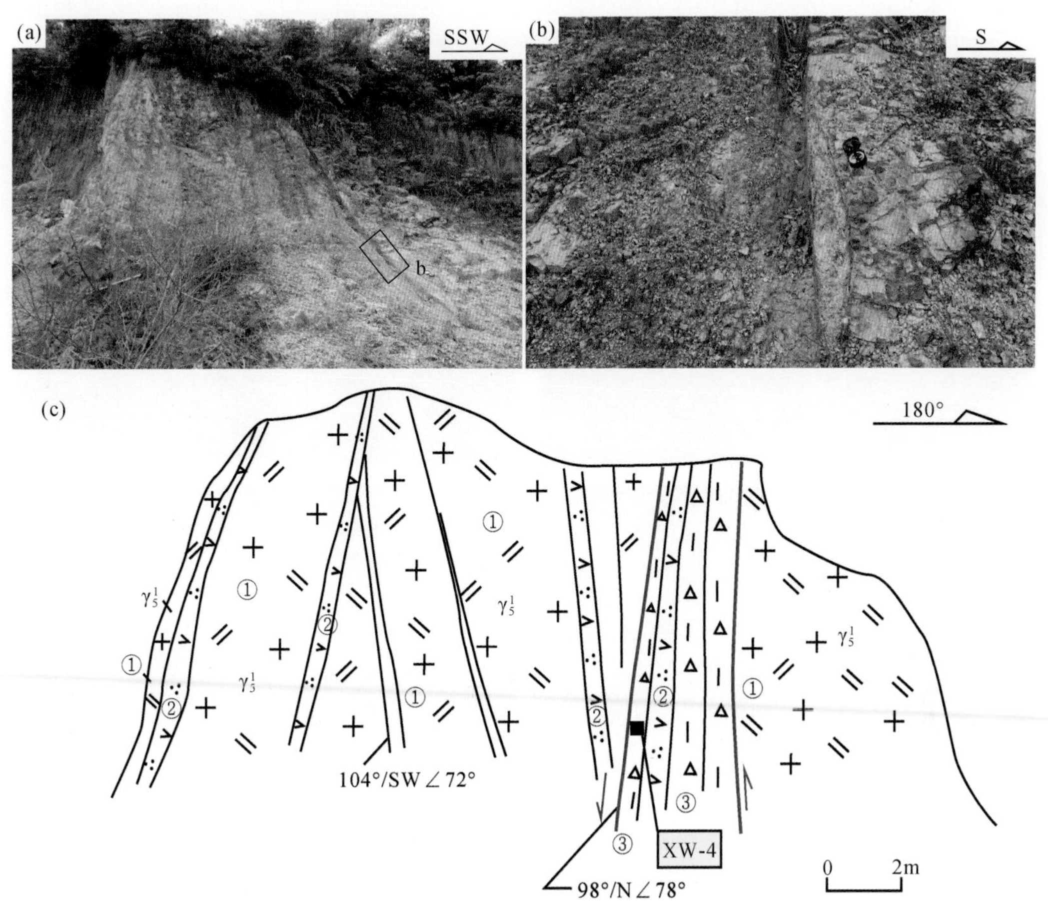

图 4-11　峡江县大桥下村边断裂剖面图

(a) 断裂照片；(b) 断裂构造带近景照片；(c) 地质剖面。
①印支期黑云二长花岗岩；②石英岩脉带；③断层碎裂岩

(二) 显微构造特征

经过磨制薄片，并利用德国蔡司 Zeiss Axioskop 40 型偏光显微镜进行显微结构构造观察。在 ProgRes Capture Pro 2.8 软件支持下，获得了如图 4-12 所示的显微构造图像，共计 6 幅照片。图 4-12 (a) 显示了两种明显不同的矿物，颜色鲜艳者为辉石，形态为棱角状、次棱角状，晶粒内有微裂隙，无明显位移；另一种矿物已强烈风化，表面成细粒斑点状，由于强烈风化已不易辨认原矿物，所有矿物都没有变形迹象。图 4-12 (b) 显示了表面已强烈风化的矿物，晶粒内有微裂隙，裂隙内充填有黏土物质，无明显位移。图 4-12 (c) 显示了表面已强烈风化的矿物，没有变形迹象。图 4-12 (d) 显示了辉石晶粒大小较均匀，轻度碎裂，只是产生一些微裂隙，碎斑成棱角状。已强烈风化的矿物与辉石成镶嵌结构，没有明显变形迹象。图 4-12 (e) 显示了辉石晶体发育平行破裂，没有明显位移，表明没有经受后期构造作用。图 4-12 (f) 显示了两辉石条带中夹有黏土矿物层，辉石晶粒大小较均匀，轻度碎裂，没有明显变形迹象。综上所述，该断层露头上显微构造样品无论是辉石晶体，还是已强烈风化的矿物，它们之间呈镶嵌结构，均没有明显位移或变形迹象，表明没有经受构造作用，可认为是雨水淋滤裂缝充填物或后期风化产物。

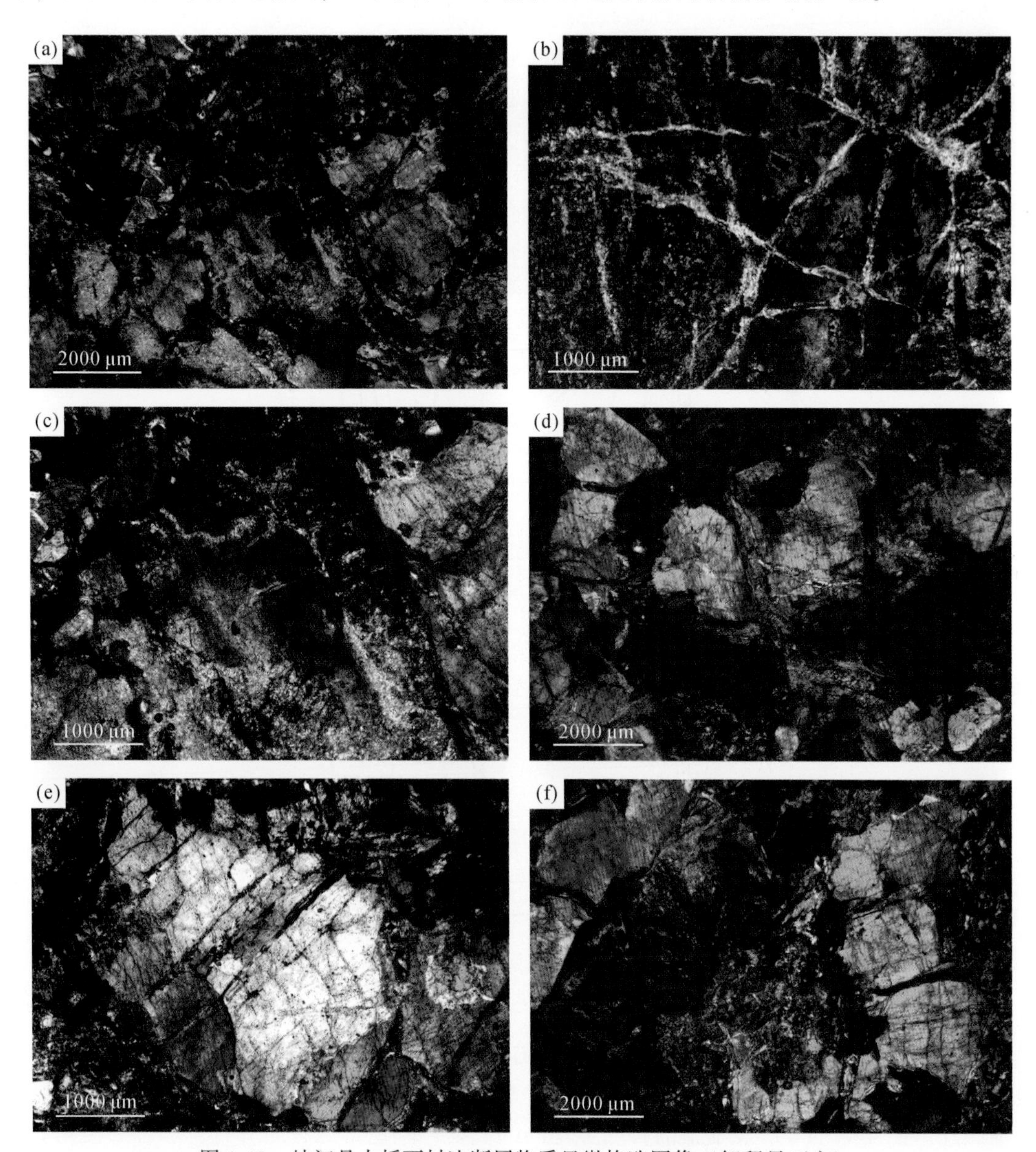

图 4-12　峡江县大桥下村边断层物质显微构造图像（解释见正文）

综上所述，罗田断裂是区内规模较小的一条近 E-W 向断裂，正断层活动性质。在断裂东西两侧，海拔 120～170m 的剥夷面平稳分布。在上覆中更新统残坡积层中，未见构造扰动迹象。虽然在中间的断裂露头上存在松软的黏土质物质，但经显微构造分析应属雨水淋滤或风化作用的结果，不是断层泥。断层物质测年结果>1500ka。在断裂露头剖面上，不存在新鲜滑动面，对第四纪地层没有控制作用，应为一条前第四纪断裂。

第五节　其他断裂实例

在图4-1中，还有两条断裂也表现出与中强地震孕育发生的密切关系，它们是九江-靖安断裂和塘口-白沙岭断裂。这两条断裂主要表现为发育在基岩山区的第四纪断裂，在一些地段，九江-靖安断裂对第四纪地层的分布有明显的控制作用。沿着九江-靖安断裂，1911年分别于和九江附近发生过5级地震，另外，1361年在靖安附近还发生过一次有争议的5 1/2级地震；在德安、周田等地也有多次小震活动。沿着塘口-白沙岭断裂，在白沙岭附近1575年和1863年分别发生过5 1/2级和5级地震。

一、九江-靖安断裂

断裂北起自九江，向南经德安、靖安至罗坊，主要发育于新元古界、下古生界和晋宁期花岗岩中，由一系列走向NNE和NE的次级断裂组成，总体略呈弧形延伸，南段为北东东向，北端为北东—北北东向，长约180km。断裂形成时代较早，燕山期活动强烈。到新生代，中段对古近纪安义盆地的发育起到了一定的控制作用，在盆地西侧有脉状辉长岩群和闪长玢岩产出。断裂两侧地貌反差强烈。断裂东侧庐山地垒式断块隆起（图4-13），中更新世中期以来（40万年）抬升600～800m；南段东侧是安义盆地，而西侧为九岭山地。断裂沿线地貌上出现线状分布的断层三角面，两侧地貌反差明显，如在朱家山一带，东侧的庐山主峰汉阳峰高1473m，日照峰高1453m；西侧为低丘垅岗地带，海拔仅100m左右（图4-13）。断裂沿线一些地段发育平直的断层崖面，地貌上出现跌水（图4-14）。

断裂对新生代地层有明显的控制作用，在东林寺一带错断了古近纪地层，古近纪红色盆地（E）仅在该断裂西侧展布和沉积。同时，对第四纪地层的分布有明显的控制作用，东侧庐山山顶上主要为新近纪风化壳，西侧则沉积了厚度较大的早更新世至全新世地层，东西两侧第四纪地层底板高差大。中更新世网纹状冰碛物（Q_2gl）沿该断裂西侧呈条带状分布，反映了该断裂对第四纪地层控制作用一直持续到中更新世中后期。

在朱家山东1km处，可见18～20m宽的构造破碎带（图4-15），东盘为震旦纪灰白色硅化脉及硅化碎裂石英砾岩，西盘为寒武纪硅化碎裂泥质岩、粉砂岩。虽然，断层两侧的地层较老，但发育平直的断层崖面，地貌上出现跌水。断面产状27°/NW∠72°。在断面附近可见宽约10cm的灰绿色和灰黄色断层泥条带。正断层性质。由此可见，沿着明显控制第四纪地层分布的早、中更新世断裂，也发育比较典型的断层泥条带。

二、塘口-白沙岭断裂

塘口-白沙岭断裂南起平江县石门头以南，往北经丁家、温泉、至修水的全丰镇石灰厂继续向北东方向延伸，经湖北崇阳县的金塘、塘口进入通山县的雨山，终止于楠林桥，走向北北东，倾向南东东，倾角50°～80°，全长120km左右。断裂在卫星影像上线性特征清晰（图4-16），发育追踪水系，地貌显示清楚，在断裂南段温泉一带有水温达56°的温泉出露。

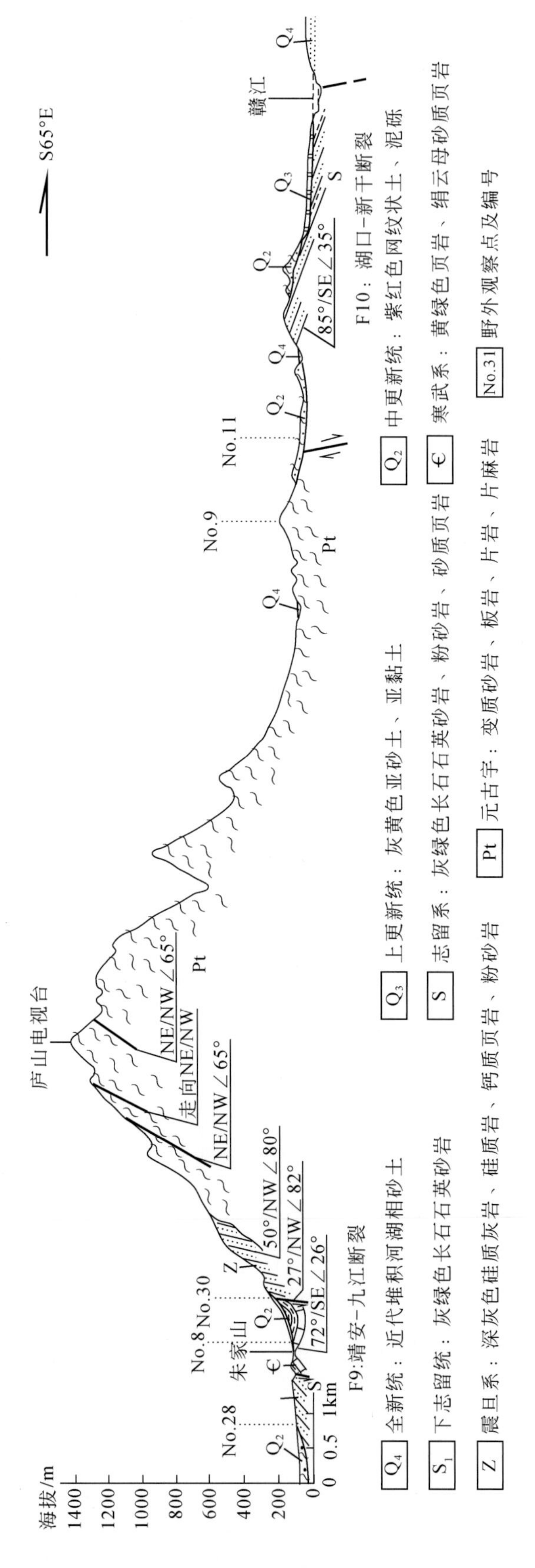

图 4-13　朱家山–庐江电视台–赣江综合地质剖面图

图 4-14　九江-靖安断裂朱家山一带地貌表现特征

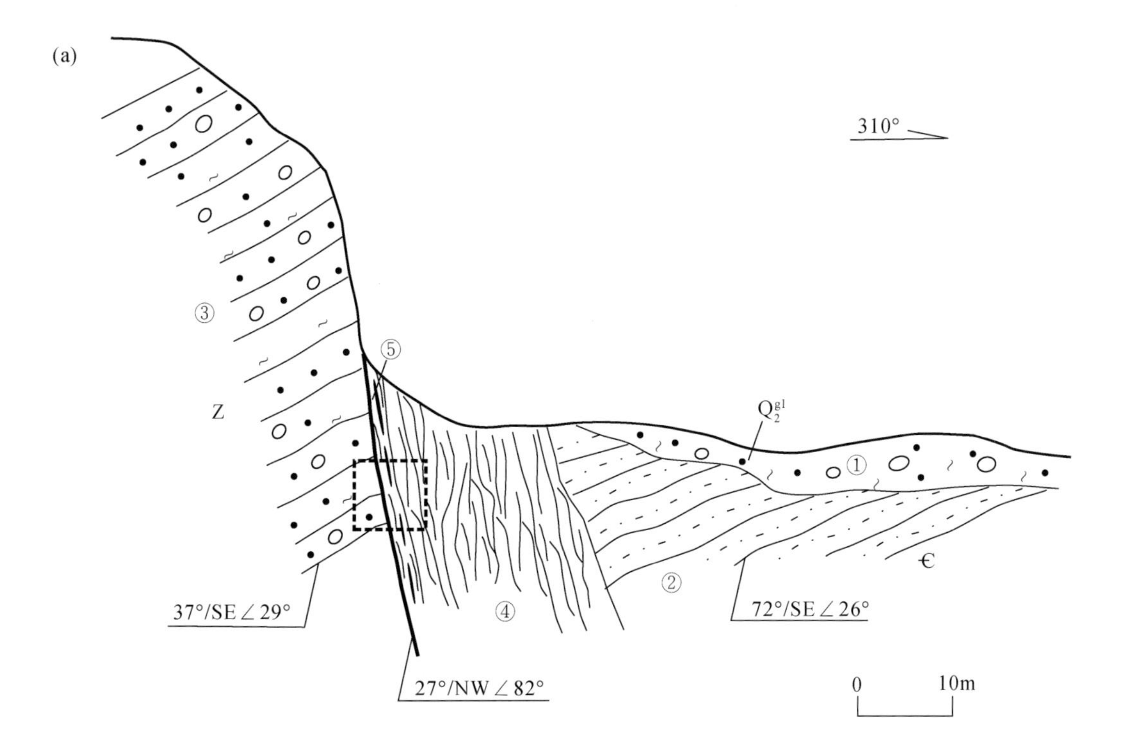

(b)

图 4-15　朱家山东九江-靖安断裂剖面图

①棕红色砂砾黏土层；②黄绿色泥岩、泥质粉砂岩；③灰白色石英砾岩，可见片麻状构造；④断层揉皱带；⑤断层泥带

塘口-白沙岭断裂南段发育于中元古界冷家溪群和古近纪地层中，控制了渣津古近纪沉积盆地的西边界。断裂通过处在地貌上形成一高达 10 多米的断层陡崖和断层三角面。断裂中段走向北东 10°～30°，倾向南东，倾角 85°。在地貌上断裂通过处为一槽谷。断裂北段主要发育在古生代或早三叠世地层中，走向北东 35°左右，倾向南东或北西，倾角 75°～85°。

中国地震局地质研究所等（2006）在开展“湖北大畈核电厂可行性研究阶段地震安全性评价”时，曾对该断裂最新活动特征进行过详细研究。①

中国地震局地质研究所等（2006）在南林桥南的泥湖张村开挖了两个探槽（图 4-17，图 4-18）。②

1）通山县楠林桥镇西南 2. 82km 泥湖张村探槽 I

探槽 I 剖面（图 4-17）位于塘口-白沙岭断裂的北段。该断裂主要发育在古生代地层中，构造岩为强烈挤压透镜体和片理带。探槽北壁［图 4-17（a）］，在强风化的构造岩带

①② 中国地震局地质研究所，武汉地震工程研究院，中国地震局地球物理研究所 . 2006. 湖北大畈核电厂可研阶段地震安全性评价报告。

图 4-16　塘口-白沙岭断裂沿线（局部）遥感影像特征（Google Earth，image@ 2020）

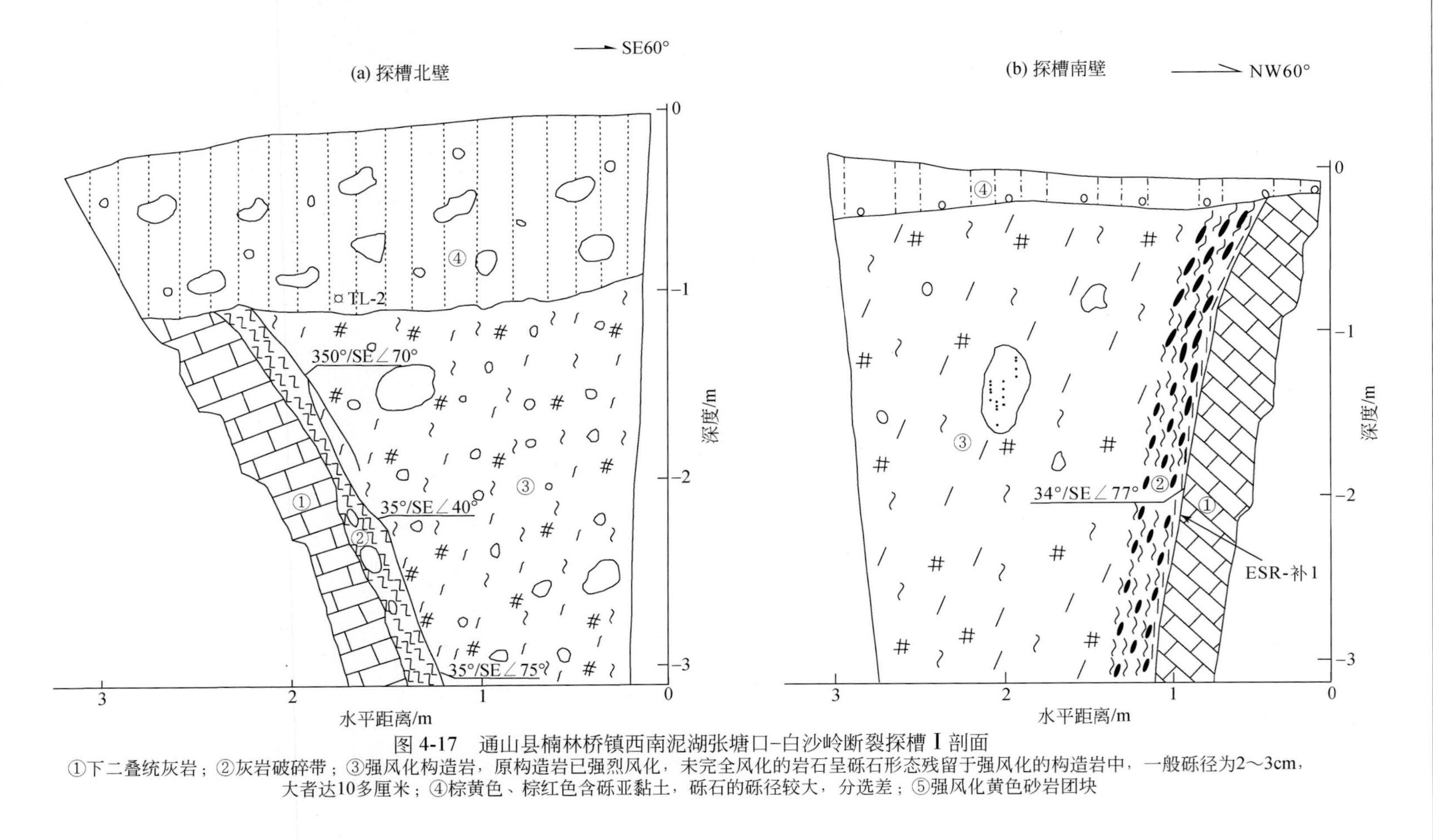

图 4-17　通山县楠林桥镇西南泥湖张塘口–白沙岭断裂探槽 I 剖面

①下二叠统灰岩；②灰岩破碎带；③强风化构造岩，原构造岩已强烈风化，未完全风化的岩石呈砾石形态残留于强风化的构造岩中，一般砾径为2～3cm，大者达10多厘米；④棕黄色、棕红色含砾亚黏土，砾石的砾径较大，分选差；⑤强风化黄色砂岩团块

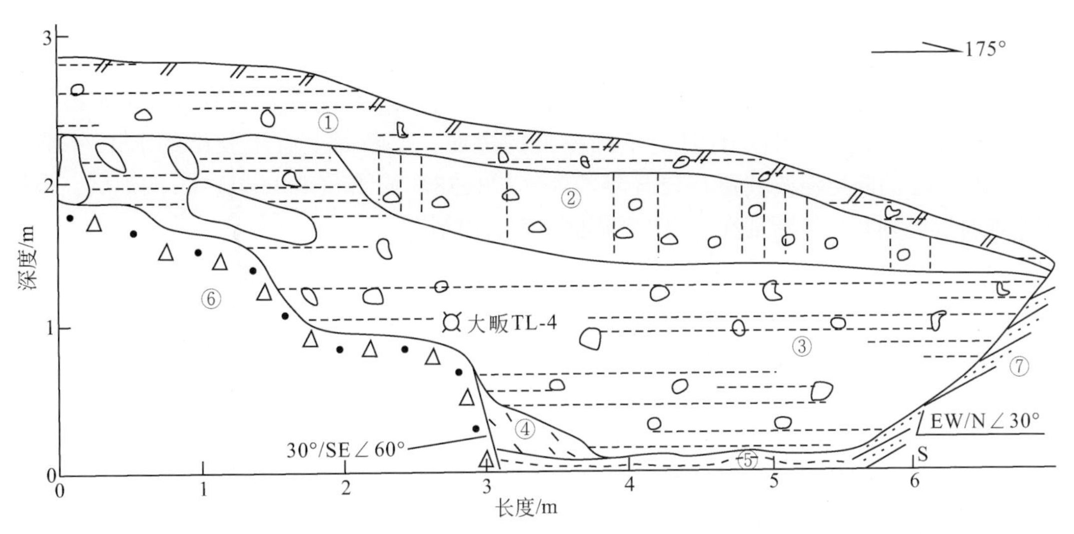

图4-18　通山县楠林桥镇西南泥湖张塘口-白沙岭断裂探槽Ⅱ剖面

①褐灰色含砾砂质黏土，砾石磨圆度差，分选中等；②浅棕黄色含砾亚黏土，砾石成分主要为灰岩，磨圆度、分选性差；③棕黄色含砾亚黏土，砾石成分有灰岩、碳质页岩，棱角状，分选差，在紧贴断层面处有镜面；④棕色强风化构造岩，有挤压镜面和透镜体；⑤灰岩和砂岩的混合破碎带；⑥灰岩的破碎角砾岩；⑦志留系黄绿色砂岩

中，发育两个方向的擦面，均具有清晰的斜擦痕，其中NW向擦面上擦痕向北西侧伏，侧伏角为55°，北东向擦面上擦痕向北东侧伏，侧伏角45°。断裂上覆棕黄色、棕红色含砾亚黏土的ESR年龄为（378±38）ka。探槽南壁［图4-17（b）］，在强风化的构造岩与下二叠统接触的主断面上有0.5～1cm的灰黄色断层泥，其ESR年龄为（419±42）ka，断层泥面上有不太清晰的向北东侧伏的断层擦痕，根据探槽两壁清晰的断层擦痕和断层物质及上覆沉积物的年龄判断，塘口-白沙岭断裂北段最新一次活动发生在中更新世中期，具有右旋走滑性质。

2）通山县楠林桥镇西南泥湖张塘口-白沙岭断裂探槽Ⅱ

探槽Ⅱ位于探槽Ⅰ西南的垭口之北。探槽Ⅱ剖面中（图4-18）可见到胶结的下二叠统灰岩的构造角砾岩，在下二叠统灰岩和志留系砂岩之间为宽约3m的碎裂岩带，主断面上具有摩擦镜面。在探槽Ⅱ中强风化构造岩出露较少（图4-18中的层④），但在有限的出露部位，仍能见到挤压透镜体和片理、断层擦痕等所显示的断裂最后一次右旋挤压活动的构造形迹。

从上述两个探槽所揭露的最新构造活动形迹，结合断裂现今的构造地貌、线性的卫星影像，以及探槽Ⅰ和探槽Ⅱ中上覆地层的ESR年龄分别为（378±38）ka和（400±40）ka等分析，塘口-白沙岭断裂的活动延续到中更新世中期。

根据区域地质发育历史（湖北省地质矿产局，1990），塘口-白沙岭断裂形成于燕山运动早期，其活动为左旋逆平移性质，平移距离达1～3km；燕山晚期—喜马拉雅运动早期，在区域引张应力作用下，断裂开始拉张，在南段堆积了300余米厚的古新统下段沉积；之后，在喜马拉雅晚期亦即新构造时期的北西西—南东东挤压应力作用下，断裂所在地区处在区域挤压缓慢隆升状态，断裂表现右旋逆平移性质。由此可见，塘口-白沙岭断裂自燕山运动早期形成以来，经历了多次构造运动的叠加和改造，奠定了现今的构造面貌。

综上所述，塘口–白沙岭断裂在构造地貌上有明显显示，追踪水系发育，卫星影像清晰；在强风化的构造岩中发育具有清晰擦痕的擦面，主断面上有未胶结的 ESR 年龄为（419±42）ka 的断层泥及其覆有 ESR 年龄为（378±38）ka 和（400±40）ka 的地层，根据这些资料综合判断，该断裂在早–中更新世中期有过活动。

第六节　结　　论

（1）江西中北部瑞昌–铜鼓断裂和宜丰–景德镇断裂主要发育在前新生代基岩区，但存在第四纪有过活动的地质和年代学证据，是两条重要的中强地震构造带。在这两条断裂露头剖面上均发育断层泥条带，断层泥显微构造图像揭示了丰富的构造变形现象，构造成因机制明确。同时以九江–靖安断裂和塘口–白沙岭断裂为例，进一步说明了与中强地震孕育发生密切相关的断裂构造露头剖面上，一般均可识别出松软的断层泥条带。这种对应关系也说明了断层泥的存在可以作为在相对稳定的基岩区判定一条断裂第四纪时期有过活动，并且具有一定发震能力的重要依据。

（2）在变形方式上，断层泥显微构造中既发育代表快速滑动（黏滑）的 Y 剪切、R 剪切以及棱角状、次棱角状碎斑，又有反映缓慢变形（蠕滑）的 P-叶理和碎屑颗粒拖尾构造等。这些特征说明在中强地震发生过程中，沿着发震构造在近地表很可能存在微观尺度的快速变形；而在间震期即在应力松弛阶段，在深部地震破裂面上未被调整的位错量可以通过缓慢的蠕滑效应传递到地表。尽管对中强地震发震断裂在地表或近地表活动方式还只是一种推论，但可以为相对稳定的基岩区一些重大断裂现今活动状态的监测提供一些启示。

（3）在缺少第四纪活动证据的湖口–新干断裂南段露头剖面上采集的松软物质显微构造研究结果，表明断裂构造带上松软的断层物质也有可能是后期雨水淋滤充填或风化的产物，而这种情况在野外现场的宏观观察中有时很难进行区分。在室内磨制的薄片显微构造观察中，断裂带上构造成因的与非构造成因的泥状物质显微构造存在明显区别。

江西中北部 NE 向瑞昌–铜鼓断裂和 NEE 向宜丰–景德镇断裂主要发育在前新生代基岩区，但存在第四纪有过活动的地质和年代学证据，并且与≥5 1/2级的中强地震关系密切，是两条重要的中强地震构造带。在这两条断裂露头剖面上均发育断层泥条带，断层泥显微构造图像所揭示了丰富的构造变形现象，构造成因机制明确。同时以九江–靖安断裂和塘口–白沙岭断裂为例，进一步说明了与中强地震孕育发生密切相关的断裂构造露头剖面上，一般均可识别出松软的断层泥条带。这种对应关系也说明了断层泥的存在可以作为在相对稳定的基岩区判定一条断裂第四纪时期有过活动并且具有一定发震能力的重要依据。在巴邱镇木膳村湖口–新干断裂南段以及近东西向罗田断裂露头剖面上采集的泥状松软物质显微构造研究，则反映了断裂构造带上泥状松软物质也可以是后期雨水淋滤充填或风化的产物，而这种情况在野外现场的宏观观察中有时很难进行区分。在室内磨制的薄片显微构造观察中，断裂带上构造成因的与非构造成因的泥状物质显微构造存在明显区别。

华南相对稳定的基岩区常常是我国重大工程、如核电厂选址中优先考虑的地区，同时也是我国经济发达、人口密集的城市群主要分布区，在这些地区地震构造环境评价中，断层泥显微构造研究为鉴定断裂活动性、判定中强地震发震构造提供了一条可以借鉴的技术途径。

江西中北部属于构造和地震活动比较稳定的地区，有记载以来的最大历史地震为1806年1月11日江西会昌6级地震。邓起东等（1992a）认为，中国大陆地区震级为6 3/4级以上的地震，才可以产生不同规模的地震地表破裂带和大小不同的位移。那么，如何认识这些地区基岩区断裂断层泥显微构造中所揭示的变形现象呢？中强地震的发生也是断裂构造上通过破裂失稳释放应变能的结果，只是由于受释放的能量所限，不足以在地表形成宏观的破裂现象。瑞昌-铜鼓断裂和宜丰-景德镇断裂作为中强地震发震构造，断层泥显微构造中代表快速滑动（黏滑）的Y剪切和R1剪切以及一些不规则碎斑的存在，反映了在中强地震发生过程中，沿着发震构造在近地表很可能存在微观尺度的快速变形。在间震期即在应力松弛阶段，在深部地震破裂面上未被调整的位错量可以通过缓慢的蠕滑效应传递到地表，并在断层泥显微构造中发育缓慢变形（蠕滑）的P-叶理等。Moore等（1989）、Dzuban（1999）和Reinen（2000）对天然断层泥的研究和模拟实验发现断层泥中既有局部化的脆性变形显微构造，也有散布的韧性变形特征，并认为它们分别代表断裂的地震滑动和非地震滑动事件。目前，一般认为中强地震发震断裂应是晚第四纪不活动断裂（周本刚和沈得秀，2006），这种不活动主要指宏观尺度上不存在明显活动；而在微观尺度上，中强地震发震断裂在近地表很可能仍具有一定的活动性。尽管上述对中强地震发震断裂在地表或近地表活动方式还只是一种推论，但可以为相对稳定的基岩区一些重大断裂现今活动状态的监测提供一些启示。

第五章　典型震例

一般而言，中国大陆地区震级为6 3/4级以上的地震，才可以产生不同规模的地震地表破裂带和不同大小的位移（邓起东等，1992a），因此，对于大部分中强地震的发震构造，在地表或近地表一般没有晚更新世以来明显断错活动的显示，尽管如此，长江中下游地区的破坏性地震活动在空间分布上也表现出一定的丛集性特征。如沿着北东向霍山-罗田断裂，在其与NW向断裂交汇部位历史上发生过多次5～6 1/4级地震，其中最大的有1652年6级和1917年6 1/4级地震，断裂西南段附近的罗田南1635年曾发生5 1/2地震。在茅山断裂与北西向断裂交汇区附近，1974年和1979年发生过5.5级和6.0级地震。前人对两处地震（群）的发震构造特征曾进行过深入研究（姚大全等，2003，2006；叶洪等，1980；高祥林等，1993；Chung et al.，1995；胡连英等，1997；侯康明等，2012a）。2006年以来，我们在开展江西和安徽等地核电项目的过程中，对江西瑞昌至铜鼓一带的2005年九江-瑞昌5.7级地震、319年武宁5 1/2级、1888年铜鼓5 1/4级3次中强地震以及安徽巢湖-铜陵地区1585年巢县南5 3/4级、1654年庐江东南5 1/4级等4次中强地震的发震构造进行过调查研究。这种中强地震成群成带状的分布特征，本身就说明了中强地震的发生应该不是弥散状的孤立现象，与构造活动之间存在密切的联系。下面主要通过对这两次震群的解剖，并结合其他一些震例的介绍，分析长江中下游地区中强地震构造特征及其识别标志。

第一节　江西瑞昌-铜鼓地震群

一、引言

瑞昌-铜鼓断裂是一条典型的中强地震发震构造带（Han et al.，2012）。沿该断裂串珠状分布瑞昌、范镇和武宁3个继承性第四纪小盆地。在地震活动性方面，除了在319年和1888年发生过5 1/2和5 1/4级地震外，1970～2005年发生过5次3.0～4.9级地震，如1995年4月15日范镇4.9级地震、2004年1月26日叶家铺南4.1级地震等。2005年11月26日江西省瑞昌与九江交界处发生了5.7级地震（图5-1，图5-2）。在第四章，我们曾对该断裂在武宁至铜鼓一带的露头剖面地质特征进行了分析，可见松软的断层泥条带，并进行了显微构造样品采集和观察，反映瑞昌-铜鼓断裂张剪性正断层活动性质，与宏观露头剖面上的研究结果一致；同时可见碎屑颗粒的蠕变拉长现象以及碎屑颗粒拖曳构造，存在代表快速滑动（黏滑）和反映缓慢变形（蠕滑）的显微构造同时并存的现象。2005年九江-瑞昌5.7级地震发生在瑞昌-铜鼓断裂的北段，因此，本章着重研究瑞昌-铜鼓断裂北段的构造表现与活动特征（图5-2）。

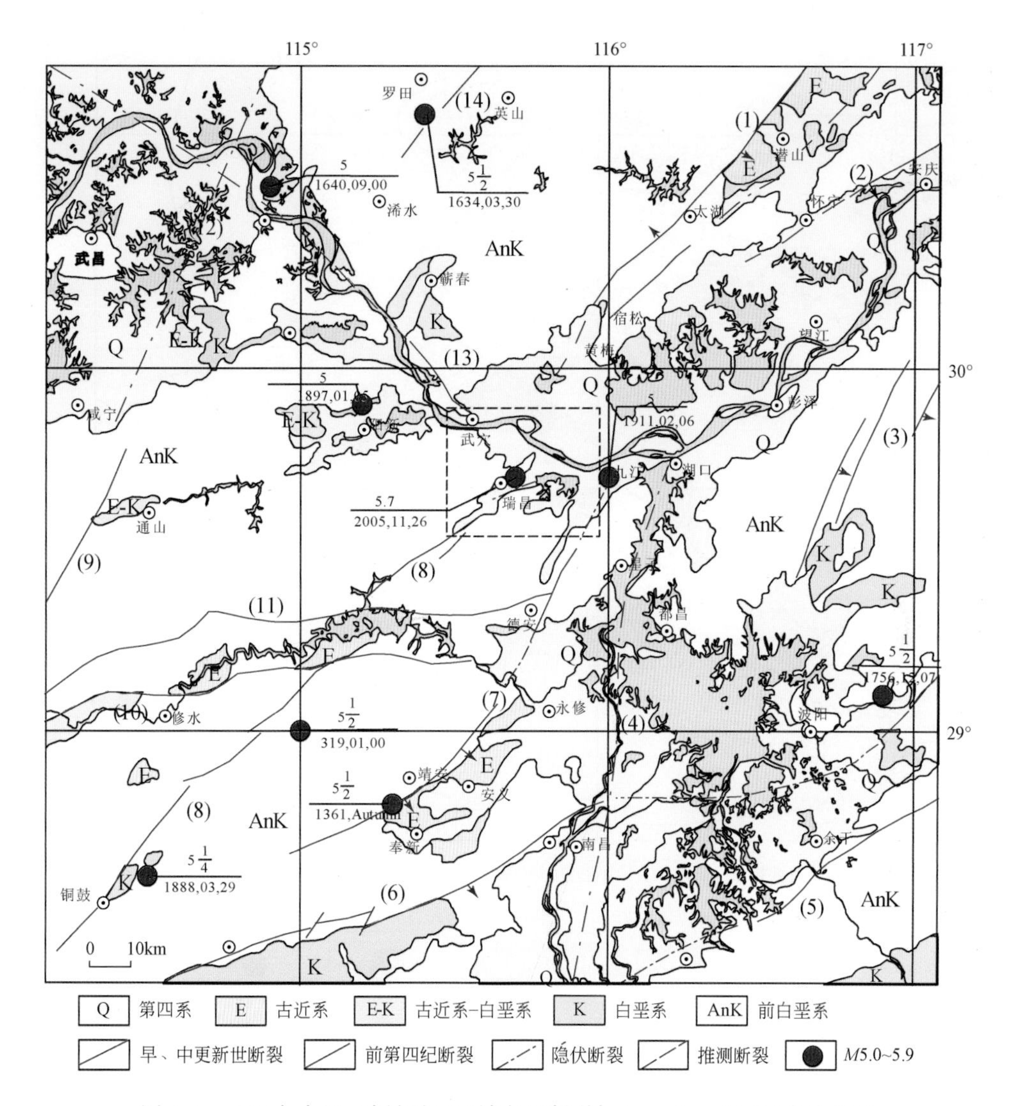

图 5-1 2005 年九江-瑞昌震区区域主要断裂与 $M_S \geq 5.0$ 地震震中分布图

基础地质资料来源于江西省地质矿产局（1984 年）、安徽省地质矿产局（1987 年）、湖北省地质矿产局（1990 年）；历史地震资料来源于国家地震局震害防御司（1995 年）。

断裂名称：（1）庐江-广济断裂；（2）头坡断裂；（3）东至断裂；（4）湖口-新干断裂；（5）丰城-婺源断裂；（6）宜丰-景德镇断裂；（7）九江靖安断裂；（8）瑞昌-铜鼓断裂；（9）塘口—白沙岭断裂；（10）渣津-柘林断裂；（11）古市-德安断裂；（12）麻城-团风断裂；（13）襄樊-广济断裂；（14）霍山-罗田断裂

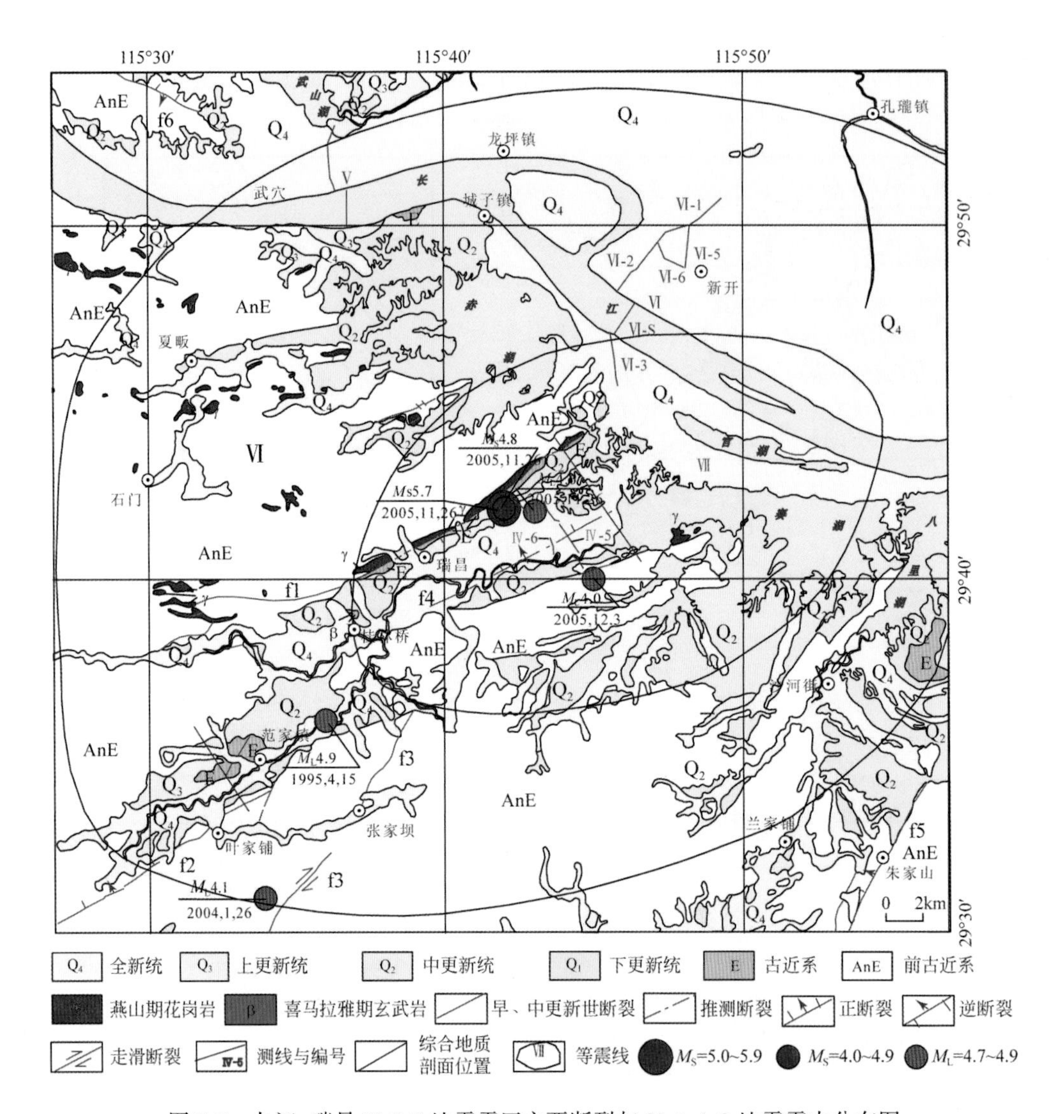

图 5-2　九江-瑞昌 M_S5.7 地震震区主要断裂与 $M_L \geq 4.0$ 地震震中分布图

基础地质数据来自区域地质图瑞昌幅（1∶200000）（江西省地质矿产局，1966），瑞昌幅地质图（1∶50000）（江西省地质矿产局，1988），范家堡幅地质图（1∶50000）（江西省地质矿产局，1991）和九江市幅地质地图（1∶50000）（江西省地质矿产局，1997）。瑞昌-九江 M_S5.7 地震等震线数据来自高建华等（2006）。

断裂名称：f1. 丁家山-桂林桥断裂；f2. 叶家铺断裂；f3. 张家坝断裂；f4. 瑞昌盆地东缘隐伏断裂，f5. 朱家山断裂（九江-靖安断裂）；f6. 黄梅断裂（庐江-广济断裂南段）

2005 年 11 月 26 日 8 时 49 分，瑞昌市与九江县交界处发生的 5.7 级地震，是 1806 年江西会昌发生 6 级地震以来，江西境内震级最大、死亡人数最多、损失最大、灾害最严重的地震，直接经济损失达 20.3 亿元，造成 13 人死亡，重伤 67 人，轻伤 546 人（卢福水等，2006）。地震有感范围较大，武汉、长沙、南京、杭州等地都有明显震感。一些学者从地震学、地质学等方面对 2005 年九江-瑞昌 5.7 级地震的发震构造进行了研究（吕坚等，2007，2008；王墩等，2007；李传友等，2008；汤兰荣等，2018），但对发震构造的认识分歧还较大。如吕坚等（2007，2008）、汤兰荣等（2018）根据此次地震序列精定位结果，认为此地震是由瑞昌盆地内的一条 NW 向洋鸡山–武山–通江岭推测断裂引发的，但该断裂只是推测性的，未发现该断裂存在的地质地貌证据。王墩等（2007）和李传友等（2008）则认为此次地震是瑞昌盆地西北边界 NE 向丁家山–桂林桥断裂引发的，但该断裂与主震震源机制的节面解及地震序列的精定位剖面特征均不吻合（吕坚等，2007，2008）。曾新福等（2018）、江春亮等（2019）笼统地认为瑞昌–武宁断裂作为发震构造更为合理。尽管对于此次地震的发震构造争议较大，但都强调了需要开展第四系覆盖区隐伏断裂的探测研究（吕坚等，2008），沿着瑞昌盆地西缘发育的丁家山–桂林桥断裂活动时代较老，第四纪地层的分布特征可能受到盆地内活动更新的 NE 向隐伏断裂控制（李传友等，2008）。

关于该次地震的发震构造之所以存在争议，也与此次地震只是发生在稳定大陆内部的一次中强地震（图 5-1）、地表并未出现地震断裂有关。通过针对下述 3 个问题的研究工作，有可能更好地认识九江–瑞昌 5.7 级地震的发震构造和构造条件。①具有一定规模的北西向断裂如北西向襄樊–广济断裂是否延伸到九江–瑞昌 5.7 级地震震中附近？②除了沿着瑞昌盆地西北边界分布的丁家山–桂林桥断裂，被第四纪地层覆盖的瑞昌盆地内是否发育北东向隐伏断裂？③九江–瑞昌 5.7 级地震发生在典型的中强地震构造背景上，瑞昌盆地是一个规模不大的山间盆地，如何从区域地震构造背景认识此次地震发生的构造条件？

围绕上述问题，本书在区域（震中周围半径不小于 120km 的范围；图 5-1）和震区（震中周围半径不小于 20km 的范围，基本上与九江–瑞昌 5.7 级地震Ⅵ度区相当；图 5-2）两个尺度上进行了资料收集和分析研究。在地质地貌调查和分析的基础上，在震区开展了详细的浅层人工地震勘探工作；通过浅层物探解译，初步确定隐伏断裂位置、规模和上断点埋深，并进行钻探验证；根据断裂活动性的综合研究结果，并结合此次地震的震源机制解、小震精定位和地震烈度等值线分布特征等，对九江–瑞昌 5.7 级地震的发震构造提出了新的认识；从区域地震构造背景探讨了此次地震孕育发生的构造条件。结合孕震构造和发震构造的认识，提出了此次地震的深浅部构造关系模型（Han et al.，2012）。

二、地震构造背景

九江–瑞昌 5.7 级地震发生在江西、安徽、湖北三省交界处，在大地构造上处在两大构造单元的边界带附近。以北西向的襄樊–广济断裂和北东向的郯庐断裂带庐江–广济断裂为界（图 5-1），西北边为秦岭褶皱系，东南边为扬子准地台（任纪舜等，1999）。因此，可以认为此次地震发生在区域性北东向和北西向大断裂的交汇部位附近。在国家地震局地质研究所（1987）对郯庐断裂研究的基础上，中国地震局地质研究所等[①]对庐江–广济断裂和襄樊–广济断裂新生代以来的活动性进行过详细调查。庐江–广济断裂为郯庐断裂带的南段，由近于平行分布的 2～3 条断裂组成，总体走向 NE—NNE。燕山期有过左旋平移活

① 中国地震局地质研究所，武汉地震工程研究院，中国地震局地球物理研究所 . 2006. 湖北大畈核电厂可研阶段地震安全性评价报告。

动，对晚白垩世和古近纪的盆地沉积起到明显的控制作用。在新构造分区中该断裂带是主要边界之一，其西侧为大别山断块拱曲隆起区，东侧是长江谷地断陷区，沿断裂线性构造地貌发育，穿过断裂的水系发生右旋扭动。在太湖小池见变质岩系与中更新世红色网纹状含砾黏土层呈断裂接触，未见晚更新世以来的活动迹象。沿断裂也是中小地震密集带，如历史上发生过3次4 3/4级地震，现代仪器记录了多次3～4级地震。襄樊–广济断裂由一系列近于平行的逆冲断裂组成，印支和燕山运动时，由于随县推覆体由东北向西南逆掩，它成为推覆体前锋的主滑动带。晚白垩世至古近纪，随着江汉–洞庭湖盆地的形成，在推覆体前缘堆积了厚度不等的碎屑沉积。新构造期断裂活动显著减弱，普遍被第四系覆盖，断裂两侧地貌反差不明显。从对新生代地层的控制作用、直接断错第四系的构造现象以及与地震活动的关系等方面，北东向庐江–广济断裂新生代以来的活动性比北西向襄樊–广济断裂强烈（图5-1）。

吕坚等（2008）在九江–瑞昌地震震中北边沿着长江，即在襄樊–广济断裂延伸线上推测了一条北西向断裂带，这显然是此次地震构造条件研究中的一个关键问题。为了查实这一情况，横穿长江实测了Ⅴ、Ⅵ两条浅层地震勘探剖面（图5-2）。时间–深度换算及剖面图编绘过程如下：根据各测线地震时间剖面图，进行有效波的相位对比和同相轴追踪。其中，首先控制标准层位（如水底反射和基岩面反射）的连续追踪，以后对第四系层位进行对比分析，力求连续、准确。在以上相位分析的基础上，根据地震资料处理时获取的速度并结合资料分析选定速度（纵波为1450～1600m/s，横波为160～210m/s）进行时间–深度换算，构制成各测线解释剖面图。

以Ⅴ测线中的跨长江剖面（V-S）为例，在该测线地震时间剖面上（图5-3），可见3条重要的反射相位，分别对应着水体底部（T1）、第四系松散沉积层中砂质黏土、粉细砂与含砾黏土之间的层面（T2）以及基岩顶部（Tg）。勘查结果表明：V-S测线基岩反射相位（Tg）连续平稳，未见任何断点异常（图5-3）。仅在Ⅵ测线长江北岸Ⅵ-2测线段920CDP附近发现1个小的基岩反射相位异常（图5-4）。为进一步核查和追索该疑似断点异常的平面分布，补作了Ⅵ-5、Ⅵ-6测线（图5-5，图5-6），并与Ⅵ-2测线构成了完整的

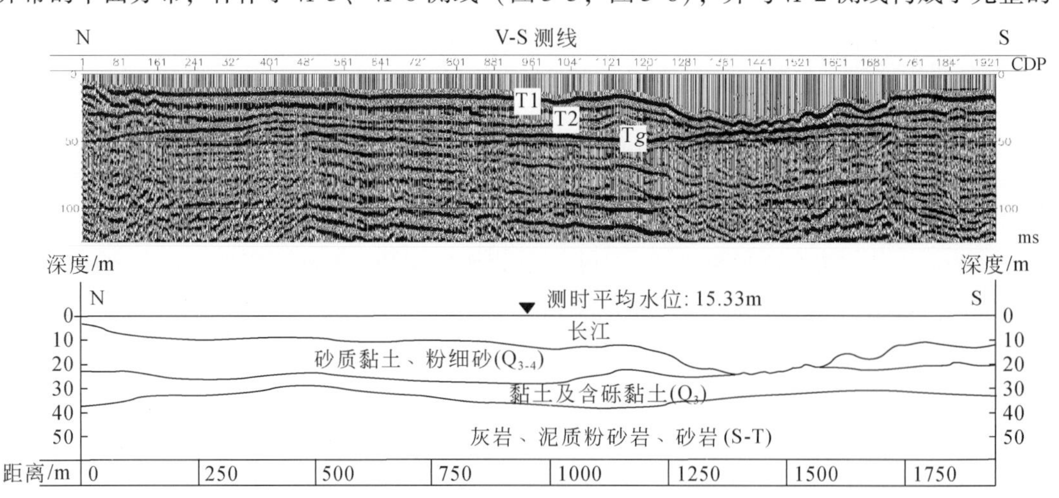

图5-3　V-S测线地震时间剖面及解释剖面

圈闭（图 5-2），未发现任何断点异常，表明上述断点异常不可靠，可能与基岩局部突变有关，亦即该测线也无第四纪断裂通过①。结合区域地质资料分析，可以认为襄樊-广济断裂在广济（武穴）以东的Ⅴ、Ⅵ测线控制范围内，沿着长江河谷及其两侧地段不存在第四纪以来的活动迹象。

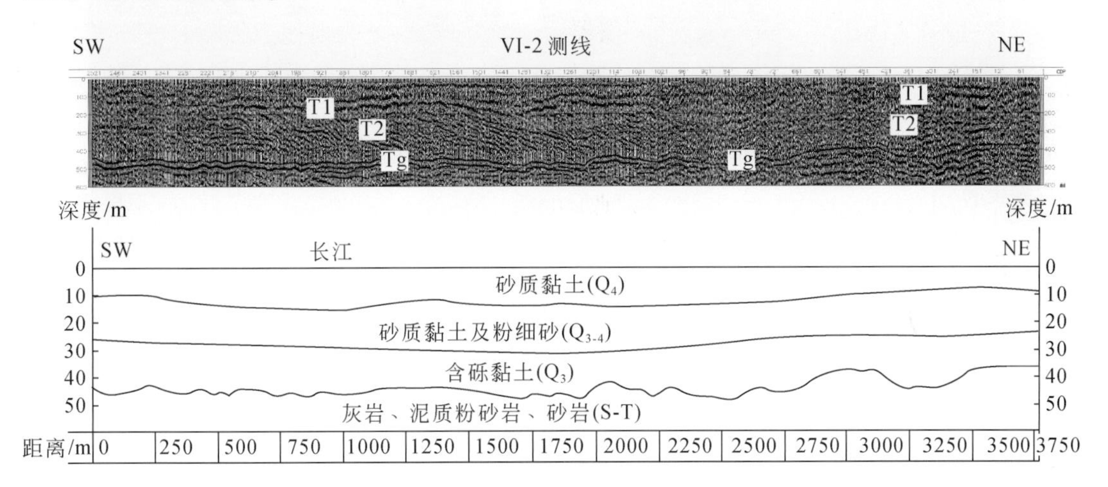

图 5-4　Ⅵ-2 测线地震时间剖面及解释剖面

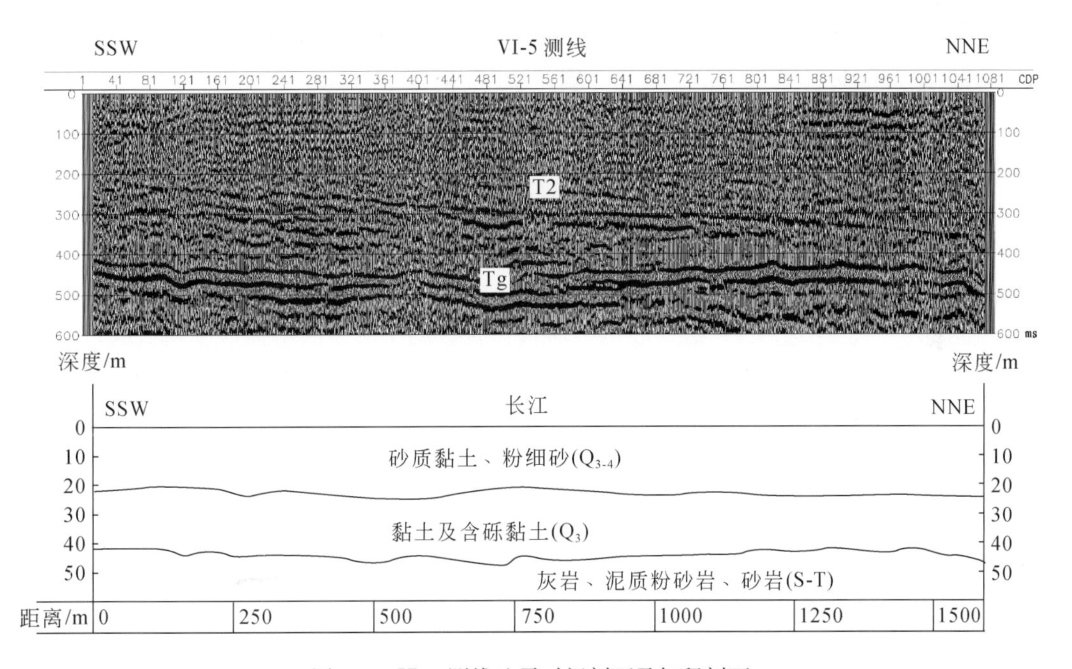

图 5-5　Ⅵ-5 测线地震时间剖面及解释剖面

① 中国地震局地质研究所，中国地震局工程力学研究所，江西省防震减灾工程研究所等 . 2006. 江西核电彭泽厂址可研阶段地震安全性评价报告。

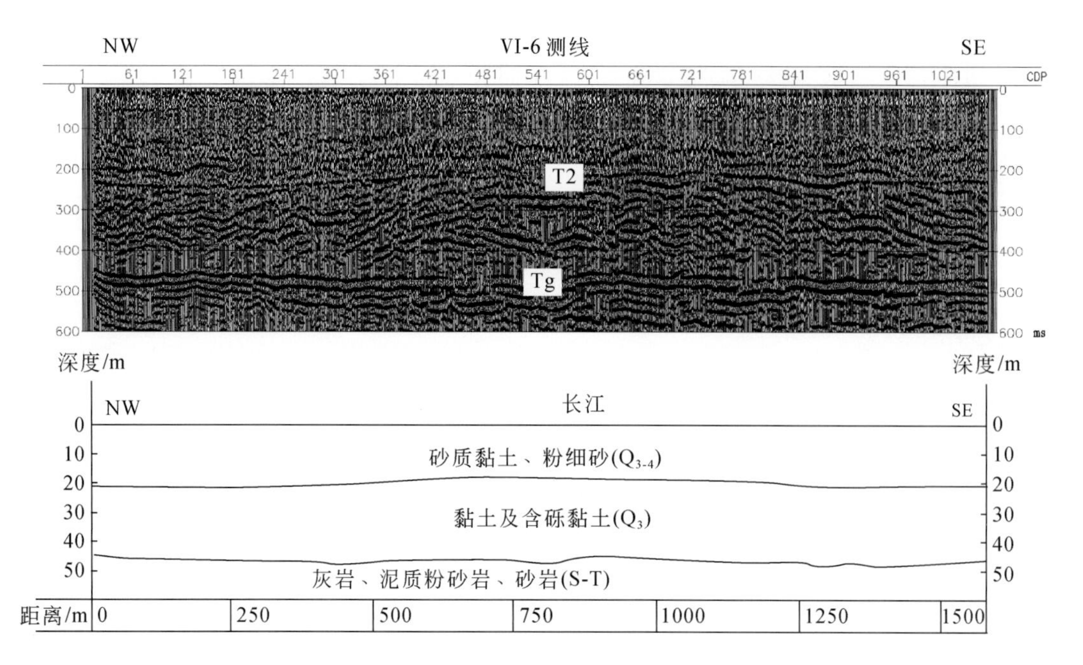

图 5-6　Ⅵ-6 测线地震时间剖面及解释剖面

在区域范围发育的其他第四纪断裂以北东向或北北东向为主，如头坡断裂、东至断裂、新干-湖口断裂、九江-靖安断裂、瑞昌-武宁断裂、罗溪-铜鼓断裂、麻城-团风断裂和霍山-罗田断裂等。根据现有资料，瑞昌地震的区域范围内不发育晚更新世以来的活动断裂；有历史地震记载以来，除了此次九江-瑞昌 5.7 级地震，最大历史地震只有 5 1/2 级（图 5-1），并且它们与北东向断裂关系密切，如 319 年 5 1/2 级、1888 年 5 1/4 级和 2005 年 5.7 级地震发生在瑞昌-铜鼓断裂上；1361 年 5 1/2 级和 1911 年 5 级地震位于九江-靖安断裂上。

综上所述，九江-瑞昌 5.7 级地震的区域构造背景属于典型的中强地震构造区。北西向襄樊-广济断裂没有进入此次地震的邻近地区，插入震区的区域性断裂为北东向瑞昌-武宁断裂北段，构造样式主要表现为瑞昌盆地及其边界断裂（图 5-2）。

三、震区晚新生代构造活动特征

（一）地貌与新生代地层

1. 地貌特征

瑞昌盆地规模较小，长约 23km，宽 5km 左右，北东东向展布，最低海拔 10m 左右。范镇盆地分布在瑞昌盆地南边，两个小盆地呈左行雁列状分布。瑞昌盆地内水系和新生代地层的分布有明显的不对称（图 5-7，图 5-8）。河流与湖泊主要发育在盆地东南边缘地带，如王家河和九瑞河基本上沿着盆地东南缘贯穿整个盆地区。古近纪地层仅见于盆地的西北边缘。在盆地西北边缘，由网纹红土和冰积泥砾组成的 Q_2 海拔约 40m，而盆地东南侧 Q_2 的海拔仅 20m 左右，这种趋势表明盆地西北侧台地隆升的速率要高于盆地东南侧，即瑞昌盆地存在由西北向东南的掀斜运动。

2. 新生代地层

古近系（E）主要分布于瑞昌盆地的西缘、范镇盆地的中部以及九江县东边的七里湖至东林寺一带（图 5-2，图 5-7 ~ 图 5-9）。主要为紫红色砾岩、砂砾岩夹粉砂岩及玄武岩。在瑞昌盆地的桂林桥，可见四层喜马拉雅期玄武岩，层厚最大可达 8m。整套地层的厚度大于 260m。

区内普遍缺失新近系（N）。

第四系（Q）瑞昌震区第四系较发育，分布较广，主要分布在瑞昌盆地和范镇盆地，一般厚度为 15 ~ 30m，在瑞昌盆地东缘局部地段以及靠近长江河谷地段最厚可达 60 余米①。

上述地貌发育和新生代地层分布特征表明：①在古近纪，瑞昌盆地和范镇盆地已经出现，接受了一套古近系沉积。②第四纪以来，瑞昌盆地和范镇盆地在经过新近纪构造平静期之后，又开始继承性活动。不仅在地形地貌特征上，第四系分布也勾画了两个呈串珠状分布的盆地形态。③盆地西北缘丁家山-桂林桥断裂上盘的古近系，与中更新世台地一起被掀斜抬升，反映瑞昌盆地第四纪以来仍存在明显的差异性活动，这种活动与盆地东缘可能存在的隐伏正断裂活动密切相关。

（二）断裂活动的地质地貌表现

在瑞昌盆地及其邻近地区主要发育两组断裂，一组为北东—北东东向，如分布在瑞昌盆地西北缘的丁家山-桂林桥断裂、叶家铺断裂等；另一组为北北东向，如张家坝断裂（图 5-2）。

1. 丁家山-桂林桥断裂（f1）

李传友等（2008）曾对该断裂进行过详细研究，根据该断裂的地质地貌表现和断裂物质 ESR 测年结果，综合判断为是一条中更新世断裂。该断裂沿着瑞昌盆地西北边缘分布，全长约 22km，走向北东东，正断裂性质，倾向南东，主要表现为古近系与前新生代地层、岩浆岩之间断裂接触（图 5-7，图 5-8，图 5-10）。燕山期侵入的中酸性、中性岩浆岩沿该断裂呈条带状分布，喜马拉雅期喷出的基性玄武岩在该断裂附近的桂林桥一带也有分布，说明该断裂具有一定的切割深度。进入第四纪以来，该断裂仍表现出一定的活动性，表现在对第四纪地层的分布有一定的控制作用。但断裂分布地势较高，两侧的地貌反差较小，显示了和中更新世网纹红土台地一起被掀斜抬升的特征，反映第四纪时期活动性较弱。

① 江西省地质矿产局. 1988. 瑞昌幅 1∶50000 地质图及报告。

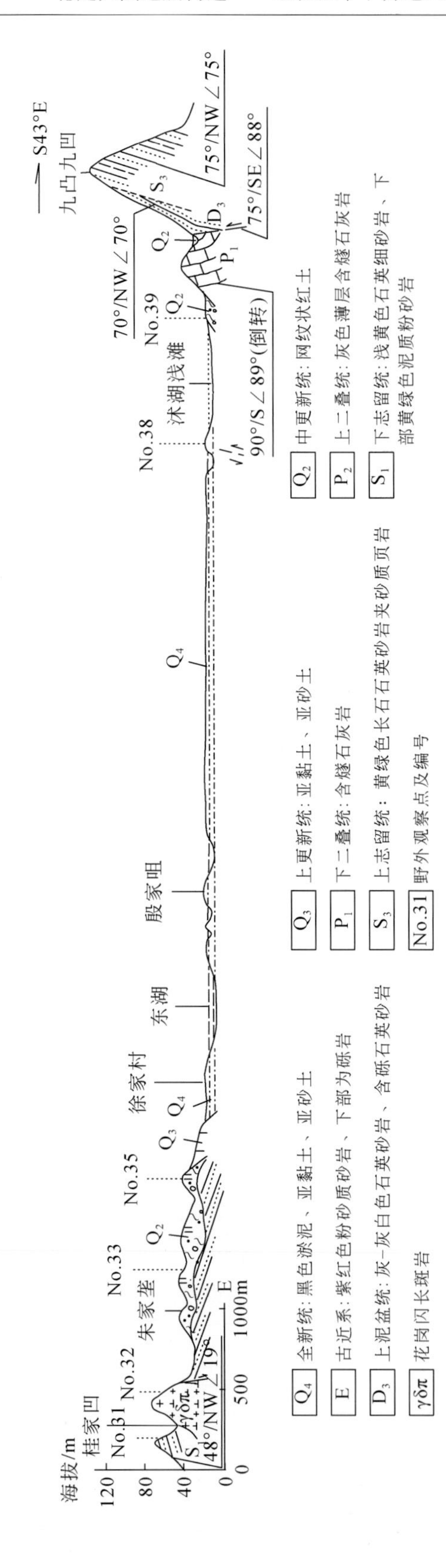

图5-7　瑞昌盆地桂家凹-九凸九凹综合地质剖面

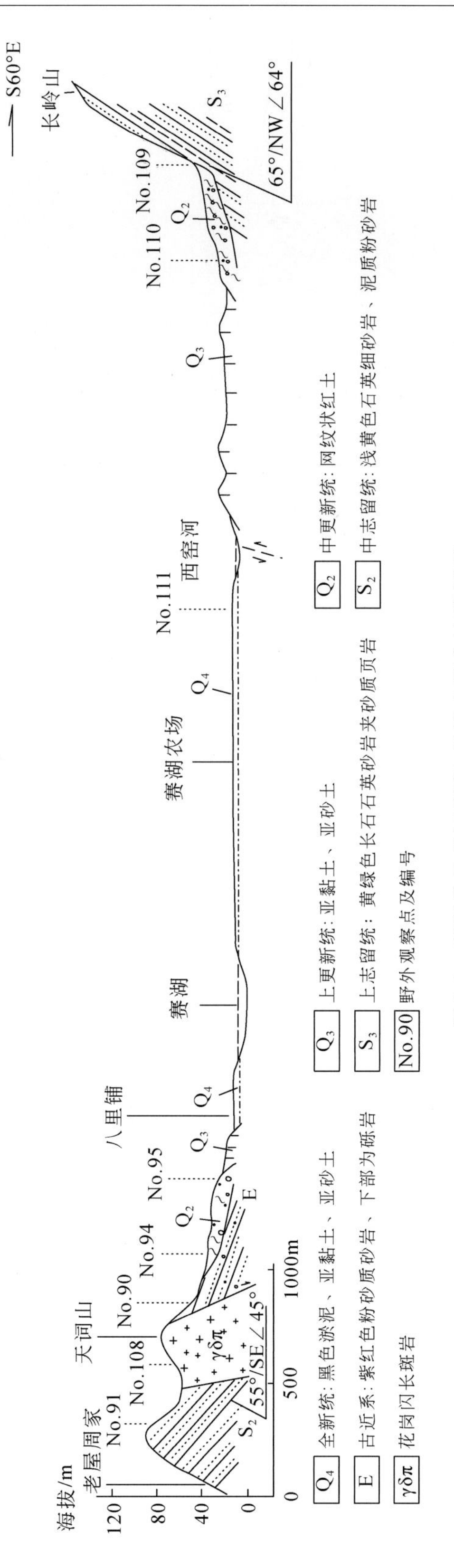

图5-8 瑞昌盆地老屋周家–长岭山综合地质剖面

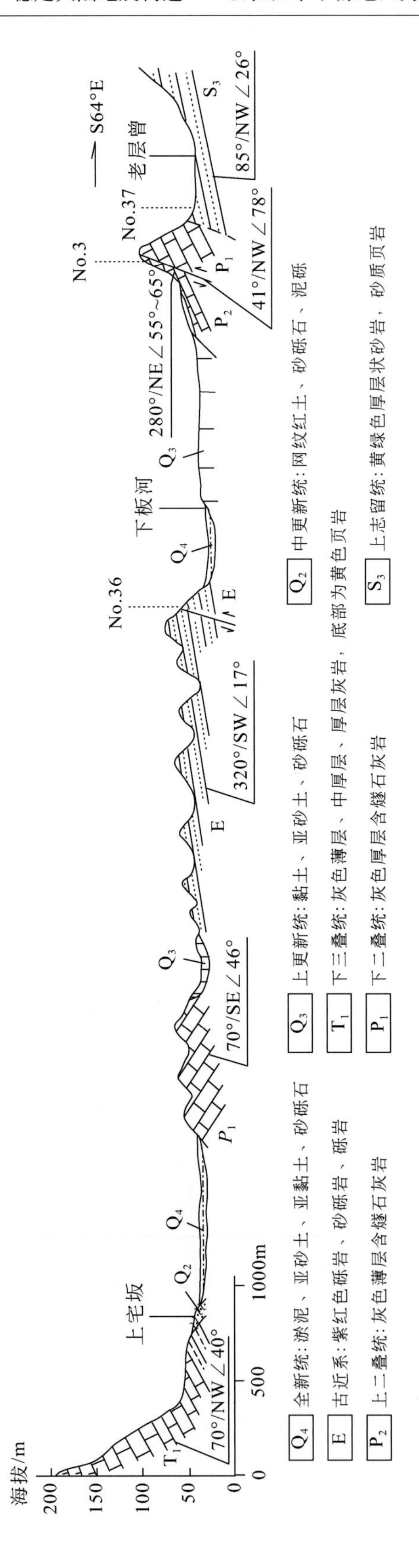

图5-9　范镇盆地综合地质剖面

图 5-10　丁家山采矿坑边断裂构造露头照片（镜向：北西）

左边照片：断裂全景，可见断裂向下平直延伸；右边照片：局部细节，断面平直，但断裂物质已遭受强烈风化

2. 叶家铺断裂（f2）

该断裂在范镇东南的老屋曾以东的地段，由于受到北东向断裂的交接，地表表现不很清楚。向西沿着范镇盆地东南边缘地带分布（图 5-2），经叶家铺、樊家，一直延伸到王家埠以西，长约 28km，走向北东东。在范镇盆地东南边缘地带，该断裂主要表现为志留纪黄绿色页岩、砂质页岩与二叠纪灰色厚层状灰岩之间的断裂接触，断面倾向北西，中间缺失泥盆系和石炭系，正断裂性质。在王家埠两侧，断裂斜切了近东西向燕山期褶皱。断裂在范镇东南 2km 的老屋曾附近，地貌上形成断裂槽地，呈明显的负地形（图 5-11），在主断裂北侧 150m 的二叠纪灰岩中，可见一条与之平行的断裂，有约 5m 宽的断裂碎裂岩带，发育摩擦镜面和擦痕，并有松软的断裂泥带。该断裂沿着范镇盆地东南边缘，地貌上有一定的反差，对中–晚更新世地层的分布有一定的控制作用，反映了该断裂在第四纪仍有一定的活动性。

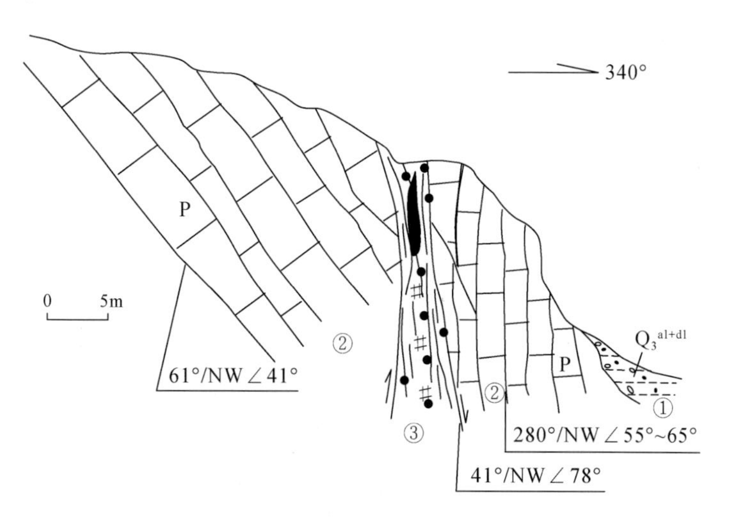

图 5-11　范镇东南老屋曾采石场断裂剖面

①含砂砾土层；②厚层状灰岩；③构造角砾岩带

3. 张家坝断裂（f3）

该断裂在区内主要表现为一组断续分布的北东向断裂，分布范围较宽，斜切近东西向燕山期褶皱以及北东东向范镇盆地和瑞昌盆地。地貌上可见北东向线性断裂谷，部分地段出现陡崖和断裂三角面。在张家坝北边至团山一带，断裂两侧地形地貌差异较大，但并未见规模较大的断裂构造带。在范镇西南约2km的田马山，于古近纪红色砂岩中，发育北北东的断面，断面平直，断面产状20°/NW∠78°，阶步及擦痕发育，侧伏角21°S，显示以右旋走滑为主的运动性质。

虽然该断裂地表表现不很清楚，在区域地壳厚度分布图上，却对应着一条北东向地壳厚度梯级带，反映该断裂很可能是隐伏在范镇盆地和瑞昌盆地下方的深断裂在地表的构造表现，属于瑞昌-铜鼓断裂的北段。

（三）隐伏断裂的浅层物探与钻探验证

在瑞昌震区，布置了北东和北西两个方向的浅层地震勘探剖面（图5-2），以便控制第四系覆盖区可能存在的北西向和北东向隐伏断裂。北东向探测剖面布置在瑞昌盆地北部的长江河谷上，而没有放在瑞昌盆地中。在瑞昌盆地西南部的基岩山区构造上为北东向印支期褶皱，在褶皱轴部发育一些北西向小断裂，这些断裂只分布在褶皱范围内，并没有把印支期褶皱完全断开，在现今地形地貌上没有显示，具有一定规模的北西向隐伏断裂只可能从瑞昌盆地北边的长江河谷延伸到九江-瑞昌地震震中附近。在前面区域地震构造背景分析中，已对北东向剖面的勘探调查进行了介绍。北西向浅层地震勘探剖面（Ⅳ测线）布置在瑞昌盆地内（图5-2），以查明盆地内是否存在北东向隐伏断裂，有关调查结果简述如下。

在Ⅳ-5测线地震时间剖面上（图5-12中的上图），可见两条重要的反射相位，分别对应第四系内部的岩性界面（T2）和基岩顶部（Tg）。勘查结果表明：第四系内部的岩性界面反射相位（T2）连续平稳，未见任何断点异常，但在该测线的瑞昌盆地东缘隐伏断裂位置上发现了f13断点异常，位于Ⅳ-5测线915CDP附近，基岩顶部反射相位（Tg）出现30ms落差，呈北低南高特征。推断f13断点具正断裂性质，倾向北西，上断点深度20m（图5-12中的下图）。

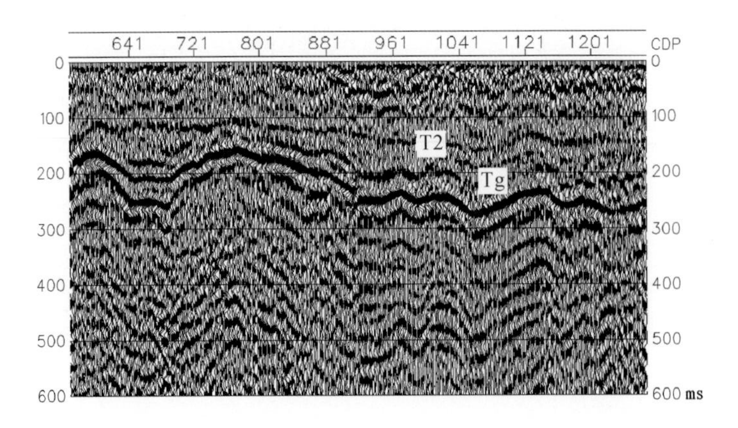

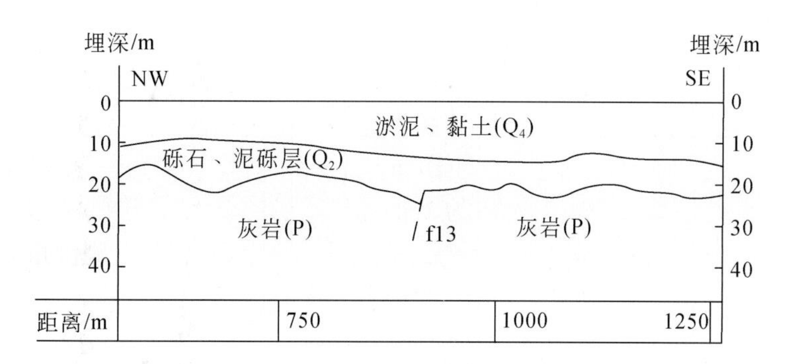

图 5-12 f13 断点地震时间剖面及解译剖面图

为追索上述断点异常的走向，补作了Ⅳ-6 测线（图 5-13），在 580m 与附近出现 1 个断点（f15）异常，同样具正断裂性质，倾向北西，上断点深度为 23m。上述两个断点可连为一条正断裂，即瑞昌盆地东缘隐伏断裂，倾向北西，走向为北东向。

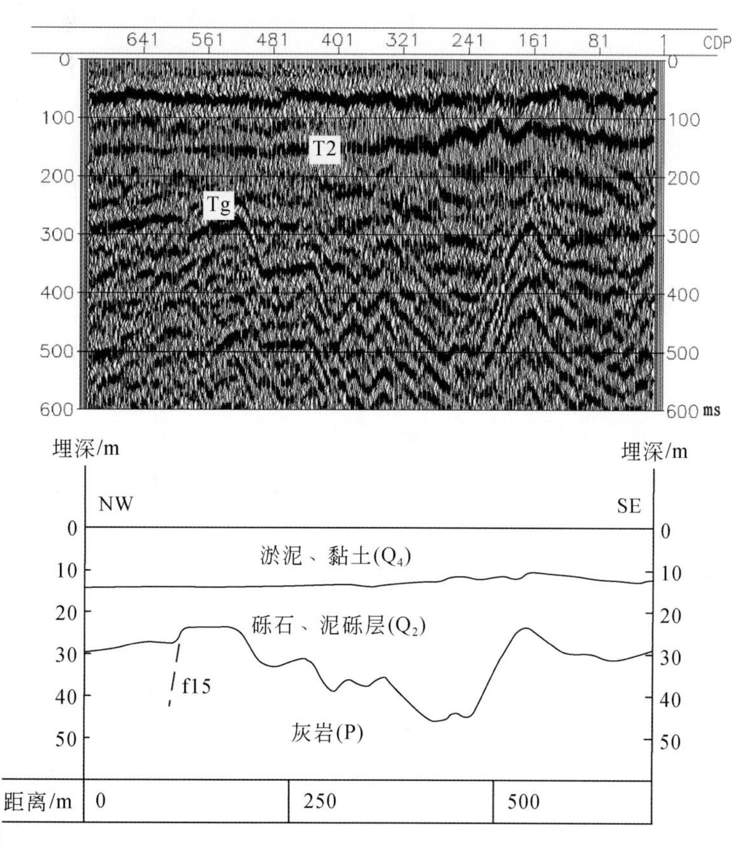

图 5-13 f15 断点地震时间剖面及解译剖面图

为进一步确定北东向断裂及其活动性，选择瑞昌盆地东缘隐伏断裂上的 f13 断点进行钻探验证，在其两侧共布置了 7 个钻孔（ZK16 ~ ZK20）。以钻孔 17 为例，岩性剖面特征如下（图 5-14）。

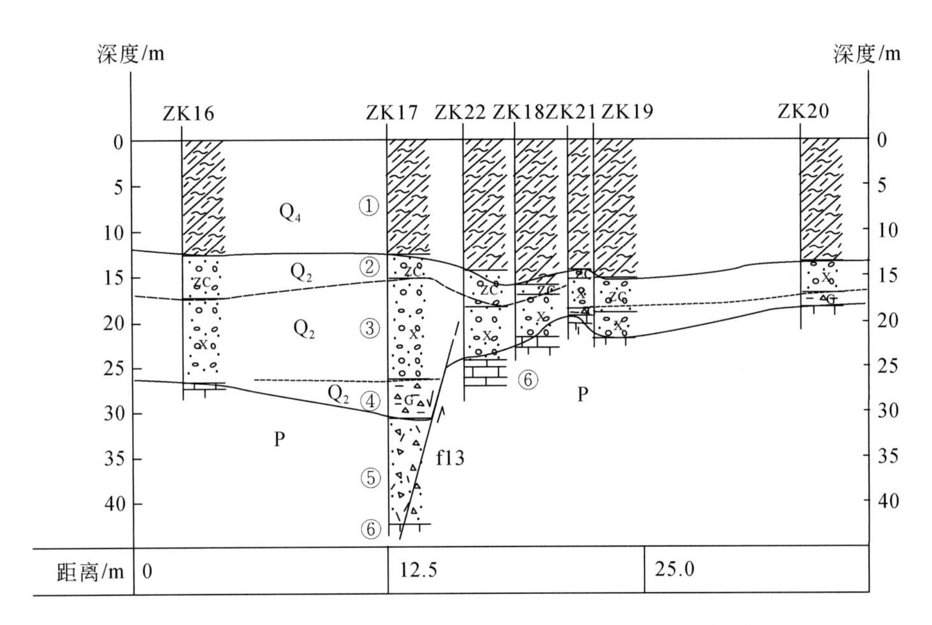

图 5-14　Ⅳ-5 浅层地震测线 f13 断点钻孔地层柱状对比图（岩性描述见正文）

层①：灰黑色粉砂质黏土淤泥层，厚 12. 8m。

层②：灰白色、灰绿色中-粗砾石层，砾径以 6 ~ 10cm 为主，磨圆中等-好，厚 2. 7m。

层③：细砾石层，砾径以 2 ~ 3cm 为主，磨圆中等-好，厚 11. 2m。

层④：棕黄色冰积泥砾层，冰川相，厚 4. 7m。

层⑤：强烈碎裂化灰岩，属构造碎裂岩，厚 11. 7m。

层⑥：灰岩。

其中顶部为一套灰黑色粉砂质淤泥层（层①），厚 12. 8m，根据区域地层对比，属全新世堆积。中间为一套杂色砾石及泥砾层，厚约 18. 6m，磨圆较好，根据砾径大小和成分，又可细分为层②、③和④，从地层颜色及岩性特征，均反映了相对寒冷环境下的沉积学特征，尤其是层④为较典型的一套冰川相沉积层。第四纪以来，虽然江西九江地区从早更新世至晚更新世均出现过冰期，但江西省境内有代表性的冰川型堆积出现在中更新世（江西省地质矿产局，1984）。江西省下更新统的代表为河流相赣县组，岩性以紫红、棕红色砾石层为主；上更新统的代表为莲塘组，岩性以黄色的石英砂层为主。ZK17 中的杂色砾石及泥砾层在岩性特征上与中更新世大姑期冰碛层相当，所反映的岩相古地理环境也与大姑冰期相符合，故将层②、③和④的堆积时代定为中更新世。

ZK17 下部为强烈碎裂化灰岩（层⑤），厚 11. 7m；下伏新鲜灰岩（层⑥）。与其他 6 个钻孔揭示的较完整灰岩相比，ZK17 中灰岩强烈破碎，可划分为构造碎裂岩带。钻孔剖面的对比分析表明，层④（冰积泥砾层）在断裂上盘的 ZK17 以及下盘的 ZK21 和 ZK20 都可见到，而在其他钻孔中该套地层有可能在冰水沉积后期被侵蚀破坏，对比上、下两盘层④（冰积泥砾层）底界面的高程差异，可以推断 f13 断点的断距为 10 ~ 12m（图 5-14），倾向西北，但在中更新统上段中未见明显的断错现象。结合浅层物探剖面中多个反射界面被断错的现象，可以认为该断裂活动断错了或已经影响到中更新统下段，反映该断裂在中更新世早期仍有过活动。

四、九江–瑞昌 $M_S5.7$ 地震发震构造讨论

（一）孕震构造

瑞昌盆地是一个规模不大的山间盆地，鄢家全和贾素娟（1996）系统研究了中国东部和华北地区中强地震活动的构造标志，曾指出中强地震活动与第四纪盆地、新生代玄武岩等关系密切。但与发生过强震或大震的第四纪盆地区，如山西地堑系、滇西北盆地区和美国盆地山脉省等相比（徐锡伟和邓起东，1992；Wallace，1984；Thatcher et al.，1999），中强地震构造背景中的第四纪山间盆地断陷幅度小，边界断裂规模一般也不大，构造表现较差，中强地震构造标志还比较模糊（高孟潭等，2008）。尽管如此，现今地震活动仍然是新构造运动的延续，也是新构造运动的表现形式之一，因此，区域新构造运动特征，尤其是与新构造活动相关的区域性断裂是判定中强地震潜在震源区的重要标志（张裕明，1992）。例如，虽然2005年瑞昌地震序列分布的优势方向不明显，但在瑞昌、范镇、武宁一带的北东方向上，1970年至2005年10月发生过5次$M_L3\sim4.9$地震，如1995年4月15日范镇$M_L4.9$地震、2004年1月26日叶家铺南$M_L4.1$地震等（图5-2），2005年11月26日在瑞昌盆地发生了$M_S5.7$地震，显示了$M_L3.0$以上有感地震的北东成带分布特征，与该地区第四纪盆地和断裂构造的总体走向一致。瑞昌、范镇和武宁3个串珠状分布的继承性第四纪盆地均沿北东向瑞昌–武宁断裂分布，该断裂形成于燕山期，一系列燕山期褶皱被该断裂截断；晚白垩世以来，随着区域构造应力场作用方向的变化，断裂继续活动，但运动性质发生变化，以右旋走滑为主，发育了一组断陷盆地，但该断裂地表贯通性较差，推测很可能是隐伏在上述串珠状盆地下方的一条韧性剪切带（图5-15），控制了位于上地壳

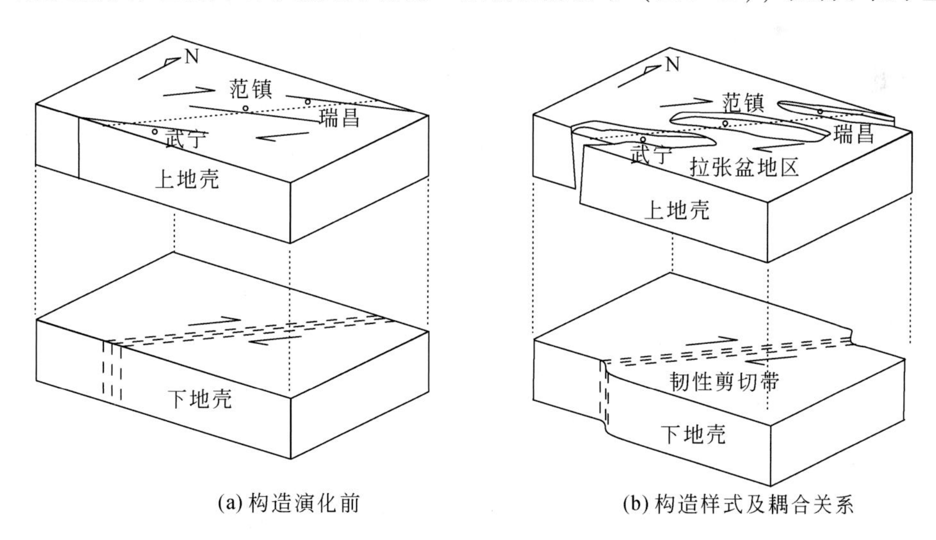

(a) 构造演化前　(b) 构造样式及耦合关系

图5-15　瑞昌–铜鼓断裂雁列状盆地演化动力学模式图

的一组串珠状盆地的演化和发展。虽然瑞昌盆地、范镇盆地的边界断裂规模都较小，但沿着盆地边缘可见新生代玄武岩，从一个侧面反映了近地表的新生代盆地向下是贯通的，很可能受到了深部构造的控制，导致下地壳的岩浆活动沿着断裂构造出露地表。

因此，可以认为：2005 年九江-瑞昌 5.7 级地震的孕震构造为北东向瑞昌-铜鼓断裂。该断裂的左旋走滑运动为九江-瑞昌 5.7 级地震的孕育发生提供了动力学条件。

（二）发震构造

1. 断裂活动性

根据瑞昌盆地内浅层人工地震勘探和钻探验证，在瑞昌盆地东缘发育一条走向南西-北东、倾向北西的正断裂（瑞昌盆地东缘断裂），该断裂中更新世早期仍有过明显的断错活动。该断裂两侧第四纪时期的差异性运动学特征与瑞昌盆地整体性向东南掀斜的性质相一致，而盆地西缘的丁家山-桂林桥断裂已和中更新世网纹红土台地一起被掀斜抬升，分布地势较高，断裂两侧的地貌反差较小，反映了第四纪时期活动性较弱。由此可见，瑞昌盆地东缘断裂是瑞昌盆地第四纪时期活动性最强的边界断裂。

2. 余震分布特征

在 2005 年 11 月 26 日九江-瑞昌 5.7 级地震之后，截止到 2006 年 6 月 30 日共记录到大于 0.1 级余震 2231 次，其中 5.0～5.9 级地震 1 次，4.0～4.9 级地震 2 次，3.0～3.9 级地震 12 次，2.0～2.9 级地震 85 次，1.0～1.9 级地震 610 次，0.1～0.9 级地震 1521 次（表 5-1）。从中可以看出：1.9 级（含 1.9 级）以下的地震占绝大多数。虽然经过小震重新定位（1.0 级以上余震），这些余震空间分布并没有显示出明显的方向性，以面状分布为主（图 5-16）。其中的地壳速度模型是根据横穿大别造山带的人工地震测深研究结果（王椿镛等，1997；表 5-2）。

表 5-1　九江-瑞昌地震余震统计表

震级分档	0.1～0.9	1.0～1.9	2.0～2.9	3.0～3.9	4.0～4.9	5.0～5.9
地震次数	1521	610	85	12	2	1

表 5-2　水平层状地壳速度模型（王椿镛等，1997）

地壳厚度/km	V_P/km	V_P/V_S
0.0	5.40	1.71
5.0	5.90	
10.0	6.15	
18.0	6.40	
26.0	6.80	
35.0	8.00	

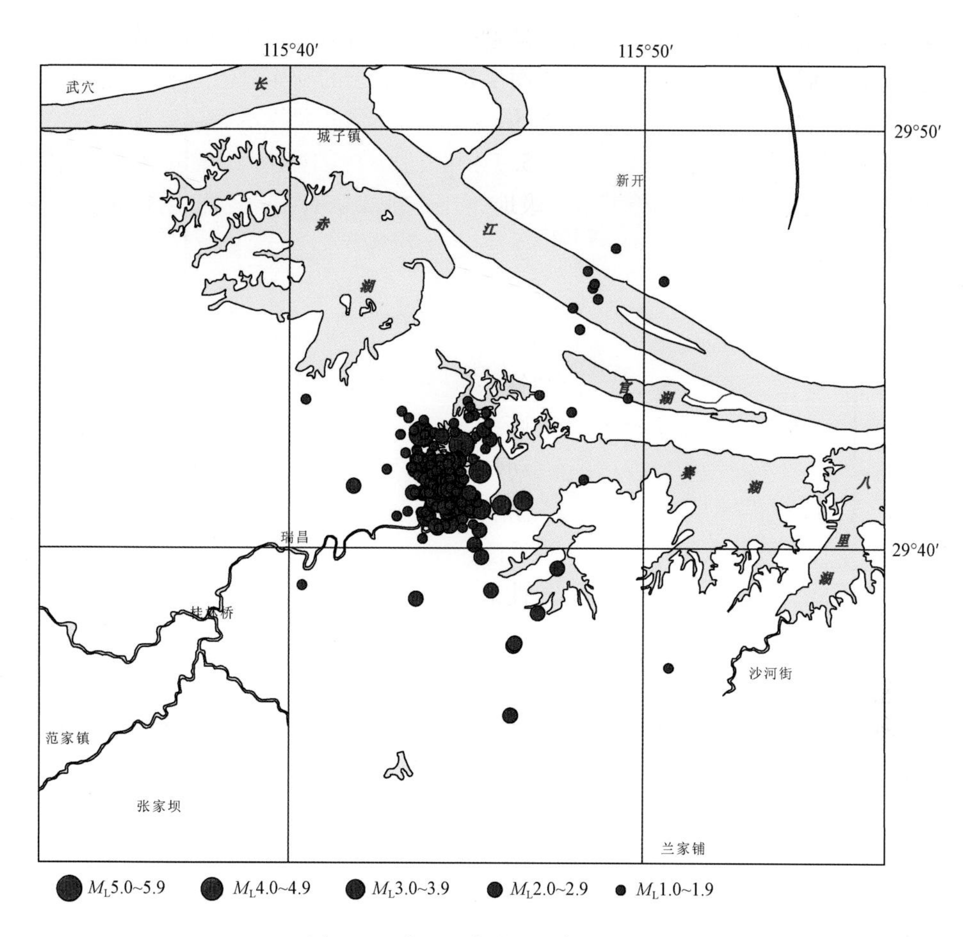

图 5-16 九江–瑞昌地震余震分布图

3. 地震烈度等值线分布特征

根据九江–瑞昌 5.7 级地震现场科学考察报告，灾区分为两个烈度区、即Ⅶ度区和Ⅵ度区；极震区烈度达Ⅶ度强（+）（图 5-17）。地震烈度等值线呈明显的椭圆形，长轴方向北北东，与瑞昌盆地东缘断裂的走向一致。

Ⅶ度区（+）：瑞昌 5.7 地震极震区烈度达到Ⅶ度。Ⅶ度范围呈 NEE 向的椭圆形。南部边界位于九江县的新合乡乡政府南，北部边界至湖北黄梅县小池镇南缘。长轴约 24km，北东东方向；短轴约 15km。主要包括九江县的城门乡、新合乡、新塘乡、港口镇乡、狮子镇、瑞昌市市区以及瑞昌市航海仪器厂以东地区，还包括长江北岸的小池镇少部分地区。

Ⅶ区多处还出现了较为严重的地震地质灾害现象（图 5-17，图 5-18），主要表现为塌陷及其与其相伴生的地裂缝、砂土液化等。喷砂冒水，赛湖农场二分厂十三连棉花地里喷砂冒水高达几米，持续时间较长，导致地里淤积了大量黄泥砂。在极震区出现近百处地陷。地陷规模大小不一，大的直径二十余米，小的直径两三米。陷坑深 3 ~ 9m。在赛湖农场二分厂十三连棉花地里三个大陷坑连成一片，长达 98m。初步分析认为，在九江–瑞昌

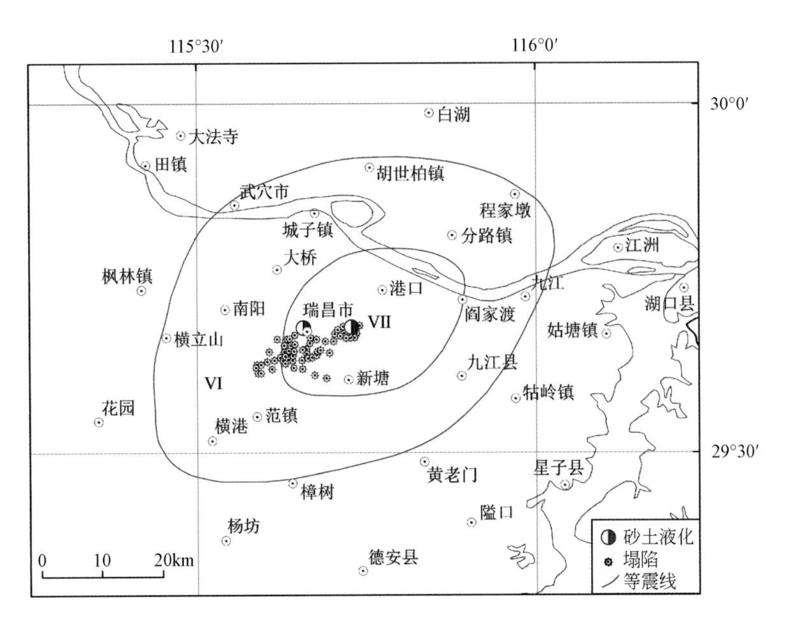

图 5-17　九江-瑞昌 5.7 级地震烈度等值线图

5.7 级地震极震区出现的震陷与灰岩地区的岩溶现象密切相关，地下存在空洞，顶板较薄，在地震作用下出现断裂、塌陷。柏油路面多处裂缝，松软地面出现不规则张裂缝；河岸张裂崩塌等。

(e)

(f)

图 5-18 赛湖农场一带（Ⅶ区）地震地质灾害与房屋破坏现象

（a）塌陷；（b）与不均匀沉降相伴的地裂缝；（c）发生在民房下的塌陷及其破坏；（d）地表不均匀沉降及其破坏；（e）民房承重墙的扭曲错位；（f）墙壁倒塌

Ⅵ度区：包括九江县、九江市周岭以西地区、瑞昌市花园以东地区、黄梅县坝口-陈杨武一带以南地区和武穴市、阳新县、德安县部分地区。Ⅵ度区与Ⅶ度区长轴走向基本一致，呈北东东向。Ⅵ度区内也有宏观破坏现象。九江市新港镇太平桥村有一处出现大规模崩塌。瑞昌市高丰镇永丰村出现地陷，其他地方也有小规模塌陷。

4. 震源机制解

吕坚等（2007，2008）分别应用 P 波初动和波形反演方法研究地震震源机制，其中利用 146 个台 P 波初动记录获得的最佳解为：节面Ⅰ走向 237°（北东 57°）（走向南西-北东、倾向西北），倾角 76°（图 5-19）；节面Ⅱ走向 334°（走向北西-南东、倾向北东），倾角 64°。对于节面Ⅰ而言，动力学特征主要表现为一条高角度走滑断层性质，兼具逆断层性质，可以与图 5-15 中下地壳韧性剪切带及孕震层底部的初始破裂面性质一致。然而，从瑞昌盆地东缘断裂的几何学特征来看，该断裂走向偏为北北东向，约为 70°，与主震震源机制解中节面Ⅰ有一个交角（图 5-15）。沿着节面Ⅰ的右旋剪切作用，在瑞昌盆地东缘断裂上表现出正断裂性质。

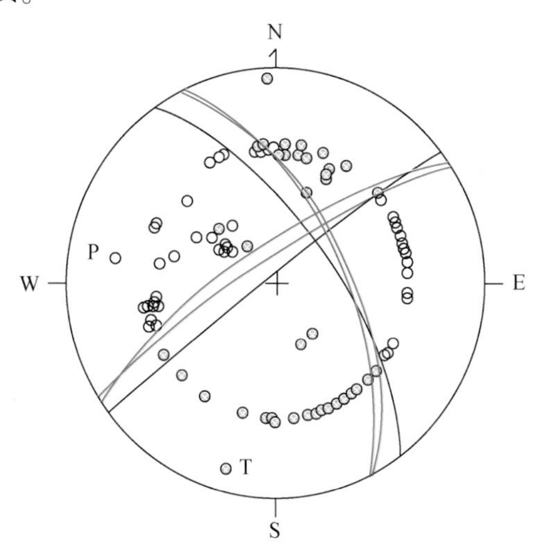

图 5-19 九江-瑞昌 5.7 级地震主震震源机制解

综合江西省地震局和吕坚等（2007）的资料

虽然经过重新定位（1.0级以上余震）的九江-瑞昌 M_S5.7地震序列在平面分布并没有显示出明显的方向性，以面状分布为主，但在垂直剖面分布上，根据吕坚等（2007）的研究：沿剖面A-B（与节面Ⅰ走向大致垂直），地震震源深度总体上由NW至SE逐渐变浅，根据其分布形迹，推测可能的发震断裂倾向NW，倾角70°左右，与主震震源机制解中节面Ⅰ的性质较为符合。而沿剖面C-D（与节面Ⅱ走向大致垂直），地震震源深度的变化较为复杂，以垂直分布为主，与主震震源机制解中节面Ⅱ（倾角64°）的性质符合较差。

上面的分析表明：瑞昌盆地东缘隐伏断裂不但是瑞昌盆地第四纪以来活动性最强的一条断裂，而且该断裂地质剖面上的正断裂性质与沿着节面Ⅰ的右旋剪切作用结果相一致，断裂倾向与小震精定位的剖面分布特征也较为吻合。2005年11月26日九江-瑞昌5.7级地震的极震区地震烈度为Ⅶ度，沿瑞昌、赛湖农场、洗心桥一带展布，长轴为北东东向，这些特点也与盆地东缘断裂的走向一致（图5-2）。因此，瑞昌盆地东缘隐伏断裂作为九江-瑞昌5.7级地震发震构造中最主要的组成部分是恰当的。

在区域构造背景上，尽管沿着长江未能发现北西向襄樊-广济断裂延伸到瑞昌一带的证据，但由于九江-瑞昌5.7级地震位于北西向和北东向2组构造的交汇部位，因此，也不能排除北西向襄樊-广济断裂尾端分支构造对此次地震的影响。

从图5-15可以看出：以黏塑性流变为特征的下地壳和从底部驱动着上覆脆性地块或构造单元的运动，在这样一个响应过程中，不可能只是一条断裂在积累和释放能量，而应该是与一个构造单元相关的断裂系统能量积累与释放。对于九江-瑞昌5.7级地震而言，瑞昌盆地作为此次地震的发震构造更为合适，与盆地相关的断裂系统可能都参与了此次地震的孕育和发生，瑞昌盆地东缘隐伏断裂是其中最主要的一条断裂。

五、小结

通过瑞昌震区地质地貌调查、浅层物探和钻孔验证，并结合区域地震构造背景、震源机制解和小震精定位结果分析，可以获得如下一些初步认识。

（1）九江-瑞昌5.7级地震发生在典型的中强地震构造背景上，延伸到震中区的区域性断裂为北东向瑞昌-铜鼓断裂北段，构造样式主要表现为瑞昌盆地及其边界断裂。尽管沿着长江未能发现北西向襄樊-广济断裂延伸到瑞昌一带的证据，但由于九江-瑞昌5.7级地震位于北西向和北东向2组构造交汇的区域构造背景上，因此，也不能排除北西向襄樊-广济断裂尾端分支构造对此次地震的影响。

（2）瑞昌盆地内第四纪以来的掀斜运动与盆地东缘隐伏正断裂活动有关，浅层物探结果显示该隐伏断裂断错了多个反射界面，钻探结果验证了中更新统存在10～12m的位错，但在中更新统上段中未见明显的断错现象。

（3）瑞昌盆地东缘隐伏断裂不但第四纪以来活动最为明显，而且该断裂地质剖面上的正断裂性质与沿着节面Ⅰ的右旋剪切作用结果相一致，断裂倾向与小震精定位的剖面分布特征也较为吻合。极震区长轴为北东东向，与盆地东缘断裂的走向一致。该断裂作为九江-瑞昌5.7级地震发震构造中最主要的组成部分是恰当的。

（4）瑞昌-铜鼓断裂地表贯通性差，构造上发育瑞昌、范镇和武宁3个串珠状分布的继承性第四纪盆地，1995年以来先后发生过范镇M_L4.9地震、叶家铺南M_L4.1地震和九江-瑞昌M5.7地震。沿着该断裂历史上还发生多319年武宁5 1/2级和1888年铜鼓5 1/4级2次中强地震，是一条典型的中强地震构造带。九江-瑞昌5.7级地震发震构造不是孤立的，瑞昌-铜鼓断裂可以认为是此次地震的孕震构造。

（5）以黏塑性流变为特征的下地壳和从底部驱动着上覆脆性地块或构造单元的运动，在这样一个响应过程中，不可能只是一条断裂在积累和释放能量，而应该是与一个构造单元相关的断裂系统能量积累与释放。对于九江-瑞昌5.7级地震而言，瑞昌盆地作为此次地震的发震构造更为合适，与盆地相关的断裂系统可能都参与了此次地震的孕育和发生，瑞昌盆地东缘隐伏断裂是其中最主要的一条断裂。

第二节　安徽巢湖-铜陵地震群

一、引言

安徽巢湖-铜陵地区及其邻近区域范围是我国大陆内部一个典型的中强地震活动区（丁国瑜和李永善，1979）。有地震记载以来，研究区共计有23次4.7～6.5级中强地震，其中7次4.7～4.9级地震，13次5.0～5.9级地震，3次6.0～6.5级地震（图5-20）。下文主要集中在发生过1585年巢县南5 3/4级和1654年庐江东南5 1/4级等4次中强地震的巢湖-铜陵中部地区，4次地震呈NNE向带状分布，构成了一条明显的中强地震活动带（图5-20）。然而，对该地区断裂构造空间展布特征的认识存在分歧。刘海泉等（2008）认为该地区存在一条SN向的巢湖-铜陵断裂；翟洪涛等（2009）则认为该地区西侧发育一条NNE向的铜陵断裂（又称为“严家桥-枫沙湖断裂”），指出该断裂可能是1585年安徽巢县南地震的发震构造，但翟洪涛等（2009）所研究的断裂构造位置明显偏离巢湖-铜陵地区的4次中强地震以及所提供的断点位置，也未能对这4次中强地震的发震构造进行一个全面的综合研究。区域新构造运动特征、第四纪盆地和布格重力异常梯级带等与中强地震活动关系密切（张裕明，1992；鄢家全和贾素娟，1996；韩竹军等，2002）。因此，有必要从断裂的构造控制作用、新构造运动特征、晚新生代沉积学以及布格重力异常等方面来理解该地区中强地震发生的构造标志。

如何认识此类地震发生的构造标志是一项具有难度的课题（韩竹军等，2002；周本刚和沈得秀，2006；Han et al.，2012），巢湖-铜陵地区4次带状展布的中强地震为我们开展此类问题的探索提供了一个较好的范例。通过针对下述问题的研究工作，有可能更好地理解巢湖-铜陵地区中强地震发生的构造条件和构造标志。①铜陵断裂的构造位置、空间展布特征以及活动性如何？②该地区周缘断裂具有怎样的地质地貌表现，活动时代如何？围绕上述问题，本书通过地质地貌调查，结合巢湖-铜陵地区新构造运动背景、晚新生代沉积学、布格重力异常等地球物理资料理解该地区中强地震发生的构造标志。

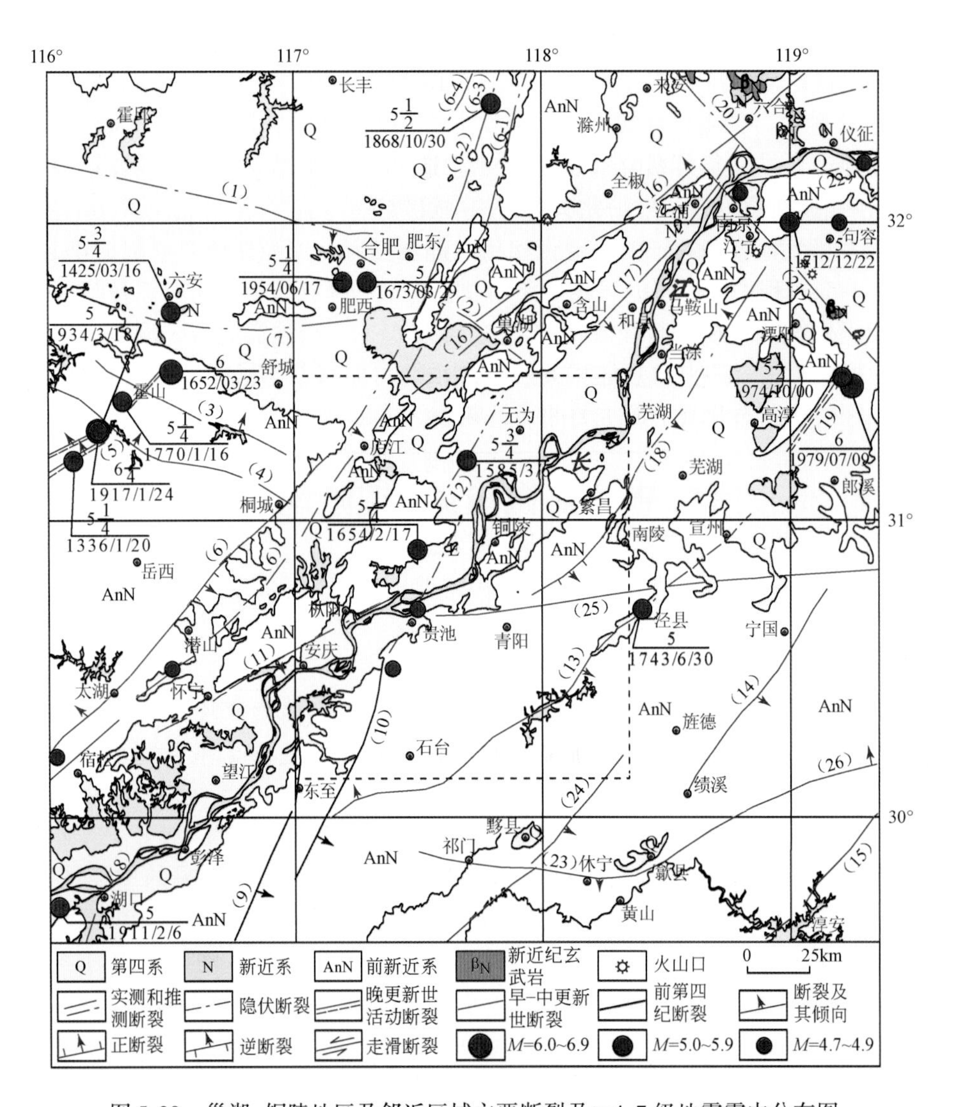

图 5-20　巢湖-铜陵地区及邻近区域主要断裂及≥4.7 级地震震中分布图

基础地质资料参考安徽省地质矿产局（1987）；历史地震资料据国家地震局震害防御司（1995）。（1）肥中断裂；（2）桥头集-东关断裂；（3）金寨断裂；（4）桐柏-磨子潭断裂；（5）霍山-罗田断裂；（6）庐江-广济断裂；（6-1）昌邑-大店断裂；（6-2）安丘-莒县断裂；（6-3）沂水-汤头断裂；（6-4）鄌郚-葛沟断裂；（7）六安断裂；（8）湖口-新干断裂；（9）东至断裂；（10）葛公镇断裂；（11）头坡断裂；（12）铜陵断裂（严家桥-枫沙湖断裂）；（13）泾县断裂（江南断裂）；（14）绩溪断裂；（15）乌镇-马金断裂；（16）滁河断裂；（17）江浦-六合断裂；（18）方山-小丹阳断裂；（19）茅山断裂；（20）施官集断裂；（21）南京-湖熟断裂；（22）幕府山-焦山断裂；（23）休宁断裂带；（24）宜丰-景德镇断裂；（25）周王断裂；（26）昌化-普陀断裂

二、区域地震地质背景

巢湖-铜陵地区地处安徽中南部（图 5-20），地震区带上主要涉及郯庐地震带及长江下游-南黄海地震带，属于典型的中强地震活动区（丁国瑜和李永善，1979），最大地震

为 1831 年安徽凤台东北 6 1/4 级地震及 1917 年安徽霍山 6 1/4 级地震，与该地区 1585 年巢县南 5 3/4 级和 1654 年庐江东南 5 1/4 级等 4 次地震构成一条显目的中强地震活动带（图 5-20）。

在地质构造上，巢湖-铜陵地区位于华北构造区的南部（马杏垣，1987）。在地球动力学背景上，西边受祁连-柴达木块体 NE 向挤压，东边有太平洋板块 NWW 向俯冲推挡，构造应力场中 P 轴方向主要为 NEE—SWW 向（谢富仁等，2004，2011）。区域内断裂构造相当发育，主要有北北东—北东向、北西向、北西西向和近东西向 4 组（图 5-20）。北北东向郯庐断裂带斜穿研究区，北东向和北西向断裂主要发育在断裂带以东，北西西向和近东西向断裂主要发育在断裂带以西。中强地震活动带近区域范围主要断裂有郯庐断裂带南段庐江-广济断裂、头坡断裂和周王断裂。庐江-广济断裂由 2～4 条主干断裂组成。燕山期有过左旋平移活动，对晚白垩世和古近纪的盆地沉积起到明显的控制作用。在新构造分区中该断裂是主要边界之一，其西侧为大别山断块拱曲隆起区，东侧是长江谷地断陷区，沿断裂线性构造地貌发育，但未见晚更新世以来的活动迹象。北东向的头坡断裂向东北延至枞阳城南附近。喜马拉雅早期（晚白垩世—古近纪）显示正断性质，断裂东南盘相对下降，形成盆地。地貌及断裂剖面上的构造分析均反映该断裂活动微弱。周王断裂位于皖南山区北麓，走向北东东—东西。沿断裂岩石硅化、角砾岩化强烈。据岩相古地理资料分析，早志留世中期，石台-黄山一线东西向拗陷叠加于早期北东向拗陷之上，至中志留世拗陷持续下降，深达 1400m，说明断裂此时已经形成，燕山晚期或喜马拉雅早期再次活动。

《安徽省区域地质志》（安徽省地质矿产局，1987）的基岩地质图上显示沿安徽-无为西-铜陵-贵池东一线存在一条近南北向的物探推测断裂，该断裂对晚新生代地层有明显的控制作用；在新构造分区上，巢湖-无为等地处于长江北差异隆起区；安徽无为-贵池一带曾发生的 1585 年巢县南 5 3/4 级和 1654 年庐江东南 5 1/4 级等 4 次中强地震呈 NNE 向带状展布。这些地质、地球物理资料指示着沿长江谷地近侧可能存在 1 条 NNE 向的隐伏断裂——铜陵断裂。

三、布格重力异常特征

在深部构造特征上，巢湖-铜陵地区的西侧及南侧布格重力场以负值为主，最低值为 $-65\times10^{-5}\mathrm{m/s^2}$；而在巢湖-铜陵地区及其东部则以正值为主，最高值约为 $35\times10^{-5}\mathrm{m/s^2}$（图 5-21）。大致可分为布格重力异常特征不同的三个地区。巢湖-铜陵地区及其以东地区布格重力值以正值为主，重力等值线走向为北北东—北东向。大别山区布格重力值主要为负值，重力等值线走向为近东西和北西西向。江南断裂以南布格重力值全为负值，重力等值线走向为东西向。布格重力异常的这一特征与下地壳界面的起伏有关，反映了区域大地构造单元的分布范围，也反映了区域地质构造线的方向。

根据区域重力场空间展布、异常形态及幅值大小等特点，可将区域重力场分为四类：①封闭的似等轴状或条带状重力低值正异常区。如在巢湖-铜陵地区，一系列小型的低值正异常圈闭构造在北北东方向上带状分布，重力值在 -5×10^{-5} ～ $-15\times10^{-5}\mathrm{m/s^2}$。偶见低值负异常圈闭构造，这些异常主要反映中–新生代拗陷或断陷盆地。②大型重力低异常区。如大别山区、皖南山区，其分布范围广、幅值变化大，重力值在$-60\times10^{-5}\sim10\times10^{-5}m/s^2$。反映两个地区莫霍面相对下沉，地壳厚度大。③具有明显走向高、低相间的重力异常带。主要有北东向和近东西向两组，反映一系列紧密排列的隆起与拗陷，如合肥与巢湖之间高、低相间的重力异常带。同时也反映了断裂构造，如沿郯庐断裂带、茅山断裂带、六安断裂都是陡变的重力梯度带。④封闭的似等轴状重力高异常区。如庐江、芜湖市等地的重力高异常，为第四系覆盖层下的基岩隆起或其他相对高密度体。

巢湖–铜陵地区北东东向布格重力异常小型圈闭构造带，也构成了其西侧大别山区大型重力低异常区与东侧以负异常为主的江淮地区分界线，因此，可以认为：在深部构造上，铜陵断裂空间分布特征对应着一条北北东向布格重力异常梯级带（图5-21）。

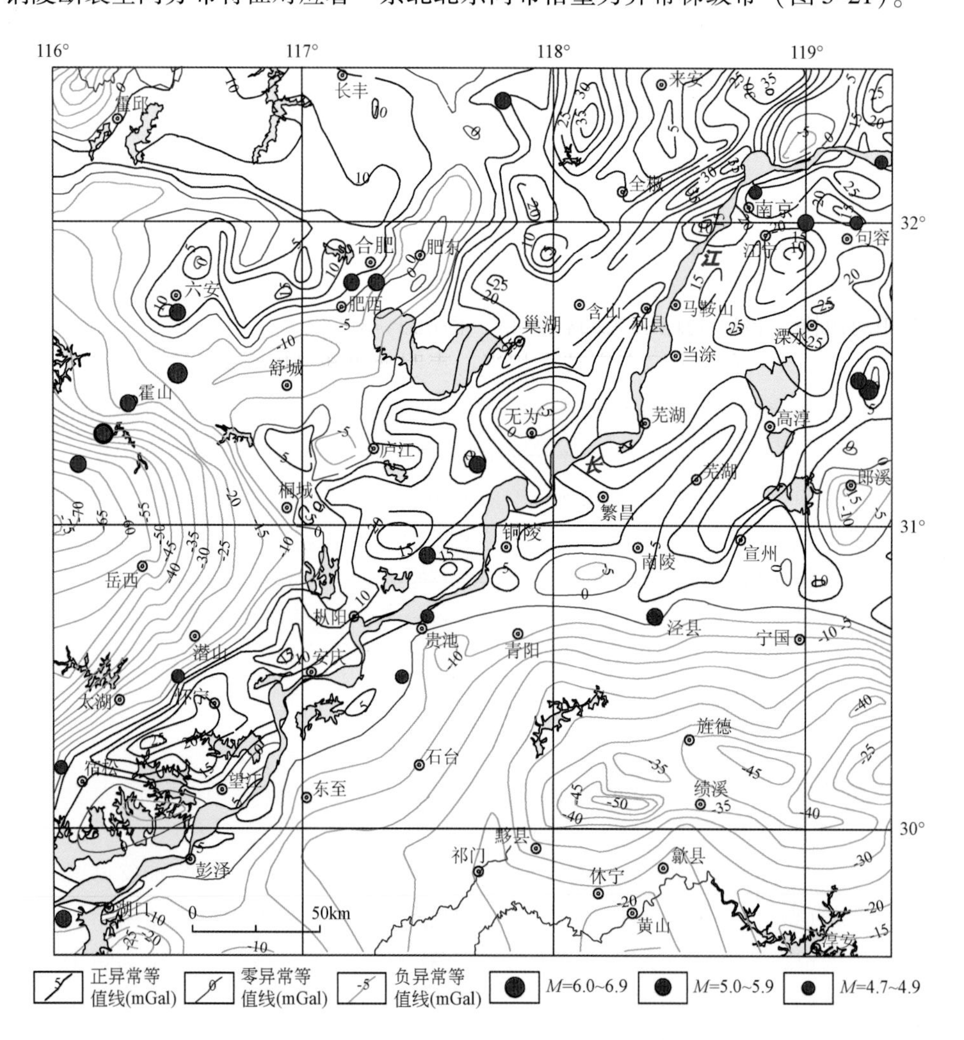

图5-21　安徽巢湖–铜陵地区布格重力异常图

基础资料据国家测绘局一分局1978年编制的《中国重力异常图》

四、晚新生代构造运动特征

（一）晚新生代沉积学特征

在新构造运动背景上，巢湖-铜陵地区新构造运动主要表现为弱的隆升、差异性和间歇性三种运动类型。其中以弱的隆升为主，而间歇性运动基本上贯穿整个新构造时期。古近纪、新近纪以及第四纪早更新世该地区主要表现为大面积弱的隆升运动，区内皆缺失该时期沉积，该时期断裂活动微弱，也无岩浆活动。在经历了上新世至早更新世构造运动的稳定阶段之后，地壳抬升有一个加剧的过程。到了中更新世，地壳再次处于稳定阶段，这一时期沿山麓地带普遍发育了蠕虫状黏土层，该套地层与上覆晚更新世地层有明显的沉积间断，与下伏的基岩呈渐变过渡关系，多处见到蠕虫状黏土是基岩风化的残积物。晚更新世以来，该地区以缓慢的整体抬升为主，形成大面积由上更新统组成的台地。

铜陵断裂大致可分为南北两段，中间由燕山期基岩山体所分隔，地表贯通性较差。区内大致以铜陵断裂为界，存在区内中西部向东部的相对抬升，铜陵断裂表现为晚新生代长江下游安庆弱上升区与无为沉降区之间的分界线。同时，巢湖-铜陵地区中南部相对于北部也存在差异性运动，中南部表现为缓慢的持续隆升，地貌上为低山丘陵；在北部，晚新生代以来相对沉降，该时期地层大面积分布，但沉积厚度较小，一般 20～50m。区内由上更新统组成的长江 T2 阶地拔河高度基本相当，表明晚更新世以来的差异性运动不明显。

铜陵断裂对晚新生代沉积厚度分布有明显的控制作用（安徽省地质矿产局，1987；图 5-22）。断裂北段分布着近北东—北东东向的一个盆地和一个凸起，盆地晚新生代沉积厚度明显加大到 150～200m，凸起晚新生代覆盖层较薄，厚度为 10～20m；断裂南段西侧沿长江河谷分布贵池北晚新生代盆地，呈近北东向，晚新生代沉积厚度明显高于邻近地区，显示出一条比较典型的斜列状右旋走滑的构造特征。这 3 个晚新生代盆地和凸起相间排列，平面上呈串珠状分布，可以推断在其深部存在一条北北东向的断裂构造带，该构造带在晚新生代时期的右旋走滑运动，控制了近地表 3 个雁列状构造的演化和发展。

（二）断裂活动的地质地貌表现

根据区域地质资料，巢湖-铜陵地区主要发育一组北北东-近南北向断裂，共有主要断裂 4 条，它们是铜陵断裂、矾山断裂、夏家岭断裂和郎村断裂（图 5-23）。

1. 铜陵断裂（f1）

断裂南起贵池西、经铜陵西的老洲附近，向北延伸到无为西北，总体上可分为南、北两段，走向北北东，长约 70km，是一条被长江河谷第四纪地层覆盖的隐伏断裂（图 5-22）。

虽然翟洪涛等（2009）曾对铜陵断裂（又称“严家桥-枫沙湖断裂”）活动性进行过研究，但该断裂构造位置明显偏离巢湖-铜陵地区的 4 次中强地震以及所提供的断点

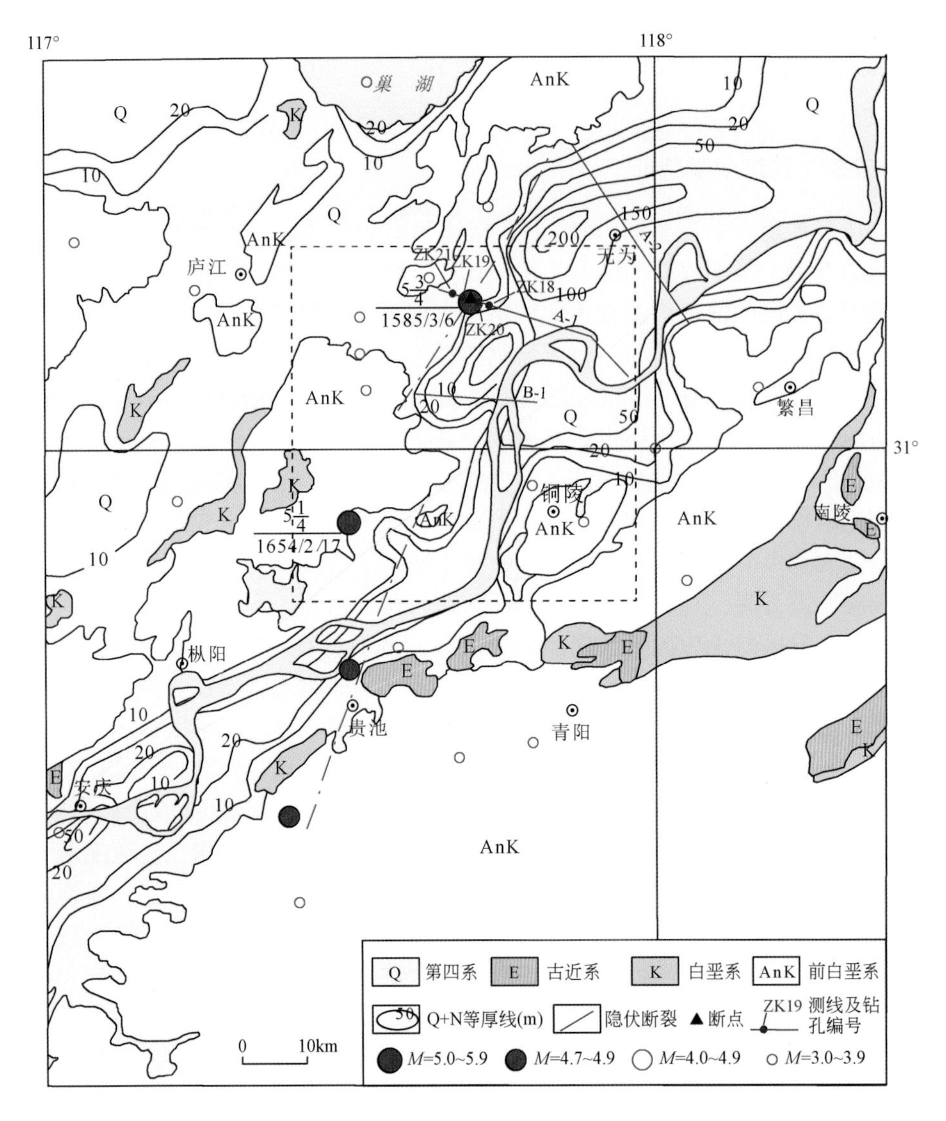

图 5-22　铜陵断裂分布图

等厚线、地层等基础地质资料据安徽省地质矿产局（1987）

位置。北京中震创业工程科技研究院等①曾在无为盆地中布设 3 条浅层物探综合测线剖面 16（图 5-22），其中在梅家楼村北布设了近北西向的浅层地震勘探测线 A-1，结合钻探资料证实了铜陵断裂的存在以及断裂与测线的交汇位置；在十八塔和无为县北侧附近分别布设浅层地震勘探测线 B-1 和 A-2，钻探资料结果表明物探剖面上的疑似断点并非断裂（图 5-22）。

① 北京中震创业工程科技研究院（中国地震局地质研究所），安徽省地震工程研究院 . 2007. 安徽芜湖核电站芭茅山厂址可研阶段地震安全性评价报告。

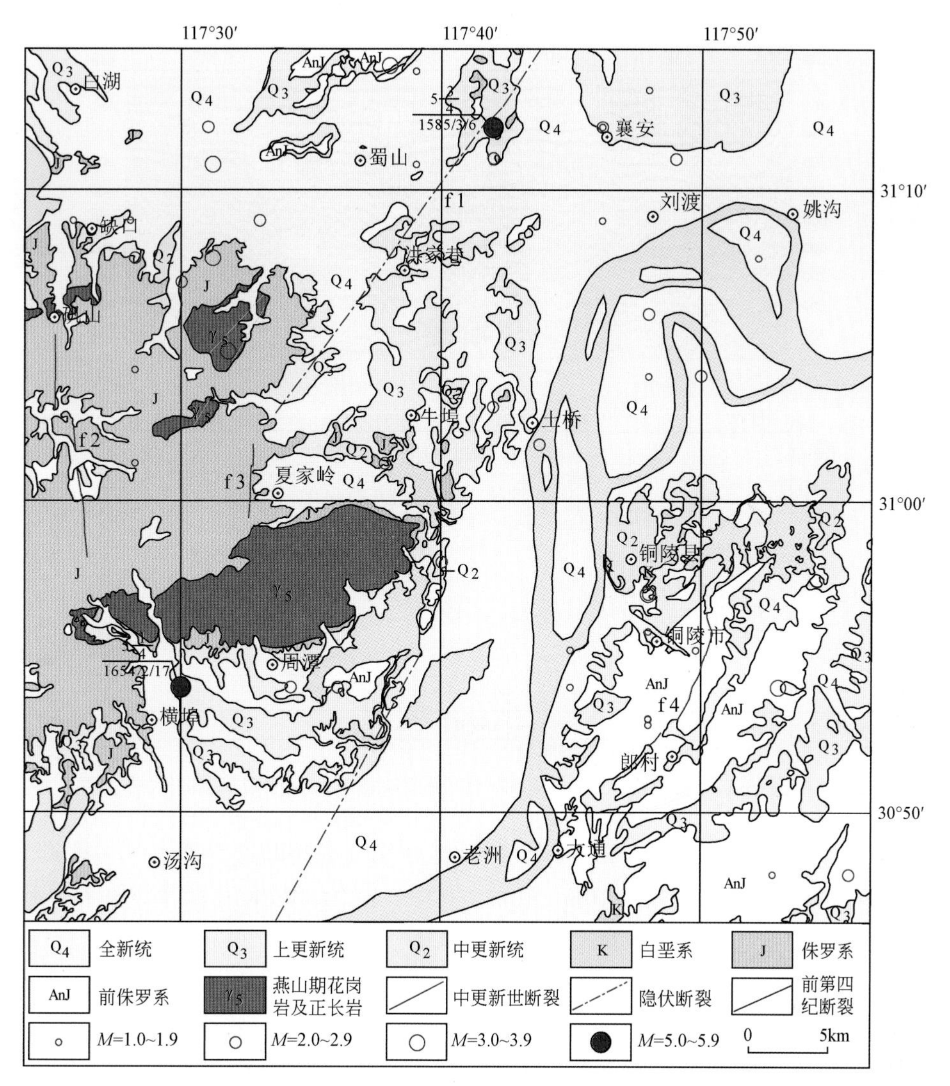

图 5-23　巢湖–铜陵地区主要断裂分布图（位置参见图 5-22 中虚框）

f1. 铜陵断裂；f2. 矾山断裂；f3. 夏家岭断裂；f4. 朗村断裂

1）浅层物探、地质解译与钻探验证

（1）A-1 侧线

A-1 测线北西走向，东起繁昌县获港南，过长江和无为盆地后，西段至无为县杨家桥（图 5-22）。在实际施工中，考虑施工条件，共分为 17 段浅层地震测线段来完成，其中 A-1-8 浅层地震勘探测线布设在梅家楼村北，呈近北西西向。图 5-24 为 A-1-8 测线浅层物探反射叠加剖面和地质解译剖面。从中可见，在距地表 20m 以下的侏罗纪砂岩中，震相显得十分零乱，反映受断裂活动影响，砂岩层发生较强的变动。在测线的 3625 与 4158CDP 附近，基岩反射相位分别出现断点异常（编号为 f5、f6）。两条断裂都倾向东，断裂东盘基岩相对抬升，西盘相对下降，高差 2m 左右，表现为逆断裂性质，上断点深度分别为 25m、23m。但基岩之上第四系内反射波组较为连续。

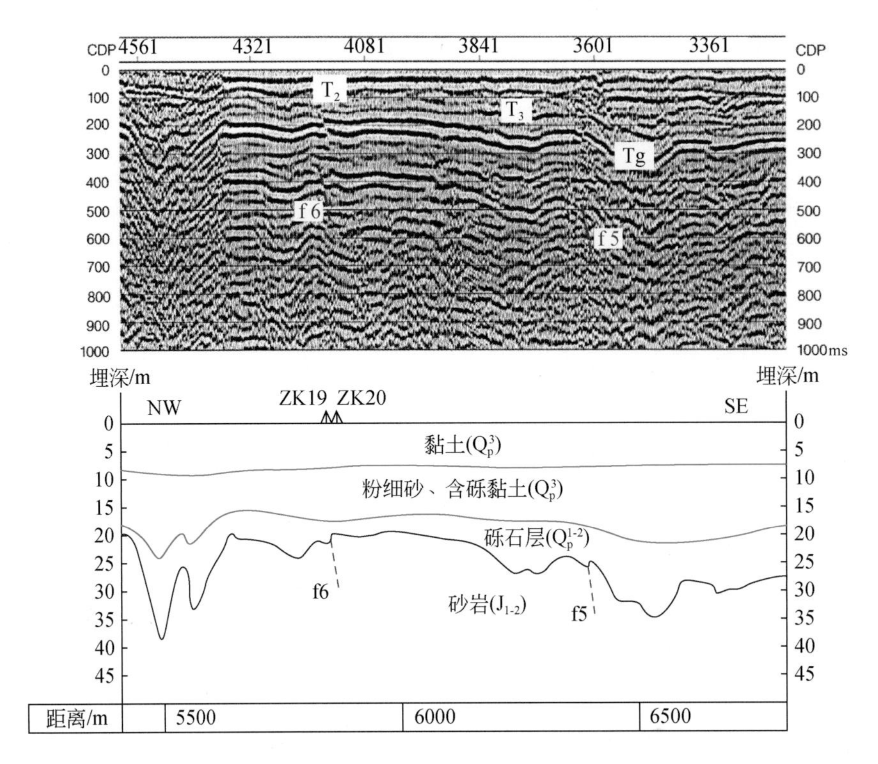

图 5-24　无为县梅家楼 A-1-8 测线 3625 与 4158CDP 附近地震时间剖面及解译图（左北西，右南东）

为验证上述浅层地震勘探结果，垂直图 5-22 中 f6（铜陵断裂）布置了一排 4 个钻孔，由西向东钻孔间距分别是 8.3m、10m、10m，其中，ZK21 和 ZK19 两个钻孔在断裂下盘，ZK20 和 ZK18 两个钻孔在断裂上盘（图 5-25）。

由图 5-25 可见，4 个钻孔都揭示出晚更新世以来的地层及其下的基岩，根据岩性特征，由上至下分为 7 层。

第 1 层：灰褐色耕植土、素填土，厚度 0.6～0.9m。以 ZK19 孔地面为参考点，从西向东，ZK21 孔埋深 0.6m，ZK19 孔埋深 0.6m，ZK20 孔埋深 1.2m，ZK18 孔埋深 1.2m。

第 2 层：灰黄色粉砂质黏土，含少量 Fe、Mn 侵染结核，厚度 5.8～6.1m。ZK19 孔 5.6m 深处样品 TL 测年为（53.00±4.50）ka，属晚更新世中部堆积。ZK21 孔埋深 6.7m，ZK19 孔埋深 6.4m，ZK20 孔埋深 7.3m，ZK18 孔埋深 7.1m。

第 3 层：灰黄色粉砂质黏土，可见少量云母碎片，局部夹少量粉砂，微层理发育，厚度 5～6.6m。ZK21 孔埋深 12.8m，ZK19 孔埋深 13.0m，ZK20 孔埋深 12.2m，ZK18 孔埋深 12.8m。

第 4 层：灰色淤泥质黏土，土质软而可塑，含水分较多，切面光滑，无震荡效应，厚度 6.7～8.3m。ZK21 孔埋深 19.5m，ZK19 孔埋深 20.0m，ZK20 孔埋深 20.2m，ZK1 孔埋深 21.18m。

第 5 层：灰色粉砂质黏土，可见少量云母碎片，厚度 0.5～2.7m。ZK19 孔 21.3m 深处样品 TL 测年为（78.95±6.70）ka，属晚更新世下部堆积。ZK21 孔埋深 22.0m，ZK19 孔

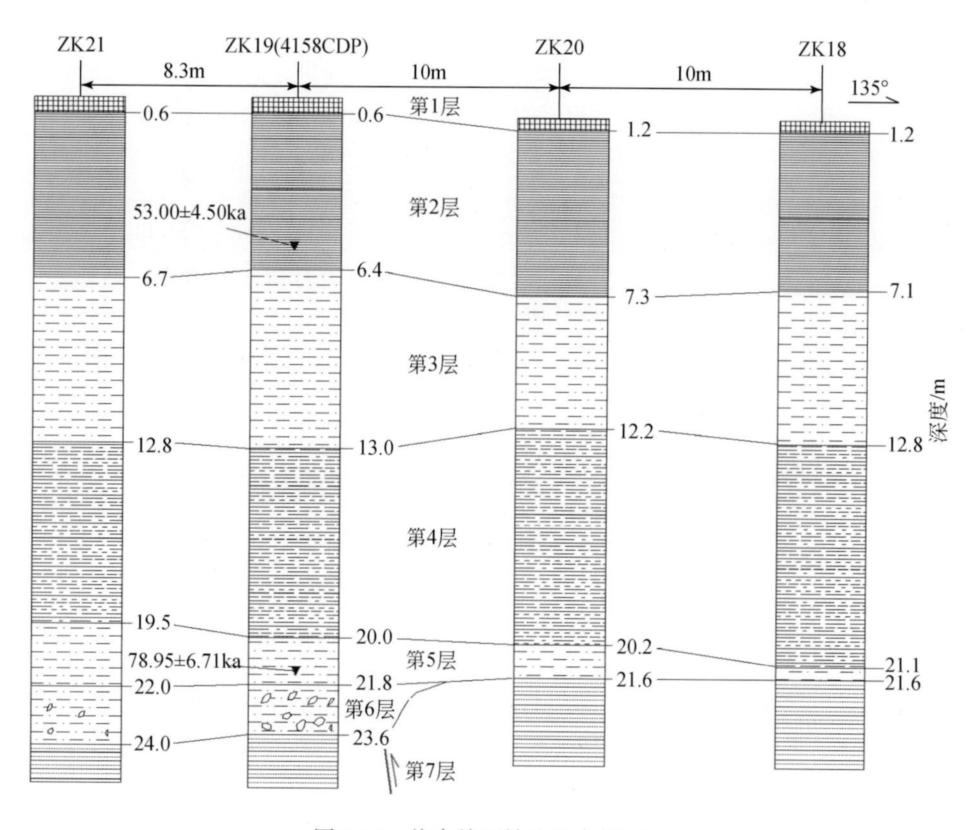

图 5-25 梅家楼西钻孔联合剖面图

埋深 21.8m，ZK20 孔埋深 21.6m，ZK18 孔埋深 21.6m。

第 6 层：仅在 ZK21 孔和 ZK19 孔见到，为棕灰、灰色含砾石团块的黏土，层理不清，呈土块状，厚 1.8m。ZK21 孔埋深 24.0m，ZK19 孔埋深 23.6m，

第 7 层：侏罗系砂岩，各钻孔皆钻到，但未见底。

钻探结果显示，4 个钻孔中第 1 层至第 5 层皆有堆积，虽然各层堆积厚度和埋深各钻孔有所差别，但其总厚度和第 5 层底界的埋深在断裂两侧基本相同，断裂两侧 ZK19 和 ZK20 第 5 层底界的埋深相差仅 0.2m，反映第 5 层开始堆积以来，断裂已停止活动。根据样品 TL 测年为（78.95±6.70）ka，至少晚更新世以来断裂不活动。

第 6 层仅在断裂西盘的 ZK21 孔和 ZK19 孔出现，厚度 1.8～2m，其岩性为含砾石团块的黏土，层理不清，呈团块状，具有快速堆积的特征，而且是位于基岩陡坎的下降盘。因此，该层是基岩陡坎形成后，在其前缘形成的快速堆积层。根据第 5 层 TL 样品测年结果，该层的堆积年龄应是中更新世晚期—晚更新世初期。

第 7 层顶部埋深断裂西盘的 ZK21 孔和 ZK19 孔分别是 24.0m 和 23.6m，断裂东盘 ZK20 孔和 ZK18 孔埋深都为 21.6m，但断裂两侧的 ZK19 孔和 ZK20 孔却有 2m 的落差，两孔相距仅 10m，因此其间应有断裂通过。

根据上述浅层地震勘探和钻探，可得出如下认识：

断裂活动使侏罗系地层形成 2m 高的陡坎，之后在陡坎前缘快速堆积第 6 层棕灰、灰

色含砾石团块的黏土，其堆积年龄应在陡坎形成之后，但较接近陡坎形成年龄。根据样品TL测年，该层的堆积年龄应是中更新世晚期—晚更新世初期。由于该层堆积时代虽接近陡坎形成时代，但却没有受到断裂影响，故断裂最新活动时代应在该层堆积时代之前，为中更新世末期。

（2）B-1测线

十八塔附近布置的B-1测线横波反射地震时间剖面上（图5-26），可见基岩顶面（第四系底界面）呈西高东低的斜坡，斜坡位置与地表陡坎对应，但基岩顶面斜坡比地表陡坎缓得多。在147CDP（斜坡坡脚）附近，基岩有微弱错动迹象（图5-26），高差1m左右，埋深约38m，为疑似断点（平面位置见图5-22）。

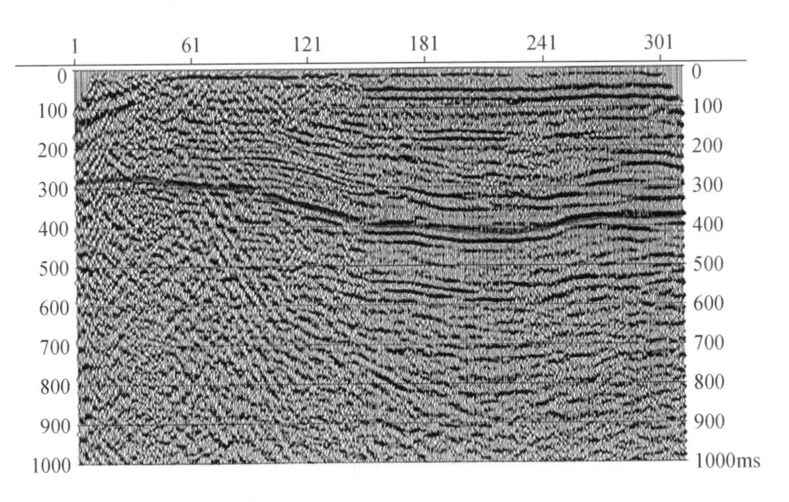

图5-26　B-1-b3测线地震时间剖面图（左西右东）

在疑似断裂点两侧（十八塔东）布置了一排3个钻孔ZK15、ZK16、ZK17，其中ZK16、ZK17在浅层地震勘探推测断裂的上升盘，ZK15在下降盘。根据3个钻孔的剖面对比，陡坎两侧第四系各界面平整，无明显落差，疑似断点两侧基岩顶面埋深也基本平整（图5-27）。证实浅层地震探测揭示的疑似断点并非断裂，地表所见南北向陡坎也非断裂陡坎，而是长江冲刷作用所致。因此，铜陵断裂并没有经过B-1测线所在的位置，而是应从侧线西侧穿过（图5-22）。

2）地表地质调查

区域地质测绘资料表明分布在断裂北段南端的燕山期花岗岩及正长岩体完整，不发育贯穿该岩体的NNE向断裂（安徽省地质矿产局，1987）。根据在断裂北段南端一带的实际调查，基岩山区的一些近南北向断裂不存在早、中更新世活动的迹象，因此断裂没有延伸到基岩山区中（图5-23）。

综上所述，浅层物探、钻孔资料、地表地质调查以及年代学样品测年结果表明铜陵断裂呈NNE向延伸，主要表现为一条隐伏断裂，存在中更新世活动的地质证据。

2. 砚山断裂（f2）

该断裂位于该地区西部边缘地带，南边始于庐江县竹石岭附近，向北经砖桥，过刘家

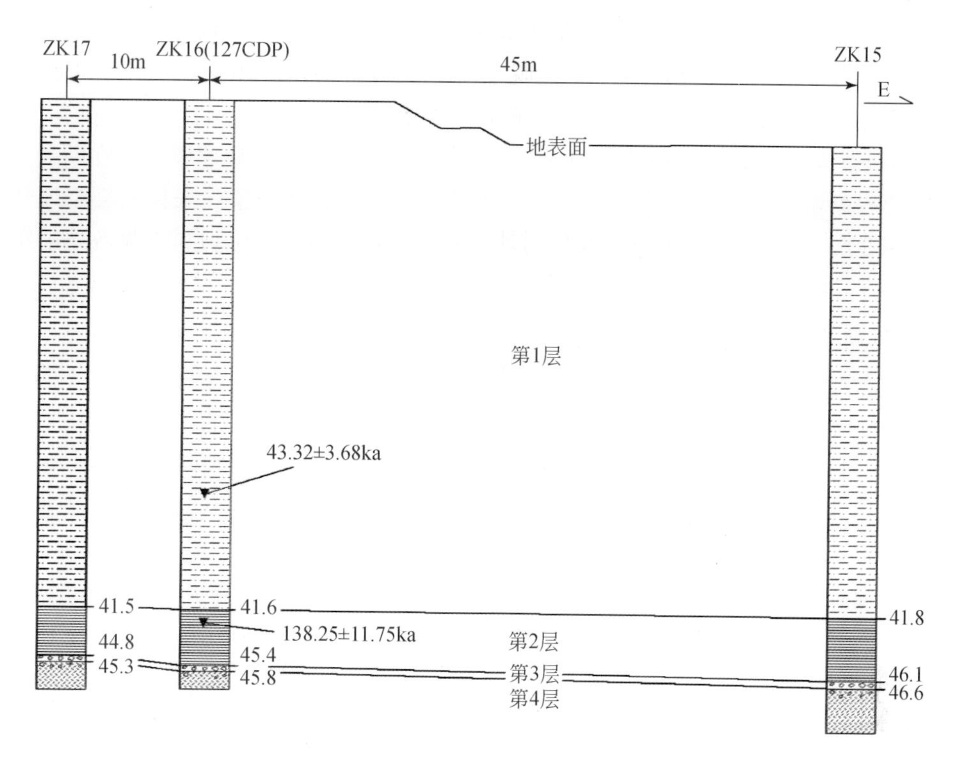

图5-27　无为县十八塔钻孔联合剖面图

洼后，终止在矾山镇附近，走向近南北，长约13km（图5-23）。在冷塘洼村边的侏罗系砖桥组（Jzh）安山岩及安山质火山碎屑岩中，可见产状为12°/SE ∠71°的断裂构造带［图5-28（a）］，宽0.8～1.0m，由片理化碎裂岩带组成。断面平整，其上发育近垂直的擦痕，略向北侧伏，侧伏角75°～80°。摩擦镜面固结成岩，断裂物质胶结坚硬。凤鸣岗西南边的一小型采石场上发现一断裂露头剖面［图5-28（b）］，可见分别倾向西和倾向东的两条断裂，走向基本上都是近南北向。断裂构造带宽2m左右，主要由构造碎裂岩组成，不存在新鲜滑动面。断裂上覆中–上更新统残积层，平稳分布，没有构造扰动迹象。采集断裂物质ESR年代样品（HS-J-E1），测试结果为距今（958±124）ka，接近饱和。断裂在地貌上没有显示，不存在新活动迹象。初步认为该断裂为前第四纪断裂。

3. 夏家岭断裂（f3）

据1：5万牛埠幅地质图①和1：20万铜陵幅地质矿产图②，夏家岭断裂分布在西边，近南北走向，长约4km（图2-23）。断裂主要发育在侏罗系罗岭组（J_1）中，岩性为一套粗–细粒岩屑长石石英砂岩夹泥岩、粉砂岩。在无为县土地岭，沿山坡修建的公路揭示了长距离的新鲜基岩剖面，从中可以看出：侏罗系罗岭组（J_1）的岩层基本上完整分布，不存在明显的断错现象，只在半山腰低洼处，发育一组密集的剪切面，形成一条宽4～5m的

① 安徽省区域地质调查所.1995.1：5万牛埠幅地质图。
② 安徽省地质局317地质队.1969.1：20万铜陵幅地质矿产图。

粗碎裂岩带［图 5-28（c）］，带内构造变形强度不大，不发育新鲜滑动面，也未见松软的断裂物质条带，没有后期活动迹象。在夏家岭村西新修建的山间土公路边，可见发育在侏罗系粗安质角砾凝灰岩及凝灰质粉砂岩中的断裂构造带［图 5-28（d）］。断面产状为 12°/SE ∠58°，断裂构造带主要由构造片理化带组成，宽 1.0m 左右，规模较小。在断裂露头剖面上，不存在新鲜滑动面，也不发育断裂泥条带，未见新活动迹象。采集断裂物质年代样品（HS-J-E2），测试结果表明古剂量信号饱和，年龄>1500ka。初步判定为一条前第四纪断裂。

4. 郎村断裂（f4）

该断裂位于该地区东南部，分布在长江右岸的铜陵市东郊。长约 10km，总体走向 NNE（图 5-23）。断裂为一条发育在三叠系中，与印支期褶皱伴生的次级断裂构造，分布在一个 NEE 向褶皱的翼部。受局部应力场控制，断裂主要为一条倾向东或南东东的正断裂。在铜陵市东南郊的一个大型采石场上，可观察到发育在三叠系灰岩中的近南北向断裂构造带［图 5-28（e）］，主断面产状为 172°/E ∠64°，其上可见垂直擦痕，摩擦镜面固结成岩，其上覆盖有结晶状方解石，未受到构造作用的改造。在产状为 140°/SW ∠84°的错动面上可见水平擦痕。在这些错动面均未见松软的断裂物质条带，没有后期活动迹象。刘家村西边的山坡上，可见三叠系和龙山组（Th）和殷坑组（Ty）之间的断裂接触［图 5-28（f）］。断裂产状为 18°/SE ∠71°。受残坡积堆积层覆盖，断裂出露不很完整。在断裂构造带上，不存在新鲜滑动面，也不发育断裂泥条带。初步认为该断裂是前第四纪断裂。

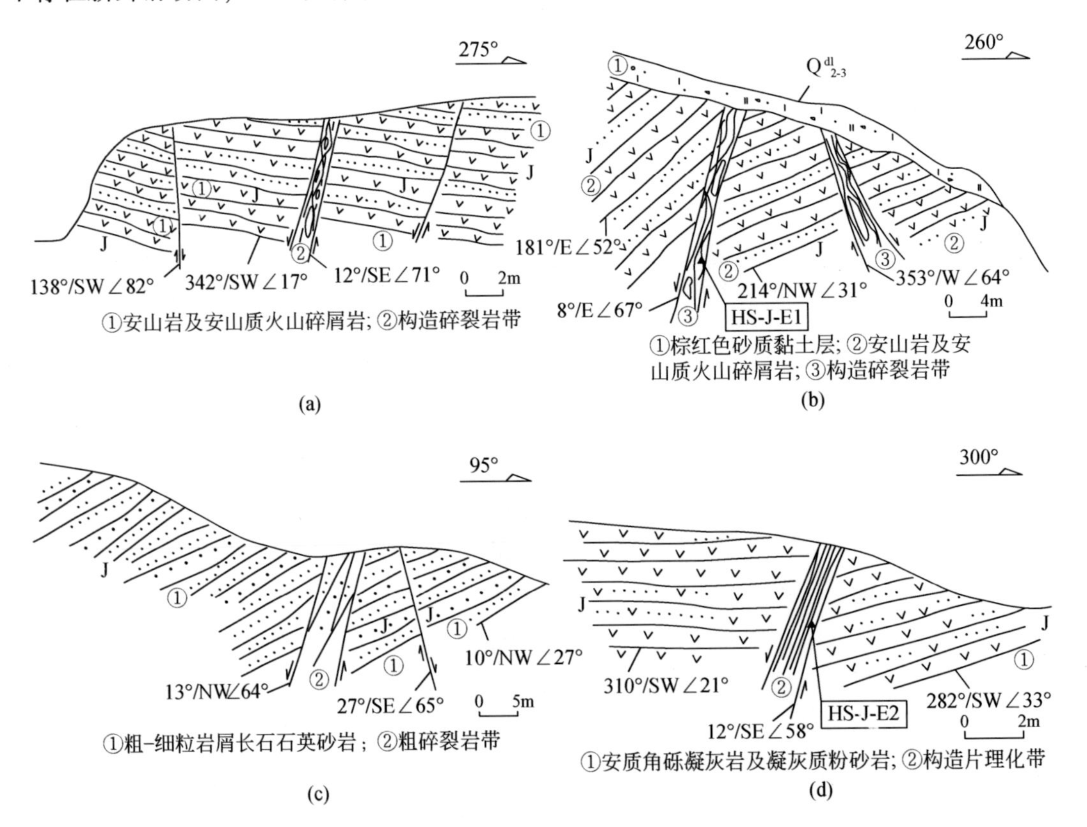

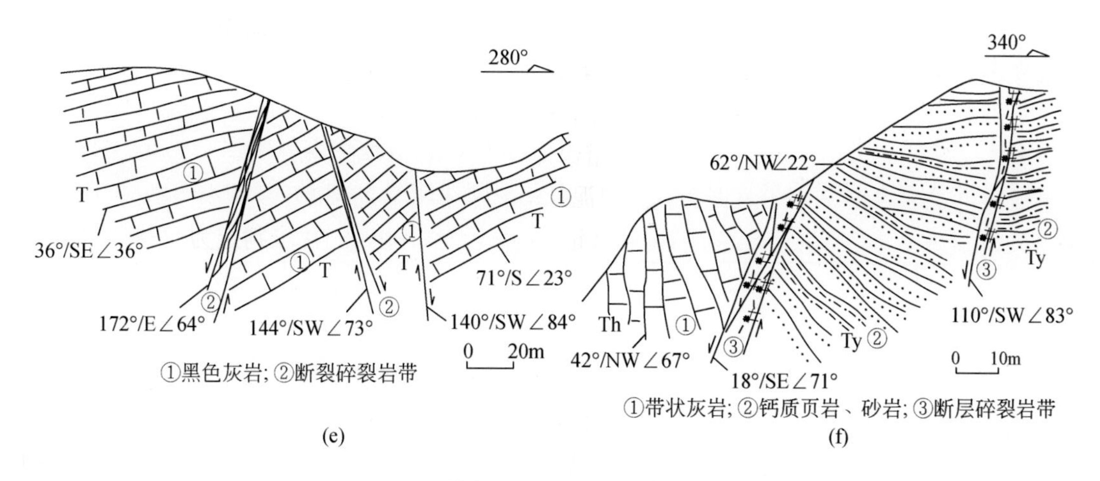

图 5-28　巢湖-铜陵地区主要断裂剖面图

(a) 庐江县冷塘洼村边断裂剖面图；(b) 庐江县凤鸣岗西南采石场断裂剖面图；(c) 无为县土地岭断裂剖面图；(d) 无为县夏家岭村山间土公路边断裂剖面图；(e) 铜陵市东南郊大型采石场上断裂剖面图；(f) 铜陵市郊刘家村西断裂剖面图

五、发震构造

对于大部分中强地震的发震构造，在地表或近地表一般没有晚更新世以来明显断错活动的显示，主要表现为断错中更世地层，特别是中更新世晚期的地层（周本刚和沈得秀，2006）。1631 年常德 6 3/4 级地震、1710 年新华 5 1/2 级地震、1969 年阳江 6.4 级地震、1976 年和林格尔 6.3 级地震和 2005 年九江-瑞昌 5.7 级地震等，均同中更新世活动的断裂有关（鄢家全等，2008；向宏发等，2008；Han et al.，2012）。根据巢湖-铜陵地区人工地震勘探、钻探验证、野外地质调查和年代学样品测试，矾山断裂、夏家岭断裂和朗村断裂规模较小，不存在新活动迹象，是前第四纪断裂；铜陵断裂是一条中更新世活动的隐伏断裂，没有晚第四纪活动证据，但可以发生中强地震，这与一些晚第四纪没有活动的断裂，但可以发生中强地震的认识相协调（王志才和晁洪太，1999；向宏发等，2008；鄢家全等，2008；Han et al.，2012）。

（一）地震烈度分布特征

在地震活动性方面，巢湖-铜陵地区中部仅有的 4 次 4 3/4～5 3/4 级地震，均位于 NNE 向延伸的铜陵断裂上及其邻近地区，其中最大的 1585 年巢县南 5 3/4 级地震的极震区就位于巢湖至贵池一带（图 5-29），1654 年庐江东南 5 1/4 级地震有感范围长轴方位与铜陵断裂走向大体一致，显示了该断裂与这些地震之间的构造联系。

据国家地震局震害防御司（1995），1585 年 3 月 6 日安徽巢县南 5 3/4 级地震震中烈度为Ⅶ度，主要震害如下。

巢县：墙屋有倾覆。

铜陵：城垣多裂（记二月）。

贵池：城垣多裂（记二月）。

英山：房屋尽塌（记十二年二月初六）。

合肥、当涂、盱眙（记二月）：屋宇动摇。

安庆、望江、潜山、宿松、桐城、无为、来安、和县等地均震。

1585 年 3 月 6 日安徽巢县南 5 3/4 级地震等烈度线如图 5-29 所示。

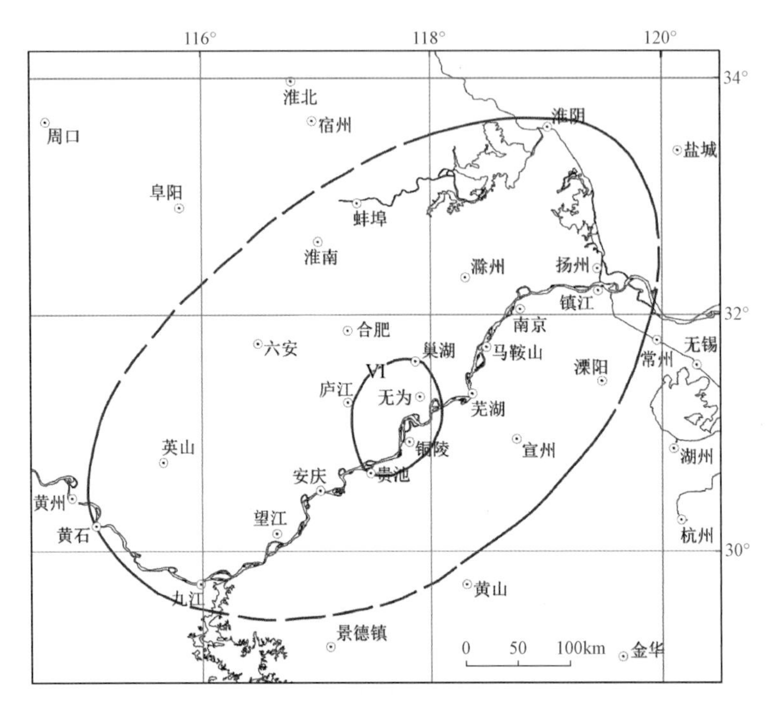

图 5-29　1585 年 3 月 6 日安徽巢县南 5 3/4 级地震等烈度线图

（据国家地震局震害防御司，1995）

（二）发震构造

鄢家全和贾素娟（1996）系统研究了中国东部和华北地区中强地震活动的构造标志，曾指出中强地震活动与新生代运动具有共生性，与第四纪盆地等密切相关。巢湖-铜陵地区 4 次中强地震活动与晚新生代盆地规模关系密切，4 次地震强度呈现了较好的向南递减的特点，而这与晚新生代无为盆地的凹陷幅度明显大于南边的贵池盆地特点相一致。铜陵断裂大致可分为南北两段，中间由燕山期基岩山体所分隔，地表贯通性较差；在新构造运动特征上，断裂表现为晚新生代长江下游安庆弱上升区与无为沉降区之间的分界线，控制了近地表 3 个雁列状构造（南北两个断裂段与中间凸起）的演化和发展（图 5-30）。铜陵断裂形成于晚印支期（刘海泉等，2008），中始新世之后，在 P 轴方向主要为 NEE—SWW 向的区域构造应力场作用下（谢富仁等，2004，2011），运动性质发生变化，以右旋走滑为主；铜陵断裂南北两段的右旋走滑运动在中间地带形成了一个挤压阶区，并使得边界断裂在第四纪早期呈现出逆断裂性质。断裂上晚新生代构造雁列状分布特征，与瑞昌-武宁断裂上瑞昌盆地和范镇盆地之间的构造关系具有一定的类似性（Han et al.，2012）。综上所述，铜陵断裂应是巢湖-铜陵地震群的发震构造，在该断裂下方很可能存在一条韧性剪切带，控制着近地表雁列状构造的演化（图5-30）。

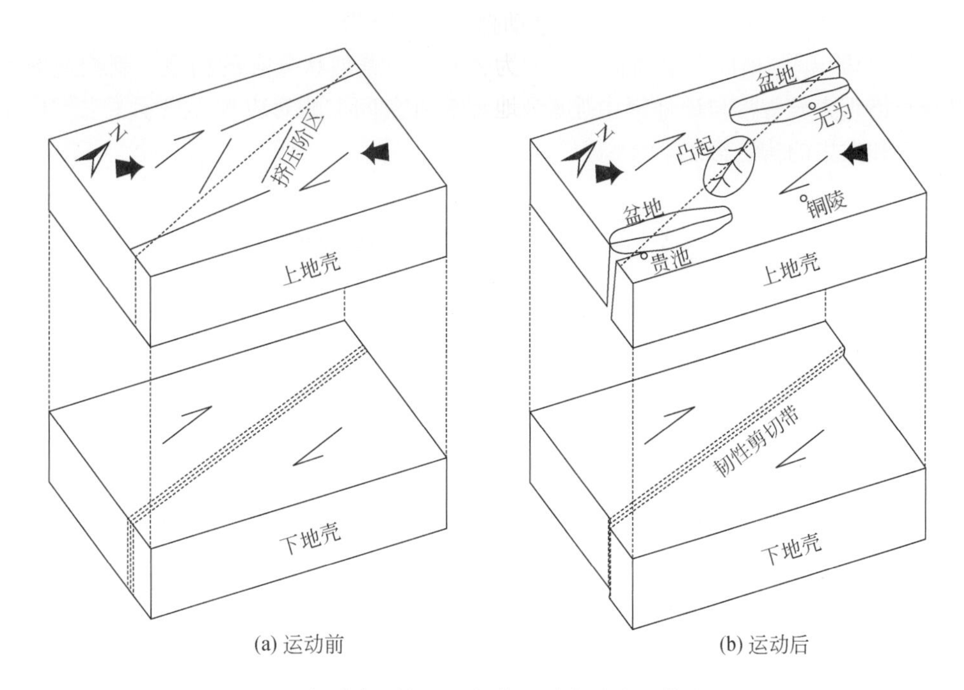

图5-30　铜陵断裂与雁列状构造动力学关系模式图

韩竹军等（2002）发现江淮地区中强地震、新近纪以来活动断裂以及布格重力异常梯级带在空间上有较好的相关性，指出可以根据布格重力异常梯级带识别中强地震孕育、发生的构造环境。巢湖-铜陵地区北东东向布格重力异常小型圈闭构造带，构成了其西侧大别山区大型重力低异常区与东侧以负异常为主的江淮地区分界线，在深部构造上，铜陵断裂空间分布特征对应着一条北北东向布格重力异常梯级带。因此，巢湖-铜陵地区布格重力异常梯级带也可以作为中强地震发生的一个重要标志。

六、小结

通过安徽巢湖-铜陵地区地质地貌调查、浅层物探、钻探验证以及年代学样品的采集测试，并结合该地区新构造运动背景和地球物理深部资料等，可以获得如下一些初步认识：

（1）巢湖-铜陵地区4次地震呈NNE向带状展布，4次地震强度呈现了较好的向南递减的特点，而这与晚新生代无为盆地的凹陷幅度明显大于南边的贵池盆地特点相一致。

（2）矾山断裂、夏家岭断裂和朗村断裂规模较小，不存在新活动迹象，是前第四纪断裂。铜陵断裂呈NNE向延伸，主要表现为一条中更新世活动的隐伏断裂，大致可以分为南北两段，地表贯通性较差，但可以发生中强地震。断裂南北两段的右旋走滑运动在中间地带形成了一个挤压阶区，并使得边界断裂在第四纪早期呈现出逆断裂性质。

（3）在新构造运动特征上，铜陵断裂表现为晚新生代长江下游安庆弱上升区与无为沉降区之间的分界线，控制了近地表3个雁列状构造的演化和发展。在深部构造上，铜陵断裂空间分布特征对应着一条NNE向布格重力异常梯级带。

（4）巢湖-铜陵地区中更新世活动的铜陵断裂、雁列状分布的构造、新构造的差异运动以及布格重力异常带与该地区中强地震活动带在空间上的对应性，显示了它们应是中强地震孕育和发生的构造标志。

第三节　其他震例分析

一、1979年7月9日溧阳6.0级地震

（一）发震构造

1979年7月9日在江苏省溧阳西南发生了6.0级地震。该次地震中共倒塌房屋113909间，严重损坏272884间，死亡42人，重伤682人，轻伤2305人，损坏桥梁11座，小型水库土坝出现裂缝。

震中烈度为Ⅷ度（胡连英等，1997）。极震区位于溧阳县上沛公社荷塘至庆丰一带。区内Ⅰ类房屋60%～70%倒塌、木架脱榫或折断，20%～30%房屋墙壁倒塌（木架完好）；Ⅱ类房屋少数墙壁震酥或硬山搁檩墙倒塌落顶，40%空斗墙体倒塌或部分倒塌或墙体开裂；机关、学校、企业、商店等Ⅲ类房屋墙壁有细裂缝，墙皮脱落；民房烟囱几乎全部倒塌。上沛河榜村-双曲拱桥腹拱圈处产生竖向裂缝，宽3cm，两侧栏杆外倾。河榜桥村土层中有一组北东向锯齿形地裂缝，宽2.5cm，长130余米，深近2m。东塘、棠渚、赵家村一带也出现与河流平行的地裂缝。

目前对1979年溧阳6.0级地震的发震构造还没有较为统一的看法，地震等烈度线既有北东向分布特征，也显示了北西向延伸的特点（图5-31），呈现出不规则的三角形。叶洪等（1980）、高祥林等（1993）、胡连英等（1997）认为此次地震的发震构造为北东向茅山断裂（图5-32）；谢瑞征等（1980）提出了1979年溧阳地震主要与一条北西西向断裂有关；而侯康明等（2012a）基于茅山山前大量浅层物探资料以及钻探和地震地质调查结果，认为此次地震是沿着一条北北东隐伏断裂孕育发生的。

关于此次地震发震构造的性质也存在不同意见，如叶洪等（1980）在研究了1979年溧阳6.0级地震与其余震的震源机制解基础上，分析认为该地震是在NEE向挤压应力作用下，沿着NE向的茅山断裂带发生了右旋走滑兼有正断层性质的错动，这也与胡连英等（1997）沿着该套地层与前新生代地层分界线开挖的探槽剖面上揭示的断层性质一致。据胡连英等（1997）的研究，该探槽揭露的茅山断裂带呈明显的构造楔，断裂带宽2～3m。有多层断层泥和砖红色火山角砾与两个灰色的磨砾岩带，该断裂段早更新世—全新世有3次构造事件。Chung等（1995）利用长周期P波、SH波及短周期远震PD波的波形数据，确定了此次地震具有逆冲分量的走滑震源机制，主节面参数为：走向41°、倾角64°和滑

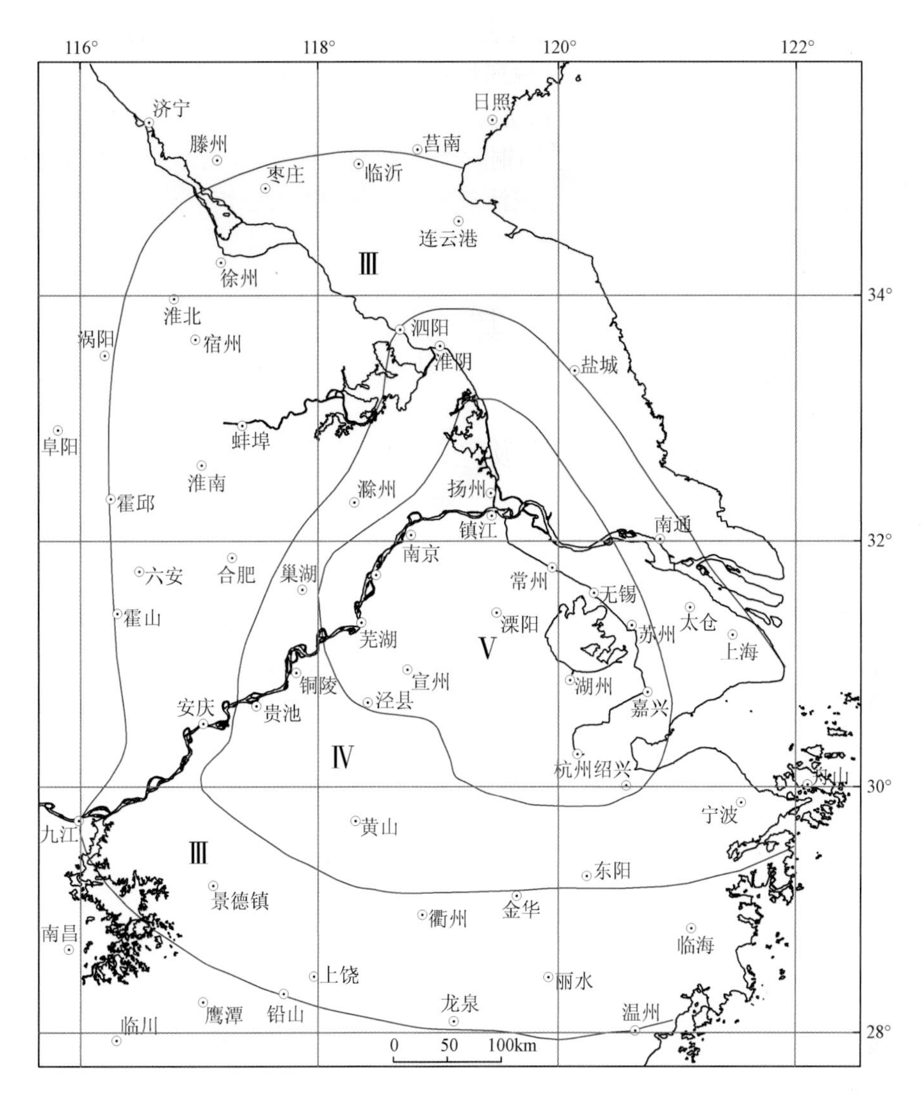

图 5-31 1979 年 7 月 9 日江苏溧阳西南 6.0 级地震等烈度线图

动方向 147°。但对于此次地震的发震断裂没有给出具体的意见。地震发生的构造背景位于茅山基岩隆起区与东侧的中新生代断陷盆地区之间，新构造时期以来二者差异运动较强烈。古近纪开始，茅山东侧断陷盆地下沉接受沉积，沉积了一套杂色碎屑岩、红色含石膏碎屑岩，期间有多次玄武岩喷发，盆地中心沉积厚度 2000m 左右。茅山断裂西侧山地新生代持续上升且遭受剥蚀，现今茅山海拔大于 300m。

茅山断裂全长 110km 左右，在布格重力异常图上沿断裂发育重力梯级带，在航磁图上表现为串珠状正、负异常带，重力和航磁等值线走向与断裂走向一致，呈北东向。断裂西侧为高重磁区，东侧为低重磁区，说明该断裂在地壳深部仍有明显反映。胡连英等（1997）出版了专著《溧阳地震与茅东断裂带》，其采用多学科、多手段、新技术和新方法，对茅山基础地质、地震地质以及茅山断裂带逐段进行了徒步追索观察、开挖探槽，采

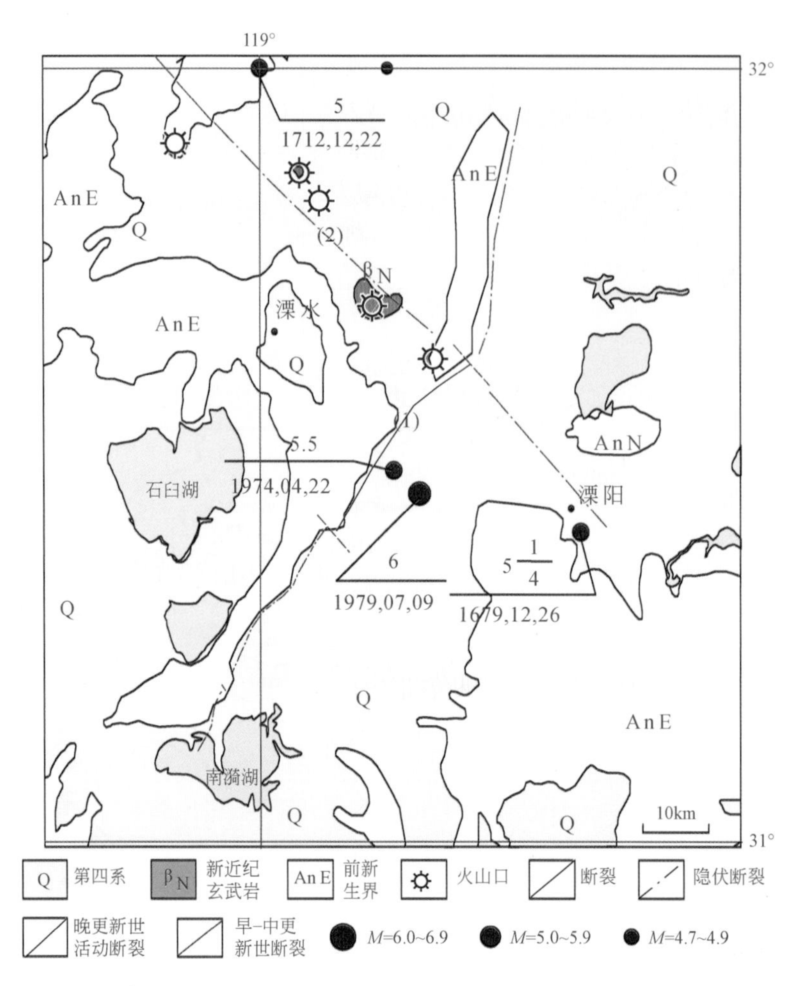

图 5-32　1979 年溧阳 6.0 级地震震区地震构造图

断裂名称：（1）茅山断裂；（2）南京-湖熟断裂

集各类标本和样品进行年代学、显微、超显微变形构造和组构、磁组构、岩石化学、电子探针等分析，获得了大量的实际资料。研究结果表明：遮军山至薛埠之间的茅山断裂中间地段为晚更新世—全新世活动段，应是 1979 年 7 月 9 日溧阳 6.0 级地震发震构造。

在 1979 年溧阳 6.0 级地震震中区附近，1679 年、1974 年还先后发生过 5 1/4 级、5.5 级地震。不同于前面介绍的瑞昌-铜鼓中强地震群和巢湖-铜陵中强地震群在北东方向成带分布的特征，溧阳一带的这 3 次中强地震呈现了在北西向分布成带的特征。沿着茅山断裂的不同区段活动性存在显著差异，也说明了茅山断裂发震能力很难在北东-南西方向上成带分布的特点。结合地震烈度分布特征，虽然 1979 年溧阳 6.0 级地震发震构造为茅山断裂，但在深部受到北西西向孕震构造的控制。

（二）分段及证据

该断裂具有明显的分段活动特征。以南京-湖熟断裂以及溧阳、溧水县界附近的种桃山与遮军山之间为界（胡连英等，1997），茅山断裂可分为北段、中段与南段。胡连英等（1997）认为遮军山至薛埠之间的茅山断裂带中段为晚更新世—全新世活动段，薛埠以北的北段也为前第四纪断裂。在核电项目地震专题工作中，综合考虑地质、地貌表现以及测年中的不确定性，一般把茅山断裂南段和北段推断为早-中更新世断裂；中段为晚更新世活动段，且作为1979年7月9日溧阳6.0级地震发震构造。

茅山断裂中段与北段之间存在北西向南京-湖熟断裂的交切，分段依据明确，且北段活动性很弱。下面着重讨论茅山断裂中段与南段之间的分段依据。

1. 横向构造交切

茅山断裂带中段和南段分段界限区还受到横向构造的交切。从溧水县两侧向SSE方向，发育一个SSE向延伸的侏罗纪盆地，该盆地在遮军山与钟桃山一带与茅山构造带相交切，并使茅山断裂带发生了右旋断错，因此，茅山断裂带中段与南段在几何学特征上并不直接相连。在分段界限区可见多个印支期闪长岩岩体分布，反映SSE向侏罗纪盆地的交切具有一定的深部构造背景，即茅山断裂带中段与南段之间存在着一直延伸到深部、规模较大的障碍体，它对茅山断裂带中段第四纪以来的活动范围有明显的分段作用。

2. 活动性差异

在种桃山至芳山的山前地带（茅山断裂带中段），广泛分布着上更新统下蜀组冲积层及坡-冲积层，岩性为一套棕黄色至棕褐色粉砂质黏土。胡连英等（1997）沿着该套地层与前新生代地层分界线开挖了3个探槽，揭示了晚更新世活动的地质证据。与茅山断裂带中段第四纪时期，尤其是晚更新世以来乃至全新世仍有过明显活动相比，在遮军山以南的茅山断裂南段，断裂沿线由中更新统组成的层状地貌面平稳分布。如在郑村北边约2km的杨家冲西侧为燕山期花岗闪长岩组成的山地，山前则是中更新世冰缘沉积物，岩性为棕红色含碎石砂质黏土层。位于凸出的山嘴花岗闪长岩中，可见断裂构造活动迹象（图5-33），由宽0.5m左右的碎裂岩带组成，产状38°/NW∠61°，不存在新鲜滑动面。在断裂延伸方向上，由中更新世冰缘沉积物组成的层状地貌面平稳分布（图5-34），不存在断错现象。

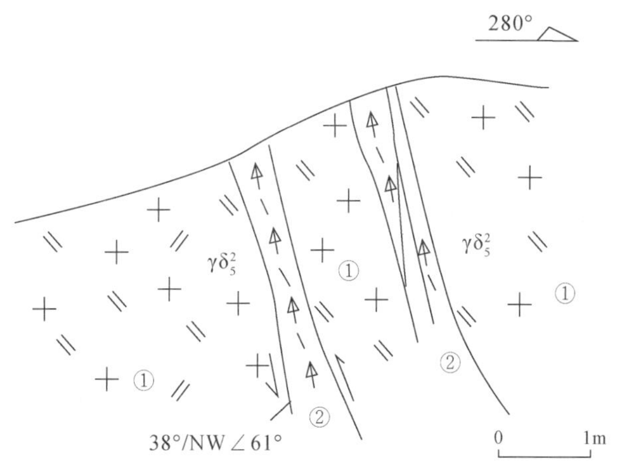

图5-33 杨家冲西侧断裂剖面图

①燕山期花岗闪长岩；②断层碎裂岩

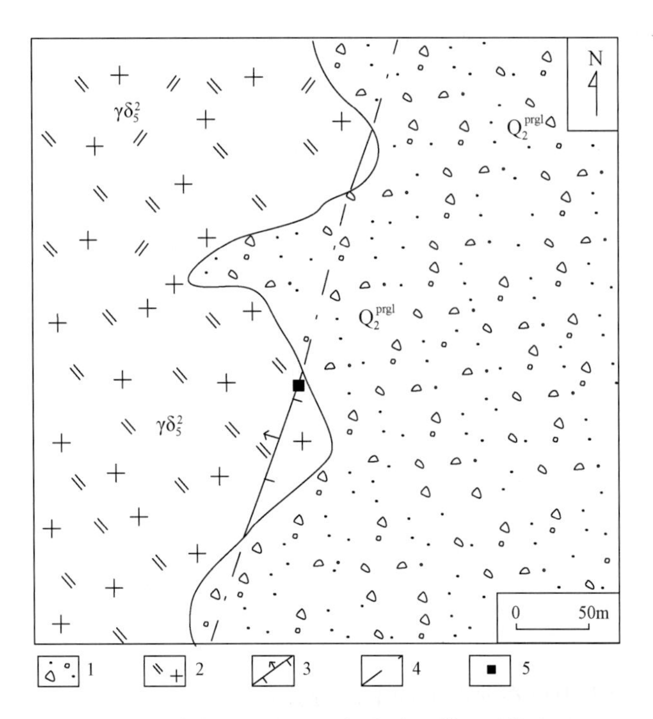

图 5-34　郑村北边约 2km 杨家冲一带地质构造图

1. 中更新统，棕红色含碎石砂质黏土层；2. 燕山期花岗闪长岩；3. 逆断裂；4. 隐伏断裂；5. 断裂剖面图位置

在安徽省宣城市宣州区郑村至朱村之间分布着一个伸向南漪湖的 SSE 向长条状台地（图 5-35），长约 7km，覆盖了郑村断裂可能穿过的范围。该台地地层由中更新世冰水沉积物组成，在竹冲村东北开挖的探坑中，可见该套地层在岩性上为一套棕红色蠕虫状砂质黏土，顶部富含铁锰结核，粒径 1 ~ 3cm。在长约 7km 的范围内，虽然该台地顶部受到流水侵蚀破坏，显示出起伏变化，但台地面顶部的海拔变化不大，在郑村北边 1km 处海拔为 32m，竹冲村为 29m，略向南漪湖倾斜，坡度非常平缓，没有受到断裂改造破坏的迹象。

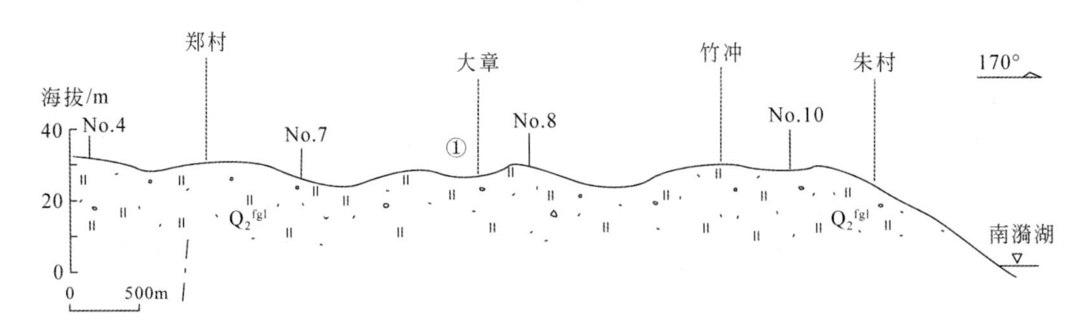

图 5-35　宣州区郑村至朱村综合地质地貌剖面图

①棕红色蠕虫状砂质黏土，顶部富含铁锰结核

在南漪湖南岸的沈村东北侧，分布着一个总体上 NNW 延伸的条状台地。在沈村东约 3km 的龙图山，可见该台地面的地层露头，岩性为洪积相成因的灰白色、灰黄色碎石层，

之间砂质黏土充填，质地较致密。据1∶20万宣城幅地质图（安徽省地质局区调队，1975）①，该套地层形成于早更新世，现构成了海拔为65～75m的台地。该台地面平稳分布，未见构造变动迹象。

综上所述，根据野外实际调查，在茅山断裂南段延伸方向上，未见中更新世以来有过活动的地质地貌证据，推断为早更新世断裂。

（三）小结

（1）遮军山至薛埠之间的茅山断裂中段存在晚更新世以来有关活动的地质证据，应是1979年7月9日溧阳6.0级地震发震构造。但此次地震的孕育发生很可能受到北西向与北东向构造的共同作用。

（2）在1979年溧阳6.0级地震震中区附近，1679年、1974年还先后发生过5 1/4级、5.5级地震。不同于前面介绍的瑞昌-铜鼓中强地震群和巢湖-铜陵中强地震群在北东方向成带分布的特征，溧阳一带的这3次中强地震呈现了在北西向分布成带的特征。

（3）沿着茅山断裂的不同区段活动性存在显著差异，说明了茅山断裂发震能力很难在北东-南西方向上成带分布的特点。茅山一带的中强地震群应该主要受到北西向构造的控制。

（4）根据新近纪火山口在北西方向上成带分布状况，可以推断北西向构造的现今活动具有继承性活动的特点。

二、1917年1月24日安徽霍山6 1/4级地震

1917年1月24日霍山6 1/4级地震震中位于北东向霍山-罗田断裂带北段中部与北西西向桐柏-磨子潭断裂交汇地带（图5-36）。该断裂与NW向断裂交汇部位历史上发生过多次5～6 1/4级地震，其中最大的有1652年6级和1917年6 1/4级地震，断裂西南段附近的罗田南1635年曾发生5 1/2地震，构成了长江中下游地区一个显目的地震群。

霍山-罗田断裂带在该地段由一系列北东、北东东向断裂组成，航磁异常上表现为等值线密集带与舒缓带的分界地带，沿断裂带线性地貌展布清晰。桐柏-磨子潭断裂构成晚侏罗世金寨、霍山和晓天三个火山喷溢盆地的南界，断裂两侧地貌反差显著。

据国家地震局震害防御司（1999）资料，该次地震震中烈度达Ⅷ度（图5-37）。极震区包括黑石渡、落儿岭、马家岭、烂泥坳等地区。区内老旧房子都倒塌，掉砖掉瓦普遍存在，较好的房屋也歪斜，墙上裂缝。落儿岭、鹿吐石铺、烂泥坳、黑石渡等地道路普遍裂缝，且有喷水冒沙现象；落儿岭鹿吐石铺一带山石震裂，甚至出现山崩。落儿岭乌龟峡的垮石崖就是这次地震时山石垮落形成而得名的。

较重的震害沿土地岭、烂泥坳、落儿岭等地表现为北东方向的展布。

霍山：塔底部裂缝，不坚固的房屋倒塌，烟囱、土墙倒塌很多。山崩，大石下滚。地裂缝有宽10多厘米，长3m者，沿河裂缝尤多，冒水，井涸。石狮子（县西1km）地陷二

① 安徽省地质局区调队.1975.1∶20万宣城幅地质图。

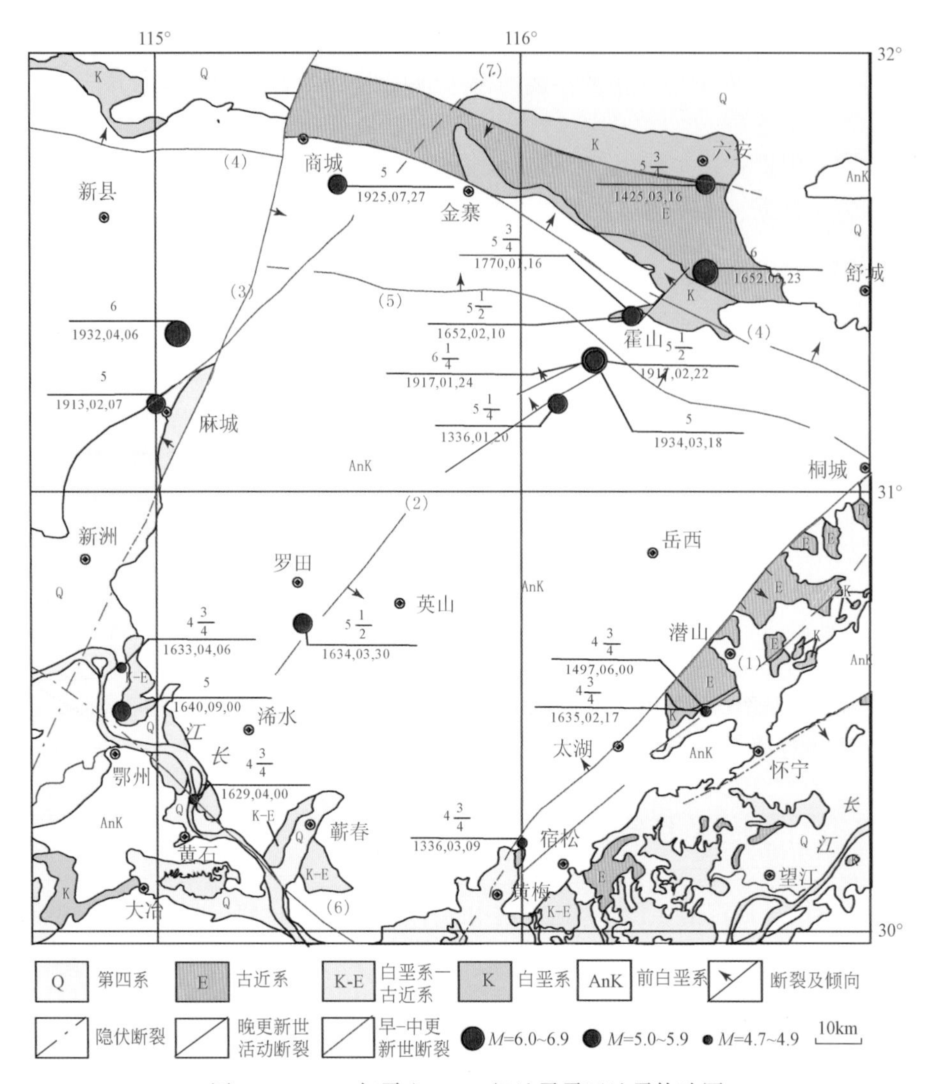

图 5-36　1917 年霍山 6 1/4 级地震震区地震构造图

断裂名称：(1) 郯庐断裂；(2) 霍山-罗田断裂；(3) 麻城-团风断裂；(4) 金寨断裂；(5) 桐城-磨子潭断裂；(6) 襄樊-广济断裂；(7) 凤台断裂

阱，死数十人。

武汉：房屋倒塌数十处。

大冶：教堂东墙震裂宽 30cm，长 7m，华济水泥厂之院墙倒塌 7 余米。

霍山-罗田断裂由落儿岭-土地岭等一组次级断裂组成，北起凤凰台附近，向西南经霍山、落儿岭、土地岭等地可断续延伸到罗田一带，主要发育于前震旦纪变质岩和中生代地层中，总体走向 NE50°左右，倾向 NW 或 SE，倾角 65°～85°，总长约 175km。

沿着落儿岭-土地岭断裂，角砾岩和糜棱岩发育，断裂右旋错移蚌埠-吕梁期祝家铺岩体和燕山期周家湾岩体，前一岩体被错移 400m（姚大全等，2003）。断裂在卫星影像上反映清晰。沿断裂出现峡谷和断层崖，有温泉和冷泉分布。在土地岭西南侧杨树沟附近，断裂中发育 1.2m 厚的灰黄和灰白色断层泥，经热释光测定为（12.5±0.6）万年，表明断层

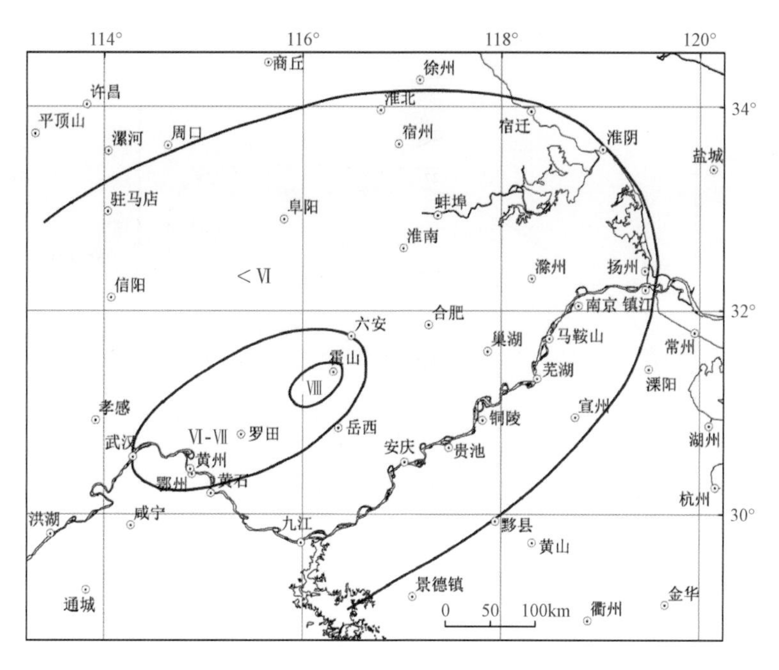

图 5-37 1917 年 1 月 24 日安徽霍山 6 1/4 级地震等震线图
（据国家地震局震害防御司，1999）

泥形成于中更新世晚期，断层泥扫描电镜测试分析为黏滑活动（姚大全等，2003）。它在霍山金家冲错断上更新统（张杰等，2003）。

综合上述资料，北东向霍山-罗田断裂带与北西西向桐柏-磨子潭断裂带共同构成 1917 年霍山 6 1/4 级地震的孕震构造，其中霍山-罗田断裂带为这次地震的发震构造。

三、1932 年 4 月 6 日麻城 6 级地震

（一）地震烈度分布

1932 年 4 月 6 日麻城 6 级地震，极震区沿举水河谷展布，长轴北北东方向（图 5-38）。震中烈度达Ⅷ度，麻城：县北郭家畈，古洞寺一带较重，房屋倒塌 50% ~60%，未倒者多被震歪或裂缝，屋瓦掉下大半，古洞寺砖木结构瓦房亦全部塌毁。山石崩塌，崩下巨石大者直径数米，重万公斤，小者数公斤，满布郭家畈田中。地面裂缝，并冒黑沙水。死 6 人，伤 27 人，死伤牲畜 4 头。县城及其他地区房屋倒坏 10% ~50%（多倒坏山墙及前后檐），墙壁普遍裂缝。山脊、山坡、河滩、田畈、塘边等处多发生裂缝，并有喷沙冒水。陡峻山崖普遍发生崩塌，有井泉水多变浑或干涸。

汉口、鄂城、浠水、大冶、罗田、黄冈均有感。

（二）发震构造

在以前的研究中，一般认为北北东向麻城-团风断裂是 1932 年 4 月 6 日麻城 6.0 级地

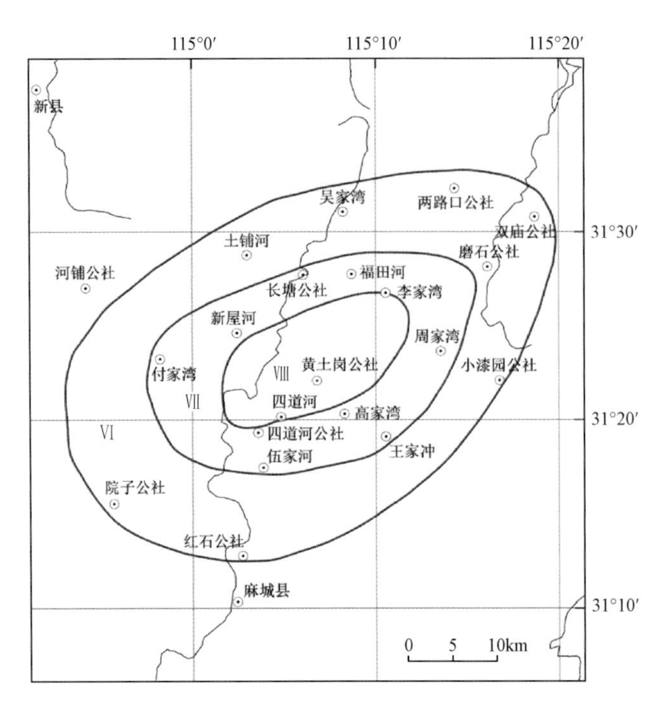

图 5-38　1932 年 4 月 6 日湖北麻城北 6 级地震等震线图
（据国家地震局震害防御司，1999）

震的发震构造（王清云等，1992；雷东宁等，2012）。该断裂北起商城以北，往西南经麻城、新州、团风至梁子湖以南，总体走向 NE15°～20°，倾向 SE 和 NW，倾角 60°～70°，全长 240km 左右，是一条规模较大的区域性断裂。

1. 麻城-团风断裂活动性分析

据断裂所处的构造部位和发育的差异，大致可分为三段。北段（麻城以北）和中段（麻城-团风）基本发育于东秦岭-大别褶皱系的前震旦纪变质岩中，断裂东西两边在地层岩性、岩浆活动、变质作用和构造变形等方面均有差异。晚白垩世-古近纪中段西侧形成新洲-麻城盆地，同时伴有基性岩浆喷溢。古近纪末构造反转，东盘变质岩系逆冲到西盘上白垩统-古近系之上。第四纪断裂有所活动，其中断层泥经 SEM 法测定为早-中更新世（王清云等，1992）。断裂中段两侧地貌反差强烈，东盘形成断阶状多级台地，台地前缘发育断层谷地。在麻城市正东桃林河一带盆地与山区的交接部位，断裂发育在太古宇变质岩系与白垩系砂岩中，断裂表现为强烈的破碎带，发育断层构造岩，见保存较好的断层三角面。断层物质 ESR 年龄为（324±30）ka；在麻城市白果乡明山水库，也见到相似的断层发育特征。断层在老变质岩组成的山地与白垩纪砂砾岩组成的盆地边界通过。断层规模较大，分支断层多，共同构成断层破碎带。断层带内破碎，采集的断层物质 ESR 年龄为（404±45）ka①。这两处断裂露头剖面均发育在前新生代地层中，对第四纪地层分布没有明

① 中国地震局地质研究所，中国地震局工程力学研究所. 2008. 西气东输二线工程场地地震安全性评价报告。

显的控制作用。

南段（团风以南）发育于扬子地台内，全线被第四系和湖区覆盖，未直接出露，又称梁子湖-咸宁断裂。从断裂两侧零星出露的地层分析，它可能控制了晚白垩世—古近纪沉积盆地的西界，其南端位于此盆地内。中国地震局地质研究所等（2006）[①] 在“湖北大畈核电厂可研阶段地震安全性评价”工作中，对此段断裂在进行地质调查的基础上（图5-39，图5-40），在横沟桥以西的余家湾，向东南方向经汪把头、横沟桥、张家湾、杨畈至孟家湾，布置了全长15388m的浅层物探测线，并进行了钻探验证和新年代学样品采集与测试。

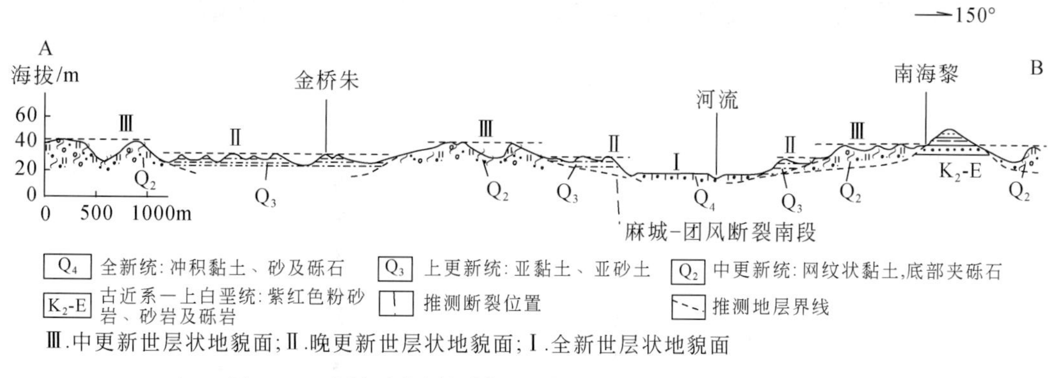

图5-39 麻城-团风断裂南段金桥朱—南海黎地质地貌剖面
（位置见图5-40中的A-B）

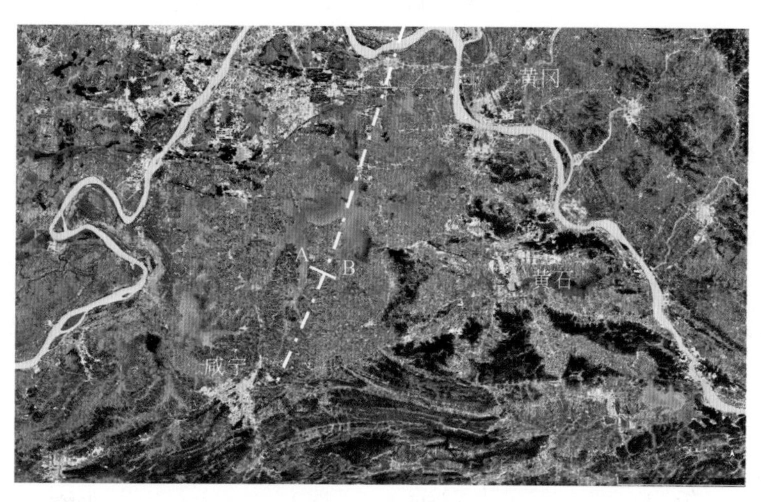

图5-40 麻城-团风断裂南段（局部）遥感影像（Google Earth）
（A-B为地质地貌剖面位置）

在横沟镇东南5.84km附近，在低速带上方，基岩反射波组（T3）出现明显的能量减弱和错动，推测由断裂引起，断裂影响带宽20m左右，砾岩层顶面的落差6～8m，为断面

① 中国地震局地质研究所，武汉地震工程研究院，中国地震局地球物理研究所.2006. 湖北大畈核电厂可研阶段地震安全性评价报告。

东倾的正断裂（图5-41）。断点上方覆盖层的反射波组（T1、T2）连续完整，除略有起伏外，无中断、断错现象，说明断层未断错覆盖层底面。为确证D3低速异常带是否由断裂引起，在这个异常带的中间及其两侧布置了三个钻孔（图5-41下图和图5-42）。

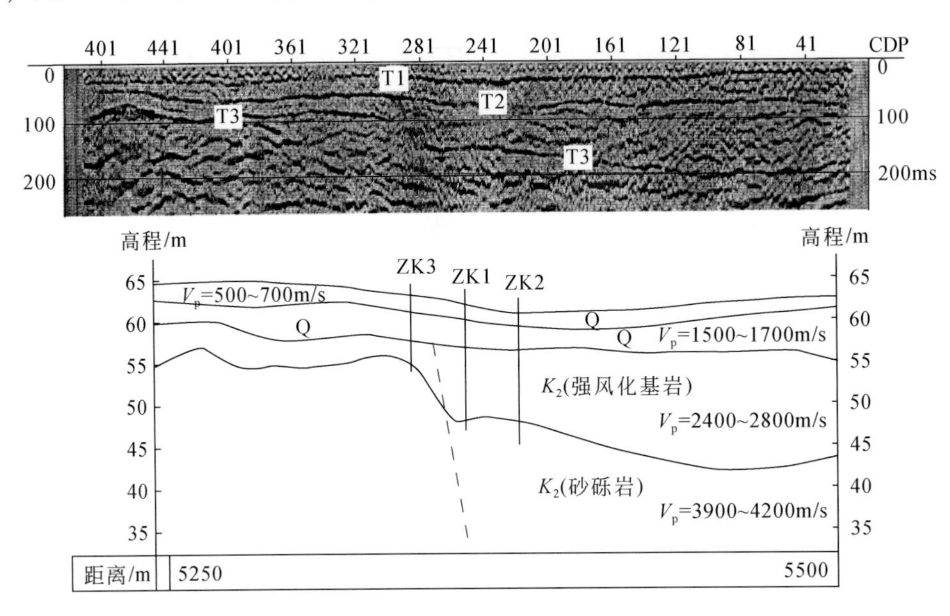

图5-41　横沟镇东南5.84km附近地震-地质解释剖面图

（详细钻孔内容参见图5-42）

钻孔的岩性基本特征如下：

（1）黄色含砾亚黏土，砾石风化强烈；

（2）砾石层，砾石风化强烈；

（3）砖红色含少量角砾黏土透镜体，角砾含量1%～2%；

（4）黏土砾石层，砾石磨圆中等，最大砾径3～4cm；

（5）浅砖红色含少量角砾黏土，角砾 ϕ 为0.8～1.0cm，含量2%～1%；

（6）灰红色强风化砂岩；

（7）棕红色、砖红色砂岩，中风化；

（8）胶结较差砾岩，砾石成分以灰岩为主，磨圆中等；

（9）棕红色砂岩透镜体，弱风化；

（10）弱风化砾岩；

（11）砂砾岩，磨圆度中等，分选差，砾石成分复杂。

从三个钻孔的地层对比情况看，ZK1和ZK2的地层基本可对比，埋藏深度也相差无几，因此在这两个钻孔间不存在断裂。ZK3的岩性与ZK1和ZK2对比，中间缺失了一段中-微风化的砂岩层。同时，ZK3与ZK1相距仅20m，但砾岩层顶面的落差近6m，说明在这两个钻孔间的白垩纪地层中存在断裂，它可能就是梁子湖-咸宁断裂的南延。但该断裂没有错断上覆埋深5～6m的网纹状红土，红土底部的ESR年龄为（591±59）～(668±67)ka。结合梁子湖南侧断裂通过处两侧中更新世台地面高程一致的特点，推断麻城-团风断裂南

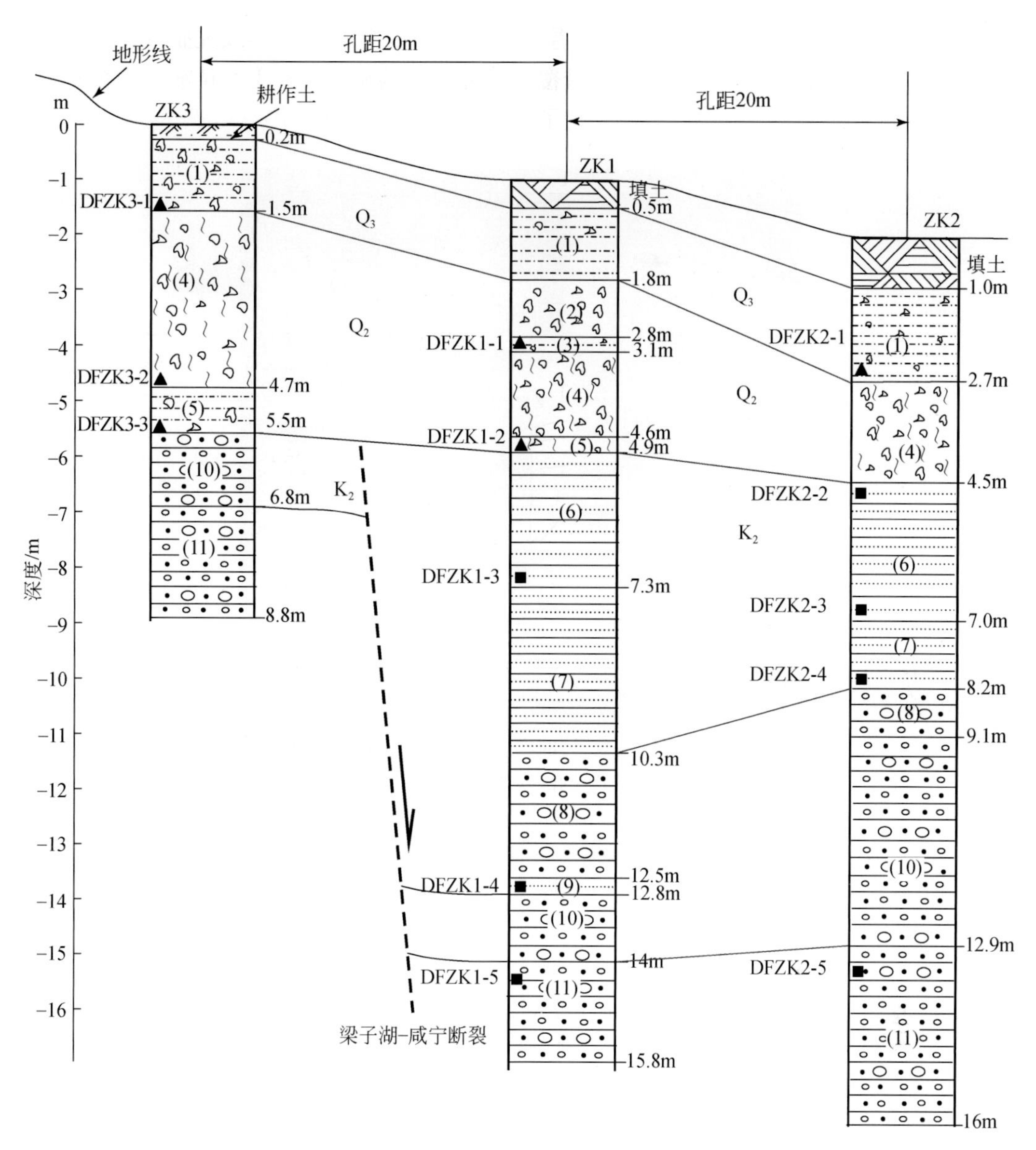

图 5-42　咸宁市横沟镇东南 5. 84km 戴家湾西北 500m 钻孔柱状图

（岩性描述见正文）

段至少中更新世中期以来没有活动。

综上所述，麻城-团风断裂第四纪中晚期以来活动性较弱，有关该断裂第四纪早期的活动性主要还是基于断层物质的测年结果，还没有发现该断裂断错第四纪地层的地质证据。

2. 发震构造讨论

麻城-团风断裂第四纪中晚期的弱活动性也是与该断裂沿线构造地貌现象是一致的（图 5-43）。在遥感影像上，麻城-团风断裂沿线缺少连续线状延伸的影像，反映了长期不活动的老年期地貌特征。与此呈鲜明对比，在麻城与商城之间存在一条显目的线状构造影像（图 5-43 中红色箭头所指），连续性好，走向稳定。该线状构造的北东向分布特征也与 1932 年 4 月 6 日湖北麻城 6 级地震等震线的长轴走向一致。该线状影像位于凤台断裂向西南的延伸方向上。

图 5-43　麻城-团风断裂沿线及其邻近地区遥感影像

（据 2020 image @ Google Earth；图中红色虚线为麻城-团风断裂分布位置；红色箭头指示一条北东向线状构造影像）

除了 1932 年 4 月 6 日 6 级地震外，在麻城、商城一带还发生过 1913 年麻城 5 级地震和 1925 年商城 5 级地震（图 5-36）。这 3 次地震在空间上总体上构成了一个北东向分布的中强地震带，与麻城-团风断裂北北东—近南北的走向并不不一致。该中强地震带与麻城-团风断裂的斜切关系与图 5-43 的线状影像构造非常一致，在深部也对应着一条北东向布格重力异常梯级带。因此，把北东向凤台断裂作为 1932 年麻城 6 级的发震构造可能更为合适。

四、1631 年 8 月 14 日湖南常德 6 3/4 级地震

1631 年 8 月 14 日在湖南常德、澧县一带发生了一次破坏性地震，经前人考证此次地震波及湖南省 33 个县，余震连绵不断，造成生命和财产的很大损失（国家地震局震害防御司，1995；图 5-44）。

有关此次地震，史料记载较为翔实：

如（清）何磷《澧州府志、吉祥》记载："怀宗四年辛未七月地震，常澧州县为甚，震时吼声如雷，房倾树倒，压死者众，或地裂，沙随水涌，腥气逼人，男女皆露宿月余，

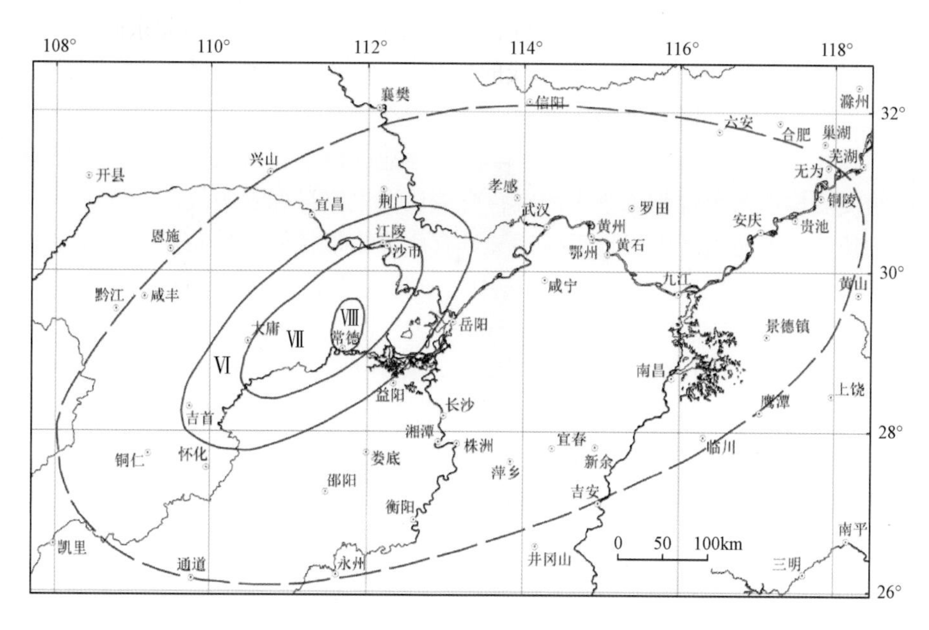

图 5-44　1631 年 8 月湖南常德 6 3/4 级地震等烈度图
（国家地震局震害防御司，1995）

十月十五日又大动，连震无时，数岁为止。”

又如《明实录、附录、崇祯长编》记载：“崇祯四年七月巳丑，湖广常德府夜半地震有声，从西北起，响声如雷须臾黑气障天，震撼动地，井泉喷溢地裂孔穴，浆水涌出，带有黄沙者六处，倒塌荣府宫殿及城垣房屋无数，压死男妇六十人。

同日所属桃源，龙阳，沅江及武昌府，辰州府属沅陵、沅州、靖州属会同县，长沙府属长沙善化、湘潭、宁乡、湘阴、醴陵、安化，承天府属钟祥、沔阳、潜江、景陵等州县俱震。

又于次日澧州亦震数次，城内地裂，城墙房屋崩坏，压死居民十余人，王家井喷出黄水，铁尺堰喷出黑水、彭山崩倒，河为之淤。

又荆州府同日亦震，坏城垣十之四，民舍十之三，压死军民十余。”

从这些史料中可以看出：此次地震影响范围广，余震活动持续数月，建筑物破坏严重，人员伤亡惨烈。在地震地质灾害方面，出现了山体滑坡和崩塌，并堵塞河道（“彭山崩倒，河为之淤”）。这些现象均说明此次地震烈度高，震级确定为 6 3/4 级还存在争议。目前发震构造推断为北北东向太阳山断裂，但证据还不是很确凿，有待进一步深入研究。

第四节　地震构造复杂性

一、地震构造复杂性与成带性

1971 年即中国地震局成立以来，在长江中下游地区发生了 2 次比较引人注目的破坏性地震，它们是1979年7月9日发生在江苏省溧阳西南的6.0级地震和2005年11月26日发生在江西省瑞昌市与九江县交界处的5.7级地震。相对于其他地震而言，对这两次地震的观测资料更为丰富和全面。这两次地震资料如余震分布和地震烈度等值线的共同特点是成带性差，线状走向不突出，再有稳定大陆的中强地震很难在地表产生破裂，断裂活动性弱，从而给发震构造的界定带来很大困难，有关认识也容易引起争议。

另外，长江中下游地区中强地震活动又具有成群成带状的分布特征。如在安徽霍山一带，1917年1月24日霍山6 1/4级地震震中位于北东向霍山-罗田断裂带北段中部与北西西向桐柏-磨子潭断裂交汇地带，在该交汇部位历史上发生过多次5～6 1/4级地震，其中≥6.0级的历史地震还有1652年6级地震，向西南在罗田附近1635年曾发生5 1/2级地震，构成了长江中下游地区一个显目的北东向中强地震活动地震群。江西瑞昌至铜鼓一带，除了2005年九江-瑞昌5.7级地震外，在西南方向上还发生过319年武宁5 1/2级、1888年铜鼓5 1/4级两次中强地震。在发生过1585年巢县南5 3/4级和1654年庐江东南5 1/4级等4次中强地震的巢湖-铜陵中部地区，4次地震呈NNE向带状分布，则构成了一条北北东向的中强地震活动带。

在1979年溧阳6级地震震中区附近，1679年、1974年还先后发生过5 1/4级、5.5级地震。不同于霍山-罗田一带和瑞昌-铜鼓中强地震群北东向以及巢湖-铜陵中强地震群在北北东方向成带的特征，溧阳一带的这3次中强地震呈现了在北西向分布成带的特征，但这些分布特征表明：长江中下游地区中强地震的发生应该不是弥散状的孤立现象，与构造活动之间存在密切的联系。

近年来，越来越多的震例表明汇聚带上应变释放过程与调节方式比先前认识的要更为复杂。例如，2008年8.0级汶川地震发生在青藏块体与华南块体之间的转换挤压边界带上，破裂了NE向的右旋-逆冲型北川-映秀断裂和逆冲型灌县-江油断裂以及NW向逆冲-左旋型小鱼洞断裂（Liu et al.，2009；Xu et al.，2009；Zhang et al.，2010）。2010年 M_W7.0级Haiti地震发生在加勒比海（Caribbean）板块和北美板块边界带上（Calais et al.，2010），变形主要表现为一条盲逆断层的破裂和深部侧向的滑动（Hayes et al.，2010）。2016年 M_W7.8级新西兰凯库拉地震发生在太平洋板块与澳大利亚板块之间的斜向汇聚带上，产生了至少12条不同破裂性质的地表断裂，形成了一个长约170km、宽35km的破裂带（Hamling et al.，2017；韩竹军等，2017；Litchfield et al.，2018）。这些现象均表明了地震构造的复杂性，地震的孕育发生应该不只是一条断裂能量积累与释放，而应该与构造单元有关。

从前面有关布格重力异常梯级带以及断裂构造的分布特征可知，长江中下游地区地震构造的基本样式是两组构造带共轭交切网络；现今构造动力学背景是左旋剪切作用。在左旋走滑剪切作用下，块体转动导致能量积累与释放，其中至少涉及两组断裂的失稳［图5-45（a）］，由此不难理解一些地震的余震成面状分布特点。块体边界的调整不是一次地震的能量释放能够完成的，从而导致沿着块体边界中强地震带的形成［图5-45（b）］。这些分布特征表明：长江中下游地区中强地震的发生应该不是弥散状的孤立现象，与构造活动之间存在密切的联系。

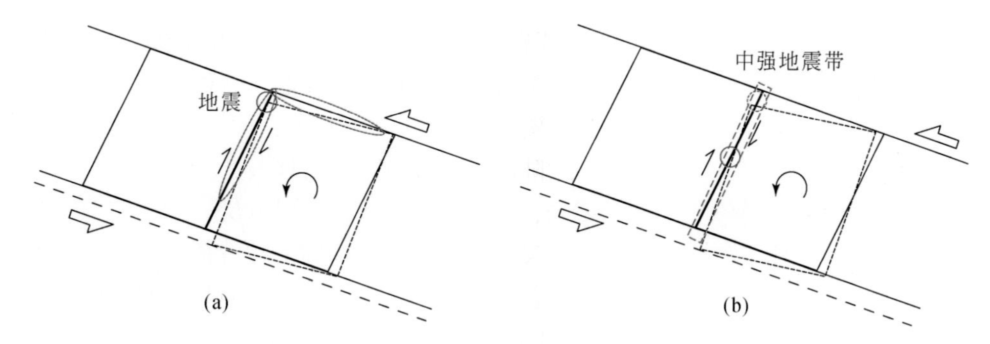

图 5-45　长江中下游地区地震构造动力学模式图
（a）块体转动导致的能量积累与释放，至少涉及两组断裂的失稳；（b）块体边界的调整不是一次地震的能量释放能够完成的，从而导致沿着块体边界中强地震带的形成

二、不同走向中强地震构造带及其力学性质的差异性

（一）不同走向的中强地震构造带

在走向上，既有霍山–罗田、金寨–麻城、瑞昌–铜鼓等北东向中强地震活动带，也有巢湖–铜陵北北东向中强地震活动带。中强地震除了在北东向成带分布外，也有在北西向的成带现象，如溧阳一带中强地震空间分布就构成了一条北西向中强地震活动带。

由于上述几条中强地震带均位于本研究区的中东部，现今构造应力场主压应力方向以北东东–南西西向为主。在这样一个构造应力场中的 2 组优势破裂面走向应该是北东向和北西西向［图 5-46（a）］。沿着北西西向构造带的左旋剪切作用导致块体发生逆时针转动。据 Ron 等（1984）的研究，随着块体转动，作用在断面上的有效正应力增大，剪应力减少，逐渐不利于断面的滑动和块体的转动。当在一些区段使得北北东向断裂继续滑动所需的力还未超过在优势破裂面产生新断层的力，这些北北东断裂构造仍可表现为一条中强地震构造带，如巢湖–铜鼓北北东向地震构造带；但要使原有断面继续滑动所需的力超过了在优势破裂面上产生新断裂的力，则产生新的断裂系统［如图 5-46（b）中的虚线所示］。霍山–罗田和金寨–麻城都可看作新断裂系统的重要组成部分。

（二）力学性质差异性

瑞昌–铜鼓中强地震群和巢湖–铜陵中强地震群在发震构造力学性质上存在明显差异，这与发震构造的走向密切相关。对于瑞昌–铜鼓中强地震群，作为发震构造重要组成部分的盆地边界断裂走向为北北东向（65°～70°）；而在巢湖–铜陵中强地震群中，发震构造主体断裂的走向为北北东向（20°～35°）。考虑长江中下游地区近东西向的主压应力方向，尽管在 2005 年九江–瑞昌地震震源机制解中相应的节面在动力学特征上显示为兼具逆断的走滑性质，瑞昌–铜鼓中强地震群发震构造中盆地边界断裂与区域最大主应力之间呈小角度（<30°）相交，因此，仍可表现为正–走滑性质；而巢湖–铜鼓中强地震群发震构造主体断裂与区域最大主应力之间呈大角度（>60°），因而表现逆–走滑性质。

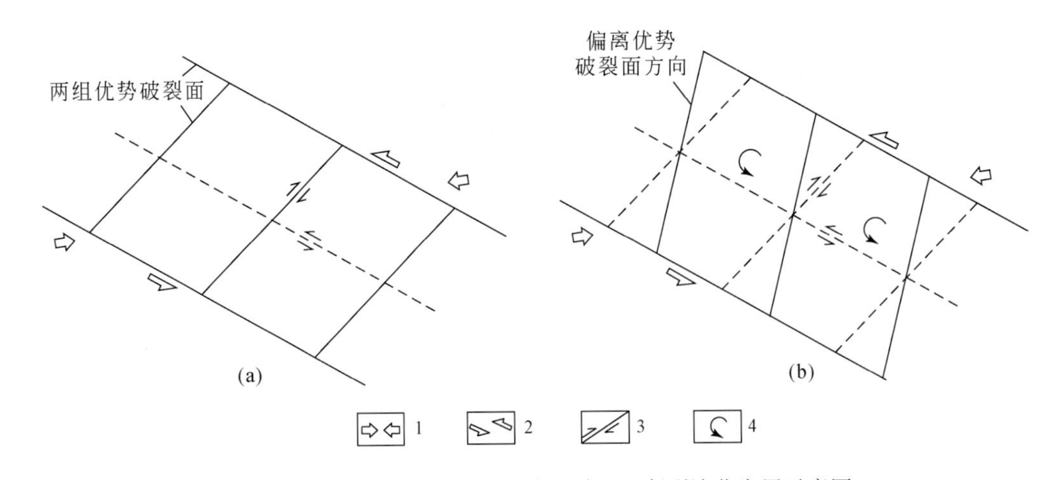

图 5-46　左旋剪切作用下长江中下游地区断裂演化发展示意图

（a）在北东东-南西西向主压应力作用下，2 组优势破裂面的空间关系；（b）沿着北西西向构造带的左旋剪切作用导致块体发生逆时针转动，北北东向断裂已偏离了优势破裂方向

在相同的构造应力场背景下，发震构造性质可以出现明显差异。比如，2016 年 1 月 21 日青海省门源县 6.4 级地震和 1986 年 8 月 26 日门源 6.4 级地震就有着不同的震源机制解释，前者为一个逆冲型地震，后者则表现为一个正断裂型地震（郭鹏等，2017；徐纪人等，1986）。在同一次大震中，不同区段的破裂性质随着破裂的走向不同也可能发生明显变化，如在汶川 8.0 级地震和新西兰凯库拉 7.9 级地震中形成了多组地表破裂带，不同破裂的力学性质就存在明显差异（徐锡伟等，2008；韩竹军等，2017）。

第五节　结　　论

（1）长江中下游地区中强地震活动具有成群成带状的分布特征，这些中强地震活动带以北东、北北东和北西西向为主，表明区内中强地震的发生应该不是弥散状的孤立现象，与构造活动之间存在密切的联系。

（2）以黏塑性流变为特征的下地壳从底部驱动着上覆脆性地块或构造单元的运动，在这样一个响应过程中，不可能只是一条断裂在积累和释放能量，而应该是与一个构造单元相关的断裂系统能量积累与释放。虽然其中的断裂构造可能有主次之分，但与该构造单元相关的断裂系统可能都参与了此次地震的孕育和发生。这样的构造单元既可以是小型断陷盆地，也可以是一个构造凸起区。

（3）在新构造运动特征上，中强地震群往往发生在区域性北东向或北北东向和北西向大断裂的交汇部位附近，或者新构造单元边界上。一些中强地震的孕育发生至少涉及两组断裂的失稳，导致余震及地震等烈度线成面状分布特点。块体边界的调整不是一次地震的能量释放能够完成的，沿着块体边界形成中强地震带。

（4）新构造的差异运动背景、布格重力异常带、雁列状分布且有第四纪继承性活动的中-新生代小盆地或凹陷、存在中更新世活动地质证据的断裂构造等，这些应是中强地震孕育和发生的构造标志。

第六章　地震构造模型与未来地震危险区

多年来的长江中下游地区断裂活动性调查、深浅部构造耦合关系分析、典型震例解剖，既为我们在长江中下游地区或类似地区识别中强地震潜在震源区提供了比较明确的构造类比依据，也深化了我们对稳定大陆地壳地震孕育发生的动力学模式认识，体现了社会意义和科学意义两个方面的价值。

第一节　地震构造模型

一、断裂活动性基本特征及其区域构造意义

从长江中下游断裂活动性来看，目前我们在长江中下游地区还未能发现存在明确地质证据即断错晚更新世以来地层的活动断裂，但一些北东向或北西向断裂存在断错中更新世地层的构造现象，反映了晚更新世以来，长江中下游地区至少在构造运动强度上发生了明显变化，盆地运动方式也完成从兼具断陷作用向完全拗陷的转变。因此，在构造期次划分上，晚更新世以来至少是一个新构造幕的开始。虽然有证据表明洞庭湖盆地在早-中更新世时期存在明显的下地壳拱曲现象，在近垂直方向的主压应力作用下，不同方向的断裂都表现出正倾滑运动特征，洞庭湖盆地仍显示了一定的断陷作用；晚更新世以来，这种正断倾滑运动减弱，但我们还不能确定导致整个长江中下游地区这种构造运动强度发生变化的机制，或者说与发生在青藏高原中更新世末期（0.15Ma BP）的共和运动之间的区域构造动力学关系。尽管如此，至少在长江中下游地区把最新10万～12万年即中更新世和晚更新世之间的界限，作为活动断层与非活动断层之间年龄限制还是存在较好的地质依据。

二、“老年期”断裂模型

目前，稳定大陆地震构造模型可以概括为如下两种基本类型：一是老断裂活化模型；二是新破裂网络模型（丁国瑜和李永善，1979；Johnston，1992）。根据前面典型震例分析以及断裂活动性调查，这两种地震模型在长江中下游地震可能都存在。如1932年4月6日麻城6级地震、1917年1月24日安徽霍山6 1/4级地震的发震构造都可能属于新生破裂；而1979年7月9日溧阳6级地震则可能属于老断裂活化模型（Chung et al.，1995）。

对于作为1585年巢县南5 3/4级和1654年庐江东南5 1/4级等4次中强地震发震构造的铜陵断裂而言，该断裂对晚新生代沉积厚度达到150～200m，但对中更新世晚期地层的断距只有2m；晚更新世以来的地层则没有明显的断错现象。与1631年8月14日湖南常德6 3/4级地震孕育发生密切相关的太阳山断裂也存在类似情况，该断裂控制的太阳山凸起

区周缘均发育第四系沉积厚度 200 ~ 250m 的凹陷，以早第四纪沉积为主。作为太阳山断裂中一条主要分支断裂，肖伍铺断裂的中更新统底界断距约为 1.5m；没有发现晚更新世以来的活动迹象。这些现象均表明：长江中下游地区一些重要的断裂活动性在第四纪时期存在明显衰减的趋势，即从第四纪早期的强烈活动演化到第四纪中晚期的弱活动性。由此可见。中强地震的发生并不一定与在地表产生明显位错的、晚更新世以来的活动断裂相联系，它们可以是早-中更新世有过活动的断裂在活动性减弱过程中的能量释放。

综上所述，我们提出了断裂不同演化阶段及其发震能力模式图（图 6-1）。在断裂“少年期”［图 6-1（a）］，断裂的地震破裂行为在向上发展的过程中还未能完全切穿到地表，所能孕育发生的地震震级一般为 5 ~ 6 级，属于中强地震。在断裂“青-壮年期”［图 6-1（b）］，断裂的地震破裂行为在向上发展的过程中已完全切穿到地表，所能孕育发生的地震震级一般为 7 ~ 8 级，属于大震或特大地震。在断裂“老年期”［图 6-1（c）］，断裂的地震破裂行为不断向下萎缩，地震释放的能量已不足以切穿到地表，所能孕育发生的地震震级一般为 5 ~ 6 级，属于中强地震。对于稳定大陆地震构造模型，基于长江中下游地区一些实际震例的分析，我们提出的“老年期断裂模型”对于进一步判定地震危险性具有借鉴意义。

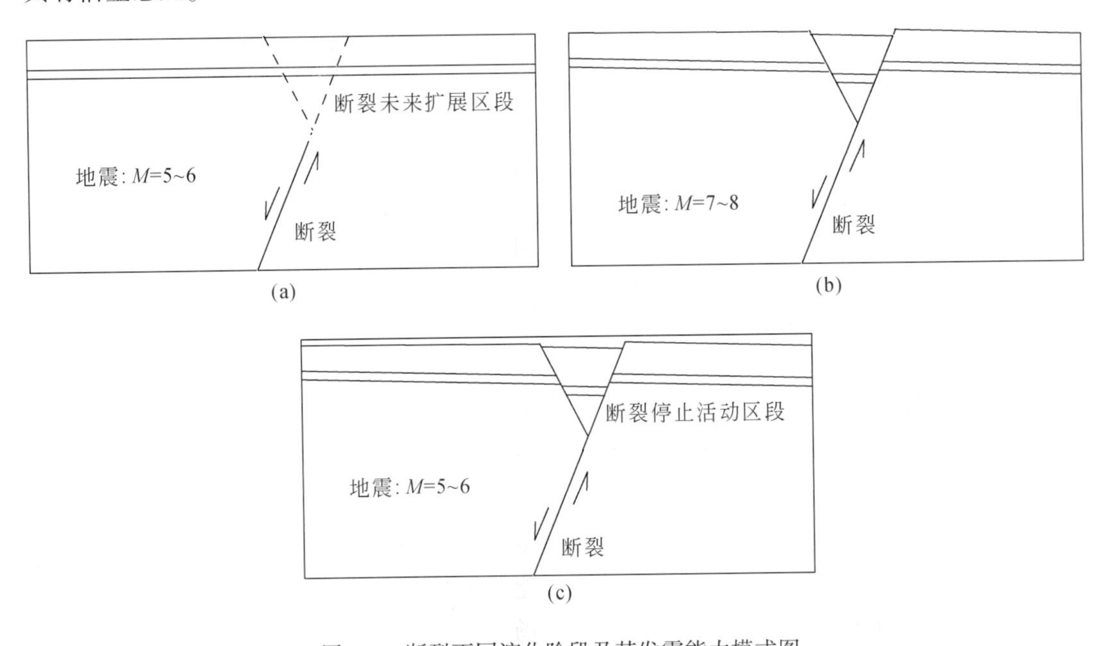

图 6-1　断裂不同演化阶段及其发震能力模式图

（a）“少年期”断裂，一般可以发生 5 ~ 6 级地震；（b）“青-壮年期”断裂，一般可以发生 7 ~ 8 级地震；（c）“老年期”断裂，一般可以发生 5 ~ 6 级地震

既然这些断裂晚更新世以来基本上都停止活动，那么，破坏性地震又是如何孕育发生的？我们对于断裂活动的时代的判定是基于近地表的地质证据来推断的，一条断裂在近地表的停止活动并不代表整条断裂完全停止活动。从这类近地表已经停止活动的断裂但仍能发生中强地震情况来看，可能存在如下解释：

这种构造强度的转变应该不是突然的停止，而是存在一个构造减缓过程，在这种减缓过程，沿着这些断裂仍可积累一些能量，只是这些能量强度不足以发生能够破裂到地表的地震［图6-1（c）］。根据长江中下游地区断裂活动性的实际情况，与中强地震孕育发生关系密切的一些主要断裂在运动方式上未能看出与中更新世及之前运动方式的明显改变，即仍以继承性运动方式为主，表现在原先盆地仍表现为下降区。在另一方面，这些断裂在平面上受到现今破裂网络的控制，即一般处于优势破裂面上的老年期断裂，才易于在现今构造应力场作用下积聚能量，并发生地震。

第二节　未来地震危险区

一、地震构造类比依据

地震重复和构造类比鉴定发震构造的两条基本原则（张裕明，1992；张裕明和周本刚，1994；韩竹军等，2011）。地震重复原则是指历史上发生过强震的地段或地区，未来可能再次发生震级相近或高于历史地震的地震，可以划为同类震级或结合构造类比划为高于原最大震级的发震构造。构造类比原则是与已经发生过强震的地区的地震构造条件具有类似特点的地区或地段，有可能发生相同震级的地震，可以划为具有同类发震能力的发震构造。

长江中下游地区中强地震活动常见成带状分布的特点，最典型的如霍山一带。1917年1月24日霍山6 1/4级地震震中位于北东向霍山-罗田断裂带北段中部与北西西向桐柏-磨子潭断裂交汇地带，在该交汇部位历史上发生过多次5～6 1/4级地震，其中≥6级的历史地震还有1652年的6级地震，向西南在罗田附近1635年曾发生5 1/2级地震，构成了长江中下游地区一个显目的地震群。其中另外一次≥6级的1652年的6级发生在北东向霍山-罗田断裂带北段北部与北西西向金寨断裂交汇区的北侧，因此，霍山地区中强地震群中的两次≥6级的地震应属于不同的发震断裂段。在长江中下游地区，严格意义上同一发震构造、两次最大地震震级相差不超过0.5级的原地复发现象还比较少见。下面将主要根据前面章节的分析研究，归纳出已经发生过中强地震地区的构造特征，以此作为构造类比的依据，确定没有发生过中强地震但具有类似构造条件地区的未来地震危险区。

需要注意的，虽然断裂可能只是地震释放能量过程中产生的一种地质现象，但断裂活动性的存在指示了相关构造处于现今构造应力场的优势破裂方向上，易于孕育能量，具有发生破坏性地震的构造条件。因此，断裂活动性仍然是进行构造类比的主要对象。

（一）新构造差异性活动显著地带如新构造单元边界带，尤其是此类边界带上两组第四纪断裂构造交汇的地段

江汉-洞庭湖盆地周缘以及长江三角洲平原沉降区南部边界带都属于此类地区。1631年8月14日湖南常德6 3/4级地震和1979年7月9日江苏溧阳6级地震发生在这些地带差异性活动最为明显的地段，同时有两组不同走向构造的相互交汇。如1631年8月14日湖南常德6 3/4级地震，虽然太阳山断裂带被认为是发震构造，但北西向常德-益阳-长沙

断裂带也在太阳山断裂带南段与之相互交汇。

一些新构造单元边界带有着长期构造演化历史，属于地壳中的构造薄弱带，是易于发生构造反转的地段。与此类断裂相关的发震构造一般可以归属于“老断裂活化模型”。

（二）明显断错早-中更新世地层或发育断层泥的断裂构造带

在上述新构造特别是晚第四纪差异性活动显著的地带，一般都可以发现断错早-中更新世地层的断裂构造带。在新构造运动差异性不明显的隆起区内，对于一条断裂构造带，是否直接断错早-中更新世地层可以作为鉴定中强地震发震构造的一个重要依据。例如，1710 年发生的新化 5 1/2 级地震，新化断裂南段断错早-中更新世地层。1631 年在宁乡附近发生的 5 1/2 级地震，邵阳-宁乡断裂直接断错中更新世松散堆积层。与此类断裂相关的发震构造属于“老年期断裂模型”。

又如，在塘口-白沙岭断裂南部附近发生过 1575 年 5 1/2 级和 1863 年 5 级地震，该断裂在楠林桥西南由探槽揭示，在强烈红土化的构造岩中发育一系列剪切面，主断面上有未胶结的断层泥，其 ESR 年龄为（419±42）ka，在剪切面上覆盖地层的 ESR 年龄为（378±38）ka 和（400±40）ka，这些资料表明中更新世中期有过活动。此类断裂可能对前第四纪地层分布有控制作用，且存在地震活动证据，但没有断错第四纪地层的地质证据，只是测年结果显示的早-中更新世断裂，与此类断裂相关的发震构造可以归属于“老断裂活化模型”。

（三）无断错相应第四纪地层证据，但有两次及两次以上破坏性地震发生在附近的新生断裂构造带，在深部构造上与布格重力异常梯级带存在密切关系

在麻城、商城一带发生的 1932 年 4 月 6 日 6 级地震和 1913 年麻城 5 级地震、1925 年商城 5 级地震在空间上总体上构成了一个北东向分布的中强地震带，该地震带与麻城-团风断裂北北东—近南北的走向并不一致，而可能与一条新生构造密切相关，在深部也对应着一条北东向布格重力异常梯级带。与此类断裂相关的发震构造属于“新破裂网络模型”。

对于仅有断层物质测年显示的早-中更新世有活动的断裂，对第四纪地层无控制作用，也无断错相应时代地层证据以及地震活动证据，尽管地貌有显示，规模性较大，也不鉴定为发震构造。这些断裂沿线的地貌显示，很可能与断裂沿线易于遭受侵蚀作用有关，并不能说明第四纪以来有过活动。考虑到目前测年技术的不确定性，对于断层物质的测年结果，应作为一个参考依据，而不应作为确定性证据。

二、未来地震危险区

根据上述构造类比依据，在长江中下游地区初步判定了 5 个地震危险区，它们是：湖南长沙-岳阳地震危险区（Ⅰ）、湖北襄樊-丹江口地震危险区（Ⅱ）、安徽太湖-庐江地震危险区（Ⅲ）和鄂豫边区广水-罗山地震危险区（Ⅳ）（图 6-2），发震能力为 $M5\sim6$。

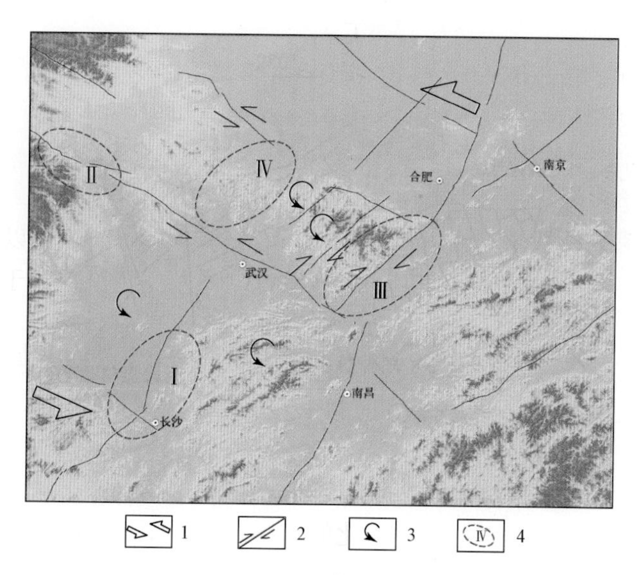

图6-2　长江中下游地区未来地震危险区预测图

1. 剪切作用方向；2. 走滑断裂；3. 块体转动方向；4. 地震危险区

（一）湖南长沙-岳阳地震危险区（Ⅰ）

其主要沿着岳阳-湘阴断裂判定。该地震危险区地处新构造单元边界带，且有两组第四纪断裂相互交汇，与发生1631年8月14日湖南常德6 3/4级地震的地段具有类似的地震构造特征。与岳阳-湘阴断裂活动特征相关的发震构造符合“老年期”断裂模型，历史上还没有破坏性地震的记载，综合判断为未来地震危险区。

（二）湖北襄樊-丹江口地震危险区（Ⅱ）

其主要沿着襄樊-广济断裂西段判定。该地震危险区地处新构造单元边界带，且有多组第四纪断裂相互交汇，深部发育布格异常梯级带，历史上还没有破坏性地震的记载，综合判断为未来地震危险区。

（三）安徽太湖-庐江地震危险区（Ⅲ）

其主要沿着郯庐断裂的庐江-广济断裂判定。该地震危险区地处新构造单元边界带，断裂构造具有长期演化历史，不同阶段的力学性质常发生反转，与该断裂相关的发震构造特征更倾向与“老断裂活化模型”。历史上只发生过两次4 3/4级地震，综合判断为未来地震危险区。

（四）鄂豫边区广水-罗山地震危险区（Ⅳ）

其沿着信阳一带的北东向布格重力异常梯级带东侧判定。该危险区北侧历史上曾发生过多次破坏性地震。在广水至罗山一带存在北东向线性构造，斜切了近南北向大悟断裂，与此线性构造相关的发震构造特征符合“新破裂网络模型”，综合判断为未来地震危险区。

参 考 文 献

安徽省地震局 . 1983. 安徽地震史料辑注 . 合肥：安徽科学技术出版社 .

安徽省地震局 . 1990. 安徽省地震目录 . 北京：中国展望出版社 .

安徽省地质矿产局 . 1987. 安徽省区域地质志 . 北京：地质出版社 .

安艳芬，韩竹军，万景林 . 2008. 川南马边地区新生代抬升过程的裂变径迹年代学研究 . 中国科学 D 辑：地球科学，38（5）：1-9.

柏道远，李长安，王先辉，等 . 2010. 第四纪洞庭盆地澧县凹陷构造活动特征及动力学机制探讨 . 地球学报，31（1）：43-55.

柏道远，周柯军，马铁球，等 . 2009. 第四纪洞庭盆地沅江凹陷东缘鹿角地区构造-沉积演化研究 . 地质力学学报，15（4）：409-420.

蔡述明，官子和，孔昭宸，等 . 1984. 从岩相特征和孢粉组合探讨洞庭盆地第四纪自然环境的变迁 . 海洋与湖沼，15（6）：527-539.

晁洪太，李家灵，崔昭文，等 . 1994. 郯庐断裂带中段全新世活断层的几何结构与分段 . 见：国家地震局地质研究所编 . 活动断裂研究（3）. 北京：地震出版社 .

车自成，刘良，罗金海 . 2002. 中国及邻区区域大地构造学 . 北京：科学出版社 . 395-435.

程捷，刘学清，高振纪，等 . 2001. 青藏高原隆升对云南高原环境的影响 . 现代地质，15（3）：290-296.

崔之久，伍永秋，刘耕年，等 . 1998. 关于“昆仑-黄河运动” . 中国科学（D 辑），28（1）：53-59.

戴传瑞，张廷山，郑华平，等 . 2006. 盆山耦合关系的讨论——以洞庭盆地与周边造山带为例 . 沉积学报，24（5）：657-665.

党嘉祥，周永胜，韩亮，等 . 2012. 虹口八角庙深溪沟炭质泥岩同震断层泥的 X 射线衍射分析结果 . 地震地质，34（1）：17-27.

邓起东，刘百篪，张培震，等 . 1992a. 活动断裂工程安全评价和位错量的定量评估 . 见：国家地震局地质研究所编 . 活动断裂研究（2）. 北京：地震出版社 . 236-244.

邓起东，于贵华，叶文华 . 1992b. 地震地表破裂参数与震级关系的研究 . 见：国家地震局地质研究所编 . 活动断裂研究（2）. 北京：地震出版社 . 247-264.

丁国瑜，李永善 . 1979. 我国地震活动与地壳现代破裂网络 . 地质学报，（1），22-34.

丁国瑜，田勤俭，孔凡臣，等 . 1993. 活断层分段原则、方法及应用 . 北京：地震出版社 .

丁国瑜 . 1982. 活动走滑断裂带的断错水系与地震 . 地震，2（1）：3-8.

方仲景 . 1986. 郯庐断裂带的基本特征 . 科学通报，31（1）：52-55.

福建省地质矿产局 . 1985. 福建省区域地质志 . 北京：地质出版社 .

付碧宏，王萍，孔屏，等 . 2008. 四川汶川 5. 12 大地震同震滑动断层泥的发现及意义 . 岩石学报，24（10）：2237-2243.

甘家思，李愿军，刘锁旺 . 1989. 江汉洞庭盆地的构造演化与新构造运动特征 . 地壳变动与地震（第一集）. 北京：地震出版社 . 90-105.

高建华，郑栋，李超 . 2006. 2005 年 11 月 26 日九江-瑞昌 5. 7 级地震浅析 . 气象与减灾研究，29（1）：56-60.

高孟潭，肖和平，燕为民，等 . 2008. 中强地震活动地区地震区划重要性及关键技术进展 . 震灾防御技术，3（1）：1-7.

高祥林，胡连英，徐学思，等.1993. 茅山东侧断裂的断层运动及其与溧阳地震关系的动力学模型. 地震研究，16（4）：401-409.
郭令智，施央申.1986. 论西太平洋弧后盆地区的基本特征和形成机理及其大地构造意义. 见：李春昱等. 板块构造基本问题. 北京：地震出版社.455-463.
郭鹏，韩竹军，安艳芬，等.2017. 冷龙岭断裂系活动性与2016年门源6.4级地震构造研究. 中国科学：地球科学，47（5）：617-630.
郭鹏，韩竹军，周本刚，等.2018. 安徽巢湖—铜陵地区中强地震发生的构造标志. 地震地质，40（4）：117-134.
国家地震局《鄂尔多斯周缘活动断裂系》课题组.1988. 鄂尔多斯周缘活动断裂系. 北京：地震出版社.
国家地震局地质研究所，宁夏回族自治区地震局.1990. 海原活动断裂带. 北京：地震出版社.
国家地震局地质研究所.1987. 郯庐断裂. 北京：地震出版社.254.
国家地震局震害防御司.1995. 中国历史强震目录（公元前23世纪—公元1911年）. 北京：地震出版社.
国家地震局震害防御司.1999. 中国近代地震目录（公元1912年—1990年）. 北京：中国科学技术出版社.
韩亮，周永胜，陈建业，等.2010. 汶川地震基岩同震断层泥结构特征. 第四纪研究，30（4）：745-758.
韩慕康，侯建军，赵景珍，等.1994. 利用水系分析研究全新世隐伏构造运动的方法. 见：中国地震学会地震地质专业委员会. 中国活动断层研究. 北京：地震出版社.291-295.
韩竹军，张培震，邬伦，等.1998. 北祁连山块体现代运动学特征. 见：北京大学地质学系编. 北京大学国际地质科学学术研讨会论文集. 北京：地震出版社.252-266.
韩竹军，聂晓东，周本刚，等.2006. 湖南常德地区桃源推测隐伏断层是否存在? 地震地质，28（1）：1-11.
韩竹军，邬伦，于贵华，等.2002. 江淮地区布格重力异常与中强地震发生的构造环境分析. 中国地震，18（3）：230-238.
韩竹军，徐杰，冉勇康，等.2003. 华北地区活动地块与强震活动. 中国科学（D辑），33（B04）：108-118.
韩竹军，张秉良，曾新福，等.2018. 江西中北部基岩区断层泥显微构造特征及意义. 地震地质，40（4）：903-919.
韩竹军，向宏发，姬计法.2011a. 洞庭盆地南缘常德-益阳-长沙断裂中段活动性研究. 地震地质，33（4）：839-854.
韩竹军，周本刚，安艳芬，2011b. 华南地区弥散地震活动的评价方法与结果. 震灾防御技术，6（4）：343-357.
韩竹军，Litchfield N，冉洪流，等.2017. 新西兰2016年凯库拉MW7.8地震地表破裂带特征初析：地震地质，39（4）：675-688.
何昭星.1989. 江西寻乌震区地震地质特征初步研究. 华南地震，9（2）：14-21.
河南省地质矿产局.1989. 河南省区域地质志. 北京：地质出版社.
贺楚儒，张德齐.1990.1979年7月9日江苏溧阳6.0级地震. 见：张肇诚等. 中国震例（1976-1980）. 北京：地震出版社.
侯建军，韩慕康，1994. 渭河盆地全新世隐伏构造活动. 地理学报，49（3）：258-265.
侯康明，熊振，李丽梅.2012a. 对江苏省溧阳2次破坏性地震发震构造的新认识. 地震地质，34（2）：303-312.
侯康明，张振亚，刘建达，等.2012b. 南京市活断层探测与地震危险性评价. 北京：地震出版社.427.
胡连英，徐学思，孙寿成，等.1997. 溧阳地震与茅东断裂带. 北京：地震出版社.
湖北省地质矿产局.1990. 湖北省区域地质志. 北京：地质出版社.

湖南省地质矿产局 . 1988. 湖南省区域地质志 . 北京：地质出版社 .
黄玮琼，李文香 . 1994. 中国大陆地震资料完整性研究之一：以华北地区为例 . 地震学报，16（3）：273-280.
黄秀铭 . 1992. 水系与地震危险标志 . 地震地质，14（1）：68-78.
江春亮，查小惠，曾新福，等 . 2019. 瑞昌地区地震构造条件分析 . 华北地震科学，37（2）：30-36.
江汉油田石油地质志编写组 . 1991. 江汉油田 . 见：翟光明 . 中国石油地质志（卷九）. 北京：石油工业出版社 .
江苏省地震局 . 1982. 苏南核电厂场地地震危险性分析文集 . 北京：地震出版社 .
江苏省地质矿产局 . 1984. 江苏省及上海市区域地质志 . 北京：地质出版社 .
江西省地质矿产局 . 1984. 江西省区域地质志 . 北京：地质出版社 .
蒋维强，林纪曾，赵毅 . 1992. 华南地区的小震震源机制与构造应力场 . 中国地震，8（1）：36-42.
景存义 . 1982. 洞庭湖的形成与演变 . 南京师院学报自然科学版，(2)：52-60.
来红州，莫多闻，李新坡 . 2005. 洞庭盆地第四纪红土层及古气候研究 . 沉积学报，23（1）：130-137.
来红州，莫多闻 . 2004. 构造沉降和泥沙淤积对洞庭湖区防洪的影响 . 地理学报，59（4）：574-580.
雷东宁，蔡永建，郑水明，等 . 2012. 麻城 . 团风断裂带中段新活动特征及构造变形机制研究 . 大地测量与地球动力学，32（1）：21-25.
雷土成，王耀东，欧秉松 . 1991. 1987 年 8 月 2 日寻乌地震的破裂方式 . 地震地质，13（4）：353-360.
李安然，成福元，古成志，等 . 1984. 中国东部重力梯级带的地震地质分析 . 地震地质，6（2）：53-62.
李安然，曾心传，严尊国，等 . 1996. 峡东工程地震 . 北京：地震出版社 .
李昌森 . 2002. 苏 · 浙 · 皖 · 沪地震目录 . 北京：地震出版社 .
李长安，张玉芬，皮建高，等 . 2006. 洞庭湖古湖滨砾石层的发现及意义 . 第四纪研究，26（3）：491-492.
李传友，曾新福，张剑玺 . 2008. 2005 年江西九江 5. 7 级地震构造背景与发震构造 . 中国科学 D 辑：地球科学，38（3）：343-354.
李吉均，方小敏，潘保田，等 . 2001. 新生代晚期青藏高原强烈隆起及其对周边环境的影响 . 第四纪研究，21（6）：381-391.
李蓉川 . 1984. 鄂豫皖地区的震源机制与应力场 . 地震研究，7（5）：533-537.
李延兴，张静华，何建坤，等 . 2006. 菲律宾海板块的整体旋转线性应变模型与板内形变–应变场 . 地球物理学报，49（5）：1339-1346.
梁杏，张人权，皮建高，等 . 2001. 构造沉降对近代洞庭湖区演变的贡献 . 海洋与湖沼，32（6）：690-696.
林传勇，史兰斌，刘行松，等 . 1995. 断层泥在基岩区断层新活动研究中的意义 . 中国地震，11（1）：26-32.
刘海泉，闫峻，石永红，等 . 2008. 安徽巢湖–铜陵断裂的地质证据 . 合肥工业大学学报（自然科学版），31（8）：1218-1222.
刘启元，Rainer K，陈九辉 . 2005. 大别造山带壳幔界面的断错结构和壳内低速体 . 中国科学 D 辑：地球科学，35（4）：304-313
刘锁旺，甘家思，李蓉川，等 . 1994. 江汉–洞庭盆地的非对称扩张与潜在地震危险性 . 地壳形变与地震，14（2）：56-66.
卢福水，郑栋，王建荣 . 2006. 2005 年 11 月 26 日九江–瑞昌 5. 7 级地震震害特征 . 震灾防御技术，1（1）：70-72.
陆镜元，曾光喧，刘庆忠，等 . 1992. 安徽省地震构造与环境分析 . 合肥：安徽科学技术出版社 .

吕坚，倪四道，沈小七，等.2007. 九江-瑞昌地震的精确定位及其发震构造初探. 中国地震，23（2）：166-174.

吕坚，郑勇，倪四道，等.2008. 2005年11月26日九江-瑞昌M_S5.7、M_S4.8地震的震源机制解与发震构造研究. 地球物理学报，51（1）：158-164.

罗丽，吕坚，曾文敬，等.2016. 九江-瑞昌地震序列震源位置和发震构造再研究. 地震地质，38（2）：342-351.

马瑾，Moore D E，Summers R，等.1985. 温度、压力、孔隙压力对断层泥强度及其滑动性质的影响. 地震地质，7（1）：15-24.

马杏垣.1989. 中国岩石圈动力学图集. 北京：中国地图出版社.

马逸麟，徐平，何伟相.2001. 长江中游鄱阳湖及江西江段水患区新构造，华东地质学院学报，24（4）：286-294.

马宗晋，傅征祥，等.1982. 1966-1976中国九大地震. 北京：地震出版社.

马宗晋，黄德瑜.1991. 中国地震活动图像构造解释图. 北京：中国地图出版社.

马宗晋，张家声，汪一鹏.2001. 青藏高原三维变形运动随时间的变化——论青藏高原构造变形的非平稳性. 见：马宗晋等主编. 青藏高原岩石圈现今变动与动力学. 北京：地震出版社.

闵伟，焦德成，周本刚，等.2011. 依兰-伊通断裂全新世活动的新发现及其意义. 地震地质，33（1）：141-150.

彭建兵，等.2001. 区域稳定动力学研究. 北京：科学出版社.

皮建高，张国梁，梁杏，等.2001. 洞庭盆地第四纪沉积环境演变的初步分析. 地质科技情报，20（2）：6-10.

任纪舜，陈延愚，牛宝贵，等.1990. 中国东部及邻区大陆岩石圈的构造演化与成矿. 北京：科学出版社.

任纪舜，王作勋，陈炳蔚，等.1999. 中国及其邻区大地构造图及简要说明书. 北京：地质出版社.

沈得秀，周本刚.2006. 华南地区中强地震重复特征初步分析. 震害防御技术，1（3）：251-260.

沈小七，姚大全，郑海刚，等.2015. 郯庐断裂带重岗山-王迁段晚更新世以来的活动习性. 地质地震，37（1）：139-148.

史兰斌，林传勇，刘行松，等.1996. 基岩区断层新活动年代学研究的问题讨论. 地震地质，18（4）：319-324.

孙洪斌，都昌庭，常振广，等.2002. 昆仑山口8.1级地震灾害损失调查与评估. 高原地震，14（1）：92-98.

汤兰荣，吕坚，曾新福，等.2018. 九江-瑞昌地震震源机制和应力场特征. 大地测量与地球动力学，38（8）：791-795.

汪素云，许忠淮.1985. 中国东部大陆的地震构造应力场. 地震学报，7（1）：17-32.

汪一鹏.2001. 青藏高原活动构造基本特征. 见：马宗晋等主编. 青藏高原岩石圈现今变动与动力学. 北京：地震出版社.

王椿镛，张先康，陈步云，等.1997. 大别造山带地壳结构研究. 中国科学D辑：地球科学，27（3）：221-226.

王墩，肖和平，姚运生，等.2007. 九江-瑞昌地震序列的构造背景与发震构造探讨. 大地测量与地球动力学，27（专刊）：15-20.

王华林，晁洪太，耿杰.1992. 鲁西北西向断裂的断层泥及其地震地质意义. 地震地质，14（3）：265-273.

王萍，付碧宏，张斌，等.2009. 汶川8.0级地震地表破裂带与岩性关系. 地球物理学报，52（1）：131-39.

王清云，李安然，申重阳 . 1992. 1932 年麻城 6. 0 级强震的孕育环境条件探讨 . 地壳形变与地震，(4)：78-84.

王若柏，郭良迁，韩慕康，等 . 1999a. 平原覆盖区内强震危险区预测的一种方法——GIS 计数应用于华北平原的统计地貌学研究 . 大地形变测量，15 (2)：53-57.

王若柏，郭良迁，韩慕康，等 . 1999b. 唐山和邢台地震区全新世隐伏活动构造研究 . 大地形变测量，16 (1)：2-7.

王绳祖 . 1993. 亚洲大陆岩石圈多层构造模型和塑性流动网络 . 地质学报，67 (1)：1-18.

王绳祖，张流 . 2002. 塑性流动网络控制下华北地区构造应力场与地震构造 . 地震地质，24 (1)：69-80.

王绳祖，张四昌，田勤俭，等 . 2001. 大陆动力学-网状塑性流动与多级构造变形 . 北京：地震出版社 .

王思敬，牛宏建，等 . 1995. 东秦岭-大别造山带大型推覆构造的物理机制动力学过程 . 北京：地质出版社 .

王志才，晁洪太 . 1999. 1995 年山东苍山 5. 2 级地震的发震构造 . 地震地质，2 (2)：115-120.

魏梦华，史志宏，殷秀华，等 . 1980. 根据重力资料分析华北地区地壳结构的基本邢台及其与地震的关系. 地震地质，2 (2)：53-60.

闻学泽 . 1995. 活动断裂地震潜势的定量评估 . 北京：地震出版社 .

闻学泽，徐锡伟 . 2003. 福州盆地的地震环境与主要断层潜在地震的最大震级评价 . 地震地质，25 (4)：509-524.

向宏发，方仲景，贾三发 . 1994. 隐伏断裂研究及其工程应用——以北京平原区为例 . 北京：地震出版社 .

向宏发，韩竹军，张晚霞，等 . 2008. 中国东部中强地震发生的地震地质标志初探 . 地震地质，30 (1)：202-208.

肖骑彬，赵国泽，詹艳，等 . 2007. 大别山超高压变质带深部电性结构及其动力学意义初步研究 . 地球物理学报，50 (3)：812-822.

谢富仁，崔效锋，赵建涛，等 . 2004. 中国大陆及邻区现代构造应力场分区 . 地球物理学报，47 (4)：654-662.

谢富仁，张红艳，崔效锋，等 . 2011. 中国大陆现代构造应力场与强震活动 . 国际地震动态，(1)：4-12.

谢明 . 1990. 长江三峡地区第四纪以来新构造上升速度和形式 . 第四纪研究，(4)：308-315.

谢瑞征 . 1995. 苏南核电长工作区内活动断层与地震关系研究 . 见：张雪亮 . 苏南核电厂场地地震危险性分析文集 . 北京：地震出版社 .

谢瑞征，陈晓明，李端路 . 1980. 江苏溧阳 6 级地震的发震构造 . 地震学刊，3 (4)：27-32.

谢瑞征，丁政，朱书俊，等 . 1991. 郯庐断裂带江苏及邻区第四纪活动特征 . 地震学刊，(4)：1-7.

谢毓寿，蔡美彪 . 1983. 中国地震历史资料汇编 (第三卷). 北京：科学出版社 .

徐纪人，姚立珣，汪进 . 1986. 1986 年 8 月 26 日门源 6. 4 级地震及其强余震的震源机制解 . 地震工程学报，8 (4)：82-84.

徐杰，邓起东，张玉岫，等 . 1991. 江汉-洞庭盆地构造特征和地震活动的初步分析 . 地震地质，13 (4)：332-342.

徐杰，马宗晋，陈国光，等 . 2003. 中国大陆东部新构造期北西向断裂带的初步探讨 . 地学前缘，10 (特刊)：193-198.

徐杰，王若柏，王春华，等 . 1997. 华北东南部介休-新乡-溧阳北西向新生地震构造带 . 地震地质，19 (2)：125-134.

徐锡伟，邓起东 . 1992. 山西地堑系强震的活动规律和危险区段的研究 . 地震地质，14 (4)：305-316

徐锡伟，闻学泽，叶建青，等 . 2008. 汶川 M_S8. 0 地震地表破裂带及其发震构造 . 地震地质，30 (3)：597-629.

徐锡伟，吴卫民，张先康，等 . 2002. 首都圈地区地壳最新构造变动与地震 . 北京：科学出版社 .

许志琴，卢一伦，汤跃庆．1986. 东秦岭造山带的变形特征及构造演化．地质学报，60（3）：237-247.

薛宏交，耿爱玲，龚平．1996. 江汉-洞庭盆地水系展布特征与新构造运动．地壳形变与地震，16（4）：58-65.

鄢家全，贾素娟．1996. 我国东北和华北地区中强地震潜在震源区的划分原则和方法．中国地震，12：173-194.

鄢家全，俞言祥，潘华，等．2008. 关于识别发震构造的思考与建议．国际地震动态，3：1-17.

杨达源．1986. 洞庭湖的演变及其整治．地理研究，5（3）：39-46.

杨达源．1988. 长江三峡的起源与演变．南京大学学报（自然科学版），24（3）：466-473.

杨巍然，杨森楠，等．1991. 造山带结构与演化的现代理论和研究方法——东秦岭造山带分析．北京：中国地质大学出版社．

杨巍然，杨森楠．1985. 中国区域大地构造学．北京：地质出版社．

杨主恩，郭芳，李铁明，等．1999. 鲜水河断裂西北段的断层泥特征及其地震地质意义．地震地质，21（1）：21-28.

姚大全．2001. 基岩区断裂活动习性研究方法初探．地震学刊，21（2）：15-18.

姚大全．2004. 鲜水河断裂带活动期次和滑移特性微观标志的识别．灾害学，19（1）：7-10.

姚大全，刘加灿，李杰，等．2003. 六安-霍山危险区地震活动和地震构造．地震地质，25（2）：211-219.

姚大全，汤有标，刘加灿，等．1999. 大别山东北部基岩区断裂活动习性的综合研究．地震地质，21（1）：63-68.

姚大全，张杰，沈小七．2006. 安徽霍山地区断层活动习性研究的新进展．地球物理学进展，21（3）：776-782.

姚运生，刘锁旺，邵占英．2000. 从江汉洞庭盆地新生代以来的构造变形探讨华南地块与周缘板块的相互关系．地壳形变与地震，20（4）：41-49.

叶洪，张文郁，于之水，等．1980. 1979 年溧阳 6 级地震震源构造的研究．地震地质，2（4）：27-37.

殷秀华，刘占坡，武冀新，等．1988. 青藏-蒙古高原东缘构造过渡带的布格重力场特征及地壳上地幔结构．地震地质，10（4）：143-150.

袁仁茂，张秉良，徐锡伟，等．2013. 汶川地震北川-映秀断层北段断层泥显微构造和黏土矿物特征及其意义．地震地质，35（4）：685-700.

曾新福，汤兰荣，江春亮，等．2018. 九江-瑞昌 5.7 级地震地质灾害特征及发震构造．华北地震科学，36（2）：8-17.

翟洪涛，邓志辉，周本刚，等．2009. 1585 年安徽巢县南地震核查与发震构造探讨．地震地质，31（2）：295-304.

翟明国．2010. 华北克拉通的形成演化与成矿．矿产地质，29：24-36.

张秉良，林传勇，史兰斌．2002. 香山-天景山断裂断层泥显微结构特征及其地质意义．中国科学 D 辑：地球科学，32（3）：184-90.

张秉良，林传勇．1993. 活断层中断层泥的显微结构特征及其意义．科学通报，38（14）：1306-1308.

张国伟，张本仁，袁学诚，等．2001. 秦岭造山带与大陆动力学．北京：科学出版社．

张杰，王行舟，沈小七，等．2003. 鄂豫皖交界地区地震地质背景与中强地震复发特征的研究．地震地磁观测与研究，24（6）：18-25.

张静华，李延兴，郭良迁，等．2005. 华南块体的现今构造运动与内部形变．大地测量与地球动力学，25（3）：57-62.

张培震，邓起东，张国民，等．2003. 中国大陆的强震活动与活动地块．中国科学 D 辑：地球科学，33：

12-20.

张培震，邓起东，张竹琪，等.2013. 中国大陆的活动断裂、地震灾害及其动力过程. 中国科学D辑：地球科学，43：1607-1620.

张培震，甘卫军，沈正康，等.2005. 中国大陆现今构造作用的地块运动和连续变形耦合模型. 地质学报，79（6）：748-756.

张培震，张会平，郑文俊，等.2014. 东亚大陆新生代构造演化，36（3）：574-583.

张人权，梁杏，张国梁，等.2001. 洞庭湖区第四纪气候变化的初步探讨. 地质科技情报，20（2）：1-5.

张人权.2003. 洞庭湖区演变及洪灾成生与发展的系统分析. 武汉：中国地质大学出版社.

张石钧.1992. 洞庭盆地的第四纪构造活动. 地震地质，14（1）：32-40.

张四昌，刁桂苓.1995. 华北地区的共轭地震构造带. 华北地震科学，13（4）：1-8.

张文佑，钟嘉猷，叶洪，等.1975. 初论断裂的形成和发展及其与地震的关系. 地质学报，1：17-22.

张晓阳，蔡述明，孙顺才.1994. 全新世以来洞庭湖的演变. 湖泊科学，6（1）：13-21.

张裕明.1992. 在确定潜在震源区中地震和地质资料的应用. 地震地质，14（3）：275-278.

张裕明，周本刚.1994. 当前潜在震源区研究的主要方向. 中国地震，10（1）：1-8.

张岳桥，李海龙，李建华.2010. 青藏高原东缘中更新世伸展作用及其新构造意义. 地质论评，56（6）：781-791.

浙江省地质矿产局.1989. 浙江省区域地质志. 北京：地质出版社.

周本刚，沈得秀.2006. 地震安全性评价中若干地震地质问题探讨. 震灾防御技术，1：113-120.

周玖，黄修武.1980. 在重力作用下的我国西南地区地壳物质流. 地震地质，2（4）：1-10.

朱日祥，徐义刚，朱光，等.2012. 华北克拉通破坏. 中国科学：地球科学，42（8）：1135-1159.

Arthyshkov E V. 1973. Stresses in the lithosphere caused by inhomogeneities. J. Geophys. Res.，78：7675-7707.

Barrows L，Langer C J. 1981. Gravitational potential as a source of earthquake energy. Tectonpphysics，76：237-253.

Bell J W，Caskey S J，Ramelli A R，et al. 2004. Patterns and rates of faulting in the central Nevada seismic belt, and paleoseismic evidence for prior beltlike behavior. Bull. Seism. Soc. Am.，94：1229-1254.

Bhattacharyya J，Gross S，Lees J，et al. 1999. Recent earthquake sequences at Coso：Evidence for conjugate faulting and stress loading near a geothermal field. Bulletin of the Seismological Society of America，89（3）：785-795.

Blenkinsop T. 2002. Deformation microstrctures and mechanisms in minerals and rocks. Kluwer Academic Publishers.

Brantley B J，Chung W Y. 1991. Body-wave waveform constraint on the source parameters of the Yanjiang，China，earthquake of July 25，1969：a devastating earthquake in a stable continental region. Pure and Applied Geophysics，135：529-543.

Burchfiel B C，Chen Z. 2012. Tectonics of the southeastern Tibetan Plateau and its adjacent foreland. Tectonics，28：TC3001.

Calais E，Freed A，Mattioli G，et al. 2010. Transpressional rupture of an unmapped fault during the 2010 Haiti earthquake. Nature Geoscience，3（11）：794-799.

Chung W Y，Brantley B J. 1989. The 1984 southern Yellow Sea earthquake of Eastern China：Source properties and seismotectonic implications for a stable continental area. Bulletin of the Seismological Society of America，79（6）：1863-1882.

Chung W Y，Wei B Z，Bmntley B J. 1995. Faultig mechanisms of the Liyang，China，eanhquakes of 1974 and 1979 from regional and teleseismic wave-forms-evidence of tectonic inversion under a fault—bounded basin. Bulletin of the Seisrnological Society of America，85（2）：560-570.

Clark D, McPherson A, Van Dissen R. 2012. Long-term behaviour of Australian stable continental region (SCR) faults. Tectonophysics, 566-567: 1-30.

Crone A J, DeMartini P M, Machette M N, et al. 2003. Paleoseismicity of two historically quiescent faults in Australia: implications for fault behavior in stable continental regions. Bulletin of the Seismological Society of America, 93: 1913-1934.

Crone A J, Machette M N, Bowman J R. 1997. Episodic nature of earthquake activity in stable continental regions revealed by palaeoseismicity studies of Australian and North American Quaternary faults. Australian Journal of Earth Sciences, 44: 203-214.

Crone A J, McKeown F A, Harding S T, et al. 1985. Structure of the New Madrid seismic source zone in southeastern Missouri and northeastern Arkansas. Geology, 13: 547-550.

Dentith M, Clark D, Featherstone W. 2009. Aeromagnetic mapping of Precambrian geological structures that controlled the 1968 Meckering earthquake (M_S 6.8): implications for intraplate seismicity in Western Australia. Tectonophysics, 475 (3-4): 544-553.

Donald Hearn, M. Pauline Baker. 1998. 计算机图形学（第1版）. 北京：电子工业出版社. 163-172.

Dzuban J A. 1999. A macro-and micro-structural analysis to determine the deformation style of serpentinite gouge, Jade Cove, Monterey County, California. 12th keck symposium volume, 324-326.

Gan W, Zhang P, Shen Z K, et al. 2007. Present-day crustal motion within the Tibetan Plateau inferred from GPS measurements. Journal of Geophysical Research Solid Earth, 112 (B8).

Goodacre A K, Haegawa H S. 1980. Gravitationally induced stresses at structural boundaries. Can. J. Earth Sci., 17: 1286-1291.

Griscom A, Jachens R C. 1989. Tectonic history of the north portion of the San Andreas fault system, California, inferred from gravity and magnetic anomalies. J. Geophys. Res., 93 (B4): 3089-3099.

Griscom A, Jachens R C. 1990. Crustal and lithospheric structure from gravity and magnetic studies. In: Wallace R E (ed). The San Andreas Fault System. USGS professional paper (1515): 239-259.

Hamling I J, Hreinsdottir S, Clark K, et al. 2017. Complex multifault rupture during the 2016 M_W 7.8 Kaikoura earthquake, New Zealand. Science, 356 (6334).

Han Z J, Lu F S, Ji F J, et al. 2012. Seismotectonics of the 26 November 2005 Jiujiang-Ruichang, Jiangxi, M_S 5.7 Earthquake. Acta Geologica Sinica (English Edition), 86: 497-509.

Han Z J, Wu L, Ran Y K, et al. 2003 The concealed active tectonics and their characteristics as revealed by drainage density in the North China plain (NCP). Journal of Asian Earth Sciences, 21 (9): 989-998.

Hayes G P, Briggs R W, Sladen A, et al. 2010. Complex rupture during the 12 January 2010 Haiti earthquake. Nature Geoscience, 3 (11): 800-805.

Hou J J, Han M K. 1994. Activities of the buried tectonic structures in Holocene in the Weihe basin, northwest China, as revealed by drainage density analysis. Acta Geographica Sinica, 61 (30): 258-265.

Hou J J, Han M K. 1997. A morphometric method to determine neotectonic activity of the Weihe basin in northwestern China. Episodes, 20 (2): 95-99.

Johnston A C. 1992. Intraplate not always stable. Nature, 355: 213-214.

Johnston A C, Kanter L R. 1990. Earthquake in stable continental crust. Scientific American, 262 (3): 68-75.

Leonard M. 2014. Self- consistent earthquake fault- scaling relations: update and extension to stable continental strike- slip faults. Bulletin of the Seismological Society of America, 104 (6): 2953-2965.

Lin A. 2011. Seismic slip recorded by fluidized ultracataclastic veins formed in a coseismic shear zone during the 2008 M_W 7.9 Wenchuan earthquake. Geology, 39 (6): 547-550.

Lister G S, Davis G A. 1989. The origin of metamorphic core complexes and detachment faults formed during Tertiary continental extension in the northern Colorado River region, U S A. Journal of sructural Geology, 11 (1/2): 65-94.

Litchfield N J, Villamor P, Dissen R V, et al. 2018. Surface Rupture of Multiple Crustal Faults in the 2016 M_W 7.8 Kaikōura, New Zealand, Earthquake. Bulletin of the Seismological Society of America.

Liu D Y, Nutman A, Compston W, et al. 1992. Remnants of ≥ 3800 Ma crust in the Chinese part of the Sino-Korea Craton. Geology, 20: 339-342.

Liu Z J, Zhang Z, Wen L, et al. 2009. Co-seismic ruptures of the 12 May 2008, M_S 8.0 Wenchuan earthquake, Sichuan: East-west crustal shortening on oblique, parallel thrusts along the eastern edge of Tibet. Earth and Planetary Science Letters, 286 (3-4): 355-370.

McCalpin J P, Ishenko S P. 1996. Holocene paleoseismicity, temporal clustering, and probabilities of future large (M>7) earthquakes on the Wasatch fault zone, Utah. Journal of Geophysical Research, 101: 6233-6253.

Miller R D, Steeples D W. 1994. Applications of shallow high-resolution seismic reflection to various environmental problems. Journal of Applied Geophysics, 31 (1-4): 65-72.

Molnar P, Stock J M. 2009. Slowing of India's convergence with Eurasia since 20Ma and its implications for Tibetan. Geological Society of America Memoir, 210: 1-231.

Moore D E, Summers R, Byerlee J D. 1989. Sliding behavior and deformation textures of heated illite gouge. J. Stru. Geol., 11 (3): 329-342.

Reinen L A. 2000. Seismic and aseismic slip indicators in serpentinite gouge. Geology, 28 (2): 135-138.

Ron H, Freund R, Garfunkel Z, et al. 1984. Block rotation by strike-slip faulting: Structural and paleomagnetic evidence. Journal of Geophysical Research: Solid Earth. 89 (B7): 6256-6270.

Ronald T, Talwani P. 2000. Evidence for a buried fault system in the Coastal Plain of the Carolinas and Virginia: Implications for neotectonics in the southeastern United States. Geological Society of America Bulletin, 112 (2): 200-220.

Roquemore G. 1980. Structure, tectonics and stress field of the Coso Range, Inyo County, California. Journal of Geophysical Research, 85: 2434-2440.

Savage J C, Walsh J B. 1978. Gravitational energy and faulting. Bulletin of the Seismological Society of America, 68: 1613-1622.

Schleicher A M, Van der Pluijm B A, Warr L N. 2010. Nanocoating of clay and creep of the San Andreas Fault at Parkfield, California. Geology, 38 (7): 667-670.

Schwartz D P, Coppersmith K J. 1984. Fault behavior and characteristic earthquakes: Examples from the Wasatch and San Andreas fault zones. Journal of Geophysical Research, 90: 5681-5698.

Schweig E S, Ellis M A. 1994. Reconciling short recurrence intervals with minor deformation in the New Madrid Seismic Zone. Science, 264: 1308-1311.

Sibson R H. 1986. Earthquakes and rock deformation in crustal fault zones. Annual Review of Earth and Planetary Sciences, 14 (1): 149-175.

Simpson C, Schmid S. 1983. An evaluation of criteria to deduce the sense of movement in sheared rocks. Geological Society of America Bulletin, 94 (11): 1281-1288.

Simpson R W, Jachens R C, Blakeley R J. 1986. A new isostatic residual gravity map of the conterminous United States with a discussion on the significance of isostatic residual anomalies. Journal of Geophysical Research, 91: 8348-8372.

Talwani P. 2014. Unified model for intraplate earthquakes. In: Talwani P (ed). Intraplate Earthquakes. New

York: Cambridge University Press.

Tapponnier P, Molnar P. 1977. Active faulting and tectonics in China. J. Geophys. Res. , 82: 2905-2930.

Tapponnier P, Peltzer G, Armijo R, et al. 1982. Propagating extrusion tectonics in Asia: New insights from simple experiments with plasticine. Geology, 10: 611-616.

Tapponnier P, Xu Z, Roger F, et a1. 2001. Oblique stepwise rise and growth of the Tibet Plateau. Science, 294: 1671- 1677.

Thatcher W, Foulger G R, Julian B R, et al. 1999. Present day deformation across the Basin and Range Province, Western United States. Science, 283: 1714-1718.

Urrutia- Fucugauchi J, Flores- Ruiz J. 1996. Bouguer gravity anomalies and regional crustal structure in central Mexico. International Geology Review, 38 (2): 176-194.

Wallace R E. 1984. Patterns and timing of late Quaternary faulting in the Great Basin province and relation to some regional tectonic features. J. Geophys. Res. , 89: 5763-5769.

Wallace R E. 1968. Notes on stream channels offset by the San Andreas fault, southern Coast Ranges, California. In Conference on Geologic Problems of the San Andreas Fault System. Stanford University Publication in Geological Sciences. 11: 6-21.

Wang C Y, Feng R, Yao Z S, Shi X J. 1986. Gravity anomaly and density structure of the San Andreas fault zone. Pure and Applied Geophysics, 124 (1): 127-140.

Wang Q, Zhang P Z, Freymueller J T, et al. 2001. Present-day crustal deformation in China constrained by global positioning system measurements. Science, 294 (5542): 574-577.

Wesnousky S G, Scholz C H. 1980. The craton: its effect on the distribution of seismicity and stress in North America. Earth and Planetary Science Letters, 48: 348-355.

Wheeler R L, Johnston A C. 1992. Geologic implications of earthquake source parameters in central and eastern North America. Seismological Research Letters, 63: 491-514.

Wheeler R L. 1995. Earthquake and the cratonward limit of Iapetan faulting in eastern North America. Geology, 23 (2): 105-108.

Whitney B B, Clark D, Hengesh J V, et al. 2016. Paleoseismology of the Mount Narryer fault zone, Western Australia: a multistrand intraplate fault system. GSA Bulletin, 128 (3/4): 684-704.

Xu G Q, Kamp P J J. 2000. Tectonics and denudation adjacent to the Xianshuihe Fault, eastern Tibetan Plateau: Constraints from fission track thermochronology. Journal of Geophysical Research: Solid Earth, 105 (B8): 19231-19251.

Xu X W, Yeats R S, Yu G H. 2010. Five short historical earthquake surface ruptures near the Silk Road, Gansu Province, China. Bulletin of the Seismological Society of America, 100: 541-561.

Xu X W, Wen X Z, Yu G H, et al. 2009. Coseismic reverse- and oblique- slip surface faulting generated by the 2008 M_W 7.9 Wenchuan earthquake, China. Geology, 37 (6): 515-518.

Yin A. 2012. Cenozoic tectonic evolution of Asia: a preliminary synthesis. Tectonophysics, 488: 293-325.

Zhang P Z, Shen Z K, Wang M, et al. 2004. Continuous deformation of the Tibetan Plateau from global positioning system data. Geology, 32: 809.

Zhang P Z, Wen X Z, Shen Z K, et al. 2010. Oblique, High- Angle, Listric- Reverse Faulting and Associated Development of Strain: the Wenchuan Earthquake of May 12, 2008, Sichuan, China. Annual Review of Earth and Planetary Sciences, 38 (1): 353-382.